野火

野火嵌入式系列

RTOS

FreeRTOS内核实现
与应用开发实战指南

基于STM32

刘火良 杨森 编著

机械工业出版社

China Machine Press

图书在版编目（CIP）数据

FreeRTOS 内核实现与应用开发实战指南：基于 STM32 / 刘火良，杨森编著 . —北京：机
械工业出版社，2019.2（2024.4 重印）
（电子与嵌入式系统设计丛书）

ISBN 978-7-111-61825-6

I. F… Ⅱ. ①刘… ②杨… Ⅲ. 微控制器 – 系统开发 – 指南 Ⅳ. TP332.3-62

中国版本图书馆 CIP 数据核字（2019）第 010054 号

FreeRTOS 内核实现与应用开发实战指南
基于 STM32

出版发行：机械工业出版社（北京市西城区百万庄大街 22 号　邮政编码：100037）
责任编辑：赵亮宇　　　　　　　　　　　责任校对：李秋荣
印　　刷：三河市宏达印刷有限公司　　　版　　次：2024 年 4 月第 1 版第 9 次印刷
开　　本：186mm×240mm　1/16　　　　 印　　张：31
书　　号：ISBN 978-7-111-61825-6　　　定　　价：99.00 元

客服电话：（010）88361066　68326294

前　　言

如何学习本书

　　本书系统讲解 FreeRTOS，共分为两个部分。第一部分重点讲解 FreeRTOS 的原理实现，从 0 开始，不断迭代，教你把 FreeRTOS 的内核写出来，让你彻底学会任务是如何定义的、系统是如何调度的（包括底层的汇编代码讲解）、多优先级是如何实现的等操作系统最深层次的知识。当你拿到本书开始学习的时候，你一定会惊讶，原来 RTOS（Real Time Operating System，实时操作系统）的学习并没有那么复杂，反而是那么有趣，原来自己也可以写 RTOS，成就感瞬间爆棚。

　　当彻底掌握第一部分的知识之后，再学习其他 RTOS，可以说十分轻松。纵观现在市面上流行的几种 RTOS，它们的内核实现差异不大，只需要深入研究其中一种即可，没有必要对每一种 RTOS 都深入地研究源码。但如果时间允许，看一看也并无坏处。第二部分重点讲解 FreeRTOS 的移植、内核中每个组件的应用，比起第一部分，这部分内容掌握起来应该比较容易。

　　全书内容循序渐进，不断迭代，尤其在第一部分，前一章多是后一章的基础，建议从头开始阅读，不要进行跳跃式阅读。在学习时务必做到两点：一是不能一味地看书，要把代码和书本结合起来学习，一边看书，一边调试代码。如何调试代码呢？即单步执行每一条程序，看程序的执行流程和执行的效果与自己所想的是否一致。二是在每学完一章之后，必须将配套的例程重写一遍（切记不要复制，哪怕是一个分号。但可以照书录入），做到举一反三，确保真正理解。在自己写的时候肯定会错漏百出，要认真纠错，好好调试，这是你提高编程能力的最好机会。记住，编写程序不是一气呵成的，而是要一步一步地调试。

本书的编写风格

　　本书第一部分以 FreeRTOS V9.0.0 官方源码为蓝本，抽丝剥茧，不断迭代，教你如何从 0 开始把 FreeRTOS 内核写出来。书中涉及的数据类型、变量名称、函数名称、文件名称、文件存放的位置都完全按照 FreeRTOS 官方的方式来实现。学完这本书之后,你可以无缝地切换到原版的 FreeRTOS 中使用。要注意的是,在实现的过程中,某些函数中会去掉一些形参和冗余的代码,只保留核心的功能,但这并不会影响学习。

本书第二部分主要介绍 FreeRTOS 的移植和内核组件的使用,不会再去深入讲解源码,而是着重讲解如何应用,如果对第一部分不感兴趣,可以跳过第一部分,直接进入第二部分的学习。

本书还有姊妹篇——《RT-Thread 内核实现与应用开发实战指南:基于 STM32》[一],两本书的编写风格、内容框架和章节命名与排序基本一致,语言阐述类似,且涉及 RTOS 抽象层的理论部分也相同,不同之处在于 RTOS 的实现原理、内核源码的讲解和上层 API 的使用,这些内容才是重点部分,是读者学习的核心。例如,虽然两本书的第一部分的章节名称基本类似,但内容不同,因为针对的 RTOS 不一样。其中,关于新建 FreeRTOS 工程和裸机系统与多任务(线程)系统的描述属于 RTOS 抽象层的理论部分,不具体针对某个 RTOS,所以基本一样。第二部分中,对于什么是任务(线程)、阻塞延时和信号量的应用等 RTOS 抽象层的理论讲解也基本类似,但是具体涉及这两个 RTOS 的原理实现和代码讲解时则完全不同。

如果读者已经学习了其中一本书,再学习另外一本的话,那么涉及 RTOS 抽象层的理论部分可跳过,只需要把精力放在 RTOS 内核的实现和源码 API 的应用方面。因为现有的RTOS 在理论层基本都是相通的,但在具体的代码实现上各有特点,所以可以用这两本书进行互补学习,掌握了其中一本书的知识,再学习另外一本书定会得心应手,事半功倍。

本书的参考资料及配套硬件

关于本书的参考资料和配套硬件的信息,请参考本书附录部分。

本书的技术论坛

如果在学习过程中遇到问题,可以到野火电子论坛 www.firebbs.cn 发帖交流,开源共享,共同进步。

鉴于作者水平有限,书中难免有错漏之处,热心的读者也可把勘误发送到论坛上以便改进。祝你学习愉快,FreeRTOS 的世界,野火与你同行。

○ 此书由机械工业出版社出版,书号为 978-7-111-61366-4。——编辑注

引　言

为什么要学习 RTOS

当我们进入嵌入式这个领域时，首先接触的往往是单片机编程，单片机编程又首选 51 单片机来入门。这里面说的单片机编程通常都是指裸机编程，即不加入任何 RTOS 的编程。常用的 RTOS 有国外的 FreeRTOS、μC/OS、RTX 和国内的 FreeRTOS、Huawei LiteOS 和 AliOS-Things 等，其中，开源且免费的 FreeRTOS 的市场占有率最高。

在裸机系统中，所有的程序基本都是自己写的，所有的操作都是在一个无限的大循环中实现。现实生活中的很多中小型电子产品中用的都是裸机系统，而且能够满足需求。但是为什么还要学习 RTOS 编程，要涉及一个操作系统呢？一是因为项目需求，随着产品要实现的功能越来越多，单纯的裸机系统已经不能完美地解决问题，反而会使编程变得更加复杂，如果想降低编程的难度，可以考虑引入 RTOS 实现多任务管理，这是使用 RTOS 的最大优势；二是出于学习的需要，必须学习更高级的技术，实现更好的职业规划，为将来能有更好的职业发展做准备，而不是一味拘泥于裸机编程。作为一个合格的嵌入式软件工程师，学习是永远不能停歇的，时刻都得为将来做准备。书到用时方恨少，希望当机会来临时，你不要有这种感觉。

为了帮大家厘清 RTOS 编程的思路，本书会在第 3 章简单地分析这两种编程方式的区别，我们将这个区别称为"学习 RTOS 的命门"，只要掌握这一关键内容，以后的 RTOS 学习可以说是易如反掌。在讲解这两种编程方式的区别时，我们主要讲解方法论，不会涉及具体的代码，即主要还是通过伪代码来讲解。

如何学习 RTOS

裸机编程和 RTOS 编程的风格有些不一样，而且有很多人说学习 RTOS 很难，这就导致想要学习的人一听到 RTOS 编程就在心里忌惮三分，结果就是"出师未捷身先死"。

那么到底如何学习 RTOS 呢？最简单的方法就是在别人移植好的系统上，先看看 RTOS

中 API 的使用说明，然后调用这些 API 实现自己想要的功能，完全不用关心底层的移植，这是最简单、快速的入门方法。这种方法有利有弊。如果是做产品，好处是可以快速地实现功能，将产品推向市场，赢得先机；弊端是当程序出现问题时，因对 RTOS 不够了解，会导致调试困难。如果想系统地学习 RTOS，那么只会简单地调用 API 是不可取的，我们应该深入学习其中一款 RTOS。

目前市场上的 RTOS，其内核实现方式差异不大，我们只需要深入学习其中一款即可。万变不离其宗，只要掌握了一款 RTOS，以后换到其他型号的 RTOS，使用起来自然也是得心应手。那么如何深入地学习一款 RTOS 呢？这里有一个非常有效但也十分难的方法，就是阅读 RTOS 的源码，深入研究内核和每个组件的实现方式。这个过程枯燥且痛苦。但为了能够学到 RTOS 的精华，还是很值得一试的。

市面上虽然有一些讲解相关 RTOS 源码的图书，但如果基础知识掌握得不够，且先前没有使用过该款 RTOS，那么只看源码还是会非常枯燥，并且不能从全局掌握整个 RTOS 的构成和实现。

现在，我们采用一种全新的方法来教大家学习一款 RTOS，既不是单纯地介绍其中的 API 如何使用，也不是单纯地拿里面的源码一句句地讲解，而是从 0 开始，层层叠加，不断完善，教大家如何把一个 RTOS 从 0 到 1 写出来，让你在每一个阶段都能享受到成功的喜悦。在这个 RTOS 实现的过程中，只需要具备 C 语言基础即可，然后就是跟着本书笃定前行，最后定有所成。

选择什么 RTOS

用来教学的 RTOS，我们不会完全从头写一个，而是选取目前国内外市场占有率很高的 FreeRTOS 为蓝本，将其抽丝剥茧，从 0 到 1 写出来。在实现的过程中，数据类型、变量名、函数名称、文件类型等都完全按照 FreeRTOS 里面的写法，不会再重新命名。这样学完本书之后，就可以无缝地过渡到 FreeRTOS 了。

目　　录

第一部分

从 0 到 1 教你写 FreeRTOS 内核

本部分以 FreeRTOS Nano 为蓝本，抽丝剥茧，不断迭代，教大家如何从 0 开始把 FreeRTOS 写出来。这一部分着重讲解 FreeRTOS 实现的过程，当你学完这部分之后，再来重新使用 FreeRTOS 或者其他 RTOS，将会得心应手，不仅知其然，而且知其所以然。在源码实现的过程中，涉及的数据类型、变量名称、函数名称、文件名称以及文件的存放目录都会完全按照 FreeRTOS 的来实现，一些不必要的代码将会剔除，但并不会影响我们理解整个操作系统的功能。

本部分几乎每一章都是前一章的基础，环环相扣，逐渐揭开 FreeRTOS 的神秘面纱，读起来会有一种豁然开朗的感觉。如果把代码都敲一遍，仿真时得出的效果与书中给出的一样，那从心里油然而生的成就感简直就要爆棚，恨不得一下子把本书读完，真是让人看了还想看，读了还想读。

第 1 章
初识 FreeRTOS

1.1　FreeRTOS 版权

FreeRTOS 由美国的 Richard Barry 于 2003 年发布，Richard Barry 是 FreeRTOS 的拥有者和维护者，在过去的十多年中 FreeRTOS 历经了 9 个版本，与众多半导体厂商合作密切，有数百万开发者，是目前市场占有率最高的 RTOS。

FreeRTOS 于 2018 年被亚马逊收购，改名为 AWS FreeRTOS，版本号升级为 V10，且开源协议也由原来的 GPLv2+ 修改为 MIT，与 GPLv2+ 相比，MIT 更加开放，你完全可以理解为完全免费。V9 以前的版本还是维持原样，V10 版本相比于 V9 就是加入了一些物联网相关的组件，内核基本不变。亚马逊收购 FreeRTOS 也是为了进军物联网和人工智能领域。本书还是以 V9 版本来讲解。

1.2　FreeRTOS 收费问题

1.2.1　FreeRTOS

FreeRTOS 是一款"开源免费"的实时操作系统，遵循的是 GPLv2+ 的许可协议。这里说到的开源，指的是可以免费获取 FreeRTOS 的源代码，且当你的产品使用了 FreeRTOS 而没有修改 FreeRTOS 内核源码时，你的产品的全部代码都可以闭源，不用开源，但是当你修改了 FreeRTOS 内核源码时，就必须将修改的这部分开源，反馈给社区，其他应用部分不用开源。免费的意思是无论你是个人还是公司，都可以免费地使用，不需要花费一分钱。

1.2.2　OpenRTOS

FreeRTOS 和 OpenRTOS 拥有的代码是一样的，但是可从官方获取的服务却是不一样的。FreeRTOS 号称免费，OpenRTOS 号称收费，它们的具体区别如表 1-1 所示。

表 1-1　FreeRTOS 开源授权与 OpenRTOS 商业授权的区别

比较的项目	FreeRTOS	OpenRTOS
是否免费	是	否
可否商业使用	是	是
是否需要版权费	否	否
是否提供技术支持	否	是
是否被法律保护	否	是
是否需要开源工程代码	否	否
是否需要开源修改的内核源码	是	否
是否需要声明产品使用了 FreeRTOS	如果发布源码，则需要声明	否
是否需要提供 FreeRTOS 的整个工程代码	如果发布源码，则需要提供	否

1.2.3　SaveRTOS

SaveRTOS 也基于 FreeRTOS，但是 SaveRTOS 为某些特定的领域做了安全相关的设计，有关 SaveRTOS 获得的安全验证具体如表 1-2 所示。SaveRTOS 需要收费。

表 1-2　SaveRTOS 获得的安全方面的验证

行 业 类 目	验 证 编 号
工控	IEC 61508
铁路	EN 50128
医疗	IEC 62304/FDA 510K
核工业	IEC 61513、IEC62138、ASME NQA-1
汽车电子	ISO 26262
加工业	IEC 61511
航空	DO178B

1.3　FreeRTOS 资料获取

FreeRTOS 的源码和相应的官方书籍均可从官网 www.freertos.org 获得，如图 1-1 所示为官网首页。

1.3.1　获取源码

单击图 1-1 中的 Download Source 按钮，可以下载 FreeRTOS 最新版本的源码。如果想下载以往版本，可从托管网址 https://sourceforge.net/projects/freertos/files/FreeRTOS/ 下载。截至本章编写时，FreeRTOS 已经更新到 V10.0.1，具体如图 1-2 所示。

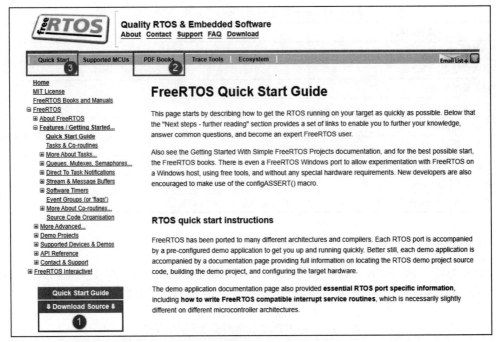

图 1-1　FreeRTOS 官网首页

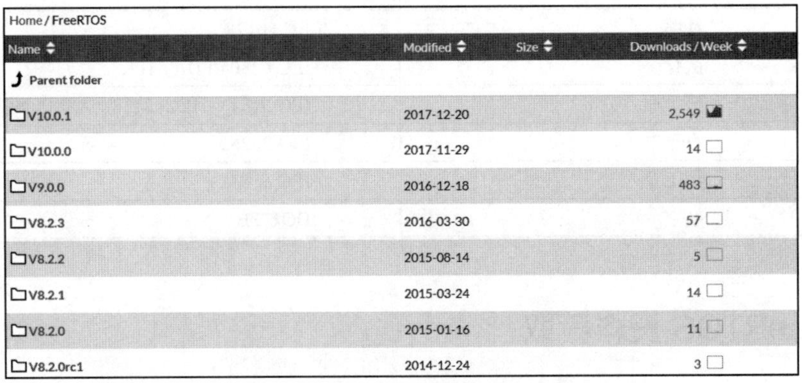

Home / FreeRTOS			
Name ⬍	Modified ⬍	Size ⬍	Downloads / Week ⬍
♪ Parent folder			
📁 V10.0.1	2017-12-20		2,549 📧
📁 V10.0.0	2017-11-29		14 ☐
📁 V9.0.0	2016-12-18		483 ☐
📁 V8.2.3	2016-03-30		57 ☐
📁 V8.2.2	2015-08-14		5 ☐
📁 V8.2.1	2015-03-24		14 ☐
📁 V8.2.0	2015-01-16		11 ☐
📁 V8.2.0rc1	2014-12-24		3 ☐

图 1-2　FreeRTOS 版本更新目录

1.3.2　获取书籍

单击图 1-1 中的 PDF Books 按钮可以下载 FreeRTOS 官方的两本电子书（英文版），分别为 FreeRTOS V10.0.0 Reference Manual.pdf 和 Mastering_the_FreeRTOS_Real_Time_Kernel-A_Hands-On_Tutorial_Guide.pdf，一本是 API 参考手册，另外一本是手把手入门教程。

1.3.3　快速入门

单击图 1-1 中的 Quick Start 按钮，可获取网页版的快速入门教程。

1.4　FreeRTOS 的编程风格

学习一个 RTOS，弄清楚它的编程风格很重要，这可以大大提高我们阅读代码的效率。下面我们就从 FreeRTOS 中的数据类型、变量名、函数名、宏以及格式这几个方面做简单介绍。

1.4.1　数据类型

在 FreeRTOS 中，使用的数据类型虽然都是标准 C 里面的数据类型，但是针对不同的处理器，对标准 C 的数据类型又进行了重定义，给它们设置了一个新的名字，比如为 char 重新定义了一个名字 portCHAR，这里的 port 表示接口，在将 FreeRTOS 移植到处理器上时，需要用这些接口文件把它们连接在一起。但是用户在写程序时并非一定要遵循 FreeRTOS 的风格，仍可以直接用 C 语言的标准类型。在 FreeRTOS 中，int 型从不使用，只使用 short 型和 long 型。在 Cortex-M 内核的 MCU 中，short 为 16 位，long 为 32 位。

FreeRTOS 中详细的数据类型重定义在 portmacro.h 头文件中实现，具体参见表 1-3 和代码清单 1-1。

表 1-3　FreeRTOS 中的数据类型重定义

新定义的数据类型	实际的数据类型（C 标准类型）	
portCHAR	char	
portSHORT	short	
portLONG	long	
portTickType	unsigned shortint	用于定义系统时基计数器的值和阻塞时间的值。当 FreeRTOSConfig.h 头文件中的宏 configUSE_16_BIT_TICKS 为 1 时则为 16 位
	unsigned int	用于定义系统时基计数器的值和阻塞时间的值。FreeRTOSConfig.h 头文件中的宏 configUSE_16_BIT_TICKS 为 1 时则为 32 位
portBASE_TYPE	long	根据处理器的架构来决定是多少位的，如果是 32/16/8 位的处理器，则是 32/16/8 位的数据类型。一般用于定义函数的返回值或者布尔类型

代码清单 1-1　FreeRTOS 中的数据类型重定义

```
 1 #define portCHAR         char
 2 #define portFLOAT        float
 3 #define portDOUBLE       double
 4 #define portLONG         long
 5 #define portSHORT        short
 6 #define portSTACK_TYPE   uint32_t
 7 #define portBASE_TYPE    long
 8
 9 typedef portSTACK_TYPE StackType_t;
10 typedef long BaseType_t;
11 typedef unsigned long UBaseType_t;
12
13 #if( config USE_16_BIT_TICKS == 1 )
```

```
14 typedef uint16_t TickType_t;
15 #define portMAX_DELAY ( TickType_t ) 0xffff
16 #else
17 typedef uint32_t TickType_t;
18 #define portMAX_DELAY ( TickType_t ) 0xffffffffUL
```

在编程时，如果用户没有明确指定 char 的符号类型，那么编译器会默认指定 char 型的变量为无符号或者有符号。正是基于这个原因，在 FreeRTOS 中，我们都需要明确指定变量 char 是有符号的还是无符号的。在 KEIL 中，默认 char 是无符号的，但是也可以配置为有符号的，具体配套过程如图 1-3 所示。

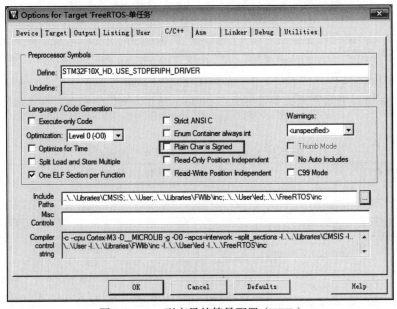

图 1-3　char 型变量的符号配置（KEIL）

1.4.2　变量名

在 FreeRTOS 中，定义变量时往往会把变量的类型当作前缀加在变量上，这样做的好处是让用户一看到这个变量就知道该变量的类型。比如 char 型变量的前缀是 c，short 型变量的前缀是 s，long 型变量的前缀是 l，portBASE_TYPE 类型变量的前缀是 x。还有其他的数据类型，比如数据结构、任务句柄、队列句柄等定义的变量名的前缀也是 x。

如果一个变量是无符号型的，那么会有一个前缀 u，如果是一个指针变量，则会有一个前缀 p。因此，当我们定义一个无符号的 char 型变量时会加一个 uc 前缀，当定义一个 char 型的指针变量时会加一个 pc 前缀。

1.4.3　函数名

函数名包含了函数返回值的类型、函数所在的文件名和函数的功能，如果是私有的函数，则会加一个 prv（private）的前缀。特别地，在函数名中加入了函数所在的文件名，这将帮助用户提高寻找函数定义的效率并了解函数作用，具体举例如下：

1）vTaskPrioritySet() 函数的返回值为 void 型，在 task.c 文件中定义。

2）xQueueReceive() 函数的返回值为 portBASE_TYPE 型，在 queue.c 文件中定义。

3）vSemaphoreCreateBinary() 函数的返回值为 void 型，在 semphr.h 文件中定义。

1.4.4　宏

宏均由大写字母表示，并配有小写字母的前缀，前缀用于表示该宏在哪个头文件定义，部分举例具体如表 1-4 所示。

表 1-4　FreeRTOS 宏定义举例

前　缀	宏定义的文件
port（举例，portMAX_DELAY）	portable.h
task（举例，taskENTER_CRITICAL()）	task.h
pd（举例，pdTRUE）	projdefs.h
config（举例，configUSE_PREEMPTION）	FreeRTOSConfig.h
err（举例，errQUEUE_FULL）	projdefs.h

这里要注意的是信号量的函数都是一个宏定义，但是其函数的命名方法是遵循函数的命名方法而不是宏定义的方法。

在贯穿 FreeRTOS 的整个代码中，还有几个通用的宏定义也要注意一下，都是表示 0 和 1 的宏，具体如表 1-5 所示。

表 1-5　FreeRTOS 通用宏定义

宏	实 际 的 值
pdTRUE	1
pdFALSE	0
pdPASS	1
pdFAIL	0

1.4.5　格式

1 个 Tab 键等于 4 个空格键。我们在编程时最好使用空格键而不是使用 Tab 键，当 2 个编译器的 Tab 键大小设置得不一样时，移植代码时格式就会变乱，而使用空格键不会出现这种问题。

第 2 章
新建 FreeRTOS 工程——软件仿真

在开始写 FreeRTOS 内核之前，先新建一个 FreeRTOS 的工程，Device 选择 Cortex-M3（Cortex-M4 或 Cortex-M7）内核的处理器，调试方式选择软件仿真，然后我们再开始一步一步地教大家把 FreeRTOS 内核从 0 到 1 写出来，让大家彻底搞懂 FreeRTOS 的内部实现和设计的思想。最后我们再把 FreeRTOS 移植到野火 STM32 开发板上，最后的移植其实已经非常简单，只需要换一下启动文件和添加 bsp 驱动即可。

2.1 新建本地工程文件夹

在开始新建工程之前，我们先在本地计算机端新建一个文件夹用于存放工程。文件夹名设置为"新建 FreeRTOS 工程——软件仿真"（名字可以随意设置），然后在该文件夹下面新建各个文件夹和文件，有关这些文件夹的包含关系和作用具体如表 2-1 所示。

表 2-1　工程文件夹根目录下的文件夹及作用

文件夹名称	文　件　夹	文件夹作用
Doc	—	用于存放对整个工程的说明文件，如 readme.txt。通常情况下，我们都要对整个工程实现的功能以及如何编译、如何使用等做一个简要说明
Project	—	用于存放新建的工程文件
freertos	Demo	存放板级支持包，暂时为空
	License	存放 FreeRTOS 组件，暂时为空
	Source\include	存放头文件，暂时为空
	Source\portable\RVDS\ARM_CM3	存放与处理器相关的接口文件，也叫移植文件，暂时为空
	Source\portable\RVDS\ARM_CM4	
	Source\portable\RVDS\ARM_CM7	
	Source	存放 FreeRTOS 内核源码，暂时为空
User		存放 main.c 和其他的用户编写的程序，main.c 第一次使用时需要用户自行新建

2.2 使用 KEIL 新建工程

开发环境我们使用 KEIL5，版本为 5.23，高于版本 5 即可。

2.2.1　New Project

首先打开 KEIL5 软件，新建一个工程，工程文件放在目录 Project 下面，名称为 Fire_FreeRTOS，文件夹名称必须是英文，不能是中文。

2.2.2　Select Device for Target

设置好工程名称，单击 OK 按钮之后会弹出 Select Device for Target 对话框，让我们选择处理器，这里选择 ARMCM3（ARMCM4 或 ARMCM7），具体如图 2-1（图 2-2 或图 2-3）所示。

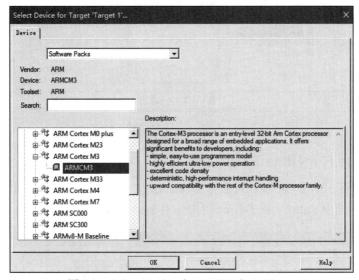

图 2-1　Select Device（ARMCM3）for Target

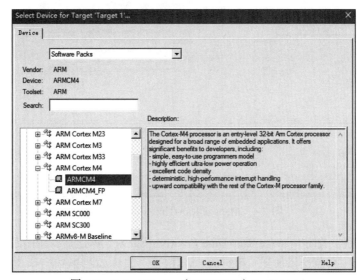

图 2-2　Select Device（ARMCM4）for Target

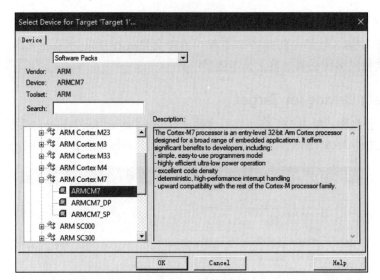

图 2-3　Select Device（ARMCM7）for Target

2.2.3　Manage Run-Time Environment

　　选择好处理器，单击 OK 按钮后会弹出 Manage Run-Time Environment 对话框。这里我们在 CMSIS 栏中选中 CORE，在 Device 栏中选中 Startup 即可，具体如图 2-4 所示。

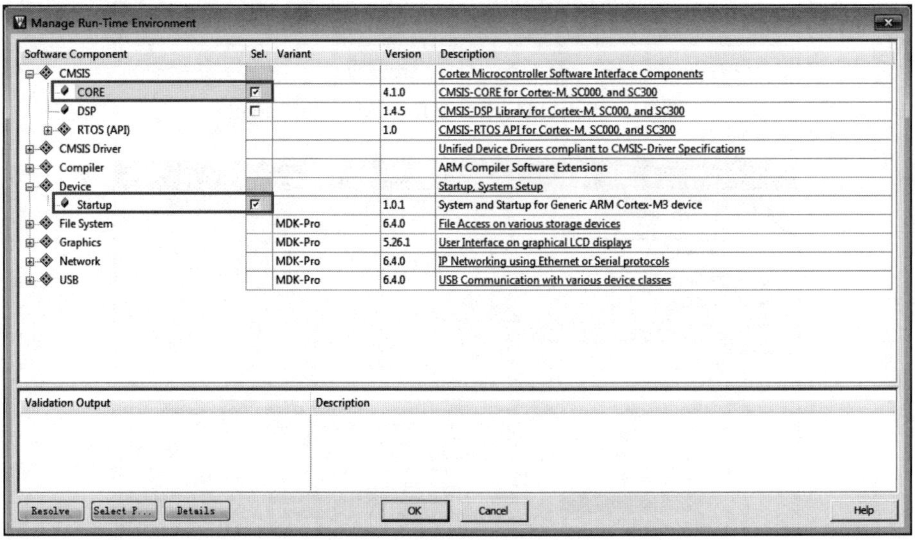

图 2-4　Manage Run-Time Environment

　　单击 OK 按钮，关闭 Manage Run-Time Environment 对话框之后，刚刚我们选择的 CORE 和 Startup 这两个文件就会添加到工程组的 CMSIS 中，具体如图 2-5 所示。

　　其实这两个文件刚开始都是存放在 KEIL 的安装目录下，当我们配置 Manage Run-Time

Environment 对话框之后，软件就会把选中的文件从 KEIL 的安装目录复制到我们的工程目录 Project\

RTE\Device\ARMCM3（ARMCM4 或 ARMCM7）下面。其中
startup_ARMCM3.s（startup_ARMCM4.s 或 startup_ARMCM7.s）
是用汇编语言编写的启动文件，system_ARMCM3.c（system_
ARMCM4.c 或 system_ARMCM7.c）是用 C 语言编写的与
时钟相关的文件。更加具体的内容可直接参见这两个文件
的源码。只要是 Cortex-M3（Cortex-M4 或 Cortex-M7）内
核的单片机，这两个文件都适用。

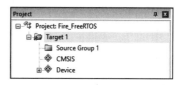

图 2-5　CORE 和 Startup 文件

2.3　在 KEIL 工程中新建文件组

在工程里面添加 user、rtt/ports、rtt/source 和 doc 这几个文件组，用于管理文件，具体如
图 2-6 所示。

对于新手，这里有个问题，就是如何添加文件组，具体的方法为右击 Target 1，在弹出
的快捷菜单中选择 Add Group…命令，具体如图 2-7 所示，需要创建多少个组，就按上述方
法操作多少次。

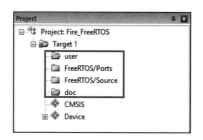

图 2-6　新添加的文件组

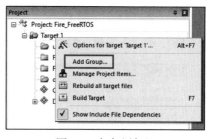

图 2-7　如何添加组

2.4　在 KEIL 工程中添加文件

在工程中添加组之后，需要把本地工程中新建的文件添加到工程，具体为把 readm.txt 文件
添加到 doc 组，main.c 文件添加到 user 组，FreeRTOS 相关
的文件我们还没有编写，那么 FreeRTOS 相关的组暂时为
空，具体如图 2-8 所示。

对于新手，这里有个问题就是如何将本地工程中的文
件添加到工程组，具体的方法为双击相应的组，在弹出的
对话框中找到要添加的文件，默认的文件类型是 C 文件，
如果要添加的是文本或者汇编文件，那么此时将看不到，
这时就需要把文件类型设置为 All Files，最后单击 Add 按
钮即可，具体如图 2-9 所示。

图 2-8　向组中添加文件

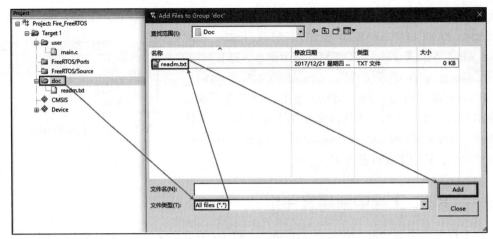

图 2-9　向组中添加文件

下面编写 main() 函数。

一个工程如果没有 main() 函数是无法编译成功的，因为系统在开始执行时先执行启动文件中的复位程序，复位程序里面会调用 C 库函数 __main，__main 的作用是初始化系统变量，如全局变量、只读的变量、可读可写的变量等。__main 最后会调用 __rtentry，再由 __rtentry 调用 main() 函数，从而由汇编进入 C 的世界，这里面的 main() 函数就需要我们手动编写，如果没有编写 main() 函数，就会出现 main() 函数没有定义的错误，具体如图 2-10 所示。

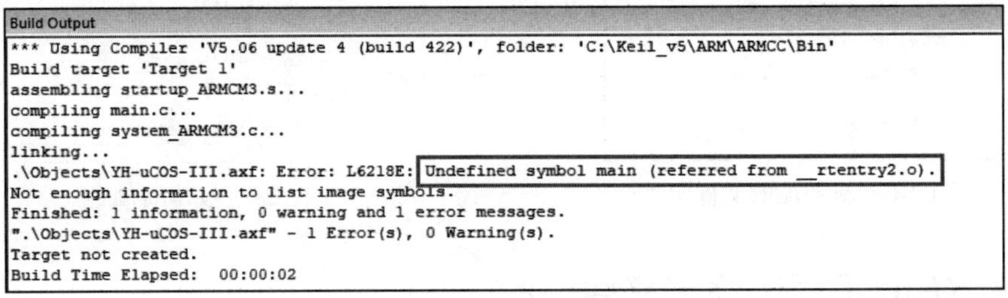

```
Build Output
*** Using Compiler 'V5.06 update 4 (build 422)', folder: 'C:\Keil_v5\ARM\ARMCC\Bin'
Build target 'Target 1'
assembling startup_ARMCM3.s...
compiling main.c...
compiling system_ARMCM3.c...
linking...
.\Objects\YH-uCOS-III.axf: Error: L6218E: Undefined symbol main (referred from __rtentry2.o).
Not enough information to list image symbols.
Finished: 1 information, 0 warning and 1 error messages.
".\Objects\YH-uCOS-III.axf" - 1 Error(s), 0 Warning(s).
Target not created.
Build Time Elapsed:  00:00:02
```

图 2-10　没定义 main() 函数的错误

我们将 main() 函数写在 main.c 文件中，因为是刚刚新建的工程，所以 main() 函数暂时为空，具体参见代码清单 2-1。

代码清单 2-1　main() 函数

```
1  /*
2  ************************************************************
3  *                       main() 函数
4  ************************************************************
5  */
6  int main(void)
7  {
8  for (;;)
9      {
```

```
10 /* 无操作 */
11     }
12 }
```

2.5　调试配置

2.5.1　设置软件仿真

最后，我们再配置一下与调试相关的参数。为了方便，全部代码都用软件仿真，既不需要开发板也不需要仿真器，只需要一个 KEIL 软件即可，有关软件仿真的配置具体如图 2-11 所示。

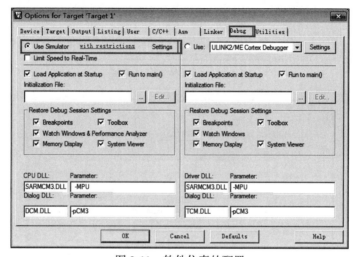

图 2-11　软件仿真的配置

2.5.2　修改时钟大小

在时钟相关文件 system_ARMCM3.c（system_ARMCM4.c 或 system_ARMCM7.c）的开头，有一段代码定义了系统时钟的频率为 25MHz，具体参见代码清单 2-2。在软件仿真时，为确保时间的准确性，代码中的系统时钟与软件仿真的时钟必须一致，所以以 Options for Target 对话框中 Target 的时钟频率应该由默认的 12MHz 改成 25MHz，具体如图 2-12 所示。

代码清单 2-2　时钟相关宏定义

```
1 #define __HSI      ( 8000000UL)
2 #define __XTAL     ( 5000000UL)
3
4 #define __SYSTEM_CLOCK   (5*__XTAL)   /* 5×5000 000 = 25M */
```

2.5.3　添加头文件路径

在 C/C++ 选项卡中指定工程头文件的路径，否则编译会出错。头文件路径的具体指定方法如图 2-13 所示。

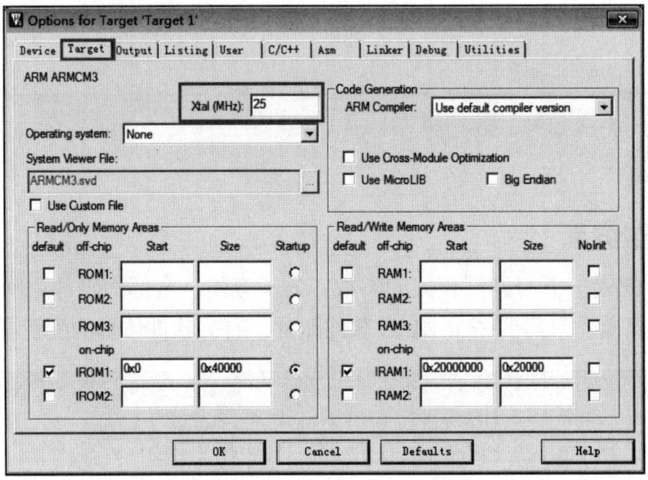

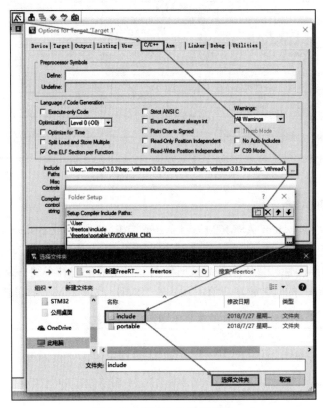

图 2-12   软件仿真时钟配置

图 2-13   指定头文件的路径

至此，一个完整的基于 Cortex-M3（Cortex-M4 或 Cortex-M7）内核的 FreeRTOS 软件仿真工程建立完毕。

第 3 章

裸机系统与多任务系统

在真正开始动手写 FreeRTOS 内核之前，我们先来讲解单片机编程中的裸机系统和多任务系统（不仅限于 FreeRTOS）的区别。

3.1 裸机系统

裸机系统通常分成轮询系统和前后台系统，有关这两者的具体实现方式请参见下面的讲解。

3.1.1 轮询系统

轮询系统即在裸机编程时，先初始化好相关的硬件，然后让主程序在一个死循环里面不断循环，顺序地处理各种事件，大概的伪代码具体参见代码清单 3-1。轮询系统是一种非常简单的软件结构，通常只适用于仅需要顺序执行代码且不需要外部事件来驱动就能完成的事件。在代码清单 3-1 中，如果只是实现 LED 翻转、串口输出、液晶显示等操作，那么使用轮询系统将会非常完美。但是，如果加入了按键操作等需要检测外部信号的事件，例如用来模拟紧急报警，那么整个系统的实时响应能力就不会那么好了。假设 DoSomething3 是按键扫描，当外部按键被按下，相当于一个警报，这个时候，需要立刻响应并做紧急处理，而这个时候程序刚好执行到 DoSomething1，致命的是 DoSomething1 需要执行的时间比较久，久到按键释放之后还没有执行完毕，那么当执行到 DoSomething3 时就会丢失一次事件。由此可见轮询系统只适合顺序执行的功能代码，当有外部事件驱动时，实时性就会降低。

代码清单 3-1　轮询系统伪代码

```
1 int main(void)
2 {
3     /* 硬件相关初始化 */
4     HardWareInit();
5
6     /* 无限循环 */
7     for (;;) {
8         /* 处理事件 1 */
9         DoSomething1();
```

```
10
11        /* 处理事件 2 */
12        DoSomething2();
13
14        /* 处理事件 3 */
15        DoSomething3();
16    }
17 }
```

3.1.2　前后台系统

相比轮询系统，前后台系统是在轮询系统的基础上加入了中断。外部事件的响应在中断里面完成，事件的处理还是回到轮询系统中完成，中断在这里称为前台，main() 函数中的无限循环称为后台，大概的伪代码参见代码清单 3-2。

代码清单 3-2　前后台系统伪代码

```
1 int flag1 = 0;
2 int flag2 = 0;
3 int flag3 = 0;
4
5 int main(void)
6 {
7     /* 硬件相关初始化 */
8     HardWareInit();
9
10    /* 无限循环 */
11    for (;;) {
12        if (flag1) {
13            /* 处理事件 1 */
14            DoSomething1();
15        }
16
17        if (flag2) {
18            /* 处理事件 2 */
19            DoSomething2();
20        }
21
22        if (flag3) {
23            /* 处理事件 3 */
24            DoSomething3();
25        }
26    }
27 }
28
29 void ISR1(void)
30 {
31    /* 置位标志位 */
32    flag1 = 1;
33    /* 如果事件处理时间很短，则在中断里面处理
34    如果事件处理时间比较长，则回到后台处理 */
```

```
35      DoSomething1();
36 }
37
38 void ISR2(void)
39 {
40      /* 置位标志位 */
41      flag2 = 1;
42
43      /* 如果事件处理时间很短, 则在中断里面处理
44      如果事件处理时间比较长, 则回到后台处理 */
45      DoSomething2();
46 }
47
48 void ISR3(void)
49 {
50      /* 置位标志位 */
51      flag3 = 1;
52
53      /* 如果事件处理时间很短, 则在中断里面处理
54      如果事件处理时间比较长, 则回到后台处理 */
55      DoSomething3();
56 }
```

在顺序执行后台程序时，如果有中断，那么中断会打断后台程序的正常执行流，转而去执行中断服务程序，在中断服务程序中标记事件。如果事件要处理的事情很简短，则可在中断服务程序里面处理，如果事件要处理的事情比较多，则返回后台程序处理。虽然事件的响应和处理分开了，但是事件的处理还是在后台顺序执行的，但相比轮询系统，前后台系统确保了事件不会丢失，再加上中断具有可嵌套的功能，这可以大大提高程序的实时响应能力。在大多数中小型项目中，前后台系统运用得好，堪称有操作系统的效果。

3.2　多任务系统

相比前后台系统，多任务系统的事件响应也是在中断中完成的，但是事件的处理是在任务中完成的。在多任务系统中，任务与中断一样，也具有优先级，优先级高的任务会被优先执行。当一个紧急事件在中断中被标记之后，如果事件对应的任务的优先级足够高，就会立刻得到响应。相比前后台系统，多任务系统的实时性又被提高了。多任务系统大概的伪代码具体参见代码清单 3-3。

代码清单 3-3　多任务系统伪代码

```
1 int flag1 = 0;
2 int flag2 = 0;
3 int flag3 = 0;
4
5 int main(void)
6 {
7      /* 硬件相关初始化 */
```

```
 8        HardWareInit();
 9
10        /* RTOS 初始化 */
11        RTOSInit();
12
13        /* RTOS 启动，开始多任务调度，不再返回 */
14        RTOSStart();
15   }
16
17   void ISR1(void)
18   {
19        /* 置位标志位 */
20        flag1 = 1;
21   }
22
23   void ISR2(void)
24   {
25        /* 置位标志位 */
26        flag2 = 2;
27   }
28
29   void ISR3(void)
30   {
31        /* 置位标志位 */
32        flag3 = 1;
33   }
34
35   void DoSomething1(void)
36   {
37        /* 无限循环，不能返回 */
38        for (;;) {
39            /* 任务实体 */
40            if (flag1) {
41
42            }
43        }
44   }
45
46   void DoSomething2(void)
47   {
48        /* 无限循环，不能返回 */
49        for (;;) {
50            /* 任务实体 */
51            if (flag2) {
52
53            }
54        }
55   }
56
57   void DoSomething3(void)
58   {
59        /* 无限循环，不能返回 */
60        for (;;) {
```

```
61          /* 任务实体 */
62          if (flag3) {
63
64          }
65      }
66  }
```

相比前后台系统中后台顺序执行的程序主体，在多任务系统中，根据程序的功能，我们把这个程序主体分割成一个个独立的、无限循环且不能返回的小程序，这个小程序我们称之为任务。每个任务都是独立的、互不干扰的，且具备自身的优先级，它由操作系统调度管理。加入操作系统后，我们在编程时不需要精心地设计程序的执行流，不用担心每个功能模块之间是否存在干扰，编程反而变得简单了。整个系统的额外开销就是操作系统占据的少量 FLASH 和 RAM。现如今，单片机的 FLASH 和 RAM 越来越大，完全足以抵消 RTOS 的开销。

无论是裸机系统中的轮询系统、前后台系统还是多任务系统，我们不能简单地说孰优孰劣，它们是不同时代的产物，在各自的领域都还有相当大的应用价值，只有合适的才是最好的。有关这三者的软件模型的区别如表 3-1 所示。

表 3-1　轮询系统、前后台系统和多任务系统软件模型的区别

模　型	事 件 响 应	事 件 处 理	特　点
轮询系统	主程序	主程序	轮询响应事件，轮询处理事件
前后台系统	中断	主程序	实时响应事件，轮询处理事件
多任务系统	中断	任务	实时响应事件，实时处理事件

第 4 章
数据结构——列表与列表项

在 FreeRTOS 中存在大量的基础数据结构列表和列表项的操作，要想读懂 FreeRTOS 的源码或者从 0 到 1 实现 FreeRTOS，就必须弄懂列表和列表项的操作，其实这并不难。

列表和列表项是直接从 FreeRTOS 源码的注释中的 list 和 list item 翻译过来的，对应 C 语言中的链表和节点，在后续的讲解中，我们说的链表就是列表，节点就是列表项。

4.1　C 语言链表

链表作为 C 语言中一种基础的数据结构，在平时写程序时用得并不多，但在操作系统中却使用得非常多。链表好比一个圆形的晾衣架（见图 4-1），晾衣架上面有很多钩子，钩子首尾相连。链表也是，链表由节点组成，节点与节点之间首尾相连。

晾衣架的钩子本身不能代表很多东西，但是钩子却可以挂很多东西。同样，链表也类似，链表的节点本身不能存储太多内容，或者说链表的节点本来就不是用来存储大量数据的，但是节点跟晾衣架的钩子一样，可以挂载很多数据。

链表分为单向链表和双向链表，单向链表很少使用，用得最多的还是双向链表。

图 4-1　圆形晾衣架

4.1.1　单向链表

1. 链表的定义

单向链表示意图如图 4-2 所示。该链表中共有 n 个节点，前一个节点都有一个箭头指向后一个节点，首尾相连，组成一个圈。

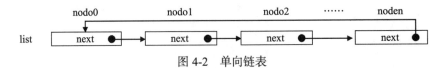

图 4-2　单向链表

　　节点本身必须包含一个节点指针，用于指向后一个节点，除了这个节点指针是必须有的之外，节点本身还可以携带一些私有信息。怎么携带？

　　节点都是自定义类型的数据结构，在这个数据结构中可以有单个的数据、数组、指针数据和自定义的结构体数据类型等信息，具体参见代码清单 4-1。

代码清单 4-1　节点结构体定义

```
1 struct node
2 {
3     struct node *next;        /* 指向链表的下一个节点 */
4     char data1;               /* 单个的数据 */
5     unsigned char array[];    /* 数组 */
6     unsigned long *prt        /* 指针数据 */
7     struct userstruct data2;  /* 自定义结构体类型数据 */
8     /* ······ */
9 }
```

　　在代码清单 4-1 中除了 struct node *next 这个节点指针之外，其余成员都可以理解为节点携带的数据，但是这种方法很少用。通常的做法是节点里面只包含一个用于指向下一个节点的指针。为要通过链表存储的数据内嵌一个节点即可，这些要存储的数据通过这个内嵌的节点即可挂载到链表中，就好像用晾衣架的钩子把衣服挂到晾衣架上一样，具体的伪代码实现参见代码清单 4-2，具体的示意图如图 4-3 所示。

代码清单 4-2　节点内嵌在一个数据结构中

```
1 /* 节点定义 */
2 struct node
3 {
4     struct node *next;        /* 指向链表的下一个节点 */
5 }
6
7 struct userstruct
8 {
9     /* 在结构体中，内嵌一个节点指针，通过这个节点将数据挂接到链表 */
10    struct node *next;
11    /* 各种各样的要存储的数据 */
12 }
```

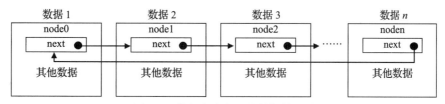

图 4-3　节点内嵌在一个数据结构中

2. 链表的操作

链表最大的作用是通过节点把离散的数据链接在一起，组成一个表。链表中常规的操作就是节点的插入和删除，为了顺利地插入节点，通常我们会人为地为一条链表规定一个根节点，这个根节点称为"生产者"。通常根节点还会有一个节点计数器，用于统计整条链表的节点个数，具体参见图 4-4 中的 root_node。

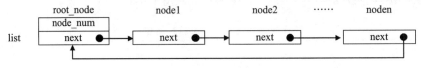

图 4-4　带根节点的链表

有关链表节点的删除和操作的代码讲解这里先略过，具体可参考 4.2 节，这里我们先了解概念即可。

4.1.2　双向链表

双向链表与单向链表的区别就是其节点中有两个节点指针，分别指向前后两个节点，其他方面二者完全一样。有关双向链表的描述参见单向链表相应内容即可，双向链表的示意图如图 4-5 所示。

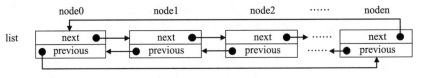

图 4-5　双向链表

4.1.3　链表与数组的对比

在很多公司的嵌入式相关职位面试中，通常会问到链表和数组的区别。在 C 语言中，链表与数组确实很像，二者的示意图如图 4-6 所示，这里以双向链表为例。

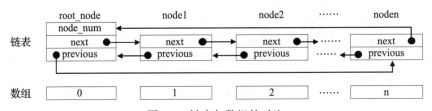

图 4-6　链表与数组的对比

链表是通过节点把离散的数据链接成一个表，通过对节点的插入和删除操作实现对数据的存取。而数组是通过开辟一段连续的内存来存储数据，这是数组和链表最大的区别。数组的每个成员对应链表的节点，成员和节点的数据类型可以是标准的 C 类型或者是用户自定义的结构体。数组有起始地址和结束地址，而链表是一个圈，没有头和尾之分，但是为了方便节点的插入和删除操作，会人为规定一个根节点。

4.2 FreeRTOS 中链表的实现

FreeRTOS 中与链表相关的操作均在 list.h 和 list.c 这两个文件中实现。第一次 list.h 使用时，需要在 include 文件夹下面新建，然后添加到工程中 freertos/source 这个组文件；第一次使用 list.c 时，需要在 freertos 文件夹下面新建，也添加到工程中 freertos/source 这个组文件。

4.2.1 实现链表节点

1. 定义链表节点数据结构

链表节点的数据结构在 list.h 中定义，具体实现参见代码清单 4-3，节点示意图如图 4-7 所示。

代码清单 4-3　链表节点数据结构定义

```
1 struct xLIST_ITEM
2 {
3     TickType_t xItemValue;          /* 辅助值，用于帮助节点进行顺序排列 */   (1)
4     struct xLIST_ITEM * pxNext;     /* 指向链表下一个节点 */                 (2)
5     struct xLIST_ITEM * pxPrevious; /* 指向链表上一个节点 */                 (3)
6     void * pvOwner;                 /* 指向拥有该节点的内核对象，通常是 TCB */(4)
7     void * pvContainer;             /* 指向该节点所在的链表 */               (5)
8 };
9 typedef struct xLIST_ITEM ListItem_t; /* 节点数据类型重定义 */               (6)
```

代码清单 4-3（1）：一个辅助值，用于帮助节点进行顺序排列。该辅助值的数据类型为 TickType_t，在 FreeRTOS 中，凡是涉及数据类型的地方，FreeRTOS 都会将标准的 C 数据类型用 typedef 重新设置一个类型名。这些经过重定义的数据类型放在 portmacro.h（第一次使用时，portmacro.h 需要在 include 文件夹下面新建，然后添加到工程中 freertos/source 这个组文件）这个头文件中，具体参见代码清单 4-4。其中，除了 TickType_t 外，其他数据类型重定义在本章后面的内容中需要用到，这里统一给出，后面将不再赘述。

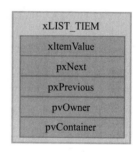

图 4-7　节点示意图

代码清单 4-4　portmacro.h 文件中的数据类型

```
1 #ifndef PORTMACRO_H
2 #define PORTMACRO_H
3
4 #include "stdint.h"
5 #include "stddef.h"
6
7
8 /* 数据类型重定义 */
9 #define portCHAR        char
10 #define portFLOAT      float
11 #define portDOUBLE     double
12 #define portLONG       long
```

```
13 #define portSHORT       short
14 #define portSTACK_TYPE uint32_t
15 #define portBASE_TYPE  long
16
17 typedef portSTACK_TYPE StackType_t;
18 typedef long BaseType_t;
19 typedef unsigned long UBaseType_t;
20
21 #if( configUSE_16_BIT_TICKS == 1 )                                (1)
22 typedef uint16_t TickType_t;
23 #define portMAX_DELAY ( TickType_t ) 0xffff
24 #else
25 typedef uint32_t TickType_t;
26 #define portMAX_DELAY ( TickType_t ) 0xffffffffUL
27 #endif
28
29 #endif/* PORTMACRO_H */
```

代码清单 4-4（1）：TickType_t 具体表示 16 位还是 32 位，由 configUSE_16_BIT_TICKS 这个宏决定，当该宏定义为 1 时，TickType_t 为 16 位，否则为 32 位。该宏在 FreeRTOSConfig.h（第一次使用 FreeRTOSConfig.h 时，需要在 include 文件夹下面新建，然后添加到工程中 freertos/source 这个组文件）中默认定义为 0，具体实现参见代码清单 4-5，所以 TickType_t 表示 32 位。

代码清单 4-5　configUSE_16_BIT_TICKS 宏定义

```
1 #ifndef FREERTOS_CONFIG_H
2 #define FREERTOS_CONFIG_H
3
4 #define configUSE_16_BIT_TICKS         0
5
6 #endif/* FREERTOS_CONFIG_H */
```

代码清单 4-3（2）：用于指向链表下一个节点。

代码清单 4-3（3）：用于指向链表上一个节点。

代码清单 4-3（4）：用于指向该节点的拥有者，即该节点内嵌在哪个数据结构中，属于哪个数据结构的成员。

代码清单 4-3（5）：用于指向该节点所在的链表，通常指向链表的根节点。

代码清单 4-3（6）：节点数据类型重定义。

2. 链表节点初始化

链表节点初始化函数在 list.c 中实现，具体实现参见代码清单 4-6。

代码清单 4-6　链表节点初始化

```
1 void vListInitialiseItem( ListItem_t * const pxItem )
2 {
3     /* 初始化该节点所在的链表为空，表示节点还没有插入任何链表 */
4     pxItem->pvContainer = NULL;                                    (1)
5 }
```

代码清单 4-6（1）：链表节点 ListItem_t 总共有 5 个成员，但是初始化时只需要将 pvContainer 初始化为空即可，表示该节点还没有插入任何链表。一个初始化好的节点示意图如图 4-8 所示。

4.2.2　实现链表根节点

1. 定义链表根节点数据结构

链表根节点的数据结构在 list.h 中定义，具体实现参见代码清单 4-7，根节点示意图如图 4-9 所示。

代码清单 4-7　链表根节点数据结构定义

```
1 typedef struct xLIST
2 {
3     UBaseType_t uxNumberOfItems;      /* 链表节点计数器 */          (1)
4     ListItem_t *  pxIndex;            /* 链表节点索引指针 */        (2)
5     MiniListItem_t xListEnd;          /* 链表最后一个节点 */        (3)
6 } List_t;
```

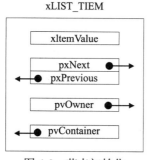

图 4-8　节点初始化

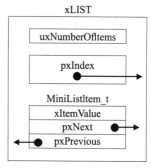

图 4-9　根节点

代码清单 4-7（1）：链表节点计数器，用于表示该链表下有多少个节点，根节点除外。

代码清单 4-7（2）：链表节点索引指针，用于遍历节点。

代码清单 4-7（3）：链表最后一个节点。我们知道，链表是首尾相连的，是一个圈，首就是尾，尾就是首，这从字面上理解就是链表的最后一个节点，实际上也就是链表的第一个节点，我们称之为生产者。该生产者的数据类型是一个精简的节点，也在 list.h 中定义，具体实现参见代码清单 4-8。

代码清单 4-8　链表精简节点结构体定义

```
1 struct xMINI_LIST_ITEM
2 {
3     TickType_t xItemValue;                /* 辅助值，用于帮助节点进行升序排列 */
4     struct xLIST_ITEM * pxNext;           /* 指向链表下一个节点 */
5     struct xLIST_ITEM * pxPrevious;       /* 指向链表上一个节点 */
6 };
7 typedef struct xMINI_LIST_ITEM MiniListItem_t;   /* 精简节点数据类型重定义 */
```

2. 链表根节点初始化

链表节点初始化函数在 list.c 中实现，具体实现参见代码清单 4-9，初始化好的根节点示意图如图 4-10 所示。

代码清单 4-9   链表根节点初始化

```
1 void vListInitialise( List_t * const pxList )
2 {
3     /* 将链表索引指针指向最后一个节点 */                                          (1)
4     pxList->pxIndex = ( ListItem_t * ) &( pxList->xListEnd );
5
6     /* 将链表最后一个节点的辅助排序的值设置为最大，确保该节点就是链表的最后节点 */   (2)
7     pxList->xListEnd.xItemValue = portMAX_DELAY;
8
9     /* 将最后一个节点的 pxNext 和 pxPrevious 指针均指向节点自身，表示链表为空 */    (3)
10    pxList->xListEnd.pxNext = ( ListItem_t * ) &( pxList->xListEnd );
11    pxList->xListEnd.pxPrevious = ( ListItem_t * ) &( pxList->xListEnd );
12
13    /* 初始化链表节点计数器的值为 0，表示链表为空 */                               (4)
14    pxList->uxNumberOfItems = ( UBaseType_t ) 0U;
15 }
```

代码清单 4-9（1）：将链表索引指针指向最后一个节点，即第 1 个节点，或者第 0 个节点更准确，因为这个节点不会计入节点计数器。

代码清单 4-9（2）：将链表最后一个（也可以理解为第一个）节点的辅助排序的值设置为最大，确保该节点就是链表的最后节点（也可以理解为第一个节点）。

代码清单 4-9（3）：将最后一个（也可以理解为第一个）节点的 pxNext 和 pxPrevious 指针均指向节点自身，表示链表为空。

代码清单 4-9（4）：初始化链表节点计数器的值为 0，表示链表为空。

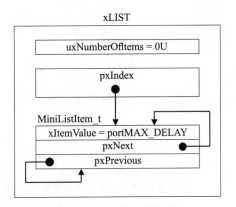

图 4-10   根节点初始化

3. 将节点插入链表的尾部

将节点插入链表的尾部（可以理解为头部），就是将一个新的节点插入一个空的链表，具体代码实现参见代码清单 4-10，插入过程的示意图如图 4-11 所示。

代码清单 4-10   将节点插入链表的尾部

```
1 void vListInsertEnd( List_t * const pxList, ListItem_t * const pxNewListItem )
2 {
3     ListItem_t * const pxIndex = pxList->pxIndex;
4
5     pxNewListItem->pxNext = pxIndex;
6     pxNewListItem->pxPrevious = pxIndex->pxPrevious;
7     pxIndex->pxPrevious->pxNext = pxNewListItem;
8     pxIndex->pxPrevious = pxNewListItem;
```

```
 9
10        /* 记住该节点所在的链表 */
11        pxNewListItem->pvContainer = ( void * ) pxList;
12
13        /* 链表节点计数器 ++ */
14        ( pxList->uxNumberOfItems )++;
15 }
```

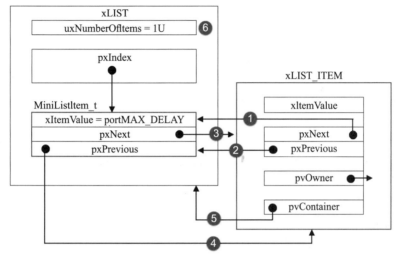

图 4-11　将节点插入链表的尾部

4. 将节点按照升序排列插入链表

将节点按照升序排列插入到链表时，如果有两个节点的值相同，则新节点在旧节点的后面插入，具体实现参见代码清单 4-11。

代码清单 4-11　将节点按照升序排列插入链表

```
 1 void vListInsert( List_t * const pxList, ListItem_t * const pxNewListItem )
 2 {
 3     ListItem_t *pxIterator;
 4
 5     /* 获取节点的排序辅助值 */
 6     const TickType_t xValueOfInsertion = pxNewListItem->xItemValue;        (1)
 7
 8     /* 寻找节点要插入的位置 */                                               (2)
 9     if ( xValueOfInsertion == portMAX_DELAY )
10     {
11         pxIterator = pxList->xListEnd.pxPrevious;
12     }
13     else
14     {
15         for ( pxIterator = ( ListItem_t * ) &( pxList->xListEnd );
16                 pxIterator->pxNext->xItemValue <= xValueOfInsertion;
17                 pxIterator = pxIterator->pxNext )
18         {
```

```
19                    /* 没有事情可做，不断迭代只为了找到节点要插入的位置 */
20           }
21       }
22    /* 根据升序排列，将节点插入 */                                              (3)
23    pxNewListItem->pxNext = pxIterator->pxNext;
24    pxNewListItem->pxNext->pxPrevious = pxNewListItem;
25    pxNewListItem->pxPrevious = pxIterator;
26    pxIterator->pxNext = pxNewListItem;
27
28    /* 记住该节点所在的链表 */
29    pxNewListItem->pvContainer = ( void * ) pxList;
30
31    /* 链表节点计数器 ++ */
32    ( pxList->uxNumberOfItems )++;
33 }
```

代码清单 4-11（1）：获取节点的排序辅助值。

代码清单 4-11（2）：根据节点的排序辅助值，找到节点要插入的位置，按照升序排列。

代码清单 4-11（3）：按照升序排列，将节点插入链表。假设将一个节点排序辅助值是 2 的节点插入有两个节点的链表中，这两个现有的节点的排序辅助值分别是 1 和 3，那么插入过程的示意图如图 4-12 所示。

5. 将节点从链表中删除

将节点从链表中删除的具体实现参见代码清单 4-12。假设将一个有三个节点的链表中的中间节点删除，删除操作的过程示意图如图 4-13 所示。

代码清单 4-12 将节点从链表中删除

```
1 UBaseType_t uxListRemove( ListItem_t * const pxItemToRemove )
2 {
3    /* 获取节点所在的链表 */
4    List_t * const pxList = ( List_t * ) pxItemToRemove->pvContainer;
5    /* 将指定的节点从链表删除 */
6    pxItemToRemove->pxNext->pxPrevious = pxItemToRemove->pxPrevious;
7    pxItemToRemove->pxPrevious->pxNext = pxItemToRemove->pxNext;
8
9    /* 调整链表的节点索引指针 */
10   if ( pxList->pxIndex == pxItemToRemove )
11   {
12       pxList->pxIndex = pxItemToRemove->pxPrevious;
13   }
14
15   /* 初始化该节点所在的链表为空，表示节点还没有插入任何链表 */
16   pxItemToRemove->pvContainer = NULL;
17
18   /* 链表节点计数器 -- */
19   ( pxList->uxNumberOfItems )--;
20
21   /* 返回链表中剩余节点的个数 */
22   return pxList->uxNumberOfItems;
23 }
```

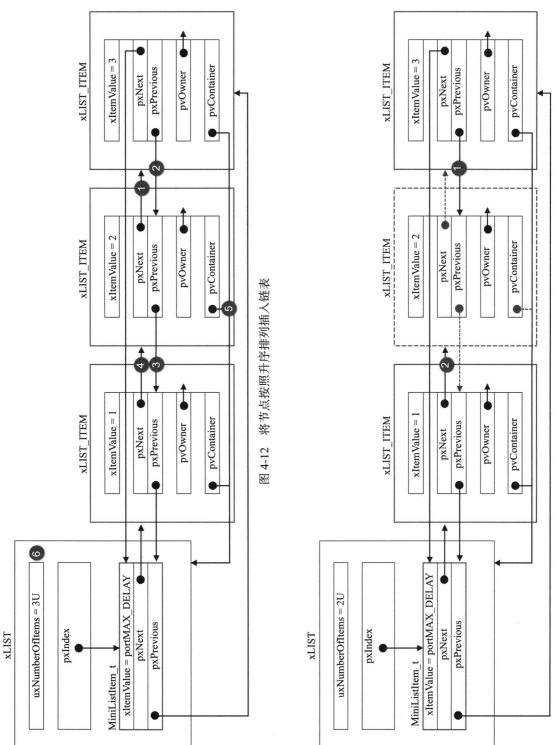

图 4-12　将节点按照升序排列插入链表

图 4-13　将节点从链表中删除

6. 节点带参宏函数

在 list.h 中，还定义了各种各样的带参宏，以便对节点进行一些简单的操作，具体实现参见代码清单 4-13。

代码清单 4-13   节点带参宏函数

```
1  /* 初始化节点的拥有者 */
2  #define listSET_LIST_ITEM_OWNER( pxListItem, pxOwner )\
3          ( ( pxListItem )->pvOwner = ( void * ) ( pxOwner ) )
4
5  /* 获取节点拥有者 */
6  #define listGET_LIST_ITEM_OWNER( pxListItem )\
7          ( ( pxListItem )->pvOwner )
8
9  /* 初始化节点排序辅助值 */
10 #define listSET_LIST_ITEM_VALUE( pxListItem, xValue )\
11         ( ( pxListItem )->xItemValue = ( xValue ) )
12
13 /* 获取节点排序辅助值 */
14 #define listGET_LIST_ITEM_VALUE( pxListItem )\
15         ( ( pxListItem )->xItemValue )
16
17 /* 获取链表根节点的节点计数器的值 */
18 #define listGET_ITEM_VALUE_OF_HEAD_ENTRY( pxList )\
19         ( ( ( pxList )->xListEnd ).pxNext->xItemValue )
20
21 /* 获取链表的入口节点 */
22 #define listGET_HEAD_ENTRY( pxList )\
23         ( ( ( pxList )->xListEnd ).pxNext )
24
25 /* 获取节点的下一个节点 */
26 #define listGET_NEXT( pxListItem )\
27         ( ( pxListItem )->pxNext )
28
29 /* 获取链表的最后一个节点 */
30 #define listGET_END_MARKER( pxList )\
31         ( ( ListItem_t const * ) ( &( ( pxList )->xListEnd ) ) )
32
33 /* 判断链表是否为空 */
34 #define listLIST_IS_EMPTY( pxList )\
35         ( ( BaseType_t ) ( ( pxList )->uxNumberOfItems == ( UBaseType_t ) 0 ) )
36
37 /* 获取链表的节点数 */
38 #define listCURRENT_LIST_LENGTH( pxList )\
39         ( ( pxList )->uxNumberOfItems )
40
41 /* 获取链表第一个节点的 OWNER，即 TCB */
42 #define listGET_OWNER_OF_NEXT_ENTRY( pxTCB, pxList )
43 {
44     List_t * const pxConstList = ( pxList );
45     /* 节点索引指向链表第一个节点 */                                       \
46     ( pxConstList )->pxIndex = ( pxConstList )->pxIndex->pxNext;
```

```
47        /* 这个操作有什么作用 */\
48        if( ( void * ) ( pxConstList )->pxIndex == ( void * ) &( ( pxConstList )->xListEnd ) )   \
49        {
50            ( pxConstList )->pxIndex = ( pxConstList )->pxIndex->pxNext;
51        }
52        /* 获取节点的 OWNER, 即 TCB */\
53        ( pxTCB ) = ( pxConstList )->pxIndex->pvOwner;
54 }
```

4.3　链表节点插入实验

我们新建 1 个根节点（也可以理解为链表）和 3 个普通节点，然后将这 3 个普通节点按照节点的排序辅助值做升序排列插入链表中，具体实现参见代码清单 4-14。

代码清单 4-14　链表节点插入实验

```
 1 /*
 2 *************************************************************************
 3 *                          包含的头文件
 4 *************************************************************************
 5 */
 6 #include "list.h"
 7
 8 /*
 9 *************************************************************************
10 *                          全局变量
11 *************************************************************************
12 */
13
14 /* 定义链表根节点 */
15 struct xLIST        List_Test;                                          (1)
16
17 /* 定义节点 */
18 struct xLIST_ITEM   List_Item1;                                         (2)
19 struct xLIST_ITEM   List_Item2;
20 struct xLIST_ITEM   List_Item3;
21
22
23
24 /*
25 *************************************************************************
26 *                          main() 函数
27 *************************************************************************
28 */
29 /*
30 int main(void)
31 {
32
33    /* 链表根节点初始化 */
34    vListInitialise( &List_Test );                                       (3)
```

```
35
36     /* 节点 1 初始化 */
37     vListInitialiseItem( &List_Item1 );                          (4)
38     List_Item1.xItemValue = 1;
39
40     /* 节点 2 初始化 */
41     vListInitialiseItem( &List_Item2 );
42     List_Item2.xItemValue = 2;
43
44     /* 节点 3 初始化 */
45     vListInitialiseItem( &List_Item3 );
46     List_Item3.xItemValue = 3;
47
48     /* 将节点插入链表，按照升序排列 */               (5)
49     vListInsert( &List_Test, &List_Item2 );
50     vListInsert( &List_Test, &List_Item1 );
51     vListInsert( &List_Test, &List_Item3 );
52
53     for (;;)
54     {
55         /* 什么也不做 */
56     }
57}
```

代码清单 4-14（1）：定义链表根节点，有了根节点，其他节点才能在此基础上生长。

代码清单 4-14（2）：定义 3 个普通节点。

代码清单 4-14(3)：进行链表根节点初始化，初始化完毕，根节点示意图如图 4-14 所示。

代码清单 4-14（4）：进行节点初始化，初始化完毕，节点示意图如图 4-15 所示，其中 xItemValue 等于初始化值。

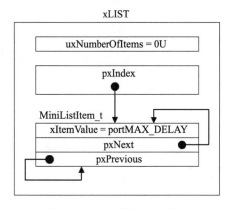

图 4-14　链表根节点初始化

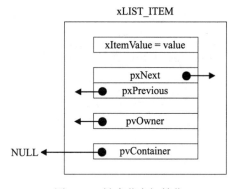

图 4-15　链表节点初始化

代码清单 4-14（5）：将节点按照其排序辅助值做升序排列插入链表，插入完成后链表的示意图如图 4-16 所示。

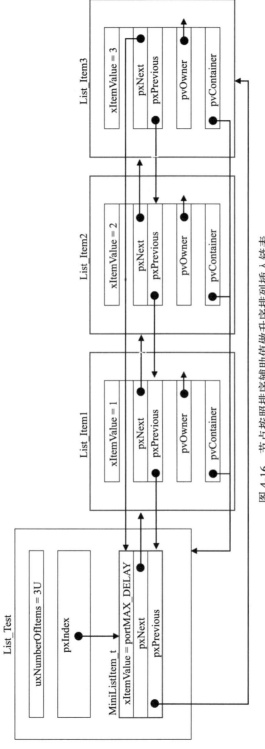

图 4-16　节点按照排序辅助值做升序排列插入链表

4.4 实验现象

将程序编译好之后，单击调试按钮，然后全速运行，再把 List_Test、List_Item1、List_Item2 和 List_Item3 这 4 个全局变量添加到观察窗口，之后查看这几个数据结构中 pxNext 和 pxPrevious 的值即可证实图 4-17 中的显示是正确的，具体的仿真数据如图 4-17 所示。

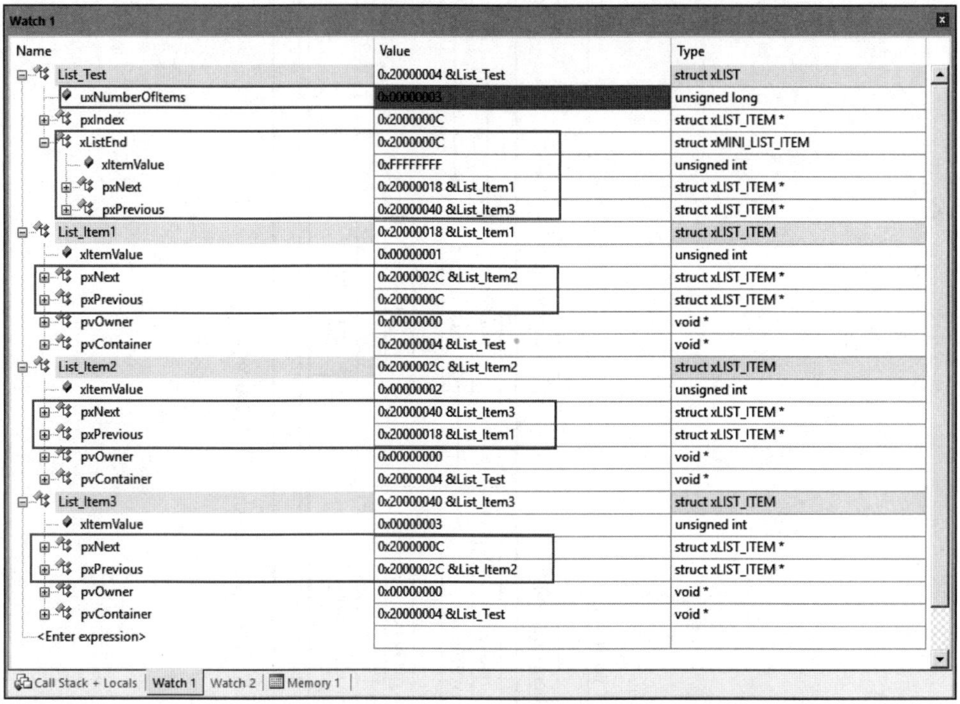

Name	Value	Type
List_Test	0x20000004 &List_Test	struct xLIST
uxNumberOfItems	0x00000003	unsigned long
pxIndex	0x2000000C	struct xLIST_ITEM *
xListEnd	0x2000000C	struct xMINI_LIST_ITEM
xItemValue	0xFFFFFFFF	unsigned int
pxNext	0x20000018 &List_Item1	struct xLIST_ITEM *
pxPrevious	0x20000040 &List_Item3	struct xLIST_ITEM *
List_Item1	0x20000018 &List_Item1	struct xLIST_ITEM
xItemValue	0x00000001	unsigned int
pxNext	0x2000002C &List_Item2	struct xLIST_ITEM *
pxPrevious	0x2000000C	struct xLIST_ITEM *
pvOwner	0x00000000	void *
pvContainer	0x20000004 &List_Test	void *
List_Item2	0x2000002C &List_Item2	struct xLIST_ITEM
xItemValue	0x00000002	unsigned int
pxNext	0x20000040 &List_Item3	struct xLIST_ITEM *
pxPrevious	0x20000018 &List_Item1	struct xLIST_ITEM *
pvOwner	0x00000000	void *
pvContainer	0x20000004 &List_Test	void *
List_Item3	0x20000040 &List_Item3	struct xLIST_ITEM
xItemValue	0x00000003	unsigned int
pxNext	0x2000000C	struct xLIST_ITEM *
pxPrevious	0x2000002C &List_Item2	struct xLIST_ITEM *
pvOwner	0x00000000	void *
pvContainer	0x20000004 &List_Test	void *
<Enter expression>		

图 4-17 节点按照排序辅助值做升序排列插入链表软件仿真数据

第 5 章
任务的定义与任务切换

5.1 本章目标

本章我们真正开始从 0 到 1 写 FreeRTOS，必须学会创建任务，并重点掌握任务是如何切换的。因为任务的切换是由汇编代码来完成的，所以代码看起来比较难懂，但是我们会尽力把代码讲透彻。如果学不会本章内容，后面的内容根本无从下手。

在本章中，我们会创建两个任务，并让这两个任务不断地切换，任务的主体都是让一个变量按照一定的频率翻转，通过 KEIL 的软件仿真功能，在逻辑分析仪中观察变量的波形变化，最终的波形图如图 5-1 所示。

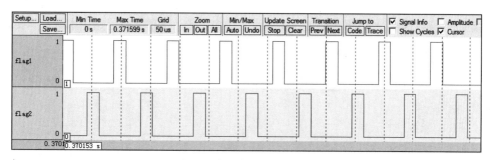

图 5-1 任务轮流切换波形图

其实，图 5-1 所示的波形图的效果并不是真正的多任务系统中任务切换的效果图，这个效果其实可以完全由裸机代码来实现，具体参见代码清单 5-1。

代码清单 5-1 裸机系统中两个变量轮流翻转

```
1 /* flag 必须定义成全局变量才能添加到逻辑分析仪里面以观察波形
2 * 在逻辑分析仪中要设置为位(bit)模式才能看到波形，不能用默认的模拟量
3 */
4 uint32_t flag1;
5 uint32_t flag2;
6
7
8 /* 软件延时，不必纠结具体的时间 */
9 void delay( uint32_t count )
```

```
10 {
11     for (; count!=0; count--);
12 }
13
14 int main(void)
15 {
16     /* 无限循环，顺序执行 */
17     for (;;) {
18         flag1 = 1;
19         delay( 100 );
20         flag1 = 0;
21         delay( 100 );
22
23         flag2 = 1;
24         delay( 100 );
25         flag2 = 0;
26         delay( 100 );
27     }
28 }
```

在多任务系统中，两个任务不断切换的效果图应该像图 5-2 所示那样，即两个变量的波形是完全一样的，就好像 CPU 在同时做两件事一样，这才是多任务的意义。虽然二者的波形图一样，但是代码的实现方式是完全不一样的，由原来的顺序执行变成了任务的主动切换，这是根本区别。本章只是开始，我们先掌握好任务是如何切换的，在后面章节中，我们会陆续完善功能代码，加入系统调度，实现真正的多任务。千里之行，始于本章，不要急。

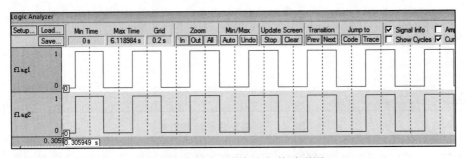

图 5-2　多任务系统任务切换波形图

5.2　什么是任务

在裸机系统中，系统的主体就是 main() 函数里面顺序执行的无限循环，在这个无限循环中，CPU 按照顺序完成各种操作。在多任务系统中，我们根据功能的不同，把整个系统分割成一个个独立的且无法返回的函数，这种函数我们称为任务。任务的大概形式具体参见代码清单 5-2。

代码清单 5-2　多任务系统中任务的形式

```
1 void task_entry (void *parg)
2 {
```

```
3      /* 任务主体,无限循环且不能返回 */
4      for (;;) {
5          /* 任务主体代码 */
6      }
7 }
```

5.3 创建任务

5.3.1 定义任务栈

先回想一下,在一个裸机系统中,如果有全局变量,有子函数调用,有中断发生,那么系统在运行时,全局变量放在哪里?子函数调用时,局部变量放在哪里?中断发生时,函数返回地址放在哪里?如果只是单纯的裸机编程,它们放在什么位置可以不用考虑,但是如果要写一个 RTOS,就必须明确各种环境参数是如何存储的。在裸机系统中,它们统统放在栈中。栈是单片机 RAM 中一段连续的内存空间,栈的大小一般在启动文件或者链接脚本中指定,最后由 C 库函数 __main 进行初始化。

但是,在多任务系统中,每个任务都是独立的、互不干扰的,所以要为每个任务都分配独立的栈空间,这个栈空间通常是一个预先定义好的全局数组,也可以是动态分配的一段内存空间,但它们都存在于 RAM 中。

本章我们要实现两个变量按照一定的频率轮流翻转,每个变量对应一个任务,那么就需要定义两个任务栈,具体参见代码清单 5-3。在多任务系统中,有多少个任务就需要定义多少个任务栈。

代码清单 5-3 定义任务栈

```
1 #define TASK1_STACK_SIZE                      128              (2)
2 StackType_t Task1Stack[TASK1_STACK_SIZE];                      (1)
3
4 #define TASK2_STACK_SIZE                      128
5 StackType_t Task2Stack[TASK2_STACK_SIZE];
```

代码清单 5-3(1):任务栈其实就是一个预先定义好的全局数据,数据类型为 StackType_t,大小由 TASK1_STACK_SIZE 这个宏来定义,默认为 128,单位为字,即 512 字节,这也是 FreeRTOS 推荐的最小的任务栈。在 FreeRTOS 中,凡是涉及数据类型的地方,FreeRTOS 都会将标准的 C 数据类型用 typedef 重新定义一个类型名。这些经过重定义的数据类型放在 portmacro.h(第一次使用 rtdef.h 时需要在 include 文件夹下面新建,然后添加到工程的 freertos/source 组)头文件中,具体参见代码清单 5-4。其中除了 StackType_t 外,其他数据类型重定义是本章后面内容中需要使用到的,这里统一给出,后面将不再赘述。

代码清单 5-4 portmacro.h 文件中的数据类型

```
1 #ifndef PORTMACRO_H
2 #define PORTMACRO_H
```

```
 3
 4  /* 包含标准库头文件 */
 5  #include "stdint.h"
 6  #include "stddef.h"
 7
 8
 9  /* 数据类型重定义 */
10  #define portCHAR      char
11  #define portFLOAT     float
12  #define portDOUBLE    double
13  #define portLONG      long
14  #define portSHORT     short
15  #define portSTACK_TYPE uint32_t
16  #define portBASE_TYPE  long
17
18  typedef portSTACK_TYPE StackType_t;
19  typedef long BaseType_t;
20  typedef unsigned long UBaseType_t;
21
22
23  #endif/* PORTMACRO_H */
```

5.3.2　定义任务函数

任务是一个独立的函数，函数主体无限循环且不能返回。本章我们在 main.c 中定义的两个任务具体参见代码清单 5-5。

代码清单 5-5　任务函数

```
 1  /* 软件延时 */
 2  void delay (uint32_t count)
 3  {
 4      for (; count!=0; count--);
 5  }
 6  /* 任务1 */
 7  void Task1_Entry( void *p_arg )                    (1)
 8  {
 9      for ( ;; )
10      {
11          flag1 = 1;
12          delay( 100 );
13          flag1 = 0;
14          delay( 100 );
15      }
16  }
17
18  /* 任务2 */
19  void Task2_Entry( void *p_arg )                    (2)
20  {
21      for ( ;; )
22      {
23          flag2 = 1;
```

```
24          delay( 100 );
25          flag2 = 0;
26          delay( 100 );
27      }
28 }
```

代码清单 5-5（1）（2）：正如我们所说的那样，任务是一个独立的、无限循环且不能返回的函数。

5.3.3　定义任务控制块

在裸机系统中，程序的主体是 CPU 按照顺序执行的。而在多任务系统中，任务的执行是由系统调度的。系统为了顺利地调度任务，为每个任务都额外定义了一个任务控制块，这个任务控制块相当于任务的身份证，里面存有任务的所有信息，比如任务的栈指针、任务名称、任务的形参等。有了这个任务控制块之后，以后系统对任务的全部操作都可以通过这个任务控制块来实现。定义一个任务控制块需要一个新的数据类型，该数据类型在 task.c 这个头文件中声明（为了使 tskTCB 这个数据类型能在其他地方使用，讲解时将这个任务控制块的声明放在了 FreeRTOS.h 头文件中），具体的声明参见代码清单 5-6，使用它可以为每个任务都定义一个任务控制块实体。

代码清单 5-6　任务控制块类型声明

```
 1 typedef struct tskTaskControlBlock
 2 {
 3     volatile StackType_t  *pxTopOfStack;    /* 栈顶 */              (1)
 4
 5     ListItem_t xStateListItem;              /* 任务节点 */          (2)
 6
 7     StackType_t *pxStack;                   /* 任务栈起始地址 */    (3)
 8     /* 任务名称，为字符串形式 */                                     (4)
 9     char pcTaskName[ configMAX_TASK_NAME_LEN ];
10 } tskTCB;
11 typedef tskTCB TCB_t;                                               (5)
```

代码清单 5-6（1）：栈顶指针，作为 TCB 的第一个成员。

代码清单 5-6（2）：任务节点，这是一个内置在 TCB 控制块中的链表节点，通过这个节点，可以将任务控制块挂接到各种链表中。这个节点类似晾衣架上的钩子，TCB 就是衣服。有关链表的知识点已经在前文中做了详细讲解，这里不再赘述。

代码清单 5-6（3）：任务栈起始地址。

代码清单 5-6（4）：任务名称，为字符串形式，长度由宏 configMAX_TASK_NAME_LEN 来控制，该宏在 FreeRTOSConfig.h 中定义，默认为 16。

代码清单 5-6（5）：数据类型重定义。

在本章实验中，我们在 main.c 文件中为两个任务定义的任务控制块可参见代码清单 5-7。

代码清单 5-7 任务控制块定义

```
1 /* 定义任务控制块 */
2 TCB_t Task1TCB;
3 TCB_t Task2TCB;
```

5.3.4 实现任务创建函数

任务的栈、任务的函数实体以及任务的控制块最终需要联系起来才能由系统进行统一调度。那么这个联系的工作就由任务创建函数 xTaskCreateStatic() 来完成，该函数在 task.c（第一次使用 task.c 时需要在文件夹 freertos 中新建并添加到工程的 freertos/source 组）中定义，在 task.h 中声明，所有与任务相关的函数都在这个文件中定义。

1. xTaskCreateStatic() 函数

xTaskCreateStatic() 函数的实现参见代码清单 5-8。

代码清单 5-8 xTaskCreateStatic() 函数

```
1  #if( configSUPPORT_STATIC_ALLOCATION == 1 )                         (1)
2
3  TaskHandle_t xTaskCreateStatic(TaskFunction_t pxTaskCode,           (2)
4                          const char * const pcName,                  (3)
5                          const uint32_t ulStackDepth,                (4)
6                          void * const pvParameters,                  (5)
7                          StackType_t * const puxStackBuffer,         (6)
8                          TCB_t * const pxTaskBuffer )                (7)
9  {
10     TCB_t *pxNewTCB;
11     TaskHandle_t xReturn;                                           (8)
12
13     if ( ( pxTaskBuffer != NULL ) && ( puxStackBuffer != NULL ) )
14     {
15         pxNewTCB = ( TCB_t * ) pxTaskBuffer;
16         pxNewTCB->pxStack = ( StackType_t * ) puxStackBuffer;
17
18         /* 创建新的任务 */                                            (9)
19         prvInitialiseNewTask( pxTaskCode,        /* 任务入口 */
20                         pcName,                  /* 任务名称，字符串形式 */
21                         ulStackDepth,            /* 任务栈大小，单位为字 */
22                         pvParameters,            /* 任务形参 */
23                         &xReturn,                /* 任务句柄 */
24                         pxNewTCB);               /* 任务栈起始地址 */
25
26     }
27     else
28     {
29         xReturn = NULL;
30     }
31
32     /* 返回任务句柄，如果任务创建成功，此时 xReturn 应该指向任务控制块 */
33     return xReturn;                                                 (10)
34 }
```

```
35
36 #endif/* configSUPPORT_STATIC_ALLOCATION */
```

代码清单 5-8（1）：在 FreeRTOS 中，任务的创建可采用两种方法，一种是使用动态创建，另一种是使用静态创建。动态创建时，任务控制块和栈的内存是创建任务时动态分配的，任务删除时，内存可以释放。静态创建时，任务控制块和栈的内存需要事先定义好，是静态的内存，任务删除时，内存不能释放。目前我们以静态创建为例来讲解，configSUPPORT_STATIC_ALLOCATION 在 FreeRTOSConfig.h 中定义，我们配置为 1。

代码清单 5-8（2）：任务入口，即任务的函数名称。TaskFunction_t 是在 projdefs.h（第一次使用 projdefs.h 时需要在 include 文件夹中新建，然后添加到工程中的 freertos/source 组）中重定义的一个数据类型，实际就是空指针，具体实现参见代码清单 5-9。

代码清单 5-9　TaskFunction_t 定义

```
 1 #ifndef PROJDEFS_H
 2 #define PROJDEFS_H
 3
 4 typedef void (*TaskFunction_t)( void * );
 5
 6 #define pdFALSE              ( ( BaseType_t ) 0 )
 7 #define pdTRUE               ( ( BaseType_t ) 1 )
 8
 9 #define pdPASS               ( pdTRUE )
10 #define pdFAIL               ( pdFALSE )
11
12
13 #endif/* PROJDEFS_H */
```

代码清单 5-8（3）：任务名称，为字符串形式，以方便调试。

代码清单 5-8（4）：任务栈大小，单位为字。

代码清单 5-8（5）：任务形参。

代码清单 5-8（6）：任务栈起始地址。

代码清单 5-8（7）：任务控制块指针。

代码清单 5-8（8）：定义一个任务句柄 xReturn，用于指向任务的 TCB。任务句柄的数据类型为 TaskHandle_t，在 task.h 中定义，实际上就是一个空指针，具体实现参见代码清单 5-10。

代码清单 5-10　TaskHandle_t 定义

```
1 /* 任务句柄 */
2 typedef void * TaskHandle_t;
```

2. prvInitialiseNewTask() 函数

代码清单 5-8（9）：调用 prvInitialiseNewTask() 函数，创建新任务，该函数在 task.c 中实现，具体实现参见代码清单 5-11。

代码清单 5-11　prvInitialiseNewTask() 函数

```
1  static void prvInitialiseNewTask(TaskFunction_t pxTaskCode,          (1)
2                          const char * const pcName,                   (2)
3                          const uint32_t ulStackDepth,                 (3)
4                          void * const pvParameters,                   (4)
5                          TaskHandle_t * const pxCreatedTask,          (5)
6                          TCB_t *pxNewTCB )                            (6)
7
8  {
9      StackType_t *pxTopOfStack;
10     UBaseType_t x;
11
12     /* 获取栈顶地址 */                                                (7)
13     pxTopOfStack = pxNewTCB->pxStack + ( ulStackDepth - ( uint32_t ) 1 );
14     /* 向下做 8 字节对齐 */                                           (8)
15     pxTopOfStack = ( StackType_t * ) \
16                 ( ( ( uint32_t ) pxTopOfStack ) & ( ~( ( uint32_t ) 0x0007 ) ) );
17
18     /* 将任务名存储在 TCB 中 */                                       (9)
19     for ( x = ( UBaseType_t ) 0; x < ( UBaseType_t ) configMAX_TASK_NAME_LEN; x++ )
20     {
21         pxNewTCB->pcTaskName[ x ] = pcName[ x ];
22
23         if ( pcName[ x ] == 0x00 )
24         {
25             break;
26         }
27     }
28     /* 任务名的长度不能超过 configMAX_TASK_NAME_LEN */                (10)
29     pxNewTCB->pcTaskName[ configMAX_TASK_NAME_LEN - 1 ] = '\0';
30
31     /* 初始化 TCB 中的 xStateListItem 节点 */                        (11)
32     vListInitialiseItem( &( pxNewTCB->xStateListItem ) );
33     /* 设置 xStateListItem 节点的拥有者 */                           (12)
34     listSET_LIST_ITEM_OWNER( &( pxNewTCB->xStateListItem ), pxNewTCB );
35
36
37     /* 初始化任务栈 */                                               (13)
38     pxNewTCB->pxTopOfStack = pxPortInitialiseStack( pxTopOfStack,
39                     pxTaskCode,
40                     pvParameters );
41
42
43     /* 让任务句柄指向任务控制块 */                                    (14)
44     if ( ( void * ) pxCreatedTask != NULL )
45     {
46         *pxCreatedTask = ( TaskHandle_t ) pxNewTCB;
47     }
48  }
```

代码清单 5-11（1）：任务入口。

代码清单 5-11（2）：任务名称，为字符串形式。

代码清单 5-11（3）：任务栈大小，单位为字。

代码清单 5-11（4）：任务形参。

代码清单 5-11（5）：任务句柄。

代码清单 5-11（6）：任务控制块指针。

代码清单 5-11（7）：获取栈顶地址。

代码清单 5-11（8）：将栈顶指针向下做 8 字节对齐。在 Cortex-M3（Cortex-M4 或 Cortex-M7）内核的单片机中，因为总线宽度是 32 位的，通常只要栈保持 4 字节对齐即可，那么此处为何要为 8 字节？难道有哪些操作是 64 位的？确实有，那就是浮点运算，所以要 8 字节对齐（但是目前还没有涉及浮点运算，此处的设置只是为了后续能够兼容浮点运行）。如果栈顶指针是 8 字节对齐的，在进行向下 8 字节对齐时，指针不会移动，如果不是 8 字节对齐的，在做向下 8 字节对齐时，就会空出几个字节，比如当 pxTopOfStack 是 33 时，明显不能被 8 整除，进行向下 8 字节对齐就是 32，那么就会空出一个字节不使用。

代码清单 5-11（9）：将任务名存储在 TCB 中。

代码清单 5-11（10）：任务名的长度不能超过 configMAX_TASK_NAME_LEN，并以 '\0' 结尾。

代码清单 5-11（11）：初始化 TCB 中的 xStateListItem 节点，即初始化该节点所在的链表为空，表示节点还没有插入任何链表。

代码清单 5-11（12）：设置 xStateListItem 节点的拥有者，即拥有这个节点本身的 TCB。

代码清单 5-11（13）：调用 pxPortInitialiseStack() 函数初始化任务栈，并更新栈顶指针，任务第一次运行的环境参数就存在任务栈中。该函数在 port.c（第一次使用 port.c 时，需要在 freertos\portable\RVDS\ARM_CM3（ARM_CM4 或 ARM_CM7）文件夹下面新建，然后添加到工程中的 freertos/source 组）中定义，具体实现参见代码清单 5-12。任务栈初始化完毕之后，栈空间内部分布图如图 5-3 所示。

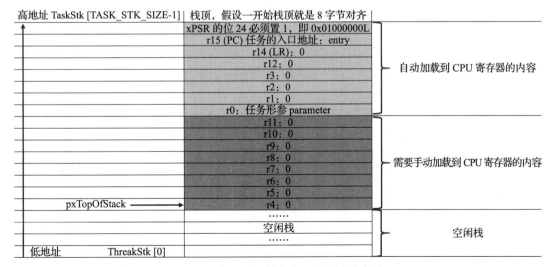

图 5-3　任务栈初始化完后栈空间分布图

3. pxPortInitialiseStack() 函数

代码清单 5-12　　pxPortInitialiseStack() 函数

```
1  #define portINITIAL_XPSR            ( 0x01000000 )
2  #define portSTART_ADDRESS_MASK      ( ( StackType_t ) 0xfffffffeUL )
3
4  static void prvTaskExitError( void )
5  {
6      /* 函数停止在这里 */
7      for (;;);
8  }
9
10 StackType_t *pxPortInitialiseStack( StackType_t *pxTopOfStack,
11                                     TaskFunction_t pxCode,
12                                     void *pvParameters )
13 {
14     /* 异常发生时，自动加载到 CPU 寄存器的内容 */                               (1)
15     pxTopOfStack--;
16     *pxTopOfStack = portINITIAL_XPSR;                                        (2)
17     pxTopOfStack--;
18     *pxTopOfStack = ( ( StackType_t ) pxCode ) & portSTART_ADDRESS_MASK;     (3)
19     pxTopOfStack--;
20     *pxTopOfStack = ( StackType_t ) prvTaskExitError;                        (4)
21     pxTopOfStack -= 5   /* r12、r3、r2 和 r1 默认初始化为 0 */
22     *pxTopOfStack = ( StackType_t ) pvParameters;                            (5)
23
24     /* 异常发生时，手动加载到 CPU 寄存器的内容 */                               (6)
25     pxTopOfStack -= 8;
26
27     /* 返回栈顶指针，此时 pxTopOfStack 指向空闲栈 */
28     return pxTopOfStack;                                                     (7)
29 }
```

代码清单 5-12（1）：异常发生时，CPU 自动从栈中加载到 CPU 寄存器的内容，包括 8 个寄存器，分别为 r0、r1、r2、r3、r12、r14、r15 和 xPSR 的位 24，且顺序不能变。

代码清单 5-12（2）：xPSR 的位 24 必须置 1，即 0x01000000。

代码清单 5-12（3）：任务的入口地址。

代码清单 5-12（4）：任务的返回地址，通常任务是不会返回的，如果返回了就跳转到 prvTaskExitError，该函数是一个无限循环。

代码清单 5-12（5）：r12、r3、r2 和 r1 默认初始化为 0。

代码清单 5-12（6）：异常发生时，需要手动加载到 CPU 寄存器的内容，总共有 8 个，分别为 r4、r5、r6、r7、r8、r9、r10 和 r11，默认初始化为 0。

代码清单 5-12（7）：返回栈顶指针，此时 pxTopOfStack 指向具体见图 5-3。任务第一次运行时，就是从这个栈指针开始手动加载 8 个字的内容到 CPU 寄存器：r4、r5、r6、r7、r8、r9、r10 和 r11，当退出异常时，栈中剩下的 8 个字的内容会自动加载到 CPU 寄存器：r0、 r1、r2、r3、r12、r14、r15 和 xPSR 的位 24。此时 PC 指针就指向了任务入口地址，从而成功跳转到第一个任务。

代码清单 5-11（14）：让任务句柄指向任务控制块。

代码清单 5-8（10）：返回任务句柄，如果任务创建成功，此时 xReturn 应该指向任务控制块，xReturn 作为形参传入 prvInitialiseNewTask() 函数。

5.4　实现就绪列表

5.4.1　定义就绪列表

任务创建好之后，我们需要把任务添加到就绪列表中，表示任务已经就绪，系统随时可以调度。就绪列表在 task.c 中定义，具体参见代码清单 5-13。

代码清单 5-13　定义就绪列表

```
1 /* 任务就绪列表 */
2 List_t pxReadyTasksLists[ configMAX_PRIORITIES ];
```

就绪列表实际上就是一个 List_t 类型的数组，数组的大小由决定最大任务优先级的宏 configMAX_PRIORITIES 确定，configMAX_PRIORITIES 在 FreeRTOSConfig.h 中默认定义为 5，最大支持 256 个优先级。数组的下标对应任务的优先级，同一优先级的任务统一插入就绪列表的同一条链表中。一个空的就绪列表如图 5-4 所示。

5.4.2　就绪列表初始化

就绪列表在使用前需要先初始化，就绪列表初始化的工作在函数 prvInitialiseTaskLists() 中实现，具体参见代码清单 5-14。就绪列表初始化完毕，其示意图如图 5-5 所示。

代码清单 5-14　就绪列表初始化

```
1 void prvInitialiseTaskLists( void )
2 {
3     UBaseType_t uxPriority;
4
5
6     for ( uxPriority = ( UBaseType_t ) 0U;
7     uxPriority < ( UBaseType_t ) configMAX_PRIORITIES;
8     uxPriority++ )
9     {
10        vListInitialise( &( pxReadyTasksLists[ uxPriority ] ) );
11    }
12 }
```

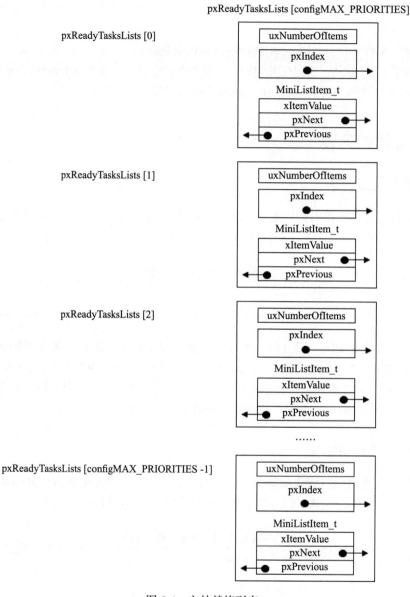

图 5-4　空的就绪列表

5.4.3　将任务插入就绪列表

　　任务控制块里面有一个 xStateListItem 成员，数据类型为 ListItem_t，我们将任务插入就绪列表中，就是通过将任务控制块的 xStateListItem 节点插入就绪列表中来实现的。如果把就绪列表比作晾衣架，任务比作衣服，那么 xStateListItem 就是晾衣架上面的钩子，每个任务都自带晾衣架钩子，就是为了把自己挂在各种链表中。

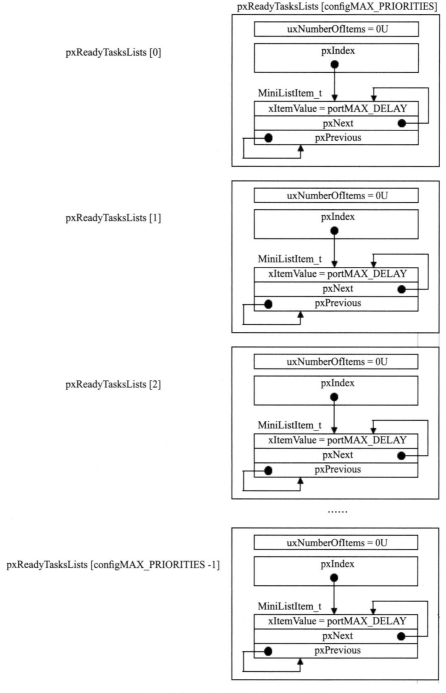

图 5-5　就绪列表初始化完毕的示意图

在本章的实验中，任务创建好之后，紧接着将任务插入就绪列表，具体实现参见代码清单 5-15 中的加粗部分。

代码清单 5-15　将任务插入就绪列表

```
1  /* 初始化与任务相关的列表，如就绪列表 */
2  prvInitialiseTaskLists();
3
4  Task1_Handle =                                      /* 任务句柄 */
5  xTaskCreateStatic( (TaskFunction_t)Task1_Entry,     /* 任务入口 */
6                     (char *)"Task1",                 /* 任务名称，字符串形式 */
7                     (uint32_t)TASK1_STACK_SIZE ,     /* 任务栈大小，单位为字 */
8                     (void *) NULL,                   /* 任务形参 */
9                     (StackType_t *)Task1Stack,       /* 任务栈起始地址 */
10                    (TCB_t *)&Task1TCB );            /* 任务控制块 */
11
12 /* 将任务添加到就绪列表 */
13 vListInsertEnd( &( pxReadyTasksLists[1] ),
14                 &( ((TCB_t *)(&Task1TCB))->xStateListItem ) );
15
16 Task2_Handle =                                      /* 任务句柄 */
17 xTaskCreateStatic( (TaskFunction_t)Task2_Entry,     /* 任务入口 */
18                    (char *)"Task2",                 /* 任务名称，字符串形式 */
19                    (uint32_t)TASK2_STACK_SIZE ,     /* 任务栈大小，单位为字 */
20                    (void *) NULL,                   /* 任务形参 */
21                    (StackType_t *)Task2Stack,       /* 任务栈起始地址 */
22                    (TCB_t *)&Task2TCB );            /* 任务控制块 */
23 /* 将任务添加到就绪列表 */
24 vListInsertEnd( &( pxReadyTasksLists[2] ),
25                 &( ((TCB_t *)(&Task2TCB))->xStateListItem ) );
```

就绪列表的下标对应的是任务的优先级，但是目前我们的任务还不支持优先级，有关支持多优先级的知识点后面会讲到，所以 Task1 和 Task2 任务在插入就绪列表时，可以任意选择插入的位置。在代码清单 5-15 中，我们选择将 Task1 任务插入就绪列表下标为 1 的链表中，Task2 任务插入就绪列表下标为 2 的链表中，具体示意图如图 5-6 所示。

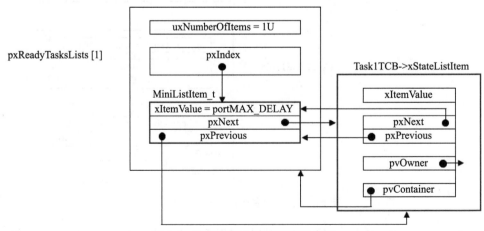

图 5-6　将任务插入就绪列表示意图

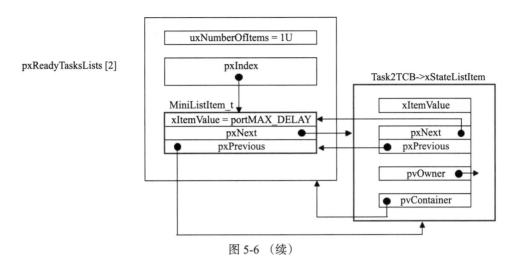

图 5-6　（续）

5.5　实现调度器

调度器是操作系统的核心，其主要功能就是实现任务的切换，即从就绪列表里面找到优先级最高的任务，然后执行该任务。从代码上看，调度器是由几个全局变量和一些可以实现任务切换的函数组成，全部在 task.c 文件中实现。

5.5.1　启动调度器

调度器的启动由 vTaskStartScheduler() 函数完成，该函数在 task.c 中定义，具体实现参见代码清单 5-16。

1. vTaskStartScheduler() 函数

代码清单 5-16　vTaskStartScheduler() 函数

```
 1 void vTaskStartScheduler( void )
 2 {
 3     /* 手动指定第一个运行的任务 */
 4     pxCurrentTCB = &Task1TCB;                                        (1)
 5
 6     /* 启动调度器 */
 7     if ( xPortStartScheduler() != pdFALSE )
 8     {
 9     /* 调度器启动成功，则不会返回，即不会来到这里 */                      (2)
10     }
11 }
```

代码清单 5-16（1）：pxCurrentTCB 是一个在 task.c 中定义的全局指针，用于指向当前正在运行或者即将运行的任务的任务控制块。目前我们还不支持优先级，所以这里手动指定第一个要运行的任务。

代码清单 5-16（2）：调用函数 xPortStartScheduler() 启动调度器，调度器启动成功，则不会返回。该函数在 port.c 中实现，具体参见代码清单 5-17。

2. xPortStartScheduler() 函数

代码清单 5-17　xPortStartScheduler() 函数

```
1  /*
2   * 参考资料《STM32F10xxx Cortex-M3 programming manual》4.4.3，在百度中搜索 PM0056 即
        可找到这个文档
3   * 在 Cortex-M 中，内核外设 SCB 中 SHPR3 寄存器用于设置 SysTick 和 PendSV 的异常优先级
4   * System handler priority register 3 (SCB_SHPR3) SCB_SHPR3: 0xE000 ED20
5   * Bits 31:24 PRI_15[7:0]: Priority of system handler 15, SysTick exception
6   * Bits 23:16 PRI_14[7:0]: Priority of system handler 14, PendSV
7   */
8  #define portNVIC_SYSPRI2_REG   (*(( volatile uint32_t *) 0xe000ed20))
9
10 #define portNVIC_PENDSV_PRI(((uint32_t) configKERNEL_INTERRUPT_PRIORITY ) << 16UL)
11 #define portNVIC_SYSTICK_PRI(((uint32_t) configKERNEL_INTERRUPT_PRIORITY ) << 24UL )
12
13 BaseType_t xPortStartScheduler( void )
14 {
15     /* 配置 PendSV 和 SysTick 的中断优先级为最低 */                          (1)
16     portNVIC_SYSPRI2_REG |= portNVIC_PENDSV_PRI;
17     portNVIC_SYSPRI2_REG |= portNVIC_SYSTICK_PRI;
18
19     /* 启动第一个任务，不再返回 */
20     prvStartFirstTask();                                                    (2)
21
22     /* 不应该运行到这里 */
23     return 0;
24 }
```

代码清单 5-17（1）：配置 PendSV 和 SysTick 的中断优先级为最低。SysTick 和 PendSV 都会涉及系统调度，系统调度的优先级要低于系统的其他硬件中断优先级，即优先响应系统中的外部硬件中断，所以 SysTick 和 PendSV 的中断优先级配置为最低。

代码清单 5-17（2）：调用 prvStartFirstTask() 函数启动第一个任务，启动成功后，则不再返回，该函数用汇编语言编写，在 port.c 中实现。

3. prvStartFirstTask() 函数

prvStartFirstTask() 函数用于开始第一个任务，主要进行了两个操作，一是更新 MSP 的值，二是产生 SVC 系统调用，然后到 SVC 的中断服务函数中真正切换到第一个任务。该函数的具体实现参见代码清单 5-18。

代码清单 5-18　prvStartFirstTask() 函数

```
1  /*
2   * 参考资料《STM32F10xxx Cortex-M3 programming manual》4.4.3，在百度中搜索 PM0056
        即可找到这个文档
3   * 在 Cortex-M 中，内核外设 SCB 的地址范围为 0xE000ED00-0xE000ED3F
4   * 0xE000ED008 为 SCB 外设中 SCB_VTOR 寄存器的地址，里面存放的是向量表的起始地址，即 MSP 的地址
5   */
```

```
 6
 7
 8  __asm void prvStartFirstTask( void )
 9  {
10      PRESERVE8                                                      (1)
11
12      /* 在 Cortex-M 中，0xE000ED08 是 SCB_VTOR 这个寄存器的地址，    (2)
13      里面存放的是向量表的起始地址，即 msp 的地址 */
14      ldr r0, =0xE000ED08                                            (3)
15      ldr r0, [r0]                                                   (4)
16      ldr r0, [r0]                                                   (5)
17
18      /* 设置主栈指针 msp 的值 */
19      msr msp, r0                                                    (6)
20
21      /* 启用全局中断 */                                              (7)
22      cpsie i
23      cpsie f
24      dsb
25      isb
26
27      /* 调用 SVC 启动第一个任务 */
28      svc 0                                                         (8)
29      nop
30      nop
31  }
```

代码清单 5-18（1）：当前栈需要按照 8 字节对齐，如果都是 32 位的操作，则 4 个字节对齐即可。在 Cortex-M 中浮点运算是 8 字节的。

代码清单 5-18（2）：在 Cortex-M 中，0xE000ED08 是 SCB_VTOR 寄存器的地址，里面存放的是向量表的起始地址，即 msp 的地址。向量表通常是从内部 FLASH 的起始地址开始存放，那么可知 memory 0x00000000 处存放的就是 msp 的值。这可以通过仿真时查看内存的值证实，具体如图 5-7 所示。

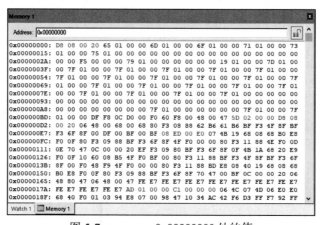

图 5-7　memory 0x00000000 处的值

代码清单 5-18（3）：将立即数 0xE000ED08 加载到寄存器 r0。

代码清单 5-18（4）：将地址 0xE000ED08 指向的内容加载到寄存器 r0，此时 r0 等于 SCB_VTOR 寄存器的值，为 0x00000000，即 memory 的起始地址。

代码清单 5-18（5）：将地址 0x00000000 指向的内容加载到 r0，此时 r0 等于 0x200008DB，与从图 5-7 查询到的值吻合。

代码清单 5-18（6）：将 r0 的值存储到 msp，此时 msp 等于 0x200008DB，这是主栈的栈顶指针。起初这一步操作有点多余，因为当系统启动时，执行完 Reset_Handler，向量表就已经初始化完毕，msp 的值就已经更新为向量表的起始值，即指向主栈的栈顶指针。

代码清单 5-18（7）：使用 CPS 指令把全局中断打开。为了快速地开关中断，Cortex-M 内核专门设置了一条 CPS 指令，有 4 种用法，具体参见代码清单 5-19。

代码清单 5-19　CPS 指令用法

```
1 CPSID I ;PRIMASK=1     ;关中断
2 CPSIE I ;PRIMASK=0     ;开中断
3 CPSID F ;FAULTMASK=1   ;关异常
4 CPSIE F ;FAULTMASK=0   ;开异常
```

代码清单 5-19 中 PRIMASK 和 FAULTMASK 是 Cortex-M 内核里面 3 个中断屏蔽寄存器中的 2 个，还有一个是 BASEPRI，有关这 3 个寄存器的详细用法可参见第 6 章。

代码清单 5-18（8）：产生系统调用，服务号 0 表示 SVC 中断，接下来将会执行 SVC 中断服务函数。

4. vPortSVCHandler() 函数

SVC 中断要想被成功响应，其函数名必须与向量表注册的名称一致，在启动文件的向量表中，SVC 的中断服务函数注册的名称是 SVC_Handler，所以 SVC 中断服务函数的名称应该写成 SVC_Handler，但是在 FreeRTOS 的官方版本中写为 vPortSVCHandler()，为了能够顺利响应 SVC 中断，我们有两个选择——修改中断向量表中 SVC 的注册的函数名称，或者修改 FreeRTOS 中 SVC 的中断服务名称。这里采取第二种方法，即在 FreeRTOSConfig.h 中添加宏定义的方法来修改，具体参见代码清单 5-20，同时把 PendSV 和 SysTick 的中断服务函数名也改成与向量表中的一致。

代码清单 5-20　修改 FreeRTOS 中 SVC、PendSV 和 SysTick 中断服务函数的名称

```
1 #define xPortPendSVHandler    PendSV_Handler
2 #define xPortSysTickHandler   SysTick_Handler
3 #define vPortSVCHandler       SVC_Handler
```

vPortSVCHandler() 函数开始真正启动第一个任务，不再返回，具体实现参见代码清单 5-21。

代码清单 5-21　vPortSVCHandler() 函数

```
1 __asm void vPortSVCHandler( void )
2 {
3 extern pxCurrentTCB;                                    (1)
4
5     PRESERVE8
```

```
 6
 7      ldr r3, =pxCurrentTCB          (2)
 8      ldr r1, [r3]                    (3)
 9      ldr r0, [r1]                    (4)
10      ldmia r0!, {r4-r11}             (5)
11      msr psp, r0                     (6)
12      isb
13      mov r0, #0                      (7)
14      msr basepri, r0                 (8)
15      orr r14, #0xd                   (9)
16
17      bx r14                          (10)
18 }
```

代码清单 5-21（1）：声明外部变量 pxCurrentTCB，pxCurrentTCB 是一个在 task.c 中定义的全局指针，用于指向当前正在运行或者即将运行的任务的任务控制块。

代码清单 5-21（2）：加载 pxCurrentTCB 的地址到 r3。

代码清单 5-21（3）：加载 pxCurrentTCB 到 r1。

代码清单 5-21（4）：加载 pxCurrentTCB 指向的任务控制块到 r0，任务控制块的第一个成员就是栈顶指针，所以此时 r0 等于栈顶指针。一个刚刚被创建但尚未运行过的任务的栈空间分布具体如图 5-8 所示，即 r0 等于图 5-8 中的 pxTopOfStack。

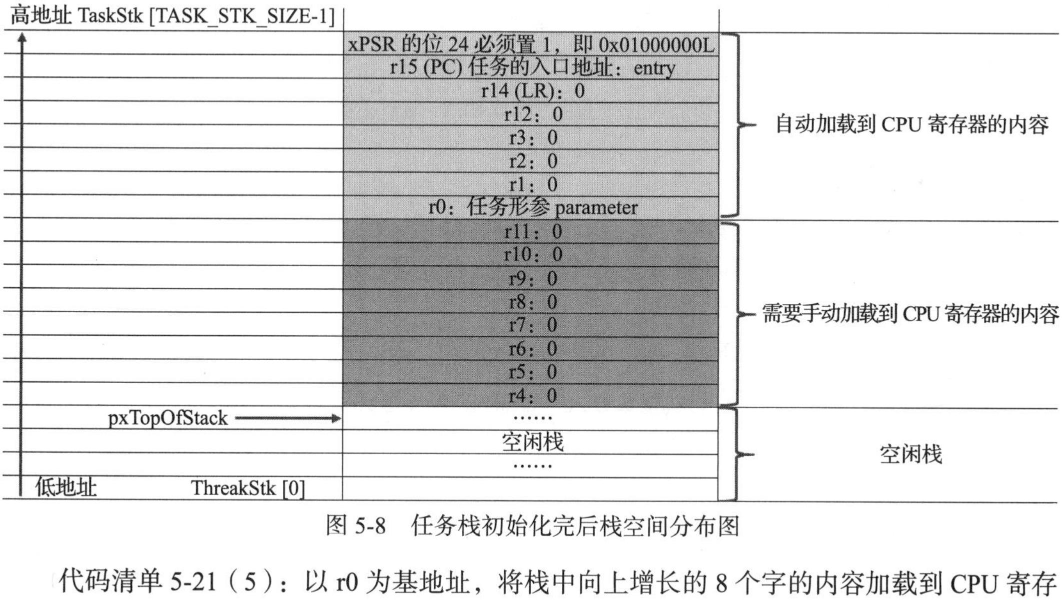

图 5-8　任务栈初始化完后栈空间分布图

代码清单 5-21（5）：以 r0 为基地址，将栈中向上增长的 8 个字的内容加载到 CPU 寄存器 r4 ～ r11，同时 r0 也会随之自增。

代码清单 5-21（6）：将新的栈顶指针 r0 更新到 psp，任务执行时使用的栈指针是 psp。

代码清单 5-21（7）：将寄存器 r0 清零。

代码清单 5-21（8）：设置 BASEPRI 寄存器的值为 0，即打开所有中断。BASEPRI 是一个中断屏蔽寄存器，大于等于此寄存器值的中断都将被屏蔽。

代码清单 5-21 (9)：当从 SVC 中断服务退出前，通过向 r14 寄存器最后 4 位按位或上 0x0D，使得硬件在退出时使用进程栈指针 psp 完成出栈操作并返回后进入任务模式，返回 Thumb 状态。在 SVC 中断服务中，使用的是 msp 栈指针，处于 ARM 状态。

代码清单 5-21 (10)：异常返回，这时出栈使用的是 psp 指针，自动将栈中的剩余内容加载到 CPU 寄存器：xPSR，PC (任务入口地址)，r14，r12，r3，r2，r1，r0 (任务的形参)，同时 psp 的值也将更新，即指向任务栈的栈顶，具体指向如图 5-9 所示。

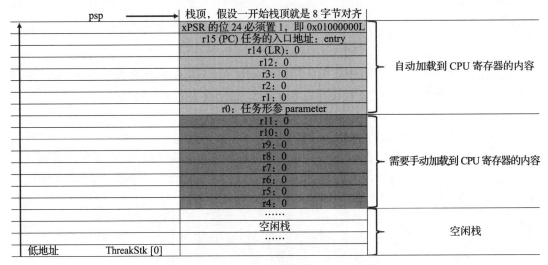

图 5-9 第一个任务启动成功后，psp 的指向

5.5.2 任务切换

任务切换就是在就绪列表中寻找优先级最高的就绪任务，然后执行该任务。但是目前我们还不支持优先级，仅实现两个任务轮流切换。

1. taskYIELD()

任务切换函数 taskYIELD() 具体实现参见代码清单 5-22。

代码清单 5-22 taskYIELD() 函数

```
1  /* 在 task.h 中定义 */
2  #define taskYIELD()                    portYIELD()
3
4
5  /* 在 portmacro.h 中定义 */
6  /* 中断控制状态寄存器：0xe000ed04
7   * Bit 28 PENDSVSET: PendSV 悬起位
8   */
9  #define portNVIC_INT_CTRL_REG          (*(( volatile uint32_t *) 0xe000ed04))
10 #define portNVIC_PENDSVSET_BIT         ( 1UL << 28UL )
11
12 #define portSY_FULL_READ_WRITE         ( 15 )
13
```

```
14 #define portYIELD()\                          ( 1 )
15 {                                                                          \
16     /* 触发 PendSV，产生上下文切换 */\
17     portNVIC_INT_CTRL_REG = portNVIC_PENDSVSET_BIT;                   (1)\
18     __dsb( portSY_FULL_READ_WRITE );                                      \
19     __isb( portSY_FULL_READ_WRITE );\
20 }
```

代码清单 5-22（1）: portYIELD() 函数的实现很简单，实际就是将 PendSV 的悬起位置 1，当没有其他中断运行时响应 PendSV 中断，去执行我们写好的 PendSV 中断服务函数，在里面实现任务切换。

2. xPortPendSVHandler() 函数

PendSV 中断服务函数 xPortPendSVHandler() 是真正实现任务切换的地方，具体实现参见代码清单 5-23。

代码清单 5-23　xPortPendSVHandler() 函数

```
1 __asm void xPortPendSVHandler( void )
2 {
3     extern pxCurrentTCB;                                              (1)
4     extern vTaskSwitchContext;                                        (2)
5
6     PRESERVE8                                                         (3)
7
8     mrs r0, psp                                                       (4)
9     isb
10
11    ldr r3, =pxCurrentTCB                                             (5)
12    ldr r2, [r3]                                                      (6)
13
14    stmdb r0!, {r4-r11}                                               (7)
15    str r0, [r2]                                                      (8)
16
17    stmdb sp!, {r3, r14}                                              (9)
18    mov r0, #configMAX_SYSCALL_INTERRUPT_PRIORITY                     (10)
19    msr basepri, r0                                                   (11)
20    dsb
21    isb
22    bl vTaskSwitchContext                                            (12)
23    mov r0, #0                                                        (13)
24    msr basepri, r0
25    ldmia sp!, {r3, r14}                                             (14)
26
27    ldr r1, [r3]                                                      (15)
28    ldr r0, [r1]                                                      (16)
29    ldmia r0!, {r4-r11}                                              (17)
30    msr psp, r0                                                       (18)
31    isb
32    bx r14                                                           (19)
33    nop
34 }
```

代码清单 5-23（1）：声明外部变量 pxCurrentTCB。pxCurrentTCB 是一个在 task.c 中定义的全局指针，用于指向当前正在运行或者即将运行的任务的任务控制块。

代码清单 5-23（2）：声明外部函数 vTaskSwitchContext，稍后会用到。

代码清单 5-23（3）：当前栈需要按照 8 字节对齐，如果都是 32 位的操作，则 4 个字节对齐即可。在 Cortex-M 中浮点运算是 8 字节的。

代码清单 5-23（4）：将 psp 的值存储到 r0。当进入 PendSVC Handler 时，上一个任务运行的环境即 xPSR、PC（任务入口地址）、r14、r12、r3、r2、r1、r0（任务的形参），这些 CPU 寄存器的值会自动存储到任务的栈中，剩下的 r4 ~ r11 需要手动保存，同时 psp 会自动更新（在更新之前 psp 指向任务栈的栈顶），此时 psp 的具体指向如图 5-10 所示。

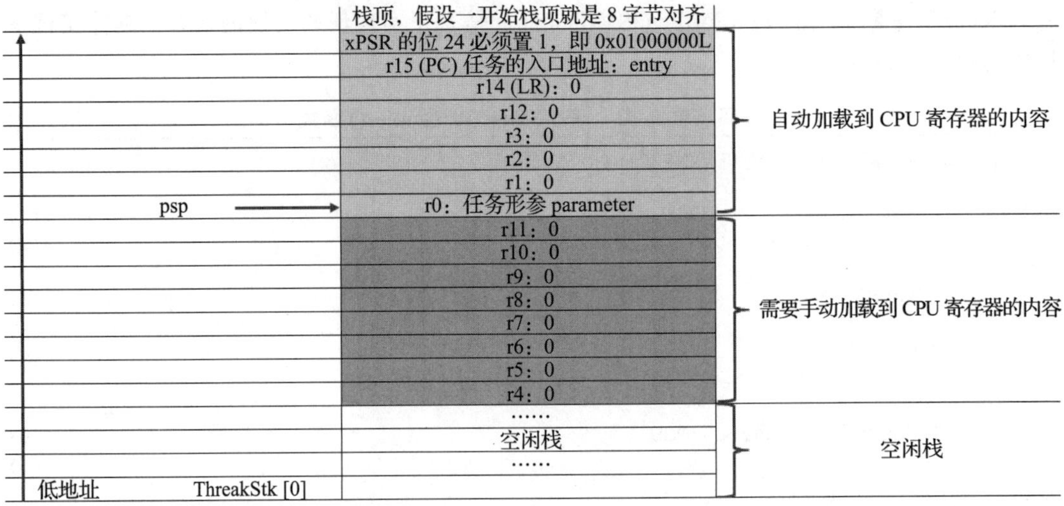

图 5-10 上一个任务的运行环境自动存储到任务栈后，psp 的指向

代码清单 5-23（5）：加载 pxCurrentTCB 的地址到 r3。

代码清单 5-23（6）：加载 r3 指向的内容到 r2，即 r2 等于 pxCurrentTCB。

代码清单 5-23（7）：以 r0 作为基址（指针先递减，再操作，STMDB 的 DB 表示 Decrease Before），将 CPU 寄存器 r4 ~ r11 的值存储到任务栈，同时更新 r0 的值，此时 r0 的指向如图 5-11 所示。

代码清单 5-23（8）：将 r0 的值存储到 r2 指向的内容，r2 等于 pxCurrentTCB。具体为将 r0 的值存储到上一个任务的栈顶指针 pxTopOfStack，具体指向与图 5-11 中的 r0 指向一样。到此，上下文切换中的上文保存就完成了。

代码清单 5-23（9）：将 r3 和 r14 临时压入栈（在整个系统中，中断使用的是主栈，栈指针使用的是 msp），因为接下来要调用函数 vTaskSwitchContext()，调用函数时，返回地址自动保存到 r14 中，所以一旦调用发生，r14 的值会被覆盖（PendSV 中断服务函数执行完毕后，返回时需要根据 r14 的值来决定返回处理器模式还是任务模式，出栈时使用的是 psp 还是 msp），因此需要入栈保护。r3 保存的是当前正在运行的任务（准确来说是上文，因为接下来即将切换到新的任务）的 TCB 指针（pxCurrentTCB）地址，函数调用后 pxCurrentTCB 的值会被更新，后面还需要通过 r3 来操作 pxCurrentTCB，但是运行函数 vTaskSwitchContext() 时不确定会不会使用 r3 寄存器作为中间变量，所以为了保险，将 r3 也入栈并保护起来。

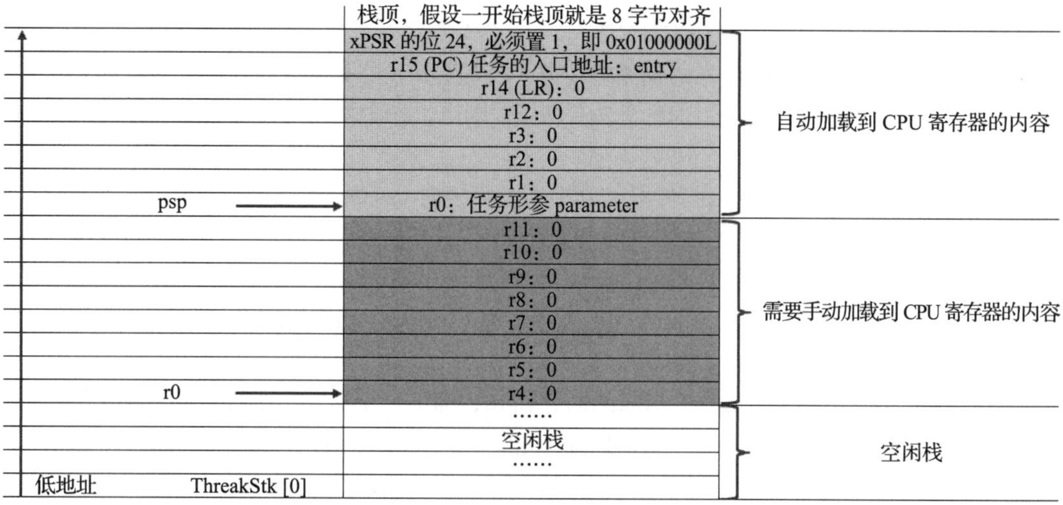

图 5-11　上一个任务的运行环境手动存储到任务栈后，r0 的指向

代码清单 5-23（10）：将 configMAX_SYSCALL_INTERRUPT_PRIORITY 的值存储到 r0，该宏在 FreeRTOSConfig.h 中定义，用来配置中断屏蔽寄存器 basepri 的值，高 4 位有效。目前配置为 191，因为是高 4 位有效，所以实际值等于 11，即优先级高于或者等于 11 的中断都将被屏蔽。在关中断方面，FreeRTOS 与其他 RTOS 关中断不同，是操作 BASEPRI 寄存器来预留一部分中断，并不像 μC/OS 或者 RT-Thread 那样直接操作 PRIMASK 把所有中断都关闭（除了硬 FAULT）。

代码清单 5-23（11）：关中断，进入临界段，因为接下来要更新全局指针 pxCurrentTCB 的值。

3. vTaskSwitchContext() 函数

代码清单 5-23（12）：调用函数 vTaskSwitchContext()。该函数在 task.c 中定义，作用只有一个——选择优先级最高的任务，然后更新 pxCurrentTCB。目前我们还不支持优先级，则手动切换，不是任务 1 就是任务 2，该函数的具体实现参见代码清单 5-24。

代码清单 5-24　vTaskSwitchContext() 函数

```
1 void vTaskSwitchContext( void )
2 {
3     /* 两个任务轮流切换 */
4     if ( pxCurrentTCB == &Task1TCB )                          (1)
5     {
6         pxCurrentTCB = &Task2TCB;
```

```
 7     }
 8     else                                                              (2)
 9     {
10         pxCurrentTCB = &Task1TCB;
11     }
12 }
```

代码清单 5-24（1）：如果当前任务为任务 1，则把下一个要运行的任务改为任务 2。

代码清单 5-24（2）：如果当前任务为任务 2，则把下一个要运行的任务改为任务 1。

回到代码清单 5-23：

代码清单 5-23（13）：退出临界段，开中断，直接向 basepri 中写 0。

代码清单 5-23（14）：从主栈中恢复寄存器 r3 和 r14 的值，此时的 sp 使用的是 msp。

代码清单 5-23（15）：加载 r3 指向的内容到 r1。r3 存放的是 pxCurrentTCB 的地址，即让 r1 等于 pxCurrentTCB。pxCurrentTCB 在上面的 vTaskSwitchContext() 函数中被更新，指向了下一个将要运行的任务的 TCB。

代码清单 5-23（16）：加载 r1 指向的内容到 r0，即下一个要运行的任务的栈顶指针。

代码清单 5-23（17）：以 r0 作为基地址（先取值，再递增指针，ldmia 的 IA 表示 Increase After），将下一个要运行的任务的任务栈内容加载到 CPU 寄存器 r4 ~ r11。

代码清单 5-23（18）：更新 psp 的值，等异常退出时，会以 psp 作为基地址，将任务栈中剩下的内容自动加载到 CPU 寄存器。

代码清单 5-23（19）：异常发生时，r14 中保存异常返回标志，包括返回后进入任务模式还是处理器模式、使用 psp 栈指针还是 msp 栈指针。此时的 r14 等于 0xfffffffd，表示异常返回后进入任务模式，sp 以 psp 作为栈指针出栈，出栈完毕后 psp 指向任务栈的栈顶。当调用 bx r14 指令后，系统以 psp 作为 sp 指针出栈，把接下来要运行的新任务的任务栈中剩下的内容加载到 CPU 寄存器：r0（任务形参）、r1、r2、r3、r12、r14（LR）、r15（PC）和 xPSR，从而切换到新的任务。

5.6 main() 函数

任务的创建、就绪列表的实现以及调度器的实现均已经介绍完毕，现在我们把全部的测试代码都放到 main.c 中，具体参见代码清单 5-25。

代码清单 5-25 main.c 代码

```
1 /**
2   ************************************************************************
3   * @file    main.c
4   * @author  fire
5   * @version V1.0
6   * @date    2018-xx-xx
7   * @brief   《FreeRTOS 内核实现与应用开发实战指南：基于 STM32》书籍例程
```

```
 8    *              任务的定义与任务切换的实现
 9    **********************************************************************
10    * @attention
11    *
12    * 实验平台：野火 STM32 系列开发板
13    *
14    * 官网：www.embedfire.com
15    * 论坛：http://www.firebbs.cn
16    * 淘宝：https://fire-stm32.taobao.com
17    *
18    **********************************************************************
19    */
20
21   /*
22    **********************************************************************
23    *                      包含的头文件
24    **********************************************************************
25    */
26   #include "FreeRTOS.h"
27   #include "task.h"
28
29   /*
30    **********************************************************************
31    *                      全局变量
32    **********************************************************************
33    */
34   portCHAR flag1;
35   portCHAR flag2;
36
37   extern List_t pxReadyTasksLists[ configMAX_PRIORITIES ];
38
39
40   /*
41    **********************************************************************
42    *                  任务控制块和 STACK
43    **********************************************************************
44    */
45   TaskHandle_t Task1_Handle;
46   #define TASK1_STACK_SIZE                    128
47   StackType_t Task1Stack[TASK1_STACK_SIZE];
48   TCB_t Task1TCB;
49
50   TaskHandle_t Task2_Handle;
51   #define TASK2_STACK_SIZE                    128
52   StackType_t Task2Stack[TASK2_STACK_SIZE];
53   TCB_t Task2TCB;
54
55
56   /*
57    **********************************************************************
58    *                      函数声明
59    **********************************************************************
60    */
```

```
61  void delay (uint32_t count);
62  void Task1_Entry( void *p_arg );
63  void Task2_Entry( void *p_arg );
64
65  /*
66  ************************************************************************
67  *                          main() 函数
68  ************************************************************************
69  */
70  /*
71  * 注意事项：1）该工程使用软件仿真，debug 需要选择为 Ude Simulator。
72  *          2）在 Target 选项卡里面把晶振 Xtal(MHz) 的值改为 25，默认是 12，
73  *             改成 25 是为了与 system_ARMCM3.c 中定义的 __SYSTEM_CLOCK 相同，
74  *             确保仿真时时钟一致
75  */
76  int main(void)
77  {
78      /* 硬件初始化 */
79      /* 将硬件相关的初始化放在这里，如果是软件仿真，则没有相关初始化代码 */
80
81      /* 初始化与任务相关的列表，如就绪列表 */
82      prvInitialiseTaskLists();
83
84      /* 创建任务 */
85      Task1_Handle =
86      xTaskCreateStatic( (TaskFunction_t)Task1_Entry,    /* 任务入口 */
87                         (char *)"Task1",                /* 任务名称，字符串形式 */
88                         (uint32_t)TASK1_STACK_SIZE ,    /* 任务栈大小，单位为字 */
89                         (void *) NULL,                  /* 任务形参 */
90                         (StackType_t *)Task1Stack,      /* 任务栈起始地址 */
91                         (TCB_t *)&Task1TCB );           /* 任务控制块 */
92      /* 将任务添加到就绪列表 */
93      vListInsertEnd( &( pxReadyTasksLists[1] ),
94                      &( ((TCB_t *)(&Task1TCB))->xStateListItem ) );
95
96      Task2_Handle =
97      xTaskCreateStatic( (TaskFunction_t)Task2_Entry,    /* 任务入口 */
98                         (char *)"Task2",                /* 任务名称，字符串形式 */
99                         (uint32_t)TASK2_STACK_SIZE ,    /* 任务栈大小，单位为字 */
100                        (void *) NULL,                  /* 任务形参 */
101                        (StackType_t *)Task2Stack,      /* 任务栈起始地址 */
102                        (TCB_t *)&Task2TCB );           /* 任务控制块 */
103     /* 将任务添加到就绪列表 */
104     vListInsertEnd( &( pxReadyTasksLists[2] ),
105                     &( ((TCB_t *)(&Task2TCB))->xStateListItem ) );
106
107     /* 启动调度器，开始多任务调度，启动成功则不返回 */
108     vTaskStartScheduler();
109
110     for (;;)
111     {
112         /* 系统启动成功则不会到达这里 */
113     }
```

```
114 }
115
116 /*
117 *****************************************************************
118 *                          函数实现
119 *****************************************************************
120 */
121 /* 软件延时 */
122 void delay (uint32_t count)
123 {
124     for (; count!=0; count--);
125 }
126 /* 任务1 */
127 void Task1_Entry( void *p_arg )
128 {
129     for ( ;; )
130     {
131         flag1 = 1;
132         delay( 100 );
133         flag1 = 0;
134         delay( 100 );
135
136     /* 任务切换，这里是手动切换 */
137         taskYIELD();                                        （注意）
138     }
139 }
140
141 /* 任务2 */
142 void Task2_Entry( void *p_arg )
143 {
144     for ( ;; )
145     {
146         flag2 = 1;
147         delay( 100 );
148         flag2 = 0;
149         delay( 100 );
150
151     /* 任务切换，这里是手动切换 */
152         taskYIELD();                                        （注意）
153     }
154 }
```

代码清单 5-25 中的每个局部的代码均已经讲解过，参见代码注释即可。

代码清单 5-25（注意）：因为目前还不支持优先级，所以每个任务执行完毕之后都主动调用任务切换函数 taskYIELD() 来实现任务的切换。

5.7　实验现象

本章代码讲解完毕，接下来进行软件调试仿真，具体过程如图 5-12 ～图 5-16 所示。

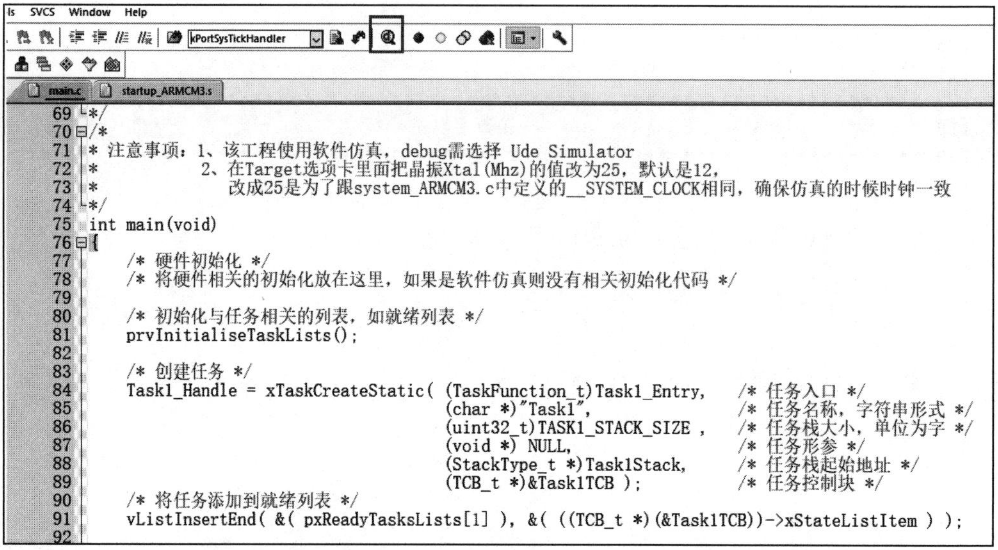

```
ls  SVCS  Window  Help
          律 律 //: 陆  | xPortSysTickHandler  ▼ | 📄 📖 🔍 | ● ○ ⬡ 🔗 | 🔲 ▼ | 🔧

main.c    startup_ARMCM3.s
69  */
70 □ * 注意事项: 1、该工程使用软件仿真, debug需选择 Ude Simulator
71  *              2、在Target选项卡里面把晶振Xtal (Mhz)的值改为25, 默认是12,
72  *                 改成25是为了跟system_ARMCM3.c中定义的__SYSTEM_CLOCK相同, 确保仿真的时候时钟一致
73  *
74  */
75  int main(void)
76 □{
77      /* 硬件初始化 */
78      /* 将硬件相关的初始化放在这里, 如果是软件仿真则没有相关初始化代码 */
79
80      /* 初始化与任务相关的列表, 如就绪列表 */
81      prvInitialiseTaskLists();
82
83      /* 创建任务 */
84      Task1_Handle = xTaskCreateStatic( (TaskFunction_t)Task1_Entry,     /* 任务入口 */
85                                        (char *)"Task1",                  /* 任务名称, 字符串形式 */
86                                        (uint32_t)TASK1_STACK_SIZE ,      /* 任务栈大小, 单位为字 */
87                                        (void *) NULL,                    /* 任务形参 */
88                                        (StackType_t *)Task1Stack,        /* 任务栈起始地址 */
89                                        (TCB_t *)&Task1TCB );             /* 任务控制块 */
90      /* 将任务添加到就绪列表 */
91      vListInsertEnd( &( pxReadyTasksLists[1] ), &( ((TCB_t *)(&Task1TCB))->xStateListItem ) );
92
```

图 5-12　单击 Debug 按钮, 进入调试界面

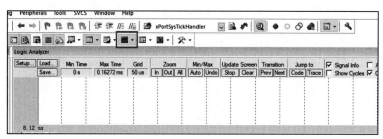

图 5-13　单击逻辑分析仪按钮, 调出逻辑分析仪

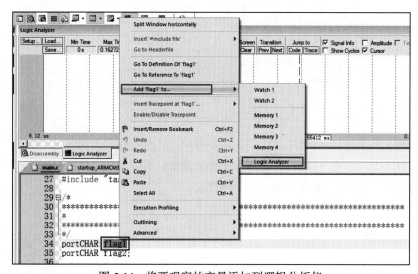

图 5-14　将要观察的变量添加到逻辑分析仪

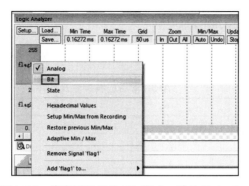

图 5-15　将变量设置为 Bit 模式，默认是 Analog

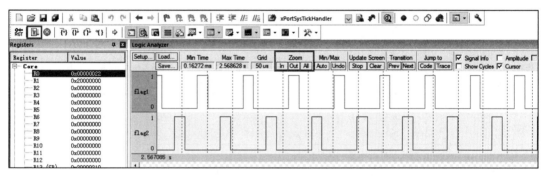

图 5-16　单击全速运行按钮，即可看到波形，Zoom 栏中的 In、Out、All 可放大和缩小波形

至此，本章讲解完毕。但是，只是把本章的内容读完，再仿真检查波形是远远不够的，应该把当前任务控制块指针 pxCurrentTCB、就绪列表 pxReadyTaskLists 以及每个任务的控制块和任务的栈等变量统统添加到观察窗口，然后单步执行程序，看看这些变量如何变化，特别是当任务切换时，注意观察 CPU 寄存器、任务栈和 psp 是如何变化的，让机器执行代码的过程在自己的脑海中过一遍。图 5-17 所示是仿真调试时的观察窗口示例。

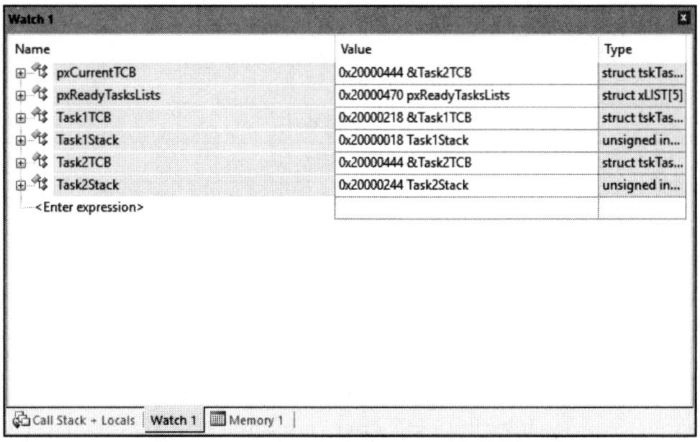

图 5-17　软件调试仿真时的观察窗口

5.8 本章涉及的汇编指令

本章中有些函数是用汇编语言编写的，涉及的 ARM 汇编指令及作用具体如表 5-1 所示。

表 5-1 ARM 常用汇编指令及作用

指 令 名 称	作　用
EQU	给数字常量设置一个符号名，相当于 C 语言中的 define
AREA	汇编一个新的代码段或者数据段
SPACE	分配内存空间
PRESERVE8	当前文件栈需按照 8 字节对齐
EXPORT	声明一个标号具有全局属性，可被外部的文件使用
DCD	以字为单位分配内存，要求 4 字节对齐，并要求初始化这些内存
PROC	定义子程序，与 ENDP 成对使用，表示子程序结束
WEAK	弱定义，如果外部文件声明了一个标号，则优先使用外部文件定义的标号，如果外部文件没有定义也不出错。 要注意的是，这不是 ARM 的指令，而是编译器的，这里放在一起只是为了方便讲解
IMPORT	声明标号来自外部文件，跟 C 语言中的 EXTERN 关键字类似
B	跳转到一个标号
ALIGN	编译器对指令或者数据的存放地址进行对齐，一般需要跟一个立即数，默认表示 4 字节对齐。要注意的是，这不是 ARM 的指令，而是编译器的，这里放在一起只是为了方便讲解
END	到达文件的末尾，文件结束
IF，ELSE，ENDIF	汇编条件分支语句，与 C 语言中的 if else 类似
MRS	加载特殊功能寄存器的值到通用寄存器
MSR	存储通用寄存器的值到特殊功能寄存器
CBZ	比较，如果结果为 0 就转移
CBNZ	比较，如果结果非 0 就转移
LDR	从存储器中加载字到一个寄存器中
LDR[伪指令]	加载一个立即数或者一个地址值到一个寄存器。例如，LDR Rd = label，如果 label 是立即数，那么 Rd 等于立即数；如果 label 是一个标识符，比如指针，那么存到 Rd 的就是 label 这个标识符的地址
LDRH	从存储器中加载半字到一个寄存器中
LDRB	从存储器中加载字节到一个寄存器中
STR	把一个寄存器按字存储到存储器中
STRH	把一个寄存器的低半字存储到存储器中
STRB	把一个寄存器的低字节存储到存储器中
LDMIA	将多个字从存储器加载到 CPU 寄存器，先操作，指针再递增
STMDB	将多个字从 CPU 寄存器存储到存储器，指针先递减，再操作
ORR	按位或
BX	直接跳转到由寄存器给定的地址
BL	跳转到标号对应的地址，并且把跳转前的下条指令地址保存到 LR
BLX	跳转到由寄存器 REG 给出的地址，并根据 REG 的 LSB 切换处理器状态，还要把转移前的下条指令地址保存到 LR。ARM (LSB=0)，Thumb (LSB=1)。CM3 只在 Thumb 中运行，就必须保证 reg 的 LSB=1，否则会出现错误

第 6 章

临界段的保护

6.1 什么是临界段

临界段，用一句话概括就是一段在执行时不能被中断的代码段。在 FreeRTOS 中，临界段最常出现的地方就是对全局变量的操作。全局变量就像是一个靶子，谁都可以对其开枪，但是有一人开枪，其他人就不能开枪，否则就不知道是谁命中了靶子。

那么什么情况下临界段会被打断？一个是系统调度，还有一个就是外部中断。在 FreeRTOS 中，系统调度最终也是产生 PendSV 中断，在 PendSV Handler 中实现任务的切换，所以还是可以归结为中断。既然这样，FreeRTOS 对临界段的保护最终还是回到对中断的开和关的控制。

6.2 Cortex-M 内核快速关中断指令

为了快速地开关中断，Cortex-M 内核专门设置了一条 CPS 指令，它有 4 种用法，具体参见代码清单 6-1。

代码清单 6-1　CPS 指令用法

```
1 CPSID I ;PRIMASK=1    ;关中断
2 CPSIE I ;PRIMASK=0    ;开中断
3 CPSID F ;FAULTMASK=1  ;关异常
4 CPSIE F ;FAULTMASK=0  ;开异常
```

代码清单 6-1 中 PRIMASK 和 FAULTMAST 是 Cortex-M 内核中 3 个中断屏蔽寄存器中的 2 个，还有一个是 BASEPRI，有关这 3 个寄存器的详细用法如表 6-1 所示。

表 6-1　Cortex-M 内核中断屏蔽寄存器组描述

寄 存 器	功 能 描 述
PRIMASK	这个寄存器只有 1 位。当它置 1 时，就关掉所有可屏蔽的异常，只剩下 NMI 和硬 FAULT 可以响应。它的默认值是 0，表示没有关中断
FAULTMASK	这个寄存器只有 1 个位。当它置 1 时，只有 NMI 才能响应，所有其他的异常，甚至是硬 FAULT，也都被忽略。它的默认值也是 0，表示没有关异常
BASEPRI	这个寄存器最多有 9 位（由表达优先级的位数决定）。它定义了被屏蔽优先级的阈值。当它被设成某个值后，所有优先级号大于等于此值的中断都被关（优先级号越大，优先级越低）。但若被设置为 0，则不关闭任何中断，0 也是默认值

在 FreeRTOS 中，对中断的开和关是通过操作 BASEPRI 寄存器来实现的，即大于等于
BASEPRI 的值的中断会被屏蔽，小于 BASEPRI 的值的中断不会被屏蔽，不受 FreeRTOS 管
理。用户可以设置 BASEPRI 的值来选择性地给一些非常紧急的中断留出余地。

6.3 关中断

FreeRTOS 关中断的函数在 portmacro.h 中定义，分为不带返回值和带返回值两种，具体
实现参见代码清单 6-2。

代码清单 6-2　关中断函数

```
 1  /* 不带返回值的关中断函数不能嵌套, 不能在中断中使用 */              (1)
 2  #define portDISABLE_INTERRUPTS() vPortRaiseBASEPRI()
 3
 4  void vPortRaiseBASEPRI( void )
 5  {
 6      uint32_t ulNewBASEPRI = configMAX_SYSCALL_INTERRUPT_PRIORITY;    (1)-①
 7      __asm
 8      {
 9          msr basepri, ulNewBASEPRI                                   (1)-②
10          dsb
11          isb
12      }
13  }
14
15  /* 带返回值的关中断函数可以嵌套, 可以在中断中使用 */               (2)
16  #define portSET_INTERRUPT_MASK_FROM_ISR() ulPortRaiseBASEPRI()
17  ulPortRaiseBASEPRI( void )
18  {
19      uint32_t ulReturn, ulNewBASEPRI = configMAX_SYSCALL_INTERRUPT_PRIORITY; (2)-①
20      __asm
21      {
22          mrs ulReturn, basepri                                       (2)-②
23          msr basepri, ulNewBASEPRI                                   (2)-③
24          dsb
25          isb
26      }
27      return ulReturn;                                                (2)-④
28  }
```

6.3.1 不带返回值的关中断函数

代码清单 6-2（1）：不带返回值的关中断函数不能嵌套，不能在中断中使用。不带返回
值的意思是，在向 BASEPRI 中写入新值时，不用先将 BASEPRI 的值保存起来，即不用考虑
当前的中断状态是怎样的，这意味着这样的函数不能在中断中调用。

代码清单 6-2（1）-①：configMAX_SYSCALL_INTERRUPT_PRIORITY 是一个在 FreeRTOS-
Config.h 中定义的宏，即要写入 BASEPRI 寄存器的值。该宏默认定义为 191，高 4 位有效，
即等于 0xb0，或者是 11，即优先级大于等于 11 的中断都会被屏蔽，11 以内的中断则不受

FreeRTOS 管理。

代码清单 6-2（1）- ②：将 configMAX_SYSCALL_INTERRUPT_PRIORITY 的值写入 BASEPRI 寄存器，实现关中断（准确来说是关部分中断）。

6.3.2 带返回值的关中断函数

代码清单 6-2（2）：带返回值的关中断函数可以嵌套，可以在中断中使用。带返回值的意思是，在向 BASEPRI 写入新值时，先将 BASEPRI 的值保存起来，在更新完 BASEPRI 的值时，将之前保存好的 BASEPRI 的值返回，返回的值作为形参传入开中断函数。

代码清单 6-2（2）- ①：configMAX_SYSCALL_INTERRUPT_PRIORITY 是一个在 FreeRTOS-Config.h 中定义的宏，即要写入 BASEPRI 寄存器的值。该宏默认定义为 191，高 4 位有效，即等于 0xb0，或者是 11，即优先级大于等于 11 的中断都会被屏蔽，11 以内的中断则不受 FreeRTOS 管理。

代码清单 6-2（2）- ②：保存 BASEPRI 的值，记录当前哪些中断被关闭。

代码清单 6-2（2）- ③：更新 BASEPRI 的值。

代码清单 6-2（2）- ④：返回原来 BASEPRI 的值。

6.4 开中断

FreeRTOS 开中断的函数在 portmacro.h 中定义，具体实现参见代码清单 6-3。

代码清单 6-3 开中断函数

```
1  /* 不带中断保护的开中断函数 */
2  #define portENABLE_INTERRUPTS() vPortSetBASEPRI( 0 )                    (2)
3
4  /* 带中断保护的开中断函数 */
5  #define portCLEAR_INTERRUPT_MASK_FROM_ISR(x) vPortSetBASEPRI(x)         (3)
6
7  void vPortSetBASEPRI( uint32_t ulBASEPRI )                              (1)
8  {
9      __asm
10     {
11         msr basepri, ulBASEPRI
12     }
13 }
```

代码清单 6-3（1）：开中断函数，具体是将传入的形参更新到 BASEPRI 寄存器。根据传入形参的不同，分为中断保护版本与非中断保护版本。

代码清单 6-3（2）：不带中断保护的开中断函数，直接将 BASEPRI 的值设置为 0，与 portDISABLE_INTERRUPTS() 成对使用。

代码清单 6-3（3）：带中断保护的开中断函数，将上一次关中断时保存的 BASEPRI 的值作为形参，与 portSET_INTERRUPT_MASK_FROM_ISR() 成对使用。

6.5 进入 / 退出临界段的宏

进入和退出临界段的宏在 task.h 中定义，具体参见代码清单 6-4。

代码清单 6-4 进入和退出临界段宏定义

```
1 #define taskENTER_CRITICAL()              portENTER_CRITICAL()
2 #define taskENTER_CRITICAL_FROM_ISR()     portSET_INTERRUPT_MASK_FROM_ISR()
3
4 #define taskEXIT_CRITICAL()               portEXIT_CRITICAL()
5 #define taskEXIT_CRITICAL_FROM_ISR( x )   portCLEAR_INTERRUPT_MASK_FROM_ISR( x )
```

进入和退出临界段的宏分为中断保护版本和非中断保护版本，但最终都是通过开 / 关中断来实现。有关开 / 关中断的底层代码我们已经讲解过，关于退出和进入临界段的代码，可参照注释来理解。

6.5.1 进入临界段

1. 不带中断保护版本，不能嵌套

进入临界段，不带中断保护版本且不能嵌套的代码实现具体参见代码清单 6-5。

代码清单 6-5 进入临界段，不带中断保护版本，不能嵌套

```
 1 /* ========= 进入临界段，不带中断保护版本，不能嵌套 =============== */
 2 /* 在 task.h 中定义 */
 3 #define taskENTER_CRITICAL()             portENTER_CRITICAL()
 4
 5 /* 在 portmacro.h 中定义 */
 6 #define portENTER_CRITICAL()             vPortEnterCritical()
 7
 8 /* 在 port.c 中定义 */
 9 void vPortEnterCritical( void )
10 {
11     portDISABLE_INTERRUPTS();
12     uxCriticalNesting++;                                                   (1)
13
14     if ( uxCriticalNesting == 1 )                                          (2)
15     {
16         configASSERT( ( portNVIC_INT_CTRL_REG & portVECTACTIVE_MASK ) == 0 );
17     }
18 }
19
20 /* 在 portmacro.h 中定义 */
21 #define portDISABLE_INTERRUPTS()         vPortRaiseBASEPRI()
22
23 /* 在 portmacro.h 中定义 */
24 static portFORCE_INLINE void vPortRaiseBASEPRI( void )
25 {
26     uint32_t ulNewBASEPRI = configMAX_SYSCALL_INTERRUPT_PRIORITY;
27
28     __asm
29     {
```

```
30          msr basepri, ulNewBASEPRI
31          dsb
32          isb
33      }
34  }
```

代码清单 6-5（1）：uxCriticalNesting 是在 port.c 中定义的静态变量，表示临界段嵌套计数器，默认初始化为 0xaaaaaaaa，在调度器启动时会被重新初始化为 0：vTaskStartScheduler()->xPortStartScheduler()->uxCriticalNesting = 0。

代码清单 6-5（2）：如果 uxCriticalNesting 等于 1，即一层嵌套，要确保当前没有中断活跃，即内核外设 SCB 中的中断和控制寄存器 SCB_ICSR 的低 8 位要等于 0。有关 SCB_ICSR 的具体描述可参考文件《STM32F10xxx Cortex-M3 programming manual》。

2. 带中断保护版本，可以嵌套

进入临界段，带中断保护版本且可以嵌套的代码实现具体参见代码清单 6-6。

代码清单 6-6　进入临界段，带中断保护版本，可以嵌套

```
1  /* ========== 进入临界段，带中断保护版本，可以嵌套 =============== */
2  /* 在 task.h 中定义 */
3  #define taskENTER_CRITICAL_FROM_ISR()        portSET_INTERRUPT_MASK_FROM_ISR()
4
5  /* 在 portmacro.h 中定义 */
6  #define portSET_INTERRUPT_MASK_FROM_ISR()  ulPortRaiseBASEPRI()
7
8  /* 在 portmacro.h 中定义 */
9  static portFORCE_INLINE uint32_t ulPortRaiseBASEPRI( void )
10 {
11     uint32_t ulReturn, ulNewBASEPRI = configMAX_SYSCALL_INTERRUPT_PRIORITY;
12
13     __asm
14     {
15         mrs ulReturn, basepri
16         msr basepri, ulNewBASEPRI
17         dsb
18         isb
19     }
20
21      return ulReturn;
22 }
```

6.5.2　退出临界段

1. 不带中断保护版本，不能嵌套

退出临界段，不带中断保护版本且不能嵌套的代码实现具体参见代码清单 6-7。

代码清单 6-7　退出临界段，不带中断保护版本，不能嵌套

```
1  /* ========== 退出临界段，不带中断保护版本，不能嵌套 =============== */
2  /* 在 task.h 中定义 */
```

```
 3 #define taskEXIT_CRITICAL()              portEXIT_CRITICAL()
 4
 5 /* 在 portmacro.h 中定义 */
 6 #define portEXIT_CRITICAL()              vPortExitCritical()
 7
 8 /* 在 port.c 中定义 */
 9 void vPortExitCritical( void )
10 {
11     configASSERT( uxCriticalNesting );
12     uxCriticalNesting--;
13      if ( uxCriticalNesting == 0 )
14     {
15         portENABLE_INTERRUPTS();
16     }
17 }
18
19 /* 在 portmacro.h 中定义 */
20 #define portENABLE_INTERRUPTS()          vPortSetBASEPRI( 0 )
21
22 /* 在 portmacro.h 中定义 */
23 static portFORCE_INLINE void vPortSetBASEPRI( uint32_t ulBASEPRI )
24 {
25     __asm
26     {
27         msr basepri, ulBASEPRI
28     }
29 }
```

2. 带中断保护版本，可以嵌套

退出临界段，带中断保护版本且可以嵌套的代码实现具体参见代码清单 6-8。

代码清单 6-8　退出临界段，带中断保护版本，可以嵌套

```
 1 /* ========== 退出临界段，带中断保护版本，可以嵌套 =============== */
 2 /* 在 task.h 中定义 */
 3 #define taskEXIT_CRITICAL_FROM_ISR( x ) portCLEAR_INTERRUPT_MASK_FROM_ISR( x )
 4
 5 /* 在 portmacro.h 中定义 */
 6 #define portCLEAR_INTERRUPT_MASK_FROM_ISR(x) vPortSetBASEPRI(x)
 7
 8 /* 在 portmacro.h 中定义 */
 9 static portFORCE_INLINE void vPortSetBASEPRI(uint32_t ulBASEPRI )
10 {
11     __asm
12     {
13         msr basepri, ulBASEPRI
14     }
15 }
```

6.6　临界段代码的应用

在 FreeRTOS 中，对临界段代码的应用出现在两种场合，一种是在中断场合，另一种是

在非中断场合，具体的应用参见代码清单 6-9。

代码清单 6-9 临界段代码应用

```
1  /* 在中断场合，临界段可以嵌套 */
2  {
3      uint32_t ulReturn;
4      /* 进入临界段，临界段可以嵌套 */
5      ulReturn = taskENTER_CRITICAL_FROM_ISR();
6
7      /* 临界段代码 */
8
9      /* 退出临界段 */
10     taskEXIT_CRITICAL_FROM_ISR( ulReturn );
11 }
12
13 /* 在非中断场合，临界段不能嵌套 */
14 {
15     /* 进入临界段 */
16     taskENTER_CRITICAL();
17
18     /* 临界段代码 */
19
20     /* 退出临界段 */
21     taskEXIT_CRITICAL();
22 }
```

6.7 实验现象

本章没有实验，充分理解本章内容即可。

第 7 章
空闲任务与阻塞延时

在第 6 章中，任务中的延时使用的是软件延时，即还是让 CPU 等待来达到延时的效果。使用 RTOS 的优势就是能充分发挥 CPU 的性能，永远不让它闲着。任务如果需要延时，也就不能再让 CPU 空等来实现延时的效果。RTOS 中的延时叫作阻塞延时，即任务需要延时时，会放弃 CPU 的使用权，CPU 可以去做其他的事情，当任务延时时间到，重新获取 CPU 使用权，任务继续运行，这样就充分地利用了 CPU 的资源，而不是空等。

当任务需要延时而进入阻塞状态时，那 CPU 在做什么？如果没有其他任务可以运行，RTOS 都会为 CPU 创建一个空闲任务，这个时候 CPU 就运行空闲任务。在 FreeRTOS 中，空闲任务是系统在启动调度器时创建的优先级最低的任务，空闲任务主体主要是做一些系统内存的清理工作。但是为了简单起见，我们本章实现的空闲任务只是对一个全局变量进行计数。鉴于空闲任务的这种特性，在实际应用中，当系统进入空闲任务时，可在空闲任务中让单片机进入休眠或者低功耗等操作。

7.1　实现空闲任务

目前我们在创建任务时使用的栈和 TCB 都使用静态内存，即需要预先定义好内存，空闲任务也不例外。有关空闲任务的栈和 TCB 需要用到的内存空间均在 main.c 中定义。

7.1.1　定义空闲任务的栈

在 main.c 中定义空闲任务的栈，具体定义参见代码清单 7-1。

代码清单 7-1　定义空闲任务的栈

```
1 /* 定义空闲任务的栈 */
2 #define configMINIMAL_STACK_SIZE        ( ( unsigned short ) 128 )
3 StackType_t IdleTaskStack[configMINIMAL_STACK_SIZE];                          (1)
```

代码清单 7-1（1）：空闲任务的栈是一个定义好的数组，大小由 FreeRTOSConfig.h 中定义的宏 configMINIMAL_STACK_SIZE 控制，默认值为 128，单位为字，即 512 个字节。

7.1.2　定义空闲任务的任务控制块

任务控制块是每一个任务必需的，空闲任务的任务控制块在 main.c 中定义，是一个全局变量，具体定义参见代码清单 7-2。

代码清单 7-2　定义空闲任务的任务控制块

```
1 /* 定义空闲任务的任务控制块 */
2 TCB_t IdleTaskTCB;
```

7.1.3　创建空闲任务

当定义好空闲任务的栈、任务控制块后，就可以创建空闲任务。空闲任务在调度器启动函数 vTaskStartScheduler() 中创建，具体实现参见代码清单 7-3 中的加粗部分。

代码清单 7-3　创建空闲任务

```
 1 extern TCB_t IdleTaskTCB;
 2 void vApplicationGetIdleTaskMemory( TCB_t **ppxIdleTaskTCBBuffer,
 3                                     StackType_t **ppxIdleTaskStackBuffer,
 4                                     uint32_t *pulIdleTaskStackSize );
 5 void vTaskStartScheduler( void )
 6 {
 7     /*===================== 创建空闲任务 start=====================*/
 8     TCB_t *pxIdleTaskTCBBuffer = NULL;           /* 用于指向空闲任务控制块 */
 9     StackType_t *pxIdleTaskStackBuffer = NULL; /* 用于空闲任务栈起始地址 */
10     uint32_t ulIdleTaskStackSize;
11
12     /* 获取空闲任务的内存：任务栈和任务 TCB */                          (1)
13     vApplicationGetIdleTaskMemory( &pxIdleTaskTCBBuffer,
14                                    &pxIdleTaskStackBuffer,
15                                    &ulIdleTaskStackSize );
16     /* 创建空闲任务 */                                                (2)
17     xIdleTaskHandle =
18     xTaskCreateStatic( (TaskFunction_t)prvIdleTask,  /* 任务入口 */
19                        (char *)"IDLE",               /* 任务名称，字符串形式 */
20                        (uint32_t)ulIdleTaskStackSize , /* 任务栈大小，单位为字 */
21                        (void *) NULL,                /* 任务形参 */
22                        (StackType_t *)pxIdleTaskStackBuffer, /* 任务栈起始地址 */
23                        (TCB_t *)pxIdleTaskTCBBuffer ); /* 任务控制块 */
24     /* 将任务添加到就绪列表 */                                          (3)
25     vListInsertEnd( &( pxReadyTasksLists[0] ),
26                     &( ((TCB_t *)pxIdleTaskTCBBuffer)->xStateListItem ) );
27     /*===================== 创建空闲任务 end=====================*/
28
29     /* 手动指定第一个运行的任务 */
30     pxCurrentTCB = &Task1TCB;
31
32     /* 启动调度器 */
33     if ( xPortStartScheduler() != pdFALSE )
34     {
35     /* 调度器启动成功，则不会返回，即不会来到这里 */
36     }
37 }
```

代码清单 7-3（1）：获取空闲任务的内存，即将 pxIdleTaskTCBBuffer 和 pxIdleTaskStackBuffer 这两个接下来要作为形参传到 xTaskCreateStatic() 函数的指针分别指向空闲任务的 TCB 和栈的起始地址，这个操作由函数 vApplicationGetIdleTaskMemory() 来实现，该函数需要用户自定义，目前我们在 main.c 中实现，具体实现参见代码清单 7-4。

代码清单 7-4　vApplicationGetIdleTaskMemory() 函数

```
1 void vApplicationGetIdleTaskMemory( TCB_t **ppxIdleTaskTCBBuffer,
2                                     StackType_t **ppxIdleTaskStackBuffer,
3                                     uint32_t *pulIdleTaskStackSize )
4 {
5     *ppxIdleTaskTCBBuffer=&IdleTaskTCB;
6     *ppxIdleTaskStackBuffer=IdleTaskStack;
7     *pulIdleTaskStackSize=configMINIMAL_STACK_SIZE;
8 }
```

代码清单 7-3（2）：调用 xTaskCreateStatic() 函数创建空闲任务。

代码清单 7-3（3）：将空闲任务插入就绪列表的开头。在第 8 章中我们会支持优先级，空闲任务默认的优先级是最低的，即排在就绪列表的开头。

7.2　实现阻塞延时

7.2.1　vTaskDelay() 函数

阻塞延时的阻塞是指任务调用该延时函数后，任务会被剥夺 CPU 使用权，然后进入阻塞状态，直到延时结束，任务重新获取 CPU 使用权才可以继续运行。在任务阻塞的这段时间，CPU 可以去执行其他任务，如果其他任务也处于延时状态，那么 CPU 就将运行空闲任务。阻塞延时函数 vTaskDelay() 在 task.c 中定义，具体代码实现参见代码清单 7-5。

代码清单 7-5　vTaskDelay() 函数

```
1 void vTaskDelay( const TickType_t xTicksToDelay )
2 {
3     TCB_t *pxTCB = NULL;
4
5     /* 获取当前任务的 TCB */
6     pxTCB = pxCurrentTCB;                              (1)
7
8     /* 设置延时时间 */
9     pxTCB->xTicksToDelay = xTicksToDelay;              (2)
10
11    /* 任务切换 */
12    taskYIELD();                                       (3)
13 }
```

代码清单 7-5（1）：获取当前任务的任务控制块。pxCurrentTCB 是一个在 task.c 中定义的全局指针，用于指向当前正在运行或者即将要运行的任务的任务控制块。

代码清单 7-5（2）：xTicksToDelay 是任务控制块的一个成员，用于记录任务需要延时的时间，单位为 SysTick 的中断周期。比如本书当中 SysTick 的中断周期为 10ms，调用 vTask-Delay (2) 则完成 2×10ms 的延时。xTicksToDelay 的定义具体参见代码清单 7-6 中的加粗部分。

代码清单 7-6　xTicksToDelay 定义

```
1  typedefstruct tskTaskControlBlock
2  {
3  volatile StackType_t  *pxTopOfStack;      /* 栈顶 */
4
5     ListItem_t          xStateListItem;     /* 任务节点 */
6
7     StackType_t         *pxStack;           /* 任务栈起始地址 */
8     /* 任务名称，字符串形式 */
9     char                pcTaskName[ configMAX_TASK_NAME_LEN ];
10
11    TickType_t xTicksToDelay;               /* 用于延时 */
12 } tskTCB;
```

7.2.2　修改 vTaskSwitchContext() 函数

代码清单 7-5（3）：任务切换。调用 tashYIELD() 会产生 PendSV 中断，在 PendSV 中断服务函数中会调用上下文切换函数 vTaskSwitchContext()，该函数的作用是寻找最高优先级的就绪任务，然后更新 pxCurrentTCB。第 6 章中我们只有两个任务，则 pxCurrentTCB 不是指向任务 1 就是指向任务 2，本章开始我们增加了一个空闲任务，则需要让 pxCurrentTCB 在这 3 个任务中切换。算法需要改变，具体实现参见代码清单 7-7 中的加粗部分。

代码清单 7-7　vTaskSwitchContext() 函数

```
1  #if 0
2  void vTaskSwitchContext( void )
3      {/* 两个任务轮流切换 */
4      if ( pxCurrentTCB == &Task1TCB )
5      {
6          pxCurrentTCB = &Task2TCB;
7      }
8      else
9      {
10         pxCurrentTCB = &Task1TCB;
11     }
12 }
13 #else
14
15 void vTaskSwitchContext( void )
16 {
17     /* 如果当前任务是空闲任务，那么就去尝试执行任务 1 或者任务 2，
18     看看它们的延时是否结束，如果任务的延时均没有到期，
19     则返回，继续执行空闲任务 */
20     if ( pxCurrentTCB == &IdleTaskTCB )                           (1)
21     {
22         if (Task1TCB.xTicksToDelay == 0)
```

```
23          {
24                  pxCurrentTCB =&Task1TCB;
25          }
26          else if (Task2TCB.xTicksToDelay == 0)
27          {
28                  pxCurrentTCB =&Task2TCB;
29          }
30          else
31          {
32                  return;     /* 任务延时均没有到期则返回，继续执行空闲任务 */
33          }
34      }
35      else/* 当前任务不是空闲任务则会执行到这里 */                                    (2)
36      {
37      /* 如果当前任务是任务 1 或者任务 2，检查另外一个任务，
38      如果另外的任务不在延时中，就切换到该任务，
39      否则，判断当前任务是否应该进入延时状态，
40      如果是，就切换到空闲任务，否则不进行任何切换 */
41      if (pxCurrentTCB == &Task1TCB)
42      {
43          if (Task2TCB.xTicksToDelay == 0)
44              {
45                      pxCurrentTCB =&Task2TCB;
46              }
47              else if (pxCurrentTCB->xTicksToDelay != 0)
48              {
49                      pxCurrentTCB = &IdleTaskTCB;
50              }
51              else
52              {
53                      return;                     /* 返回，不进行切换，因为两个任务都处于延时中 */
54              }
55          }
56          else if (pxCurrentTCB == &Task2TCB)
57          {
58              if (Task1TCB.xTicksToDelay == 0)
59              {
60                      pxCurrentTCB =&Task1TCB;
61              }
62              else if (pxCurrentTCB->xTicksToDelay != 0)
63              {
64                      pxCurrentTCB = &IdleTaskTCB;
65              }
66              else
67              {
68                      return;         /* 返回，不进行切换，因为两个任务都处于延时中 */
69              }
70          }
71      }
72 }
73
74 #endif
```

代码清单 7-7（1）：如果当前任务是空闲任务，那么就去尝试执行任务 1 或者任务 2，看看它们的延时是否结束，如果任务的延时均没有到期，则返回，继续执行空闲任务。

代码清单 7-7（2）：如果当前任务是任务 1 或者任务 2，检查另外一个任务，如果另外的任务不在延时中，就切换到该任务。否则，判断当前任务是否应该进入延时状态，如果是，就切换到空闲任务，否则不进行任何切换。

7.3 SysTick 中断服务函数

在任务上下文切换函数 vTaskSwitchContext() 中，会判断每个任务的任务控制块中的延时成员 xTicksToDelay 的值是否为 0，如果为 0 就要将对应的任务就绪，如果不为 0 就继续延时。如果一个任务要延时，一开始 xTicksToDelay 肯定不为 0，当 xTicksToDelay 变为 0 时表示延时结束。那么 xTicksToDelay 是以什么周期在递减？在哪里递减？在 FreeRTOS 中，这个周期由 SysTick 中断提供，操作系统中最小的时间单位就是 SysTick 的中断周期，我们称之为一个 tick。SysTick 中断服务函数在 port.c.c 中实现，具体参见代码清单 7-8。

代码清单 7-8 SysTick 中断服务函数

```
1 void xPortSysTickHandler( void )
2 {
3     /* 关中断 */
4     vPortRaiseBASEPRI();                          (1)
5
6     /* 更新系统时基 */
7     xTaskIncrementTick();                         (2)
8
9     /* 开中断 */
10    vPortClearBASEPRIFromISR();                   (3)
11 }
```

代码清单 7-8（1）：进入临界段，关中断。

代码清单 7-8（2）：xTaskIncrementTick() 函数更新系统时基，该函数在 task.c 中定义，具体参见代码清单 7-9。

代码清单 7-9 xTaskIncrementTick() 函数

```
1 void xTaskIncrementTick( void )
2 {
3     TCB_t *pxTCB = NULL;
4     BaseType_t i = 0;
5
6     /* 更新系统时基计数器 xTickCount，xTickCount 是一个在 port.c 中定义的全局变量 */ (1)
7     const TickType_t xConstTickCount = xTickCount + 1;
8     xTickCount = xConstTickCount;
9
10
11    /* 扫描就绪列表中所有任务的 xTicksToDelay，如果不为 0，则减 1 */ (2)
12    for (i=0; i<configMAX_PRIORITIES; i++)
```

```
13      {
14          pxTCB = ( TCB_t * ) listGET_OWNER_OF_HEAD_ENTRY( ( &pxReadyTasksLists[i] ) );
15          if (pxTCB->xTicksToDelay > 0)
16          {
17              pxTCB->xTicksToDelay --;
18          }
19      }
20
21      /* 任务切换 */                                                              (3)
22      portYIELD();
23  }
```

代码清单 7-9（1）：更新系统时基计数器 xTickCount，加 1 操作。xTickCount 是一个在 port.c 中定义的全局变量，在函数 vTaskStartScheduler() 中调用 xPortStartScheduler() 函数前初始化。

代码清单 7-9（2）：扫描就绪列表中所有任务的 xTicksToDelay，如果不为 0，则减 1。

代码清单 7-9（3）：执行一次任务切换。

回到代码清单 7-8：

代码清单 7-8（3）：退出临界段，开中断。

7.4 SysTick 初始化函数

SysTick 的中断服务函数要想被顺利执行，则 SysTick 必须先初始化。SysTick 初始化函数 vPortSetupTimerInterrupt() 在 port.c 中定义，具体参见代码清单 7-10。

代码清单 7-10   vPortSetupTimerInterrupt() 函数

```
1  /* SysTick 控制寄存器 */                                                      (1)
2  #define portNVIC_SYSTICK_CTRL_REG    (*((volatile uint32_t *) 0xe000e010 ))
3  /* SysTick 重装载寄存器 */
4  #define portNVIC_SYSTICK_LOAD_REG    (*((volatile uint32_t *) 0xe000e014 ))
5
6  /* SysTick 时钟源选择 */
7  #ifndef configSYSTICK_CLOCK_HZ
8      #define configSYSTICK_CLOCK_HZ configCPU_CLOCK_HZ
9      /* 确保 SysTick 的时钟与内核时钟一致 */
10     #define portNVIC_SYSTICK_CLK_BIT ( 1UL << 2UL )
11 #else
12     #define portNVIC_SYSTICK_CLK_BIT ( 0 )
13 #endif
14
15 #define portNVIC_SYSTICK_INT_BIT        ( 1UL << 1UL )
16 #define portNVIC_SYSTICK_ENABLE_BIT     ( 1UL << 0UL )
17
18
19 void vPortSetupTimerInterrupt( void )                                         (2)
20 {
21     /* 设置重装载寄存器的值 */                                                 (2)-①
22     portNVIC_SYSTICK_LOAD_REG = ( configSYSTICK_CLOCK_HZ / configTICK_RATE_HZ ) - 1UL;
23
```

```
24        /* 设置系统定时器的时钟等于内核时钟                              (2)-②
25           使能 SysTick 定时器中断
26           使能 SysTick 定时器 */
27        portNVIC_SYSTICK_CTRL_REG = ( portNVIC_SYSTICK_CLK_BIT |
28                                      portNVIC_SYSTICK_INT_BIT |
29                                      portNVIC_SYSTICK_ENABLE_BIT );
30 }
```

代码清单 7-10（1）：配置 SysTick 需要用到的寄存器和宏定义，在 port.c 中实现。

代码清单 7-10（2）：SysTick 初始化函数 vPortSetupTimerInterrupt() 在 xPortStartScheduler()
中被调用，具体参见代码清单 7-11 中的加粗部分。

代码清单 7-11　在 xPortStartScheduler() 函数中调用 vPortSetupTimerInterrupt()

```
 1 BaseType_t xPortStartScheduler( void )
 2 {
 3     /* 配置 PendSV 和 SysTick 的中断优先级为最低 */
 4     portNVIC_SYSPRI2_REG |= portNVIC_PENDSV_PRI;
 5     portNVIC_SYSPRI2_REG |= portNVIC_SYSTICK_PRI;
 6
 7     /* 初始化 SysTick */
 8     vPortSetupTimerInterrupt();
 9
10     /* 启动第一个任务，不再返回 */
11     prvStartFirstTask();
12
13     /* 不应该运行到这里 */
14     return 0;
15 }
```

代码清单 7-10（2）-①：设置重装载寄存器的值，决定 SysTick 的中断周期。从代码清
单 7-10（1）可以知道，如果没有定义 configSYSTICK_CLOCK_HZ，那么 configSYSTICK_CLOCK_
HZ 就等于 configCPU_CLOCK_HZ。configSYSTICK_CLOCK_HZ 确实没有定义，则 configSYSTICK_
CLOCK_HZ 由在 FreeRTOSConfig.h 中定义的 configCPU_CLOCK_HZ 决定，同时 configTICK_
RATE_HZ 也在 FreeRTOSConfig.h 中定义，具体参见代码清单 7-12。

代码清单 7-12　configCPU_CLOCK_HZ 与 configTICK_RATE_HZ 宏定义

```
1 #define configCPU_CLOCK_HZ    (( unsigned long ) 25000000)        (1)
2 #define configTICK_RATE_HZ    (( TickType_t ) 100)                (2)
```

代码清单 7-12（1）：系统时钟的大小，因为目前是软件仿真，需要配置成与 system_
ARMCM3.c（system_ARMCM4.c 或 system_ARMCM7.c）文件中的 SYSTEM_CLOCK 的一样，
即等于 25MHz。如果有具体的硬件，则配置成与硬件的系统时钟一样。

代码清单 7-12（2）：SysTick 每秒中断多少次，目前配置为 100，即每 10ms 中断一次。

回到代码清单 7-10：

代码清单 7-10（2）-②：设置系统定时器的时钟等于内核时钟，启用 SysTick 定时器中
断和 SysTick 定时器。

7.5 main() 函数

main() 函数和任务代码变动不大，具体参见代码清单 7-13，有变动的部分已加粗。

代码清单 7-13 main() 函数

```
 1 /*
 2 *************************************************************************
 3 *                            包含的头文件
 4 *************************************************************************
 5 */
 6 #include "FreeRTOS.h"
 7 #include "task.h"
 8
 9 /*
10 *************************************************************************
11 *                            全局变量
12 *************************************************************************
13 */
14 portCHAR flag1;
15 portCHAR flag2;
16
17 extern List_t pxReadyTasksLists[ configMAX_PRIORITIES ];
18
19
20 /*
21 *************************************************************************
22 *                        任务控制块和 STACK
23 *************************************************************************
24 */
25 TaskHandle_t Task1_Handle;
26 #define TASK1_STACK_SIZE                    128
27 StackType_t Task1Stack[TASK1_STACK_SIZE];
28 TCB_t Task1TCB;
29
30 TaskHandle_t Task2_Handle;
31 #define TASK2_STACK_SIZE                    128
32 StackType_t Task2Stack[TASK2_STACK_SIZE];
33 TCB_t Task2TCB;
34
35
36 /*
37 *************************************************************************
38 *                            函数声明
39 *************************************************************************
40 */
41 void delay (uint32_t count);
42 void Task1_Entry( void *p_arg );
43 void Task2_Entry( void *p_arg );
44
45 /*
46 *************************************************************************
47 *                            main() 函数
```

```
48 ***********************************************************
49 */
50
51 int main(void)
52 {
53     /* 硬件初始化 */
54     /* 将硬件相关的初始化放在这里，如果是软件仿真，则没有相关初始化代码 */
55
56     /* 初始化与任务相关的列表，如就绪列表 */
57     prvInitialiseTaskLists();
58
59     /* 创建任务 */
60     Task1_Handle =
61     xTaskCreateStatic( (TaskFunction_t)Task1_Entry,      /* 任务入口 */
62                        (char *)"Task1",                  /* 任务名称，字符串形式 */
63                        (uint32_t)TASK1_STACK_SIZE ,      /* 任务栈大小，单位为字 */
64                        (void *) NULL,                    /* 任务形参 */
65                        (StackType_t *)Task1Stack,        /* 任务栈起始地址 */
66                        (TCB_t *)&Task1TCB );             /* 任务控制块 */
67     /* 将任务添加到就绪列表 */
68     vListInsertEnd( &( pxReadyTasksLists[1] ),
69                     &( ((TCB_t *)(&Task1TCB))->xStateListItem ) );
70
71     Task2_Handle =
72     xTaskCreateStatic( (TaskFunction_t)Task2_Entry,      /* 任务入口 */
73                        (char *)"Task2",                  /* 任务名称，字符串形式 */
74                        (uint32_t)TASK2_STACK_SIZE ,      /* 任务栈大小，单位为字 */
75                        (void *) NULL,                    /* 任务形参 */
76                        (StackType_t *)Task2Stack,        /* 任务栈起始地址 */
77                        (TCB_t *)&Task2TCB );             /* 任务控制块 */
78     /* 将任务添加到就绪列表 */
79     vListInsertEnd( &( pxReadyTasksLists[2] ),
80                     &( ((TCB_t *)(&Task2TCB))->xStateListItem ) );
81
82     /* 启动调度器，开始多任务调度，启动成功则不返回 */
83     vTaskStartScheduler();
84
85     for (;;)
86     {
87 /* 系统启动成功不会到达这里 */
88     }
89 }
90
91 /*
92 ***********************************************************
93 *                          函数实现
94 ***********************************************************
95 */
96 /* 软件延时 */
97 void delay (uint32_t count)
98 {
99     for (; count!=0; count--);
100 }
```

```
101 /* 任务 1 */
102 void Task1_Entry( void *p_arg )
103 {
104     for ( ;; )
105     {
106 #if 0
107         flag1 = 1;
108         delay( 100 );
109         flag1 = 0;
110         delay( 100 );
111
112 /* 任务切换，这里是手动切换 */
113         portYIELD();
114 #else
115         flag1 = 1;
116         vTaskDelay( 2 );                                          (1)
117         flag1 = 0;
118         vTaskDelay( 2 );
119 #endif
120     }
121 }
122
123 /* 任务 2 */
124 void Task2_Entry( void *p_arg )
125 {
126 for ( ;; )
127     {
128 #if 0
129         flag2 = 1;
130         delay( 100 );
131         flag2 = 0;
132         delay( 100 );
133
134         /* 任务切换，这里是手动切换 */
135         portYIELD();
136 #else
137         flag2 = 1;
138         vTaskDelay( 2 );                                          (2)
139         flag2 = 0;
140         vTaskDelay( 2 );
141 #endif
142     }
143 }
144
145 /* 获取空闲任务的内存 */
146 StackType_t IdleTaskStack[configMINIMAL_STACK_SIZE];              (3)
147 TCB_t IdleTaskTCB;
148 void vApplicationGetIdleTaskMemory( TCB_t **ppxIdleTaskTCBBuffer,
149                                     StackType_t **ppxIdleTaskStackBuffer,
150                                     uint32_t *pulIdleTaskStackSize )
151 {
152     *ppxIdleTaskTCBBuffer=&IdleTaskTCB;
153     *ppxIdleTaskStackBuffer=IdleTaskStack;
```

```
154        *pulIdleTaskStackSize=configMINIMAL_STACK_SIZE;
155    }
```

代码清单 7-13（1）（2）：延时函数均由原来的软件延时替代为阻塞延时，延时时间均为 2 个 SysTick 中断周期，即 20ms。

代码清单 7-13（3）：定义空闲任务的栈和 TCB。

7.6 实验现象

进入软件进行调试，全速运行程序，从逻辑分析仪中可以看到两个任务的波形是完全同步的，就好像 CPU 在同时做两件事，具体的仿真波形图如图 7-1 和图 7-2 所示。

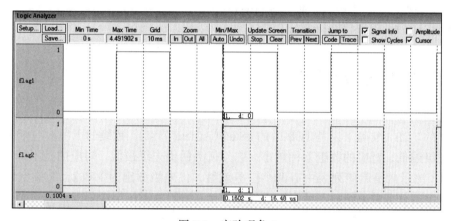

图 7-1 实验现象 1

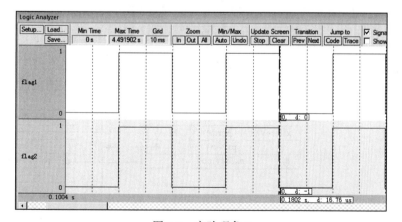

图 7-2 实验现象 2

从图 7-1 和图 7-2 可以看出，flag1 和 flag2 的高电平的时间为（0.1802 − 0.1602）s，刚好等于阻塞延时的 20ms，所以实验现象与代码要实现的功能是相符的。

第 8 章
多 优 先 级

在本章之前，FreeRTOS 还没有支持多优先级，只支持两个任务互相切换，从本章开始，任务中我们开始加入优先级的功能。在 FreeRTOS 中，数字优先级越小，逻辑优先级也越小，这与 RT-Thread 和 µC/OS 刚好相反。

8.1 支持多优先级的方法

就绪列表 pxReadyTasksLists[configMAX_PRIORITIES] 是一个数组，数组中存储的是就绪任务的 TCB（准确来说是 TCB 中的 xStateListItem 节点），数组的下标对应任务的优先级，优先级越低，对应的数组下标越小。空闲任务的优先级最低，对应的是下标为 0 的链表。图 8-1 演示的是就绪列表中有两个任务就绪，优先级分别为 1 和 2，其中空闲任务没有显示，空闲任务自系统启动后会一直处于就绪态，因为系统至少要保证有一个任务可以运行。

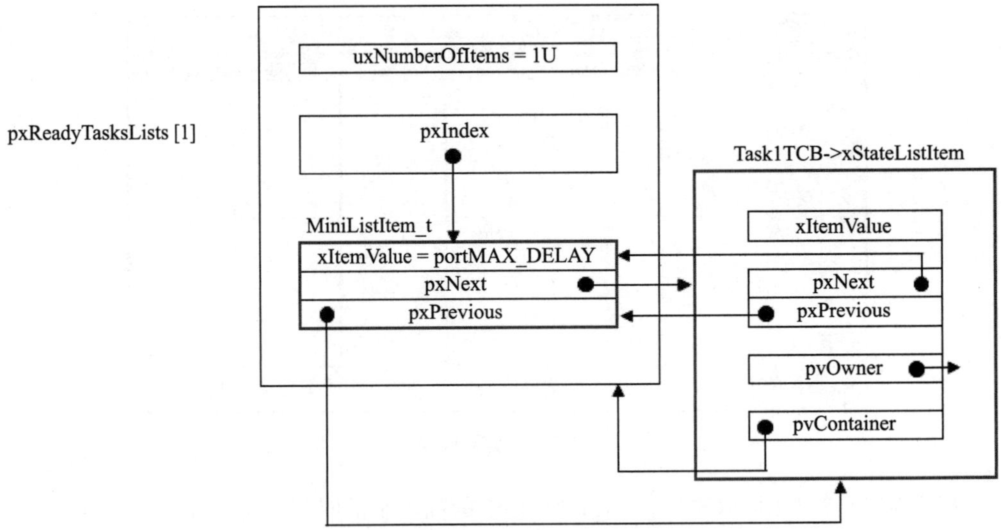

图 8-1 就绪列表中有两个任务就绪

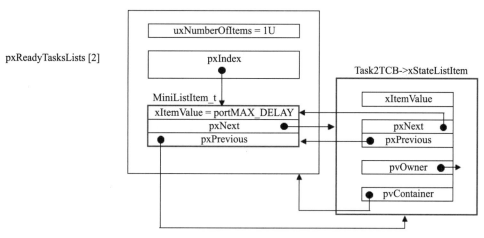

图 8-1 （续）

在创建任务时，会根据任务的优先级将任务插入就绪列表不同的位置。相同优先级的任务插入就绪列表中的同一条链表中，这就是第 10 章中要讲解的支持时间片。

pxCurrentTCB 是一个全局 TCB 指针，用于指向优先级最高的就绪任务的 TCB，即当前正在运行的 TCB。那么要想让任务支持优先级，即只要实现在任务切换（taskYIELD）时，让 pxCurrentTCB 指向最高优先级的就绪任务的 TCB 即可，前面的章节中，我们是手动地让 pxCurrentTCB 在任务 1、任务 2 和空闲任务中轮转，现在我们要改成 pxCurrentTCB 在任务切换时指向最高优先级的就绪任务的 TCB，那么问题的关键就在于如何找到最高优先级的就绪任务的 TCB。FreeRTOS 提供了两种方法，一种是通用的，一种是根据特定的处理器优化过的，接下来我们重点讲解这两种方法。

8.2 查找最高优先级的就绪任务相关代码

寻找最高优先级的就绪任务的相关代码在 task.c 中定义，具体参见代码清单 8-1。

代码清单 8-1 查找最高优先级的就绪任务的相关代码

```
1  /* 查找最高优先级的就绪任务（通用方法）*/
2  #if ( configUSE_PORT_OPTIMISED_TASK_SELECTION == 0 )                 (1)
3      /* uxTopReadyPriority 存储的是就绪任务的最高优先级 */
4      #define taskRECORD_READY_PRIORITY( uxPriority )\                   (2)
5      {\
6      if( ( uxPriority ) > uxTopReadyPriority )\
7      {\
8      uxTopReadyPriority = ( uxPriority );\
9      }\
10     }/* taskRECORD_READY_PRIORITY */
11
12 /*-----------------------------------------------------------*/
13
```

```
14      #define taskSELECT_HIGHEST_PRIORITY_TASK()\                              (3)
15      {\
16      UBaseType_t uxTopPriority = uxTopReadyPriority;\                         (3)-①
17      /* 寻找包含就绪任务的最高优先级的队列 */\                                    (3)-②
18      while( listLIST_IS_EMPTY( &( pxReadyTasksLists[ uxTopPriority ] ) ) )\
19      {\
20      --uxTopPriority;\
21      }\
22      /* 获取优先级最高的就绪任务的 TCB，然后更新到 pxCurrentTCB */\
23      listGET_OWNER_OF_NEXT_ENTRY(pxCurrentTCB, &(pxReadyTasksLists[ uxTopPriority ]));\
                                                                                 (3)-③
24      /* 更新 uxTopReadyPriority */\
25      uxTopReadyPriority = uxTopPriority;\                                     (3)-④
26      }/* taskSELECT_HIGHEST_PRIORITY_TASK */
27
28 /*-----------------------------------------------------------*/
29
30 /* 这两个宏定义只有在选择优化方法时才用，这里定义为空 */
31 #define taskRESET_READY_PRIORITY( uxPriority )
32 #define portRESET_READY_PRIORITY( uxPriority, uxTopReadyPriority )
33
34 /* 查找最高优先级的就绪任务（根据处理器架构优化后的方法）*/
35 #else/* configUSE_PORT_OPTIMISED_TASK_SELECTION */                           (4)
36
37      #define taskRECORD_READY_PRIORITY( uxPriority ) \                        (5)
38              portRECORD_READY_PRIORITY( uxPriority, uxTopReadyPriority )
39
40 /*-----------------------------------------------------------*/
41
42      #define taskSELECT_HIGHEST_PRIORITY_TASK()\                              (7)
43      {\
44      UBaseType_t uxTopPriority;\
45      /* 寻找最高优先级 */\
46      portGET_HIGHEST_PRIORITY( uxTopPriority, uxTopReadyPriority );\          (7)-①
47      /* 获取优先级最高的就绪任务的 TCB，然后更新到 pxCurrentTCB */\
48 listGET_OWNER_OF_NEXT_ENTRY( pxCurrentTCB, &( pxReadyTasksLists[ uxTopPriority ] ) );\
                                                                                 (7)-②
49      }/* taskSELECT_HIGHEST_PRIORITY_TASK() */
50
51 /*-----------------------------------------------------------*/
52 #if 0
53      #define taskRESET_READY_PRIORITY( uxPriority )\                         (注意)
54      {\
55      if(listCURRENT_LIST_LENGTH(&(pxReadyTasksLists[( uxPriority)]))==(UBaseType_t)0)\
56      {\
57      portRESET_READY_PRIORITY( ( uxPriority ), ( uxTopReadyPriority ) );\
58      }\
59      }
60 #else
61      #define taskRESET_READY_PRIORITY( uxPriority )\                          (6)
62      {\
63              portRESET_READY_PRIORITY((uxPriority ), (uxTopReadyPriority));\
64      }
```

```
65 #endif
66
67 #endif/* configUSE_PORT_OPTIMISED_TASK_SELECTION */
```

代码清单 8-1（1）：查找最高优先级的就绪任务有两种方法，具体由宏 configUSE_PORT_OPTIMISED_TASK_SELECTION 控制，定义为 0 选择通用方法，定义为 1 选择根据处理器优化的方法，该宏默认在 portmacro.h 中定义为 1，即使用优化过的方法，但是通用方法在这里也讲解一下。

8.2.1　通用方法

1. taskRECORD_READY_PRIORITY()

代码清单 8-1（2）：taskRECORD_READY_PRIORITY() 用于更新 uxTopReadyPriority 的值。uxTopReadyPriority 是一个在 task.c 中定义的静态变量，用于表示创建的任务的最高优先级，默认初始化为 0，即空闲任务的优先级，具体实现参见代码清单 8-2。

代码清单 8-2　uxTopReadyPriority 定义

```
1 /* 空闲任务优先级宏定义，在 task.h 中定义 */
2 #define tskIDLE_PRIORITY                      ( ( UBaseType_t ) 0U )
3
4 /* 定义 uxTopReadyPriority, 在 task.c 中定义 */
5 static volatile UBaseType_t uxTopReadyPriority = tskIDLE_PRIORITY;
```

2. taskSELECT_HIGHEST_PRIORITY_TASK()

代码清单 8-1（3）：taskSELECT_HIGHEST_PRIORITY_TASK() 用于寻找优先级最高的就绪任务，实质就是更新 uxTopReadyPriority 和 pxCurrentTCB 的值。

代码清单 8-1（3）-①：将 uxTopReadyPriority 的值暂存到局部变量 uxTopPriority，接下来需要用到。

代码清单 8-1（3）-②：从最高优先级对应的就绪列表数组下标开始寻找当前链表下是否有任务存在，如果没有，则 uxTopPriority 执行减 1 操作，继续寻找下一个优先级对应的链表中是否有任务存在，如果有则跳出 while 循环，表示找到了最高优先级的就绪任务。之所以可以从最高优先级往下搜索，是因为任务的优先级与就绪列表的下标是一一对应的，优先级越高，对应的就绪列表数组的下标越大。

代码清单 8-1（3）-③：获取优先级最高的就绪任务的 TCB，然后更新到 pxCurrentTCB。

代码清单 8-1（3）-④：更新 uxTopPriority 的值到 uxTopReadyPriority。

8.2.2　优化方法

代码清单 8-1（4）：优化的方法，这得益于 Cortex-M 内核有一个计算前导零的指令 CLZ。所谓前导零就是计算一个变量（Cortex-M 内核单片机的变量为 32 位）从高位开始第一次出现 1 的位的前面的 0 的个数。比如一个 32 位的变量 uxTopReadyPriority，其位 0、位

24 和位 25 均置 1，其余位置 0，如图 8-2 所示，那么使用前导零指令 __CLZ (uxTopReady-Priority) 可以很快计算出 uxTopReadyPriority 的前导零的个数为 6。

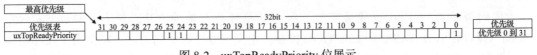

图 8-2　uxTopReadyPriority 位展示

如果 uxTopReadyPriority 的每个位号对应的是任务的优先级，任务就绪时，则将对应的位置 1，反之则清零。那么图 8-2 就表示优先级 0、优先级 24 和优先级 25 这 3 个任务就绪，其中优先级为 25 的任务优先级最高。利用前导零计算指令可以很快计算出就绪任务中的最高优先级为（31UL – (uint32_t) __clz((uxReadyPriorities)) = 31UL – (uint32_t) 6 = 25。

1. taskRECORD_READY_PRIORITY()

代码清单 8-1（5）：taskRECORD_READY_PRIORITY() 用于根据传进来的形参（通常形参就是任务的优先级）将变量 uxTopReadyPriority 的某个位置 1。uxTopReadyPriority 是一个在 task.c 中定义的静态变量，默认初始化为 0。与通用方法中用来表示创建的任务的最高优先级不一样，它在优化方法中担任的是一个优先级位图表的角色，即该变量的每个位对应任务的优先级，如果任务就绪，则将对应的位置 1，反之清零。根据这个原理，只需要计算出 uxTopReadyPriority 的前导零个数就算到了就绪任务的最高优先级。与 taskRECORD_READY_PRIORITY() 作用相反的是 taskRESET_READY_PRIORITY()。taskRECORD_READY_PRIORITY() 与 taskRESET_READY_PRIORITY() 的具体实现参见代码清单 8-3。

代码清单 8-3　taskRECORD_READY_PRIORITY() 和 taskRESET_READY_PRIORITY() 函数（在 portmacro.h 中定义）

```
1 #define portRECORD_READY_PRIORITY( uxPriority, uxReadyPriorities )\
2        ( uxReadyPriorities ) |= ( 1UL << ( uxPriority ) )
3
4 #define portRESET_READY_PRIORITY( uxPriority, uxReadyPriorities )\
5        ( uxReadyPriorities ) &= ~( 1UL << ( uxPriority ) )
```

2. taskRESET_READY_PRIORITY()

代码清单 8-1（6）：taskRESET_READY_PRIORITY() 用于根据传进来的形参（通常形参就是任务的优先级）将变量 uxTopReadyPriority 的某个位清零。

代码清单 8-1（注意）：实际上根据优先级调用 taskRESET_READY_PRIORITY() 函数复位 uxTopReadyPriority 变量中对应的位时，要先确保就绪列表中对应该优先级下的链表没有任务才行。但是我们当前实现的阻塞延时方案还是通过扫描就绪列表中的 TCB 的延时变量 xTicksToDelay 来实现的，还没有单独实现延时列表（任务延时列表将在第 9 章讲解），所以在任务非就绪时暂时不能将任务从就绪列表中移除，而是仅仅将任务优先级在变量 uxTopReadyPriority 中对应的位清零。在实现任务延时列表之后，任务非就绪时，不仅会将任务优先级在变量 uxTopReadyPriority 中对应的位清零，还会将任务从就绪列表中删除。

3. taskSELECT_HIGHEST_PRIORITY_TASK()

代码清单 8-1（7）：taskSELECT_HIGHEST_PRIORITY_TASK() 用于寻找优先级最高的就绪任务，实质就是更新 uxTopReadyPriority 和 pxCurrentTCB 的值。

代码清单 8-1（7）-①：根据 uxTopReadyPriority 的值，找到最高优先级，然后更新到局部变量 uxTopPriority 中。portGET_HIGHEST_PRIORITY() 具体的宏实现参见代码清单 8-4，在 portmacro.h 中定义。

代码清单 8-4　portGET_HIGHEST_PRIORITY() 宏定义

```
1 #define portGET_HIGHEST_PRIORITY( uxTopPriority, uxReadyPriorities )\
2 uxTopPriority = ( 31UL - ( uint32_t ) __clz( ( uxReadyPriorities ) ) )
```

代码清单 8-1（7）-②：根据 uxTopPriority 的值，从就绪列表中找到就绪的最高优先级的任务的 TCB，然后将 TCB 更新到 pxCurrentTCB。

8.3　修改代码以支持多优先级

接下来我们在第 7 章代码的基础上继续迭代修改，从而实现多优先级。

8.3.1　修改任务控制块

在任务控制块中增加与优先级相关的成员，具体实现参见代码清单 8-5 中的加粗部分。

代码清单 8-5　修改任务控制块代码，增加优先级相关成员

```
1 typedef struct tskTaskControlBlock
2 {
3     volatile StackType_t    *pxTopOfStack;    /* 栈顶 */
4
5     ListItem_t              xStateListItem;   /* 任务节点 */
6
7     StackType_t             *pxStack;         /* 任务栈起始地址 */
8                                               /* 任务名称，字符串形式 */
9     char                    pcTaskName[ configMAX_TASK_NAME_LEN ];
10
11    TickType_t xTicksToDelay;
12    UBaseType_t             uxPriority;
13 } tskTCB;
```

8.3.2　修改 xTaskCreateStatic() 函数

修改任务创建 xTaskCreateStatic() 函数，具体参见代码清单 8-6 中的加粗部分。

代码清单 8-6　xTaskCreateStatic() 函数

```
1 TaskHandle_t
2 xTaskCreateStatic(TaskFunction_t pxTaskCode,
```

```
 3                const char * const pcName,
 4                const uint32_t ulStackDepth,
 5                void * const pvParameters,
 6                /* 任务优先级，数值越大，优先级越高 */
 7                UBaseType_t uxPriority,                              (1)
 8                StackType_t * const puxStackBuffer,
 9                TCB_t * const pxTaskBuffer )
10 {
11     TCB_t *pxNewTCB;
12     TaskHandle_t xReturn;
13
14     if ( ( pxTaskBuffer != NULL ) && ( puxStackBuffer != NULL ) )
15     {
16         pxNewTCB = ( TCB_t * ) pxTaskBuffer;
17         pxNewTCB->pxStack = ( StackType_t * ) puxStackBuffer;
18
19         /* 创建新的任务 */                                          (2)
20         prvInitialiseNewTask( pxTaskCode,
21                               pcName,
22                               ulStackDepth,
23                               pvParameters,
24                               uxPriority,
25                               &xReturn,
26                               pxNewTCB);
27
28         /* 将任务添加到就绪列表 */                                  (3)
29         prvAddNewTaskToReadyList( pxNewTCB );
30
31     }
32 else
33     {
34         xReturn = NULL;
35     }
36
37     return xReturn;
38 }
```

代码清单 8-6（1）：增加优先级形参，数值越大，优先级越高。

1. prvInitialiseNewTask() 函数

代码清单 8-6（2）：修改 prvInitialiseNewTask() 函数，增加优先级形参和优先级初始化相关代码，具体修改参见代码清单 8-7 中的加粗部分。

代码清单 8-7　prvInitialiseNewTask() 函数

```
1 static void prvInitialiseNewTask(TaskFunction_t pxTaskCode,
2                       const char * const pcName,
3                       const uint32_t ulStackDepth,
4                       void * const pvParameters,
5                       /* 任务优先级，数值越大，优先级越高 */
6                       UBaseType_t uxPriority,
7                       TaskHandle_t * const pxCreatedTask,
```

```
 8                                            TCB_t *pxNewTCB )
 9
10  {
11      StackType_t *pxTopOfStack;
12      UBaseType_t x;
13
14      /* 获取栈顶地址 */
15      pxTopOfStack = pxNewTCB->pxStack + ( ulStackDepth - ( uint32_t ) 1 );
16      /* 向下做 8 字节对齐 */
17      pxTopOfStack = ( StackType_t * ) ( ( ( uint32_t ) pxTopOfStack ) & ( ~( ( uint32_t )
        0x0007 ) ) );
18
19      /* 将任务名存储在 TCB 中 */
20      for ( x = ( UBaseType_t ) 0; x < ( UBaseType_t ) configMAX_TASK_NAME_LEN; x++ )
21      {
22          pxNewTCB->pcTaskName[ x ] = pcName[ x ];
23
24          if ( pcName[ x ] == 0x00 )
25          {
26              break;
27          }
28      }
29      /* 任务名的长度不能超过 configMAX_TASK_NAME_LEN */
30      pxNewTCB->pcTaskName[ configMAX_TASK_NAME_LEN - 1 ] = '\0';
31
32      /* 初始化 TCB 中的 xStateListItem 节点 */
33      vListInitialiseItem( &( pxNewTCB->xStateListItem ) );
34      /* 设置 xStateListItem 节点的拥有者 */
35      listSET_LIST_ITEM_OWNER( &( pxNewTCB->xStateListItem ), pxNewTCB );
36
37      /* 初始化优先级 */
38      if ( uxPriority >= ( UBaseType_t ) configMAX_PRIORITIES )
39      {
40          uxPriority = ( UBaseType_t ) configMAX_PRIORITIES - ( UBaseType_t ) 1U;
41      }
42      pxNewTCB->uxPriority = uxPriority;
43
44      /* 初始化任务栈 */
45      pxNewTCB->pxTopOfStack = pxPortInitialiseStack( pxTopOfStack, pxTaskCode,
        pvParameters );
46
47      /* 让任务句柄指向任务控制块 */
48      if ( ( void * ) pxCreatedTask != NULL )
49      {
50          *pxCreatedTask = ( TaskHandle_t ) pxNewTCB;
51      }
52  }
```

2. prvAddNewTaskToReadyList() 函数

代码清单 8-6（3）：新增将任务添加到就绪列表的函数 prvAddNewTaskToReadyList()，该函数在 task.c 中实现，具体参见代码清单 8-8。

代码清单 8-8 prvAddNewTaskToReadyList() 函数

```
1 static void prvAddNewTaskToReadyList( TCB_t *pxNewTCB )
2 {
3     /* 进入临界段 */
4     taskENTER_CRITICAL();
5     {
6         /* 全局任务定时器加 1 操作 */
7         uxCurrentNumberOfTasks++;                                            (1)
8
9         /* 如果 pxCurrentTCB 为空，则将 pxCurrentTCB 指向新创建的任务 */
10        if ( pxCurrentTCB == NULL )                                          (2)
11        {
12            pxCurrentTCB = pxNewTCB;
13
14            /* 如果是第一次创建任务，则需要初始化任务的相关列表 */
15            if ( uxCurrentNumberOfTasks == ( UBaseType_t ) 1 )               (3)
16            {
17                /* 初始化任务的相关列表 */
18                prvInitialiseTaskLists();
19            }
20        }
21        else/* 如果 pxCurrentTCB 不为空，                                     (4)
22                则根据任务的优先级将 pxCurrentTCB 指向最高优先级任务的 TCB */
23        {
24            if ( pxCurrentTCB->uxPriority <= pxNewTCB->uxPriority )
25            {
26                pxCurrentTCB = pxNewTCB;
27            }
28        }
29
30        /* 将任务添加到就绪列表 */
31        prvAddTaskToReadyList( pxNewTCB );                                    (5)
32
33    }
34    /* 退出临界段 */
35    taskEXIT_CRITICAL();
36 }
```

代码清单 8-8（1）：全局任务定时器 uxCurrentNumberOfTasks 加 1 操作。uxCurrentNumber-OfTasks 是一个在 task.c 中定义的静态变量，默认初始化为 0。

代码清单 8-8（2）：如果 pxCurrentTCB 为空，则将 pxCurrentTCB 指向新创建的任务。pxCurrentTCB 是一个在 task.c 中定义的全局指针，用于指向当前正在运行或者即将运行的任务的任务控制块，默认初始化为 NULL。

代码清单 8-8（3）：如果是第一次创建任务，则需要调用函数 prvInitialiseTaskLists() 初始化任务的相关列表，目前只有就绪列表需要初始化，该函数在 task.c 中定义，具体实现参见代码清单 8-9。

代码清单 8-9 prvInitialiseTaskLists() 函数

```
1 /* 初始化任务的相关列表 */
```

```
 2 void prvInitialiseTaskLists( void )
 3 {
 4     UBaseType_t uxPriority;
 5
 6     for ( uxPriority = ( UBaseType_t ) 0U; uxPriority < ( UBaseType_t ) configMAX_
       PRIORITIES; uxPriority++ )
 7     {
 8         vListInitialise( &( pxReadyTasksLists[ uxPriority ] ) );
 9     }
10 }
```

代码清单 8-8（4）：如果 pxCurrentTCB 不为空，表示当前已经有任务存在，则根据任务的优先级将 pxCurrentTCB 指向最高优先级任务的 TCB。在创建任务时，始终让 pxCurrentTCB 指向最高优先级任务的 TCB。

代码清单 8-8（5）：将任务添加到就绪列表。prvAddTaskToReadyList() 是一个带参宏，在 task.c 中定义，具体实现参见代码清单 8-10。

代码清单 8-10　prvAddTaskToReadyList() 函数

```
 1 /* 将任务添加到就绪列表 */
 2 #define prvAddTaskToReadyList( pxTCB )\
 3         taskRECORD_READY_PRIORITY( ( pxTCB )->uxPriority );\        (1)
 4         vListInsertEnd( &( pxReadyTasksLists[ ( pxTCB )->uxPriority ] ),\  (2)
 5                       &( ( pxTCB )->xStateListItem ) );
```

代码清单 8-10（1）：根据优先级将优先级位图表 uxTopReadyPriority 中对应的位置位。
代码清单 8-10（2）：根据优先级将任务插入就绪列表 pxReadyTasksLists[]。

8.3.3　修改 vTaskStartScheduler() 函数

修改开启任务调度函数 vTaskStartScheduler()，具体参见代码清单 8-11 中的加粗部分。

代码清单 8-11　vTaskStartScheduler() 函数

```
 1 void vTaskStartScheduler( void )
 2 {
 3 /*===================== 创建空闲任务 start=========================*/
 4     TCB_t *pxIdleTaskTCBBuffer = NULL;
 5     StackType_t *pxIdleTaskStackBuffer = NULL;
 6     uint32_t ulIdleTaskStackSize;
 7
 8     /* 获取空闲任务的内存：任务栈和任务 TCB */
 9     vApplicationGetIdleTaskMemory( &pxIdleTaskTCBBuffer,
10                                    &pxIdleTaskStackBuffer,
11                                    &ulIdleTaskStackSize );
12
13     xIdleTaskHandle =
14     xTaskCreateStatic( (TaskFunction_t)prvIdleTask,
15                        (char *)"IDLE",
16                        (uint32_t)ulIdleTaskStackSize ,
```

```
17                        (void *) NULL,
18                        /* 任务优先级，数值越大，优先级越高 */
19                        (UBaseType_t) tskIDLE_PRIORITY,                    (1)
20                        (StackType_t *)pxIdleTaskStackBuffer,
21                        (TCB_t *)pxIdleTaskTCBBuffer );
22                                  /* 将任务添加到就绪列表 */              (2)
23                                  /* vListInsertEnd( &( pxReadyTasks-
                                       Lists[0] ),
24                                      &( ((TCB_t *)pxIdleTaskTCBBuffer)->xState-
                                       ListItem ) ); */
25    /*================== 创建空闲任务 end=====================*/
26
27    /* 手动指定第一个运行的任务 */                                        (3)
28    //pxCurrentTCB = &Task1TCB;
29
30    /* 启动调度器 */
31    if ( xPortStartScheduler() != pdFALSE )
32    {
33        /* 调度器启动成功，则不会返回，即不会来到这里 */
34    }
35 }
```

代码清单 8-11（1）：创建空闲任务时，优先级配置为 tskIDLE_PRIORITY，该宏在 task.h 中定义，默认为 0，表示空闲任务的优先级为最低。

代码清单 8-11（2）：刚刚我们已经修改了创建任务函数 xTaskCreateStatic()，在创建任务时，就已经将任务添加到了就绪列表，这里将其注释掉。

代码清单 8-11（3）：在刚刚修改的创建任务函数 xTaskCreateStatic() 中，增加了将任务添加到就绪列表的函数 prvAddNewTaskToReadyList()，这里将其注释掉。

8.3.4 修改 vTaskDelay() 函数

vTaskDelay() 函数中的修改内容是添加了将任务从就绪列表移除的操作，具体实现参见代码清单 8-12 中的加粗部分。

代码清单 8-12 vTaskDelay() 函数

```
1 void vTaskDelay( const TickType_t xTicksToDelay )
2 {
3     TCB_t *pxTCB = NULL;
4
5     /* 获取当前任务的 TCB */
6     pxTCB = pxCurrentTCB;
7
8     /* 设置延时时间 */
9     pxTCB->xTicksToDelay = xTicksToDelay;
10
11    /* 将任务从就绪列表中移除 */
12    //uxListRemove( &( pxTCB->xStateListItem ) );                  （注意）
13    taskRESET_READY_PRIORITY( pxTCB->uxPriority );
```

```
14
15      /* 任务切换 */
16      taskYIELD();
17 }
```

代码清单 8-12（注意）：将任务从就绪列表中移除本应该完成两个操作：一个是将任务从就绪列表移除，由函数 uxListRemove() 来实现；另一个是根据优先级将优先级位图表 uxTopReadyPriority 中对应的位清零，由函数 taskRESET_READY_PRIORITY() 来实现。但是鉴于我们目前的时基更新函数 xTaskIncrementTick() 还是需要通过扫描就绪列表的任务来判断任务的延时时间是否到期，所以不能将任务从就绪列表移除。但在第 9 章节，会专门添加一个延时列表，到时延时除了根据优先级将优先级位图表 uxTopReadyPriority 中对应的位清零外，还需要将任务从就绪列表中移除。

8.3.5 修改 vTaskSwitchContext() 函数

在新的任务切换函数 vTaskSwitchContext() 中，不再是手动地让 pxCurrentTCB 指针在任务 1、任务 2 和空闲任务中切换，而是直接调用函数 taskSELECT_HIGHEST_PRIORITY_TASK() 寻找到优先级最高的就绪任务的 TCB，然后更新到 pxCurrentTCB，具体实现参见代码清单 8-13 中的加粗部分。

代码清单 8-13　vTaskSwitchContext() 函数

```
 1 #if 1
 2 /* 任务切换，即寻找优先级最高的就绪任务 */
 3 void vTaskSwitchContext( void )
 4 {
 5     /* 获取优先级最高的就绪任务的 TCB，然后更新到 pxCurrentTCB */
 6     taskSELECT_HIGHEST_PRIORITY_TASK();
 7 }
 8 #else
 9 void vTaskSwitchContext( void )
10 {
11     /* 如果当前任务是空闲任务，那么就去尝试执行任务 1 或者任务 2，
12     看看它们的延时是否结束，如果任务的延时均没有到期，
13     则返回，继续执行空闲任务 */
14     if ( pxCurrentTCB == &IdleTaskTCB )
15     {
16         if (Task1TCB.xTicksToDelay == 0)
17         {
18             pxCurrentTCB =&Task1TCB;
19         }
20         else if (Task2TCB.xTicksToDelay == 0)
21         {
22             pxCurrentTCB =&Task2TCB;
23         }
24         else
25         {
26             return;              /* 任务延时均没有到期则返回，继续执行空闲任务 */
```

```
27                }
28          }
29      else
30      {
31          /* 如果当前任务是任务 1 或者任务 2，
32          检查一下另外一个任务，如果另外的任务不在延时中，
33          就切换到该任务。否则，判断当前任务是否应该进入延时状态，
34          如果是，就切换到空闲任务，否则不进行任何切换 */
35          if (pxCurrentTCB == &Task1TCB)
36          {
37              if (Task2TCB.xTicksToDelay == 0)
38              {
39                  pxCurrentTCB =&Task2TCB;
40              }
41              else if (pxCurrentTCB->xTicksToDelay != 0)
42              {
43                  pxCurrentTCB = &IdleTaskTCB;
44              }
45              else
46              {
47                  return;          /* 返回，不进行切换，因为两个任务都处于延时中 */
48              }
49          }
50          else if (pxCurrentTCB == &Task2TCB)
51          {
52              if (Task1TCB.xTicksToDelay == 0)
53              {
54                  pxCurrentTCB =&Task1TCB;
55              }
56              else if (pxCurrentTCB->xTicksToDelay != 0)
57              {
58                  pxCurrentTCB = &IdleTaskTCB;
59              }
60              else
61              {
62                  return;          /* 返回，不进行切换，因为两个任务都处于延时中 */
63              }
64          }
65      }
66 }
67
68 #endif
```

8.3.6　修改 xTaskIncrementTick() 函数

修改 xTaskIncrementTick() 函数，即在原来的基础上增加当任务延时时间到时将任务就绪的代码，具体参见代码清单 8-14 中的加粗部分。

代码清单 8-14　xTaskIncrementTick() 函数

```
1 void xTaskIncrementTick( void )
2 {
```

```
 3      TCB_t *pxTCB = NULL;
 4      BaseType_t i = 0;
 5
 6      const TickType_t xConstTickCount = xTickCount + 1;
 7      xTickCount = xConstTickCount;
 8
 9
10      /* 扫描就绪列表中所有任务的 remaining_tick，如果不为 0，则减 1 */
11      for (i=0; i<configMAX_PRIORITIES; i++)
12      {
13          pxTCB = ( TCB_t * ) listGET_OWNER_OF_HEAD_ENTRY( ( &pxReadyTasksLists[i] ) );
14          if (pxTCB->xTicksToDelay > 0)
15          {
16              pxTCB->xTicksToDelay --;
17
18              /* 延时时间到，将任务就绪 */                                          （增加）
19              if ( pxTCB->xTicksToDelay ==0 )
20              {
21                  taskRECORD_READY_PRIORITY( pxTCB->uxPriority );
22              }
23          }
24      }
25
26      /* 任务切换 */
27      portYIELD();
28  }
```

代码清单 8-14（增加）：延时时间到，将任务就绪。即根据优先级将优先级位图表 uxTopReadyPriority 中对应的位置位。在刚刚修改的上下文切换函数 vTaskSwitchContext() 中，就是通过优先级位图表 uxTopReadyPriority 来寻找就绪任务的最高优先级的。

8.4 main() 函数

本章 main() 函数与第 7 章的基本一致，修改不大，具体修改参见代码清单 8-15 中的加粗部分。

代码清单 8-15　main() 函数

```
 1 /*
 2 ***********************************************************************
 3 *                          包含的头文件
 4 ***********************************************************************
 5 */
 6 #include "FreeRTOS.h"
 7 #include "task.h"
 8
 9 /*
10 ***********************************************************************
11 *                          全局变量
```

```
12 ***************************************************************
13 */
14 portCHAR flag1;
15 portCHAR flag2;
16
17
18 extern List_t pxReadyTasksLists[ configMAX_PRIORITIES ];
19
20
21 /*
22 ***************************************************************
23 *                        任务控制块和 STACK
24 ***************************************************************
25 */
26 TaskHandle_t Task1_Handle;
27 #define TASK1_STACK_SIZE                        128
28 StackType_t Task1Stack[TASK1_STACK_SIZE];
29 TCB_t Task1TCB;
30
31 TaskHandle_t Task2_Handle;
32 #define TASK2_STACK_SIZE                        128
33 StackType_t Task2Stack[TASK2_STACK_SIZE];
34 TCB_t Task2TCB;
35
36
37 /*
38 ***************************************************************
39 *                        函数声明
40 ***************************************************************
41 */
42 void delay (uint32_t count);
43 void Task1_Entry( void *p_arg );
44 void Task2_Entry( void *p_arg );
45
46
47 /*
48 ***************************************************************
49 *                        main() 函数
50 ***************************************************************
51 */
52 int main(void)
53 {
54     /* 硬件初始化 */
55     /* 将硬件相关的初始化放在这里，如果是软件仿真，则没有相关初始化代码 */
56
57
58     /* 创建任务 */
59     Task1_Handle =
60         xTaskCreateStatic( (TaskFunction_t)Task1_Entry,
61                            (char *)"Task1",
62                            (uint32_t)TASK1_STACK_SIZE ,
63                            (void *) NULL,
64                            /* 任务优先级，数值越大，优先级越高 */        (1)
```

```
65                                (UBaseType_t) 1,
66                                (StackType_t *)Task1Stack,
67                                (TCB_t *)&Task1TCB );
68      /* 将任务添加到就绪列表 */                                        (2)
69      /* vListInsertEnd( &( pxReadyTasksLists[1] ),
70                        &( ((TCB_t *)(&Task1TCB))->xStateListItem ) ); */
71
72      Task2_Handle =
73          xTaskCreateStatic( (TaskFunction_t)Task2_Entry,
74                            (char *)"Task2",
75                            (uint32_t)TASK2_STACK_SIZE ,
76                            (void *) NULL,
77                            /* 任务优先级，数值越大，优先级越高 */          (3)
78                            (UBaseType_t) 2,
79                            (StackType_t *)Task2Stack,
80                            (TCB_t *)&Task2TCB );
81      /* 将任务添加到就绪列表 */                                        (4)
82      /* vListInsertEnd( &( pxReadyTasksLists[2] ),
83                        &( ((TCB_t *)(&Task2TCB))->xStateListItem ) ); */
84
85      /* 启动调度器，开始多任务调度，启动成功则不返回 */
86      vTaskStartScheduler();
87
88      for (;;)
89      {
90              /* 系统启动成功则不会到达这里 */
91      }
92  }
93
94  /*
95  **************************************************************************
96  *                          函数实现
97  **************************************************************************
98  */
99  /* 软件延时 */
100 void delay (uint32_t count)
101 {
102     for (; count!=0; count--);
103 }
104 /* 任务1 */
105 void Task1_Entry( void *p_arg )
106 {
107     for ( ;; )
108     {
109         flag1 = 1;
110         vTaskDelay( 2 );
111         flag1 = 0;
112         vTaskDelay( 2 );
113     }
114 }
115
116 /* 任务2 */
117 void Task2_Entry( void *p_arg )
```

```
118 {
119     for ( ;; )
120     {
121         flag2 = 1;
122         vTaskDelay( 2 );
123         flag2 = 0;
124         vTaskDelay( 2 );
125     }
126 }
127
128
129 /* 获取空闲任务的内存 */
130 StackType_t IdleTaskStack[configMINIMAL_STACK_SIZE];
131 TCB_t IdleTaskTCB;
132 void vApplicationGetIdleTaskMemory( TCB_t **ppxIdleTaskTCBBuffer,
133                                     StackType_t **ppxIdleTaskStackBuffer,
134                                     uint32_t *pulIdleTaskStackSize )
135 {
136     *ppxIdleTaskTCBBuffer=&IdleTaskTCB;
137     *ppxIdleTaskStackBuffer=IdleTaskStack;
138     *pulIdleTaskStackSize=configMINIMAL_STACK_SIZE;
139 }
```

代码清单 8-15（1）和（3）：设置任务的优先级，优先级数值越大，逻辑优先级越高。

代码清单 8-15（2）和（4）：这部分代码被注释掉了，因为在任务创建函数 xTaskCreate-Static() 中，已经调用函数 prvAddNewTaskToReadyList() 将任务插入到就绪列表了。

8.5　实验现象

进入软件进行调试，全速运行程序，从逻辑分析仪中可以看到两个任务的波形是完全同步的，就好像 CPU 在同时做两件事，具体仿真波形图如图 8-3 和图 8-4 所示。

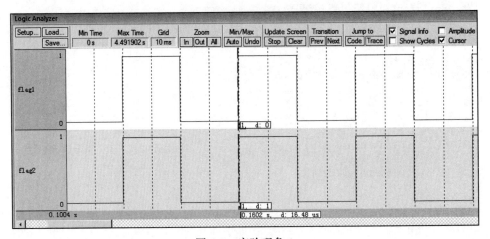

图 8-3　实验现象 1

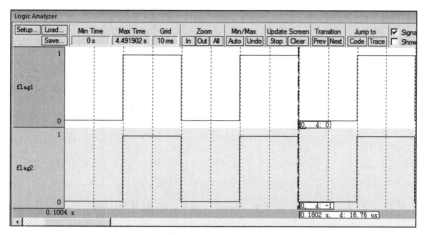

图 8-4　实验现象 2

　　从图 8-3 和图 8-4 可以看出，flag1 和 flag2 的高电平的时间为（0.1802 − 0.1602）s，刚好等于阻塞延时的 20ms，所以实验现象跟代码要实现的功能是相符的。

第 9 章
任务延时列表

在本章之前，为了实现任务的阻塞延时，在任务控制块中内置了一个延时变量 xTicks-ToDelay。每当任务需要延时的时候，就初始化 xTicksToDelay 需要延时的时间，然后将任务挂起，这里的挂起只是将任务在优先级位图表 uxTopReadyPriority 中对应的位清零，并不会将任务从就绪列表中删除。当每次时基中断（SysTick 中断）来临时，就扫描就绪列表中每个任务的 xTicksToDelay，如果 xTicksToDelay 大于 0，则递减一次，然后判断 xTicksToDelay 是否为 0，如果为 0 则表示延时时间到，将该任务就绪（即将任务在优先级位图表 uxTopReadyPriority 中对应的位置位），然后进行任务切换。这种延时的缺点是，在每个时基中断中需要对所有任务都扫描一遍，比较费时，优点是容易理解。之所以先这样讲解，是为了慢慢地过渡到对 FreeRTOS 任务延时列表的介绍。

9.1 任务延时列表的工作原理

在 FreeRTOS 中，有一个任务延时列表（实际上有两个，为了方便讲解原理，我们假设将二者合并为一个，其实两个延时列表的作用是一样的），当任务需要延时时，则先将任务挂起，即先将任务从就绪列表中删除，然后插入任务延时列表，同时更新下一个任务的解锁时刻变量 xNextTaskUnblockTime 的值。

xNextTaskUnblockTime 的值等于系统时基计数器的值 xTickCount 加上任务需要延时的值 xTicksToDelay。当系统时基计数器 xTickCount 的值与 xNextTaskUnblockTime 相等时，就表示有任务延时到期了，需要将该任务就绪。与 RT-Thread 和 μC/OS 在解锁延时任务时要扫描定时器列表这种时间不确定的方法相比，FreeRTOS 中的 xNextTaskUnblockTime 全局变量设计得非常巧妙。

任务延时列表维护着一条双向链表，每个节点代表了正在延时的任务，节点按照延时时间大小做升序排列。当每次时基中断（SysTick 中断）来临时，就用系统时基计数器的值 xTickCount 与下一个任务的解锁时刻变量 xNextTaskUnblockTime 的值相比较，如果相等，则表示有任务延时到期，需要将该任务就绪，否则只是单纯地更新系统时基计数器 xTickCount 的值，然后进行任务切换。

9.2　实现任务延时列表

接下来具体讲解 FreeRTOS 中任务延时列表的实现。

9.2.1　定义任务延时列表

任务延时列表在 task.c 中定义，具体定义参见代码清单 9-1。

代码清单 9-1　任务延时列表定义

```
1 static List_t xDelayedTaskList1;                              (1)
2 static List_t xDelayedTaskList2;                              (2)
3 static List_t *volatile pxDelayedTaskList;                    (3)
4 static List_t *volatile pxOverflowDelayedTaskList;            (4)
```

代码清单 9-1（1）（2）：FreeRTOS 定义了两个任务延时列表，当系统时基计数器 xTickCount 没有溢出时，用一个列表，当 xTickCount 溢出后，用另外一个列表。

代码清单 9-1（3）：任务延时列表指针，指向 xTickCount 没有溢出时使用的列表。

代码清单 9-1（4）：任务延时列表指针，指向 xTickCount 溢出时使用的列表。

9.2.2　任务延时列表初始化

任务延时列表属于任务列表的一种，在 prvInitialiseTaskLists() 函数中初始化，具体参见代码清单 9-2 中的加粗部分。

代码清单 9-2　prvInitialiseTaskLists() 函数

```
 1 /* 初始化任务相关的列表 */
 2 void prvInitialiseTaskLists( void )
 3 {
 4     UBaseType_t uxPriority;
 5
 6     /* 初始化就绪列表 */
 7     for ( uxPriority = ( UBaseType_t ) 0U;
 8           uxPriority < ( UBaseType_t ) configMAX_PRIORITIES;
 9           uxPriority++ )
10     {
11         vListInitialise( &( pxReadyTasksLists[ uxPriority ] ) );
12     }
13
14     vListInitialise( &xDelayedTaskList1 );
15     vListInitialise( &xDelayedTaskList2 );
16
17     pxDelayedTaskList = &xDelayedTaskList1;
18     pxOverflowDelayedTaskList = &xDelayedTaskList2;
19 }
```

9.2.3　定义 xNextTaskUnblockTime

xNextTaskUnblockTime 是一个在 task.c 中定义的静态变量，用于表示下一个任务的解锁时刻。xNextTaskUnblockTime 的值等于系统时基计数器的值 xTickCount 加上任务需要延时的值 xTicksToDelay。当系统时基计数器 xTickCount 的值与 xNextTaskUnblockTime 相等时，就表示有任务延时到期了，需要将该任务就绪。

9.2.4 初始化 xNextTaskUnblockTime

xNextTaskUnblockTime 在 vTaskStartScheduler() 函数中初始化为 portMAX_DELAY（portMAX_DELAY 是一个 portmacro.h 中定义的宏，默认为 0xffffffffUL），具体实现参见代码清单 9-3 中的加粗部分。

代码清单 9-3　初始化 xNextTaskUnblockTime

```
1 void vTaskStartScheduler( void )
2 {
3     /*================== 创建空闲任务 start=======================*/
4     TCB_t *pxIdleTaskTCBBuffer = NULL;
5     StackType_t *pxIdleTaskStackBuffer = NULL;
6     uint32_t ulIdleTaskStackSize;
7
8     /* 获取空闲任务的内存：任务栈和任务 TCB */
9     vApplicationGetIdleTaskMemory( &pxIdleTaskTCBBuffer,
10                                    &pxIdleTaskStackBuffer,
11                                    &ulIdleTaskStackSize );
12
13     xIdleTaskHandle =
14     xTaskCreateStatic( (TaskFunction_t)prvIdleTask,
15                        (char *)"IDLE",
16                        (uint32_t)ulIdleTaskStackSize ,
17                        (void *) NULL,
18                        (UBaseType_t) tskIDLE_PRIORITY,
19                        (StackType_t *)pxIdleTaskStackBuffer,
20                        (TCB_t *)pxIdleTaskTCBBuffer );
21     /*==================== 创建空闲任务 end===================*/
22
23     xNextTaskUnblockTime = portMAX_DELAY;
24
25     xTickCount = ( TickType_t ) 0U;
26
27     /* 启动调度器 */
28     if ( xPortStartScheduler() != pdFALSE )
29     {
30         /* 调度器启动成功，则不会返回，即不会来到这里 */
31     }
32 }
```

9.3　修改代码以支持任务延时列表

接下来我们在第 8 章代码的基础上，继续迭代修改，从而实现支持任务延时列表。

9.3.1　修改 vTaskDelay() 函数

代码清单 9-4　vTaskDelay() 函数

```
1 void vTaskDelay( const TickType_t xTicksToDelay )
2 {
3     TCB_t *pxTCB = NULL;
4
5     /* 获取当前任务的 TCB */
6     pxTCB = pxCurrentTCB;
7
8     /* 设置延时时间 */
9     //pxTCB->xTicksToDelay = xTicksToDelay;                        (1)
10
11    /* 将任务插入延时列表 */
12    prvAddCurrentTaskToDelayedList( xTicksToDelay );              (2)
13
14    /* 任务切换 */
15    taskYIELD();
16 }
```

代码清单 9-4（1）：从本章开始，添加了任务的延时列表，延时时不用再依赖任务 TCB 中内置的延时变量 xTicksToDelay。

代码清单 9-4（2）：将任务插入延时列表。函数 prvAddCurrentTaskToDelayedList() 在 task.c 中定义，具体实现参见代码清单 9-5。

代码清单 9-5　prvAddCurrentTaskToDelayedList() 函数

```
1 static void prvAddCurrentTaskToDelayedList( TickType_t xTicksToWait )
2 {
3     TickType_t xTimeToWake;
4
5     /* 获取系统时基计数器 xTickCount 的值 */
6     const TickType_t xConstTickCount = xTickCount;                (1)
7
8     /* 将任务从就绪列表中移除 */                                    (2)
9     if ( uxListRemove( &( pxCurrentTCB->xStateListItem ) )
10            == ( UBaseType_t ) 0 )
11    {
12        /* 将任务在优先级位图中对应的位清除 */
13        portRESET_READY_PRIORITY( pxCurrentTCB->uxPriority,
14                        uxTopReadyPriority );
15    }
16
17    /* 计算任务延时到期时，系统时基计数器 xTickCount 的值是多少 */   (3)
18    xTimeToWake = xConstTickCount + xTicksToWait;
19
20    /* 将延时到期的值设置为节点的排序值 */                          (4)
21    listSET_LIST_ITEM_VALUE( &( pxCurrentTCB->xStateListItem ),
22                    xTimeToWake );
```

```
23
24      /* 溢出 */                                                              (5)
25      if ( xTimeToWake < xConstTickCount )
26      {
27          vListInsert( pxOverflowDelayedTaskList,
28                       &( pxCurrentTCB->xStateListItem ) );
29      }
30      else/* 没有溢出 */
31      {
32
33          vListInsert( pxDelayedTaskList,
34                       &( pxCurrentTCB->xStateListItem ) );             (6)
35
36          /* 更新下一个任务解锁时刻变量 xNextTaskUnblockTime 的值 */     (7)
37          if ( xTimeToWake < xNextTaskUnblockTime )
38          {
39              xNextTaskUnblockTime = xTimeToWake;
40          }
41      }
42  }
```

代码清单 9-5（1）：获取系统时基计数器 xTickCount 的值，xTickCount 是一个在 task.c 中定义的全局变量，用于记录 SysTick 的中断次数。

代码清单 9-5（2）：调用函数 uxListRemove() 将任务从就绪列表中移除，uxListRemove() 会返回当前链表下节点的个数，如果为 0，则表示当前链表下没有任务就绪，那么将调用函数 portRESET_READY_PRIORITY() 将任务在优先级位图表 uxTopReadyPriority 中对应的位清除。因为 FreeRTOS 支持同一个优先级下可以有多个任务，所以在清除优先级位图表 uxTopReadyPriority 中对应的位时要判断该优先级下的就绪列表是否还有其他任务。到目前为止，我们还没有实现支持同一个优先级下有多个任务的功能，这个功能我们将在第 10 章实现。

代码清单 9-5（3）：计算任务延时到期时，系统时基计数器 xTickCount 的值是多少。

代码清单 9-5（4）：将任务延时到期的值设置为节点的排序值。将任务插入延时列表时就是根据这个值来做升序排列的，最先延时到期的任务排在最前面。

代码清单 9-5（5）：xTimeToWake 溢出，将任务插入溢出任务延时列表。溢出是什么意思？ xTimeToWake 等于系统时基计数器 xTickCount 的值加上任务需要延时的时间 xTicks-ToWait。例如，如果当前 xTickCount 的值等于 0xfffffffdUL，xTicksToWait 等于 0x03，那么 xTimeToWake = 0xfffffffdUL + 0x03 = 1，显然得出的值比任务需要延时的时间 0x03 还小，这肯定不正常，说明溢出了，这个时候需要将任务插入溢出任务延时列表。

代码清单 9-5（6）：xTimeToWake 没有溢出，则将任务插入正常任务延时列表。

代码清单 9-5（7）：更新下一个任务解锁时刻变量 xNextTaskUnblockTime 的值。这一步很重要，在 xTaskIncrementTick() 函数中，我们只需要让系统时基计数器 xTickCount 与 xNextTaskUnblockTime 的值先进行比较，就可以知道延时最快结束的任务是否到期。

9.3.2　修改 xTaskIncrementTick() 函数

对 xTaskIncrementTick() 函数的改动较大，具体参见代码清单 9-6 中的加粗部分。

代码清单 9-6　xTaskIncrementTick() 函数

```
1 void xTaskIncrementTick( void )
2 {
3     TCB_t * pxTCB;
4     TickType_t xItemValue;
5
6     const TickType_t xConstTickCount = xTickCount + 1;                            (1)
7     xTickCount = xConstTickCount;
8
9     /* 如果 xConstTickCount 溢出，则切换延时列表 */                                  (2)
10    if ( xConstTickCount == ( TickType_t ) 0U )
11    {
12        taskSWITCH_DELAYED_LISTS();
13    }
14
15    /* 最近的延时任务延时到期 */                                                    (3)
16    if ( xConstTickCount >= xNextTaskUnblockTime )
17    {
18        for ( ;; )
19        {
20            if ( listLIST_IS_EMPTY( pxDelayedTaskList ) != pdFALSE )               (4)
21            {
22                /* 延时列表为空，设置 xNextTaskUnblockTime 为可能的最大值 */
23                xNextTaskUnblockTime = portMAX_DELAY;
24                break;
25            }
26            else/* 延时列表不为空 */                                               (5)
27            {
28                pxTCB = ( TCB_t * ) listGET_OWNER_OF_HEAD_ENTRY( pxDelayedTaskList );
29                xItemValue = listGET_LIST_ITEM_VALUE( &( pxTCB->xStateListItem ) );
                                                                                     (6)
30
31                /* 直到将延时列表中所有延时到期的任务移除才跳出 for 循环 */             (7)
32                if ( xConstTickCount < xItemValue )
33                {
34                    xNextTaskUnblockTime = xItemValue;
35                    break;
36                }
37
38                /* 将任务从延时列表中移除，解除等待状态 */                            (8)
39                ( void ) uxListRemove( &( pxTCB->xStateListItem ) );
40
41                /* 将解除等待的任务添加到就绪列表 */
42                prvAddTaskToReadyList( pxTCB );                                     (9)
43            }
44        }
45    }/* xConstTickCount >= xNextTaskUnblockTime */
46
```

```
47      /* 任务切换 */
48      portYIELD();                                                    (10)
49   }
```

代码清单 9-6（1）：更新系统时基计数器 xTickCount 的值。

代码清单 9-6（2）：如果系统时基计数器 xTickCount 溢出，则切换延时列表。taskSWITCH_
DELAYED_LISTS() 函数在 task.c 中定义，具体实现参见代码清单 9-7。

代码清单 9-7　taskSWITCH_DELAYED_LISTS() 函数

```
1  #define taskSWITCH_DELAYED_LISTS()\
2  {\
3      List_t *pxTemp;\                                                (1)
4      pxTemp = pxDelayedTaskList;\
5      pxDelayedTaskList = pxOverflowDelayedTaskList;\
6      pxOverflowDelayedTaskList = pxTemp;\
7      xNumOfOverflows++;\
8      prvResetNextTaskUnblockTime();\                                (2)
9  }
```

代码清单 9-7（1）：切换延时列表，实际就是更换 pxDelayedTaskList 和 pxOverflowDelayed-
TaskList 这两个指针的指向。

代码清单 9-7（2）：复位 xNextTaskUnblockTime 的值。prvResetNextTaskUnblockTime()
函数在 task.c 中定义，具体实现参见代码清单 9-8。

代码清单 9-8　prvResetNextTaskUnblockTime() 函数

```
1  static void prvResetNextTaskUnblockTime( void )
2  {
3      TCB_t *pxTCB;
4
5      if ( listLIST_IS_EMPTY( pxDelayedTaskList ) != pdFALSE )
6      {
7          /* 当前延时列表为空，则设置 xNextTaskUnblockTime 等于最大值 */
8          xNextTaskUnblockTime = portMAX_DELAY;
9      }
10     else
11     {
12         /* 当前列表不为空，表示有任务在延时，则获取当前列表下第一个节点的排序值
13         然后将该节点的排序值更新到 xNextTaskUnblockTime */
14         ( pxTCB ) = ( TCB_t * ) listGET_OWNER_OF_HEAD_ENTRY( pxDelayedTaskList );
15         xNextTaskUnblockTime = listGET_LIST_ITEM_VALUE( &( ( pxTCB )->xState-
           ListItem ) );
16     }
17 }
```

代码清单 9-6（3）：有任务延时到期，则进入下面的 for 循环，一一将这些延时到期的任
务从延时列表中移除。

代码清单9-6（4）：延时列表为空，则将 xNextTaskUnblockTime 设置为最大值，然后跳出 for 循环。

代码清单9-6（5）：延时列表不为空，则需要将延时列表中延时到期的任务删除，并将它们添加到就绪列表。

代码清单9-6（6）：取出延时列表第一个节点的排序辅助值。

代码清单9-6（7）：直到将延时列表中所有延时到期的任务移除才跳出 for 循环。延时列表中有可能存在多个延时相等的任务。

代码清单9-6（8）：将任务从延时列表中移除，解除等待状态。

代码清单9-6（9）：将解除等待的任务添加到就绪列表。

代码清单9-6（10）：执行一次任务切换。

9.3.3 修改 taskRESET_READY_PRIORITY() 函数

在没有添加任务延时列表之前，与任务相关的列表只有一个，就是就绪列表，无论任务处于延时状态还是就绪状态，都只能通过扫描就绪列表来找到任务的 TCB，从而实现系统调度。所以在第 8 章中实现 taskRESET_READY_PRIORITY() 函数时，不用先判断当前优先级下就绪列表中的链表的节点是否为 0，而是直接把任务在优先级位图表 uxTopReadyPriority 中对应的位清零。因为当前优先级下就绪列表中的链表的节点不可能为 0，目前我们还没有添加其他列表来存放任务的 TCB，只有一个就绪列表。

但是从本章开始，我们额外添加了延时列表，当任务要延时时，将任务从就绪列表移除，然后添加到延时列表，同时将任务在优先级位图表 uxTopReadyPriority 中对应的位清除。当清除任务在优先级位图表 uxTopReadyPriority 中对应的位时，与第 8 章不同的是需要判断就绪列表 pxReadyTasksLists[] 在当前优先级下对应的链表的节点是否为 0，只有当该链表下没有任务时，才真正地将任务在优先级位图表 uxTopReadyPriority 中对应的位清零。

taskRESET_READY_PRIORITY() 函数的具体修改参见代码清单 9-9 中的加粗部分。那么在什么情况下就绪列表的链表中会有多个任务节点，即同一优先级下有多个任务？这就是第 10 章中要讲的内容。

代码清单 9-9 taskRESET_READY_PRIORITY() 函数

```
1 #if 1/* 本章的实现方法 */
2 #define taskRESET_READY_PRIORITY( uxPriority )\
3 {\
4     if( listCURRENT_LIST_LENGTH( &( pxReadyTasksLists[ ( uxPriority ) ] ) ) ==
      ( UBaseType_t ) 0 )\
5     {\
6     portRESET_READY_PRIORITY( ( uxPriority ), ( uxTopReadyPriority ) );\
7     }\
8 }
9 #else/* 第 8 章的实现方法 */
```

```
10      #define taskRESET_READY_PRIORITY( uxPriority )\
11      {\
12          portRESET_READY_PRIORITY( ( uxPriority ), ( uxTopReadyPriority ) );\
13      }
14 #endif
```

9.4　main() 函数

本章的 main() 函数与第 8 章一样，无须改动。

9.5　实验现象

本章的实验现象与第 8 章一样，但是实现延时的方法的本质却变了，需要好好理解代码的实现，特别是当系统时基计数器 xTickCount 发生溢出时。延时列表的更换是难点，需要注意。

第 10 章
时 间 片

FreeRTOS 与 RT-Thread 和 μC/OS 一样，都支持时间片功能。所谓时间片，就是同一个优先级下可以有多个任务，每个任务轮流享有相同的 CPU 时间，享有 CPU 的时间叫作时间片。在 RTOS 中，最小的时间单位为一个 tick，即 SysTick 的中断周期，RT-Thread 和 μC/OS 中可以指定时间片的大小为多个 tick，但是 FreeRTOS 中不同，时间片只能是一个 tick。与其说 FreeRTOS 支持时间片，不如说它的时间片就是正常的任务调度。

其实时间片的功能我们已经实现，剩下的就是通过实验来验证。接下来我们就先看实验现象，再分析原理，通过现象看本质。

10.1 时间片测试实验

假设目前系统中有 3 个任务就绪（算上空闲任务是 4 个），任务 1 和任务 2 的优先级为 2，任务 3 的优先级为 3，整个就绪列表的示意图如图 10-1 所示。

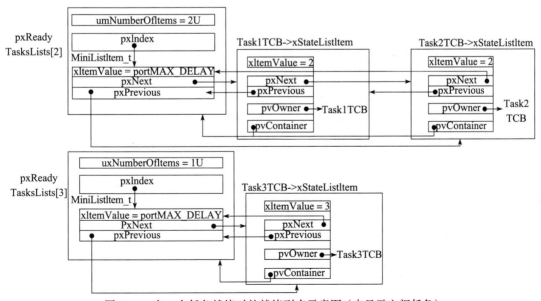

图 10-1 有 3 个任务就绪时的就绪列表示意图（未显示空闲任务）

为了方便地在逻辑分析仪中分辨出任务 1 和任务 2 使用的时间片大小，这里将任务 1 和任务 2 的主体编写成一个无限循环函数，不会阻塞，任务 3 的阻塞时间设置为一个 tick。任务 1 和任务 2 的任务主体编写为一个无限循环，这就意味着优先级低于 2 的任务得不到执行，比如空闲任务。在真正的项目中并不会这样写，这里只是为了便于实验。

10.2 main.c 文件

整个 main.c 文件的实验代码具体参见代码清单 10-1。

代码清单 10-1 时间片实验

```
1  /*
2  *************************************************************************
3  *                          包含的头文件
4  *************************************************************************
5  */
6  #include "FreeRTOS.h"
7  #include "task.h"
8
9  /*
10 *************************************************************************
11 *                          全局变量
12 *************************************************************************
13 */
14 portCHAR flag1;
15 portCHAR flag2;
16 portCHAR flag3;
17
18 extern List_t pxReadyTasksLists[ configMAX_PRIORITIES ];
19
20 /*
21 *************************************************************************
22 *                        任务控制块和 STACK
23 *************************************************************************
24 */
25 TaskHandle_t Task1_Handle;
26 #define TASK1_STACK_SIZE                    128
27 StackType_t Task1Stack[TASK1_STACK_SIZE];
28 TCB_t Task1TCB;
29
30 TaskHandle_t Task2_Handle;
31 #define TASK2_STACK_SIZE                    128
32 StackType_t Task2Stack[TASK2_STACK_SIZE];
33 TCB_t Task2TCB;
34
35 TaskHandle_t Task3_Handle;
36 #define TASK3_STACK_SIZE                    128
37 StackType_t Task3Stack[TASK3_STACK_SIZE];
38 TCB_t Task3TCB;
39
40 /*
```

```
41 ********************************************************************
42 *                             函数声明
43 ********************************************************************
44 */
45 void delay (uint32_t count);
46 void Task1_Entry( void *p_arg );
47 void Task2_Entry( void *p_arg );
48 void Task3_Entry( void *p_arg );
49
50
51 /*
52 ********************************************************************
53 *                             main() 函数
54 ********************************************************************
55 */
56 int main(void)
57 {
58     /* 硬件初始化 */
59     /* 将硬件相关的初始化放在这里, 如果是软件仿真, 则没有相关初始化代码 */
60
61     /* 创建任务 */
62     Task1_Handle =
63     xTaskCreateStatic( (TaskFunction_t)Task1_Entry,
64                        (char *)"Task1",
65                        (uint32_t)TASK1_STACK_SIZE ,
66                        (void *) NULL,
67                        (UBaseType_t) 2,
68                        (StackType_t *)Task1Stack,
69                        (TCB_t *)&Task1TCB );
70
71     Task2_Handle =
72     xTaskCreateStatic( (TaskFunction_t)Task2_Entry,
73                        (char *)"Task2",
74                        (uint32_t)TASK2_STACK_SIZE ,
75                        (void *) NULL,
76                        (UBaseType_t) 2,
77                        (StackType_t *)Task2Stack,
78                        (TCB_t *)&Task2TCB );
79
80     Task3_Handle =
81     xTaskCreateStatic( (TaskFunction_t)Task3_Entry,
82                        (char *)"Task3",
83                        (uint32_t)TASK3_STACK_SIZE ,
84                        (void *) NULL,
85                        (UBaseType_t) 3,
86                        (StackType_t *)Task3Stack,
87                        (TCB_t *)&Task3TCB );
88
89     portDISABLE_INTERRUPTS();
90
91     /* 启动调度器, 开始多任务调度, 启动成功则不返回 */
92     vTaskStartScheduler();
93
94 for (;;)
```

```
95        {
96                /* 系统启动成功时不会到达这里 */
97        }
98  }
99
100 /*
101 ***********************************************************************
102 *                       函数实现
103 ***********************************************************************
104 */
105 /* 软件延时 */
106 void delay (uint32_t count)
107 {
108      for (; count!=0; count--);
109 }
110 /* 任务 1 */                                              (1)
111 void Task1_Entry( void *p_arg )
112 {
113 for ( ;; )
114    {
115        flag1 = 1;
116        // vTaskDelay( 1 );
117        delay (100);
118        flag1 = 0;
119        delay (100);
120        // vTaskDelay( 1 );
121    }
122 }
123
124 /* 任务 2 */                                              (2)
125 void Task2_Entry( void *p_arg )
126 {
127      for ( ;; )
128      {
129        flag2 = 1;
130        // vTaskDelay( 1 );
131        delay (100);
132        flag2 = 0;
133        delay (100);
134        // vTaskDelay( 1 );
135      }
136 }
137
138
139 void Task3_Entry( void *p_arg )                          (3)
140 {
141      for ( ;; )
142      {
143        flag3 = 1;
144        vTaskDelay( 1 );
145        // delay (100);
146        flag3 = 0;
147        vTaskDelay( 1 );
148        // delay (100);
```

```
149        }
150 }
151
152 /* 获取空闲任务的内存 */
153 StackType_t IdleTaskStack[configMINIMAL_STACK_SIZE];
154 TCB_t IdleTaskTCB;
155 void vApplicationGetIdleTaskMemory( TCB_t **ppxIdleTaskTCBBuffer,
156                                     StackType_t **ppxIdleTaskStackBuffer,
157                                     uint32_t *pulIdleTaskStackSize )
158 {
159     *ppxIdleTaskTCBBuffer=&IdleTaskTCB;
160     *ppxIdleTaskStackBuffer=IdleTaskStack;
161     *pulIdleTaskStackSize=configMINIMAL_STACK_SIZE;
162 }
```

代码清单 10-1 (1)(2)：为了方便观察任务 1 和任务 2 使用的时间片大小，这里特意将任务的主体编写成一个无限循环。实际项目中不会这样使用，否则优先级低于任务 1 和任务 2 的任务将一直没有执行机会。

代码清单 10-1 (3)：因为任务 1 和任务 2 的主体是无限循环的，要想任务 3 有机会执行，其优先级必须高于任务 1 和任务 2。为了方便观察任务 1 和任务 2 使用的时间片大小，任务 3 的阻塞延时设置为一个 tick。

10.3 实验现象

进入软件进行调试，全速运行程序，从逻辑分析仪中可以看到任务 1 和任务 2 轮流执行，每一次运行的时间等于任务 3 中 flag3 输出高电平或者低电平的时间，即一个 tick，具体仿真的波形图如图 10-2 所示。

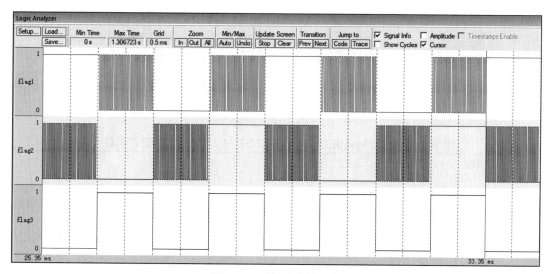

图 10-2 时间片实验现象

在这一个 tick（时间片）里面，任务 1 和任务 2 的 flag 做了很多次翻转，单击逻辑分析仪中 Zoom In 按钮将波形放大后就可以看到 flag 翻转的细节，具体如图 10-3 所示。

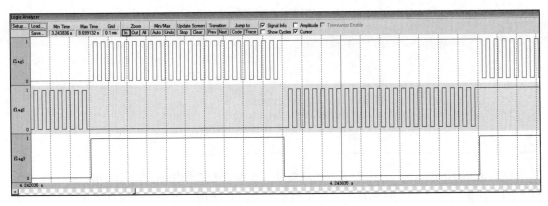

图 10-3　任务中 flag 翻转的细节图

10.4　原理分析

之所以在同一个优先级下可以有多个任务，最终还是得益于 taskRESET_READY_PRIORITY() 和 taskSELECT_HIGHEST_PRIORITY_TASK() 这两个函数实现方法。接下来我们分析这两个函数是如何在同一个优先级下有多个任务时起作用的。

系统在任务切换时总会从就绪列表中寻找优先级最高的任务来执行，"寻找优先级最高的任务"这个功能由 taskSELECT_HIGHEST_PRIORITY_TASK() 函数实现，请参见 10.4.1 节。taskSELECT_HIGHEST_PRIORITY_TASK() 函数在 task.c 中定义，具体实现参见代码清单 10-2。

10.4.1　taskSELECT_HIGHEST_PRIORITY_TASK() 函数

taskSELECT_HIGHEST_PRIORITY_TASK() 函数在 task.c 中定义，具体实现参见代码清单 10-2。

代码清单 10-2　taskSELECT_HIGHEST_PRIORITY_TASK() 函数

```
1 #define taskSELECT_HIGHEST_PRIORITY_TASK()\
2 {\
3         UBaseType_t uxTopPriority;\
4         /* 寻找就绪任务的最高优先级 */\                                        (1)
5         portGET_HIGHEST_PRIORITY( uxTopPriority, uxTopReadyPriority );\
6         /* 获取优先级最高的就绪任务的 TCB，然后更新到 pxCurrentTCB */\          (2)
7         listGET_OWNER_OF_NEXT_ENTRY( pxCurrentTCB,\
8                            &( pxReadyTasksLists[ uxTopPriority ] ) );\
9 }
```

代码清单 10-2（1）：寻找就绪任务的最高优先级，即根据优先级位图表 uxTopReadyPriority 找到就绪任务的最高优先级，然后将优先级暂存在 uxTopPriority 中。

代码清单 10-2（2）：获取优先级最高的就绪任务的 TCB，然后更新到 pxCurrentTCB。目前我们的实验在优先级 2 上有任务 1 和任务 2，假设任务 1 运行了一个 tick，那么接下来再从对应优先级 2 的就绪列表上选择任务来运行就应该选择任务 2 吗？该如何选择？代码上怎么实现？其奥妙就在 listGET_OWNER_OF_NEXT_ENTRY() 函数中，该函数在 list.h 中定义，具体实现参见代码清单 10-3。

代码清单 10-3 listGET_OWNER_OF_NEXT_ENTRY() 函数

```
 1 #define listGET_OWNER_OF_NEXT_ENTRY( pxTCB, pxList )\
 2 {\
 3     List_t * const pxConstList = ( pxList );\
 4     /* 节点索引指向链表第一个节点调整节点索引指针，指向下一个节点，
 5         如果当前链表有 N 个节点，当第 N 次调用该函数时，pxIndex 则指向第 N 个节点 */\
 6     ( pxConstList )->pxIndex = ( pxConstList )->pxIndex->pxNext;\
 7     /* 当遍历完链表后，pxIndex 回指到根节点 */\
 8     if( ( void * ) ( pxConstList )->pxIndex == ( void * ) &( ( pxConstList )->
          xListEnd ) )\
 9     {\
10         ( pxConstList )->pxIndex = ( pxConstList )->pxIndex->pxNext;\
11     }\
12     /* 获取节点的 OWNER，即 TCB */\
13     ( pxTCB ) = ( pxConstList )->pxIndex->pvOwner;\
14 }
```

listGET_OWNER_OF_NEXT_ENTRY() 函数的妙处在于它并不是获取链表下的第一个节点的 OWNER，而是获取下一个节点的 OWNER。假设当前链表有 N 个节点，当第 N 次调用该函数时，pxIndex 则指向第 N 个节点，即每调用一次，节点遍历指针 pxIndex 则会向后移动一次，用于指向下一个节点。

本实验中，优先级 2 下有两个任务，当系统第一次切换到优先级为 2 的任务（包含任务 1 和任务 2，因为它们的优先级相同）时，pxIndex 指向任务 1，任务 1 得到执行。当任务 1 执行完毕，系统重新切换到优先级为 2 的任务时，pxIndex 指向任务 2，任务 2 得到执行，任务 1 和任务 2 轮流执行，享有相同的 CPU 时间，即时间片。

此处任务 1 和任务 2 的主体都是无限循环的，如果任务 1 和任务 2 都会调用将自己挂起的函数（实际运用中，任务体都不能是无限循环的，必须调用能将自己挂起的函数），比如 vTaskDelay()，那么在这类函数中，都会先将任务从就绪列表中删除，然后将任务在优先级位图表 uxTopReadyPriority 中对应的位清零，这一功能由 taskRESET_READY_PRIORITY() 函数实现，参见 10.4.2 节。

10.4.2 taskRESET_READY_PRIORITY() 函数

taskRESET_READY_PRIORITY() 函数在 task.c 中定义，具体实现参见代码清单 10-4。

代码清单 10-4　taskRESET_READY_PRIORITY() 函数

```
1 #define taskRESET_READY_PRIORITY( uxPriority )\
2 {\
3     if( listCURRENT_LIST_LENGTH( &( pxReadyTasksLists[ ( uxPriority ) ] ) )\
4                           == ( UBaseType_t ) 0 )\
5     {\
6         portRESET_READY_PRIORITY( ( uxPriority ),\
7                           ( uxTopReadyPriority ) );\
8     }\
9 }
```

taskRESET_READY_PRIORITY() 函数的妙处在于当清除优先级位图表 uxTopReady-Priority 中相应的位时，会先判断当前优先级链表下是否还有其他任务，如果有则不清零。假设当前实验中，任务 1 会调用 vTaskDelay() 将自己挂起，那么只能将任务 1 从就绪列表中删除，不能将任务 1 在优先级位图表 uxTopReadyPriority 中对应的位清零，因为该优先级下还有任务 2，否则任务 2 将得不到执行。

10.5　修改代码以支持优先级

其实目前我们的代码中已经支持了时间片，实现的算法与 FreeRTOS 官方给出的是一样的，即 taskSELECT_HIGHEST_PRIORITY_TASK() 和 taskRESET_READY_PRIORITY() 这两个函数的实现。但是在代码的编排、组织上与 FreeRTOS 官方的还是有所区别，为了与 FreeRTOS 官方代码统一，下面稍作修改。

10.5.1　修改 xPortSysTickHandler() 函数

对 xPortSysTickHandler() 函数的具体修改参见代码清单 10-5 中的加粗部分，即当 xTask-IncrementTick 函数返回为真时才进行任务切换，原来的 xTaskIncrementTick() 函数是不带返回值的，执行到最后会调用 taskYIELD() 函数执行任务切换。

代码清单 10-5　xPortSysTickHandler() 函数

```
1 void xPortSysTickHandler( void )
2 {
3     /* 关中断 */
4     vPortRaiseBASEPRI();
5
6     {
7         //xTaskIncrementTick();
8
9         /* 更新系统时基 */
10        if ( xTaskIncrementTick() != pdFALSE )
11        {
12            /* 任务切换，即触发 PendSV */
13        //portNVIC_INT_CTRL_REG = portNVIC_PENDSVSET_BIT;
14            taskYIELD();
```

```
15          }
16      }
17
18      /* 开中断 */
19      vPortClearBASEPRIFromISR();
20 }
```

10.5.2 修改 xTaskIncrementTick() 函数

对 xTaskIncrementTick() 函数的具体修改参见代码清单 10-6 中的加粗部分。

代码清单 10-6 xTaskIncrementTick() 函数

```
 1 // void xTaskIncrementTick( void )
 2 BaseType_t xTaskIncrementTick( void )                                   (1)
 3 {
 4     TCB_t * pxTCB;
 5     TickType_t xItemValue;
 6     BaseType_t xSwitchRequired = pdFALSE;                               (2)
 7
 8     const TickType_t xConstTickCount = xTickCount + 1;
 9     xTickCount = xConstTickCount;
10
11     /* 如果 xConstTickCount 溢出，则切换延时列表 */
12         if ( xConstTickCount == ( TickType_t ) 0U )
13     {
14         taskSWITCH_DELAYED_LISTS();
15     }
16
17     /* 最近的延时任务延时到期 */
18         if ( xConstTickCount >= xNextTaskUnblockTime )
19     {
20         for ( ;; )
21         {
22             if ( listLIST_IS_EMPTY( pxDelayedTaskList ) != pdFALSE )
23             {
24                 /* 延时列表为空，设置 xNextTaskUnblockTime 为可能的最大值 */
25                 xNextTaskUnblockTime = portMAX_DELAY;
26                 break;
27             }
28             else/* 延时列表不为空 */
29             {
30                 pxTCB = ( TCB_t * ) listGET_OWNER_OF_HEAD_ENTRY( pxDelayedTaskList );
31                 xItemValue = listGET_LIST_ITEM_VALUE( &( pxTCB->xStateListItem ) );
32
33                 /* 直到将延时列表中所有延时到期的任务移除才跳出 for 循环 */
34                     if ( xConstTickCount < xItemValue )
35                 {
36                     xNextTaskUnblockTime = xItemValue;
37                     break;
38                 }
39
40                 /* 将任务从延时列表移除，解除等待状态 */
```

```
41                    ( void ) uxListRemove( &( pxTCB->xStateListItem ) );
42
43                    /* 将解除等待的任务添加到就绪列表 */
44                    prvAddTaskToReadyList( pxTCB );
45
46
47                    #if ( configUSE_PREEMPTION == 1 )                              (3)
48                    {
49                        if ( pxTCB->uxPriority >= pxCurrentTCB->uxPriority )
50                        {
51                            xSwitchRequired = pdTRUE;
52                        }
53                    }
54                    #endif/* configUSE_PREEMPTION */
55                }
56            }
57    }/* xConstTickCount >= xNextTaskUnblockTime */
58
59    #if ( ( configUSE_PREEMPTION == 1 ) && ( configUSE_TIME_SLICING == 1 ) )(4)
60    {
61        if ( listCURRENT_LIST_LENGTH( &( pxReadyTasksLists[ pxCurrentTCB-
            >uxPriority ] ) )
62                    > ( UBaseType_t ) 1 )
63        {
64            xSwitchRequired = pdTRUE;
65        }
66    }
67    #endif/* ( ( configUSE_PREEMPTION == 1 ) && ( configUSE_TIME_SLICING == 1 ) ) */
68
69
70    /* 任务切换 */
71    // portYIELD();                                                               (5)
72 }
```

代码清单 10-6（1）：将 xTaskIncrementTick() 函数修改成带返回值的函数。

代码清单 10-6（2）：定义一个局部变量 xSwitchRequired，用于存储 xTaskIncrementTick()
函数的返回值，当返回值是 pdTRUE 时，需要执行一次任务切换，默认初始化为 pdFALSE。

代码清单 10-6（3）：configUSE_PREEMPTION 是在 FreeRTOSConfig.h 中定义的一个宏，
默认为 1，表示有任务就绪且就绪任务的优先级比当前优先级高时，需要执行一次任务切换，
即将 xSwitchRequired 的值置为 pdTRUE。当 xTaskIncrementTick() 函数还没有修改成带返回
值时，我们在执行完 xTaskIncrementTick() 函数的时候，不管是否有任务就绪，也不管就绪
任务的优先级是否比当前任务优先级高，都将执行一次任务切换。如果就绪任务的优先级比
当前优先级高，那么执行一次任务切换与加了代码清单 10-6（3）中这段代码实现的功能是
一样的。如果没有任务就绪呢？那就不需要执行任务切换，这样与之前的实现方法相比省了
一次任务切换的时间。虽然没有更高优先级的任务就绪，执行任务切换时还是会运行原来的
任务，但这是以多花费一次任务切换的时间为代价的。

代码清单 10-6（4）：这部分代码与时间片功能相关。当 configUSE_PREEMPTION 与 configUSE_TIME_SLICING 都为真且当前优先级下不止一个任务时，将执行一次任务切换，将 xSwitchRequired 置为 pdTRUE 即可。在 xTaskIncrementTick() 函数还没有修改成带返回值之前，不使用这部分代码也可以实现时间片功能，即只要在执行完 xTaskIncrementTick() 函数后执行一次任务切换即可。configUSE_PREEMPTION 在 FreeRTOSConfig.h 中默认定义为 1，configUSE_TIME_SLICING 如果没有定义，则会默认在 FreeRTOS.h 中定义为 1。

其实 FreeRTOS 的这种时间片功能不能称为真正意义上的时间片，因为它不能随意设置时间为多少个 tick，而是默认为一个 tick，并默认在每个 tick 中断周期中进行任务切换而已。

代码清单 10-6（5）：不在这里进行任务切换，而是放到 xPortSysTickHandler() 函数中。当 xTaskIncrementTick() 函数的返回值为真时才进行任务切换。

至此，FreeRTOS 时间片功能讲解完毕。本书第一部分也至此完结，接下来让我们共同开始第二部分的学习，尝试开发 FreeRTOS 内核应用。

第二部分

FreeRTOS 内核应用开发

本部分以野火 STM32 全系列开发板（包括 M3、M4 和 M7）为硬件平台来讲解 FreeRTOS 的内核应用，不会再深究源码的实现，而是着重讲解 FreeRTOS 各个内核对象的使用，例如任务如何创建、优先级如何分配、内部 IPC 通信机制如何使用等 RTOS 知识点。

第 11 章
移植 FreeRTOS 到 STM32

从本章开始，先新建一个基于野火 STM32 全系列（包含 M3/4/7）开发板的 FreeRTOS 的工程模板，让 FreeRTOS 先运行起来。以后所有与 FreeRTOS 相关的例程都在此模板上修改和添加代码，不用再重复创建。在本书配套的例程中，每一章中都有针对野火 STM32 每一个板子的例程，但是区别都很小，有区别之处会详细指出，如果没有特别备注，那么就表示这些例程都是一样的。

11.1 获取 STM32 的裸机工程模板

STM32 的裸机工程模板我们直接使用野火 STM32 开发板配套的固件库例程即可。这里我们选取比较简单的例程——"GPIO 输出—使用固件库点亮 LED"作为裸机工程模板。该裸机工程模板均可以在对应板子的 A 盘 \ 程序源码 \ 固件库例程的目录下获取，下面以野火"F103- 霸道"板子的光盘目录为例，如图 11-1 所示。

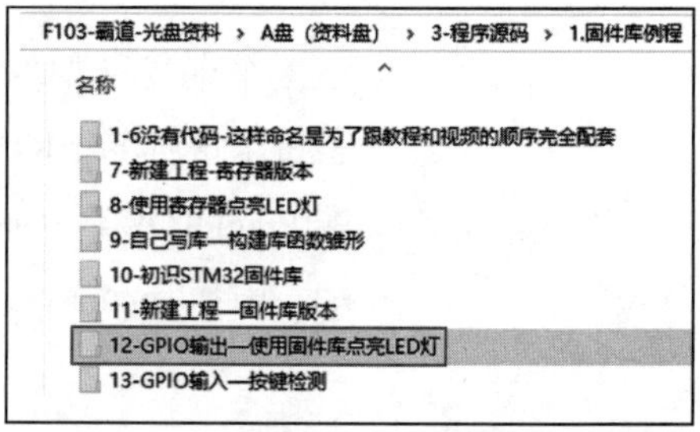

图 11-1　STM32 裸机工程模板在光盘资料中的位置

11.2 下载 FreeRTOS V9.0.0 源码

在移植之前，我们首先要获取 FreeRTOS 的官方源码包。这里提供两个下载链接，一个是官网 http://www.freertos.org/，另一个是代码托管网站 https://sourceforge.net/projects/freertos/files/FreeRTOS/。此处我们演示如何在代码托管网站中下载。打开网站链接之后，选择 FreeRTOS 的 V9.0.0 版本，尽管现在 FreeRTOS 的版本已经更新到 V10.0.1 了，但是我们还是选择 V9.0.0，因为它的内核很稳定，并且网上资料很多。V10.0.0 及更高的版本是亚马逊收购了 FreeRTOS 之后才有的，主要添加了一些云端组件，而本书所讲的 FreeRTOS 是实时内核，采用 V9.0.0 版本足以满足需求。

打开 FreeRTOS 的代码托管网站，即可看到 FreeRTOS 的源码及其版本信息，如图 11-2 所示。

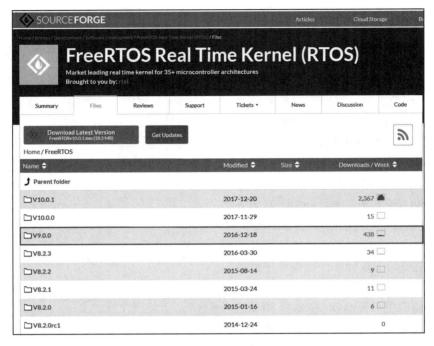

图 11-2　FreeRTOS 源码及版本信息

　　单击 V9.0.0 会跳转到版本目录，如图 11-3 所示。这里有 zip 和 exe 格式的压缩包，它们都是 FreeRTOS 的源码，只是压缩格式不一样，所以大小也不一样，这里选择 zip 格式，单击将会出现下载链接，下载完成并解压后即可得到我们想要的 FreeRTOS V9.0.0 版本的源码文件，如图 11-4 所示。

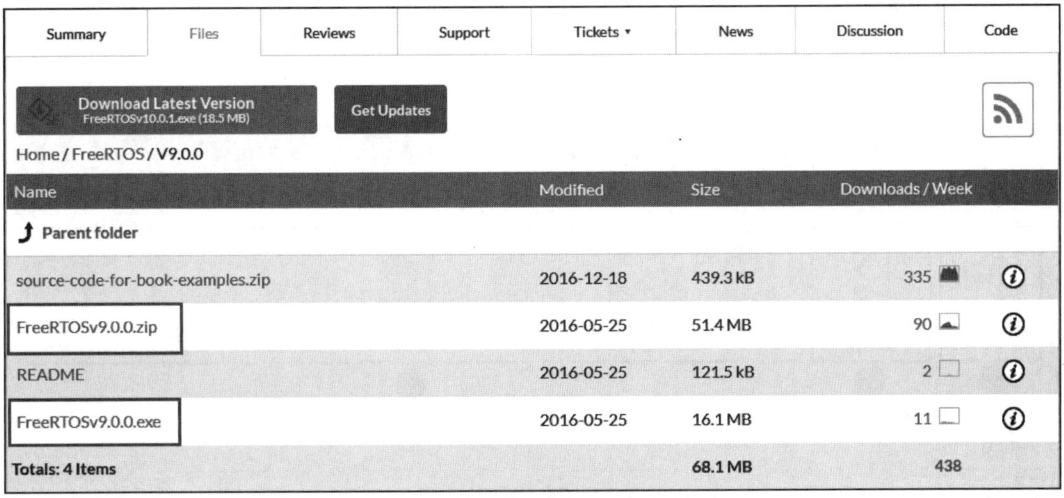

图 11-3　FreeRTOS 源码包下载链接

11.3 FreeRTOS 文件夹内容

11.3.1 FreeRTOS 文件夹

FreeRTOS 文件夹中包含 Demo 例程和内核源码（比较重要，我们需要提取该目录下的大部分文件），如图 11-5 所示。FreeRTOS 文件夹下的 Source 文件夹中包含的是 FreeRTOS 内核的源代码，我们移植 FreeRTOS 时就需要用到这部分源代码；FreeRTOS 文件夹下的 Demo 文件夹中包含了 FreeRTOS 官方为各个单片机移植好的工程代码，FreeRTOS 为了推广自己，会给各种半导体厂商的评估板写好完整的工程程序，这些程序就放在 Demo 文件夹下，这部分 Demo 非常有参考价值。我们把 FreeRTOS 移植到 STM32 时，头文件 FreeRTOSConfig.h 就是从这里复制过来的，下面对 FreeRTOS 的文件夹进行进一步说明。

图 11-4　FreeRTOSv9.0.0 的源码文件

1. Source 文件夹

这里我们再重点分析一下 FreeRTOS\Source 文件夹下的文件，如图 11-6 所示。include 和 portable 文件夹中包含的是 FreeRTOS 的通用的头文件和 C 文件，这两部分

图 11-5　FreeRTOS 文件夹内容

文件适用于各种编译器和处理器，是通用的。需要移植的头文件和 C 文件放在 portable 文件夹中。

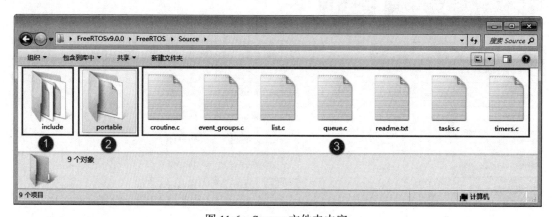

图 11-6　Source 文件夹内容

　　打开 portable 文件夹,可以看到里面很多与编译器相关的文件夹,在不同的编译器中使用不同的支持文件。如图 11-7 所示,Keil 文件夹中存放的就是我们使用的编译器,打开 Keil 文件夹时,会看到"See-also-the-RVDS-directory.txt"这样一个显示,其实 Keil 中的内容与 RVDS 的内容一样,所以我们只需要 RVDS 文件夹中的内容。而 MemMang 文件夹下存放的是与内存管理相关的文件,稍后将具体介绍。

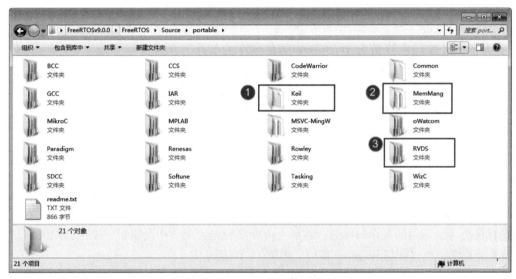

图 11-7　portable 文件夹内容

　　打开 RVDS 文件夹,其中包含了与各种处理器相关的文件夹,例如涉及我们熟悉的 M0、M3、M4 等系列。FreeRTOS 是软件,单片机是硬件,FreeRTOS 要想运行在单片机上,二者必须关联在一起,那么如何关联?还是要通过写代码来关联,这部分关联的文件叫作接口文件,通常用汇编语言和 C 语言联合编写。这些接口文件都是与硬件密切相关的,不同硬件的接口文件是不一样的,但大同小异。编写这些接口文件的过程叫作移植,移植的过程通常由 FreeRTOS 和 MCU 原厂的人来负责,移植好的接口文件就放在 RVDS 文件夹中,如图 11-8 所示。

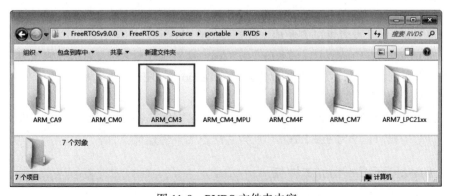

图 11-8　RVDS 文件夹内容

FreeRTOS 提供了 Cortex-M0、Cortex-M3、Cortex-M4 和 Cortex-M7 等内核的单片机接口文件，只要是使用了这些内核的 MCU 都可以使用其中的接口文件。通常网络上出现的 "移植某 RTOS 到某 MCU" 的教程，其实准确来说，不能够叫移植，应该叫使用官方的移植，因为 RTOS 官方已经把这些跟硬件相关的接口文件写好了，我们只是使用而已。本章讲的移植也是使用 FreeRTOS 官方的移植，关于这些底层的移植文件已经在第一部分有非常详细的讲解，这里直接使用即可。此处以 ARM_CM3 文件夹为例，该

图 11-9　ARM_CM3文件夹内容

文件夹中只有 port.c 与 portmacro.h 两个文件，如图 11-9 所示。port.c 文件中的内容是由 FreeRTOS 官方的技术人员为 Cortex-M3 内核的处理器写的接口文件，其核心的上下文切换代码用汇编语言编写而成，对技术人员的要求比较高，刚开始学习时可以先复制过来直接使用，深入学习可以在有一定基础后进行。portmacro.h 是 port.c 文件对应的头文件，主要存放了一些数据类型和宏定义。

MemMang 文件夹下存放的是与内存管理相关的文件，总共有 5 个 heap 文件以及 1 个 ReadMe 说明文件，这 5 个 heap 文件在移植时必须用到一个，因为 FreeRTOS 在创建内核对象时使用的是动态分配内存，而这些动态内存分配的函数是在这几个文件中实现的，不同的分配算法会导致不同的效率与结果，在后文内存管理相关内容中会讲解每个文件的区别。由于现在是初学，所以选择 heap-4.c 即可，如图 11-10 所示。

图 11-10　MemMang文件夹内容

至此，FreeRTOS\source 文件夹下的主要文件介绍完毕，关于其他文件，可根据兴趣自行查阅。

2. Demo 文件夹

Demo 文件夹下存放的是 Deme 例程，我们可以直接打开里面的工程文件以及各种开发平台的完整 Demo，开发者可以方便地据此搭建自己的项目，甚至可以直接使用。FreeRTOS 也写了很多 Demo，其中就有 F1、F4、F7 等工程，这对我们学习 FreeRTOS 来说是非常方便的，当遇到不懂的问题时，可以直接参考官方的 Demo，如图 11-11 所示。

3. License 文件夹

License 文件夹只有一个许可文件 license.txt，如果用 FreeRTOS 制作产品，就需要查看这个文件，但是我们是学习 FreeRTOS，所以暂时不需要考虑此文件。

11.3.2　FreeRTOS-Plus 文件夹

FreeRTOS-Plus 文件夹中包含的是第三方产品，一般不需要使用，FreeRTOS-Plus 的预配

置演示项目组件（组件大多数都要收费）的大多数演示项目都是在 Windows 环境中运行的，使用 FreeRTOS Windows 模拟器，所以暂时不需要关注这个文件夹。

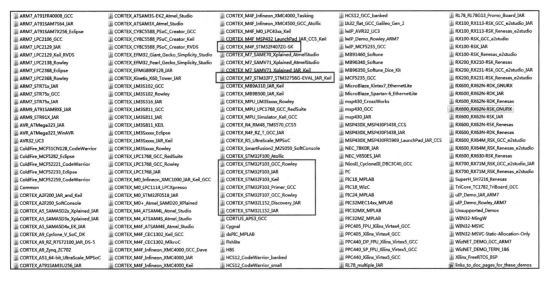

图 11-11　Demo 文件夹内容

11.3.3　HTML 文件

一些直接可以打开的网页文件中会包含关于 FreeRTOS 的介绍，是 FreeRTOS 官方人员编写的，所以都是英文的描述，有兴趣的读者可以查阅，具体内容可以参考 HTML 文件的名称。

11.4　向裸机工程中添加 FreeRTOS 源码

11.4.1　提取 FreeRTOS 最简源码

在 11.3 节中，我们看到了 FreeRTOS 源码中有很多文件，一开始学时很难顾及所有文件，所以我们需要提取源码中的最简洁的部分代码以方便大家学习，而且我们重点关注的是 FreeRTOS 的实时内核中的知识，因为这才是 FreeRTOS 的核心，所以对于各种 Demo 先不必考虑。下面给出提取源码的操作过程。

1）首先在 STM32 裸机工程模板根目录下新建一个文件夹，命名为 FreeRTOS，并且在 FreeRTOS 文件夹下新建两个空文件夹，分别命名为 src 与 port，src 文件夹用于保存 FreeRTOS 中的核心源文件，也就是我们常说的 .c 文件，port 文件夹用于保存内存管理以及处理器架构相关代码，这些代码 FreeRTOS 官方已经提供，直接使用即可。连接 FreeRTOS 与开发板的桥梁，即与各处理器架构相关的代码——RTOS 硬件接口层位于 FreeRTOS\Source\Portable 文件夹下。

2）打开 FreeRTOS V9.0.0 源码，在 FreeRTOSv9.0.0\FreeRTOS\Source 目录下找到所有 .c 文件，将它们复制到新建的 src 文件夹中，如图 11-12 所示。

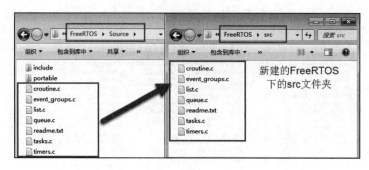

图 11-12　提取 FreeRTOS 源码文件（*.c 文件）

3）打开 FreeRTOS V9.0.0 源码，在 FreeRTOSv9.0.0\FreeRTOS\Source\portable 目录下找到 MemMang 与 RVDS 文件夹，将它们复制到新建的 port 文件夹中，如图 11-13 所示。

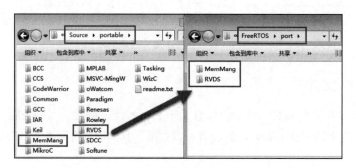

图 11-13　提取 MemMang 与 RVDS 源码文件

4）打开 FreeRTOS V9.0.0 源码，在 FreeRTOSv9.0.0\ FreeRTOS\Source 目录下找到 include 文件夹，其中有我们需要用到的 FreeRTOS 的一些头文件，将它直接复制到新建的 FreeRTOS 文件夹中，完成这一步之后就可以看到新建的 FreeRTOS 文件夹中已经有 3 个文件夹，这 3 个文件夹包含了 FreeRTOS 的核心文件，至此，FreeRTOS 的源码提取完成，如图 11-14 所示。

11.4.2　复制 FreeRTOS 到裸机工程根目录

鉴于 FreeRTOS 容量很小，我们直接将刚刚提取的整个 FreeRTOS 文件夹复制到 STM32 裸机工程中（见图 11-15），让整个 FreeRTOS 跟随工程一起发布。使用这种方法打包 FreeRTOS 工程，即使将工程复制到一台没有安装 FreeRTOS 支持包（MDK 中有 FreeRTOS 的支持包）的计算机上，也可以直接使用，因为工程中已经包含了 FreeRTOS 的源码。

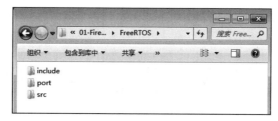

图 11-14　提取 FreeRTOS 核心文件完成状态

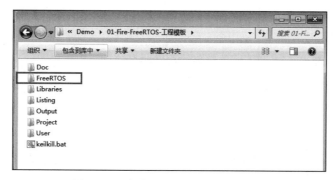

图 11-15　复制 FreeRTOS 到裸机工程

在图 11-15 中，FreeRTOS 文件夹下的具体内容及作用在前面就已经描述得很清楚了，这里不再赘述。

11.4.3　复制 FreeRTOSConfig.h 文件到 User 文件夹

FreeRTOSConfig.h 文件是 FreeRTOS 的工程配置文件，因为 FreeRTOS 是可以裁剪的实时操作内核，应用于不同的处理器平台，用户可以通过修改这个 FreeRTOS 内核的配置头文件来裁剪 FreeRTOS 的功能，所以我们把它复制一份放在 User 文件夹中。

打开 FreeRTOS V9.0.0 源码，在 FreeRTOSv9.0.0\FreeRTOS\Demo 文件夹下找到 CORTEX_STM32F103_Keil 文件夹，双击将其打开，在其根目录下找到 FreeRTOSConfig.h 文件，然后复制到工程的 User 文件夹下即可，稍后我们需要对这个文件进行修改。User 文件夹，见名知义，其中存放的文件都是用户自己编写的。

11.4.4　添加 FreeRTOS 源码到工程组文件夹

通过之前的操作，我们只是将 FreeRTOS 的源码放到了本地工程目录下，还没有添加到开发环境的组文件夹中，FreeRTOS 也就没有移植到我们的工程中去。下面我们将 FreeRTOS 源码添加到工程组文件夹。

1. 新建 FreeRTOS/src 和 FreeRTOS/port 组

接下来我们在开发环境中新建 FreeRTOS/src 和 FreeRTOS/port 两个组文件夹，其中 FreeRTOS/src 用于存放 src 文件夹的内容，FreeRTOS/port 用于存放 port\MemMang 文件夹与 port\

RVDS\ARM_CM? 文件夹的内容，（如处"?"表示 3、4 或者 7），具体选择依据 STM32 开发板的型号而定，如表 11-1 所示。

表 11-1 野火 STM32 开发板型号对应 FreeRTOS 的接口文件

野火 STM32 开发板型号	具体芯片型号	FreeRTOS 不同内核的接口文件
MINI	STM32F103RCT6	port\RVDS\ARM_CM3
指南者	STM32F103VET6	
霸道	STM32F103ZET6	
霸天虎	STM32F407ZGT6	port\RVDS\ARM_CM4
F429 – 挑战者	STM32F429IGT6	
F767 – 挑战者	STM32F767IGT6	port\RVDS\ARM_CM7
H743 – 挑战者	STM32H743IIT6	

然后将工程文件中 FreeRTOS 的内容添加到工程中去，按照已经新建的分组添加 FreeRTOS 工程源码。

在 FreeRTOS/port 分组中添加 MemMang 文件夹中的文件只需要选择其中一个即可，我们选择 heap_4.c，这是 FreeRTOS 的一个内存管理源码文件。同时，需要根据自己的开发板型号在 FreeRTOS\port\RVDS\ARM_CM? 中选择（"?"表示 3、4 或者 7），具体选择依据 STM32 开发板型号而定，可参见表 11-1。

之后在 USER 分组中添加 FreeRTOS 的配置文件 FreeRTOSConfig.h，因为这是头文件（.h），所以需要在添加时设置文件类型为 All files (*.*)，至此我们的 FreeRTOS 已添加到工程，效果如图 11-16 所示。

2. 指定 FreeRTOS 头文件的路径

FreeRTOS 的源码已经添加到开发环境的组文件夹中，编译时需要为这些源文件指定头文件的路径，否则编译会报错。FreeRTOS 的源码中只有 FreeRTOS\include 和 FreeRTOS\port\RVDS\ARM_CM? 这两个文件夹下有头文件，只需要将这两个头文件的路径在开发环境中指定即可。同时我们还将 FreeRTOSConfig.h 头文件复制到了工程根目录下的 User 文件夹中，所以 User 的路径也要添加到开发环境中。FreeRTOS 头文件的路径添加完成后的效果如图 11-17 所示。

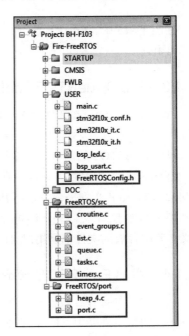

图 11-16　添加 FreeRTOS 源码到工程分组

至此，FreeRTOS 的整体工程基本移植完毕，接下来我们需要按照需求修改 FreeRTOS 配置文件。

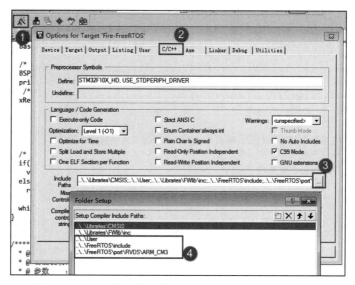

图 11-17 在开发环境中指定 FreeRTOS 的头文件的路径

11.5 修改 FreeRTOSConfig.h 文件

FreeRTOSConfig.h 是直接从 Demo 文件夹下复制过来的，该头文件对裁剪整个 Free-RTOS 所需的功能的宏均做了定义，有些宏定义被启用，有些宏定义被禁用，一开始我们只需要配置最简单的功能。要想随心所欲地配置 FreeRTOS 的功能，必须掌握这些宏定义的功能，下面先简单介绍一下这些宏定义的含义，然后对这些宏定义进行修改。

注意： 此 FreeRTOSConfig.h 文件内容与我们从 Demo 移植过来的 FreeRTOSConfig.h 文件不一样，因为这是野火修改过的 FreeRTOSConfig.h 文件，并不会影响 FreeRTOS 的功能，只是添加了一些中文注释，并且把相关的头文件进行分类，方便查找宏定义以及阅读。建议使用我们修改过的 FreeRTOSConfig.h 文件。

11.5.1 FreeRTOSConfig.h 文件内容

FreeRTOSConfig.h 文件的具体内容参见代码清单 11-1。

代码清单 11-1 FreeRTOSConfig.h 文件内容

```
1 #ifndef FREERTOS_CONFIG_H
2 #define FREERTOS_CONFIG_H
3
4 //针对不同的编译器调用不同的 stdint.h 文件
5 #if defined(__ICCARM__) || defined(__CC_ARM) || defined(__GNUC__)          (1)
6 #include <stdint.h>
7 extern uint32_t SystemCoreClock;
8 #endif
9
```

```
10 // 断言
11 #define vAssertCalled(char,int) printf("Error:%s,%d\r\n",char,int)
12 #define configASSERT(x) if((x)==0) vAssertCalled(__FILE__,__LINE__)          (2)
13
14 /**********************************************************************
15  *                  FreeRTOS 基础配置选项
16  **********************************************************************/
17 /* 置 1: RTOS 使用抢占式调度器；置 0: RTOS 使用协作式调度器（时间片）
18  *
19  * 注意，在多任务管理机制上，操作系统可以分为抢占式和协作式两种。
20  * 协作式操作系统是任务主动释放 CPU 后切换到下一个任务。
21  * 任务切换的时机完全取决于正在运行的任务
22  */
23 #define configUSE_PREEMPTION                          1           (3)
24
25 // 1 表示启用时间片调度（默认是启用的）
26 #define configUSE_TIME_SLICING                        1           (4)
27
28 /* 某些运行 FreeRTOS 的硬件支持两种方法来选择下一个要执行的任务:
29  * 通用方法和特定于硬件的方法（以下简称"特殊方法"）。
30  *
31  * 通用方法:
32  *     1）configUSE_PORT_OPTIMISED_TASK_SELECTION 为 0 或者硬件不支持这种特殊方法
33  *     2）可以用于所有 FreeRTOS 支持的硬件
34  *     3）完全用 C 实现，效率略低于特殊方法
35  *     4）不强制要求限制最大可用优先级数目
36  * 特殊方法:
37  *     1）必须将 configUSE_PORT_OPTIMISED_TASK_SELECTION 设置为 1
38  *     2）依赖一个或多个特定架构的汇编指令（一般是类似计算前导零 [CLZ] 指令）
39  *     3）比通用方法更高效
40  *     4）一般强制限定最大可用优先级数目为 32
41  *
42  * 一般是硬件计算前导零指令，如果所使用的 MCU 没有这些硬件指令，那么此宏应该设置为 0
43  */
44 #define configUSE_PORT_OPTIMISED_TASK_SELECTION       1           (5)
45
46 /* 置 1: 启用低功耗 tickless 模式；置 0: 保持系统节拍（tick）中断一直运行 */
47 #define configUSE_TICKLESS_IDLE                       0           (6)
48
49 /*
50  * 写入实际的 CPU 内核时钟频率，也就是 CPU 指令执行频率，通常称为 Fclk,
51  * Fclk 为供给 CPU 内核的时钟信号，我们所说的 CPU 主频为 XX MHz
52  * 就是指这个时钟信号，相应地，1/Fclk 即为 CPU 时钟周期
53  */
54 #define configCPU_CLOCK_HZ            (SystemCoreClock)           (7)
55
56 // RTOS 系统节拍中断的频率，即每秒中断的次数，每次产生中断，RTOS 都会进行任务调度
57 #define configTICK_RATE_HZ            (( TickType_t )1000)        (8)
58
59 // 可使用的最大优先级
60 #define configMAX_PRIORITIES                          (32)        (9)
61
62 // 空闲任务使用的栈大小
63 #define configMINIMAL_STACK_SIZE      ((unsigned short)128)       (10)
```

```
64
65 // 任务名的字符串长度
66 #define configMAX_TASK_NAME_LE                              (16)           (11)
67
68 // 系统节拍计数器变量数据类型，1 表示为 16 位无符号整型数据，0 表示为 32 位无符号整型数据
69 #define configUSE_16_BIT_TICKS                              0              (12)
70
71 // 空闲任务放弃 CPU 使用权，交给其他同优先级的用户任务
72 #define configIDLE_SHOULD_YIELD                             1              (13)
73
74 // 启用队列
75 #define configUSE_QUEUE_SETS                                1              (14)
76
77 // 开启任务通知功能，默认开启
78 #define configUSE_TASK_NOTIFICATIONS                        1              (15)
79
80 // 使用互斥信号量
81 #define configUSE_MUTEXES                                   1              (16)
82
83 // 使用递归互斥信号量
84 #define configUSE_RECURSIVE_MUTEXES                         1              (17)
85
86 // 为 1 时使用计数信号量
87 #define configUSE_COUNTING_SEMAPHORES                       1              (18)
88
89 /* 设置可以注册的信号量和消息队列个数 */
90 #define configQUEUE_REGISTRY_SIZE                           10             (19)
91
92 #define configUSE_APPLICATION_TASK_TAG                      0
93
94
95 /***************************************************************
96               FreeRTOS 与内存申请有关配置选项
97 ***************************************************************/
98 // 支持动态内存分配申请
99 #define configSUPPORT_DYNAMIC_ALLOCATION                    1              (20)
100 // 支持静态内存
101#define configSUPPORT_STATIC_ALLOCATION                     0
102 // 系统所有栈的大小
103 #define configTOTAL_HEAP_SIZE            ((size_t)(36*1024))               (21)
104 /***************************************************************
105               FreeRTOS 与钩子函数有关的配置选项
106 ***************************************************************/
107 /* 置 1：使用空闲钩子（Idle Hook 类似于回调函数）；置 0：忽略空闲钩子
108  *
109  * 空闲任务钩子是一个函数，这个函数由用户来实现，
110  * FreeRTOS 规定了函数的名称和参数：void vApplicationIdleHook(void )，
111  * 这个函数在每个空闲任务周期都会被调用
112  * 对于已经删除的 RTOS 任务，空闲任务可以释放分配给它们的栈内存，
113  * 因此必须保证空闲任务可以被 CPU 执行。
114  * 使用空闲钩子函数设置 CPU 进入省电模式是很常见的，
115  * 不能调用会引起空闲任务阻塞的 API 函数
116  */
117 #define configUSE_IDLE_HOOK                                 0              (22)
```

```
118
119 /* 置 1: 使用时间片钩子 (Tick Hook); 置 0: 忽略时间片钩子
120  *
121  *
122  * 时间片钩子是一个函数, 这个函数由用户实现,
123  * FreeRTOS 规定了函数的名称和参数: void vApplicationTickHook(void )
124  * 时间片中断可以周期性地调用,
125  * 函数必须非常短小, 不能大量使用栈,
126  * 不能调用以 FromISR 或 FROM_ISR 结尾的 API 函数
127  */
128 #define configUSE_TICK_HOOK                        0              (23)
129
130 // 使用内存申请失败钩子函数
131 #define configUSE_MALLOC_FAILED_HOOK               0              (24)
132
133 /*
134  * 大于 0 时启用栈溢出检测功能, 如果使用此功能,
135  * 用户必须提供一个栈溢出钩子函数。若使用,
136  * 此值可以为 1 或者 2, 因为有两种栈溢出检测方法  */
137 #define configCHECK_FOR_STACK_OVERFLOW             0              (25)
138
139
140 /****************************************************************
141            FreeRTOS 与运行时间和任务状态收集有关的配置选项
142  ***************************************************************/
143 // 启用运行时间统计功能
144 #define configGENERATE_RUN_TIME_STATS              0              (26)
145 // 启用可视化跟踪调试
146 #define configUSE_TRACE_FACILITY                   0              (27)
147 /* 与宏 configUSE_TRACE_FACILITY 同时为 1 时会编译下面 3 个函数
148  * prvWriteNameToBuffer()
149  * vTaskList(),
150  * vTaskGetRunTimeStats()
151 */
152 #define configUSE_STATS_FORMATTING_FUNCTIONS       1
153
154
155 /****************************************************************
156        FreeRTOS 与协程有关的配置选项
157  ***************************************************************/
158 // 启用协程。启用协程以后必须添加文件 croutine.c
159 #define configUSE_CO_ROUTINES                      0              (28)
160 // 协程的有效优先级数目
161 #define configMAX_CO_ROUTINE_PRIORITIES          ( 2 )            (29)
162
163
164 /****************************************************************
165    FreeRTOS 与软件定时器有关的配置选项
166  ***************************************************************/
167 // 启用软件定时器
168 #define configUSE_TIMERS                           1              (30)
169 // 软件定时器优先级
170 #define configTIMER_TASK_PRIORITY   (configMAX_PRIORITIES-1)      (31)
171 // 软件定时器队列长度
```

```
172 #define configTIMER_QUEUE_LENGTH                         10          (32)
173 // 软件定时器任务栈大小
174 #define configTIMER_TASK_STACK_DEPTH      (configMINIMAL_STACK_SIZE*2)(33)
175
176 /*****************************************************************
177               FreeRTOS 可选函数配置选项
178 *****************************************************************/
179 #define INCLUDE_xTaskGetSchedulerState                    1          (34)
180 #define INCLUDE_vTaskPrioritySet                          1          (35)
181 #define INCLUDE_uxTaskPriorityGet                         1          (36)
182 #define INCLUDE_vTaskDelete                               1          (37)
183 #define INCLUDE_vTaskCleanUpResources                     1
184 #define INCLUDE_vTaskSuspend                              1
185 #define INCLUDE_vTaskDelayUntil                           1
186 #define INCLUDE_vTaskDelay                                1
187 #define INCLUDE_eTaskGetState                             1
188 #define INCLUDE_xTimerPendFunctionCall                    1
189
190 /*******************************************************************
191            FreeRTOS 与中断有关的配置选项
192 *******************************************************************/
193 #ifdef __NVIC_PRIO_BITS
194 #define configPRIO_BITS            __NVIC_PRIO_BITS               (38)
195 #else
196 #define configPRIO_BITS                                   4          (39)
197 #endif
198 // 中断最低优先级
199 #define configLIBRARY_LOWEST_INTERRUPT_PRIORITY           15         (40)
200
201 // 系统可管理的最高中断优先级
202 #define configLIBRARY_MAX_SYSCALL_INTERRUPT_PRIORITY      5          (41)
203 #define configKERNEL_INTERRUPT_PRIORITY                              (42)
204 ( configLIBRARY_LOWEST_INTERRUPT_PRIORITY << (8 - configPRIO_BITS) )
205
206 #define configMAX_SYSCALL_INTERRUPT_PRIORITY                         (43)
207 ( configLIBRARY_MAX_SYSCALL_INTERRUPT_PRIORITY << (8 - configPRIO_BITS) )
208 /*******************************************************************
209           FreeRTOS 与中断服务函数有关的配置选项
210 *******************************************************************/
211 #define xPortPendSVHandler    PendSV_Handler
212 #define vPortSVCHandler       SVC_Handler
213
214 /* 以下为使用 Percepio Tracealyzer 需要的内容, 不需要时将
215        configUSE_TRACE_FACILITY 定义为 0 */
216 #if ( configUSE_TRACE_FACILITY == 1 )                               (44)
217 #include "trcRecorder.h"
218 #define INCLUDE_xTaskGetCurrentTaskHandle                 0
219 // 启用一个可选函数(该函数被 Trace 源码使用, 默认该值为 0 表示不用)
220 #endif
221
222
223 #endif/* FREERTOS_CONFIG_H */
224
```

代码清单 11-1（1）：针对不同的编译器调用不同的 stdint.h 文件，在 MDK 中，默认是 __CC_ ARM。

代码清单 11-1（2）：断言。在使用 C 语言编写工程代码时，总会对某种假设条件进行检查，断言用于在代码中捕捉这些假设，可以将断言看作异常处理的一种高级形式。断言表示为一些布尔表达式，程序员相信在程序中的某个特定表达式的值为真。可以在任何时候启用和禁用断言验证，因此可以在测试时启用断言，而在发布时禁用断言。同样，程序投入运行后，最终用户在遇到问题时可以重新启用断言。它可以快速发现并定位软件问题，同时对系统错误进行自动报警。断言可以对在系统中隐藏得很深、用其他手段极难发现的问题进行定位，从而缩短软件问题定位时间，提高系统的可测性。实际应用时，可根据具体情况灵活地设计断言，这里只是使用宏定义实现了断言的功能。断言的作用很大，特别是在调试时，而 FreeRTOS 中使用了很多断言接口 configASSERT，所以我们需要实现断言，把错误信息打印出来从而在调试中快速定位，打印的信息内容格式是 xxx 文件 xxx 行（__FILE__, __LINE__）。

代码清单 11-1（3）：置 1，表示 FreeRTOS 使用抢占式调度器；置 0，表示 FreeRTOS 使用协作式调度器（时间片）。在抢占式调度方式中，系统总是选择优先级最高的任务进行调度，并且一旦高优先级的任务准备就绪之后，它就会马上被调度而不等待低优先级的任务主动放弃 CPU，高优先级的任务抢占了低优先级任务的 CPU 使用权，这就是抢占，在实际操作系统中，这样的方式往往是最适用的。而协作式调度则是由任务主动放弃 CPU，然后才进行任务调度。

注意： 在多任务管理机制上，操作系统可以分为抢占式和协作式两种。协作式操作系统是任务主动释放 CPU 后，切换到下一个任务。任务切换的时机完全取决于正在运行的任务。

代码清单 11-1（4）：启用时间片调度（默认是启用的）。当优先级相同时，就会采用时间片调度，这意味着 RTOS 调度器总是运行处于最高优先级的就绪任务，在每个 FreeRTOS 系统节拍中断时，在相同优先级的多个任务间进行任务切换。如果宏 configUSE_TIME_ SLICING 设置为 0，FreeRTOS 调度器仍然总是运行处于最高优先级的就绪任务，但是当 RTOS 系统节拍中断发生时，相同优先级的多个任务之间不再进行任务切换，而是在执行完高优先级的任务之后才进行任务切换。一般来说，FreeRTOS 默认支持 32 个优先级，很少会把 32 个优先级全用完，所以官方建议采用抢占式调度。

代码清单 11-1（5）：FreeRTOS 支持两种方法选择下一个要执行的任务，一个是用软件扫描就绪链表，这种方法我们通常称为通用方法，configUSE_PORT_OPTIMISED_TASK_ SELECTION 为 0 或者硬件不支持特殊方法，才使用通用方法获取下一个即将运行的任务。通用方法可以用于所有 FreeRTOS 支持的硬件平台，因为这种方法是完全用 C 语言实现的，所以效率略低于特殊方法，但不强制要求限制最大可用优先级数目；另一个是用硬件方式查找下一个要运行的任务，必须将 configUSE_PORT_OPTIMISED_TASK_SELECTION 设置为 1，因为是必须依赖一个或多个特定架构的汇编指令（一般是类似计算前导零（CLZ）指令，在 M3、M4、M7 内核中都有，这个指令是用来计算一个变量从最高位开始的连续零的个数），所以效率略高于通用方法，但受限于硬件平台，一般强制限定最大可用优先级数目为 32，这也是 FreeRTOS 官方推荐使用 32 位优先级的原因。

代码清单 11-1（6）：低功耗 tickless 模式。置 1，表示启用低功耗 tickless 模式；置 0，表示保持系统节拍（tick）中断一直运行。如果不是用于低功耗场景，一般置 0 即可。

代码清单 11-1（7）：配置 CPU 内核时钟频率，也就是 CPU 指令执行频率，通常称为 Fclk。Fclk 为供给 CPU 内核的时钟信号，我们所说的 CPU 主频为 XX MHz，就是指这个时钟信号，相应地，1/Fclk 即为 CPU 时钟周期。在野火 STM32 霸道开发板上，系统时钟为 SystemCoreClock = SYSCLK_FREQ_72MHz，也就是 72MHz。

代码清单 11-1（8）：FreeRTOS 系统节拍中断的频率。表示操作系统每秒产生多少个 tick。tick 即操作系统节拍的时钟周期，时钟节拍就是系统以固定的频率产生中断（时基中断），并在中断中处理与时间相关的事件，推动所有任务向前运行。时钟节拍需要依赖于硬件定时器，在 STM32 裸机程序中经常使用的 SysTick 时钟是 MCU 的内核定时器，通常使用该定时器产生操作系统的时钟节拍。在 FreeRTOS 中，系统延时和阻塞时间都是以 tick 为单位，配置 configTICK_RATE_HZ 的值可以改变中断的频率，从而间接改变了 FreeRTOS 的时钟周期（$T = 1/f$）。我们将其设置为 1000，那么 FreeRTOS 的时钟周期为 1ms。过高的系统节拍中断频率意味着 FreeRTOS 内核占用更多的 CPU 时间，因此会降低效率，一般配置为 100 ～ 1000 即可。

代码清单 11-1（9）：可使用的最大优先级，默认为 32 即可，官方推荐的也是 32。每一个任务都必须被分配一个优先级，优先级的值为 0 ～ configMAX_PRIORITIES - 1。低优先级数值表示低优先级任务。空闲任务的优先级为 0（tskIDLE_PRIORITY），因此它是最低优先级任务。FreeRTOS 调度器将确保处于就绪态的高优先级任务比同样处于就绪状态的低优先级任务优先获取处理器时间。换句话说，FreeRTOS 运行的永远是处于就绪态的高优先级任务。处于就绪状态的相同优先级任务使用时间片调度机制共享处理器时间。

代码清单 11-1（10）：空闲任务默认使用的栈大小，默认为 128 字即可（在 M3、M4、M7 中为 128×4 字节）。栈大小不是以字节为单位而是以字为单位，比如在 32 位架构下，栈大小为 100，表示栈内存占用 400 字节的空间。

代码清单 11-1（11）：任务名的字符串长度，这个宏用来定义该字符串的最大长度。这里定义的长度包括字符串结束符 '\0'。

代码清单 11-1（12）：系统节拍计数器变量数据类型，1 表示为 16 位无符号整型数据，0 表示为 32 位无符号整型数据。STM32 是 32 位机器，所以默认为 0 即可。这个值位数的大小决定了能计算多少个 tick，比如假设系统以 1ms 产生一个 tick 中断的频率计时，那么 32 位无符号整型数据的值则可以计算 4 294 967 295 个 tick，也就是系统从 0 运行到 4 294 967.295s 时才溢出。如果转换为小时，则能运行 1193 个小时左右才溢出，当然，溢出就会重置时间，这点完全不用担心。而假如使用 16 位无符号整型的值，只能计算 65 535 个 tick，在 65.535s 之后就会溢出，然后重置。

代码清单 11-1（13）：控制任务在空闲优先级中的行为。空闲任务放弃 CPU 使用权给其他同优先级的用户任务。仅在满足下列条件后，才会起作用——取值为 1，表示启用抢占式调度；取值为 2，表示用户任务优先级与空闲任务优先级相等。但是一般不建议用户使用这个功能，用户可以将任务优先级设置得比空闲任务优先级高，或者将这个宏定义配置为 0。

代码清单 11-1（14）：启用消息队列，消息队列是 FreeRTOS 的 IPC 通信的一种，用于传递消息。

代码清单 11-1（15）：开启任务通知功能，默认开启。每个 FreeRTOS 任务具有一个 32 位的通知值，FreeRTOS 任务通知是直接向任务发送一个事件，并且接收任务的通知值是可以选择的。任务通过接收到的任务通知值来解除任务的阻塞状态（假如因等待该任务通知而进入阻塞状态）。相对于队列、二进制信号量、计数信号量或事件组等 IPC 通信，使用任务通知显然更灵活。官方给出说明，相比于使用信号量解除任务阻塞，使用任务通知可以快45%（使用 GCC 编译器，-o2 优化级别），并且可使用更少的 RAM。

代码清单 11-1（16）：使用互斥信号量。

代码清单 11-1（17）：使用递归互斥信号量。

代码清单 11-1（18）：使用计数信号量。

代码清单 11-1（19）：设置可以注册的信号量和消息队列个数，用户可以根据需要修改，对于 RAM 小的芯片，尽量裁剪得小一些。

代码清单 11-1（20）：支持动态内存分配申请。一般在系统中采用的内存分配都是动态内存分配。FreeRTOS 同时也支持静态分配内存。

代码清单 11-1（21）：FreeRTOS 内核总计可用的有效的 RAM 大小，不能超过芯片的 RAM 大小。一般来说，用户可用的内存大小会小于 configTOTAL_HEAP_SIZE 定义的大小，因为系统本身就需要内存。每当创建任务、队列、互斥量、软件定时器或信号量时，FreeRTOS 内核会为这些内核对象分配 RAM，这里的 RAM 都属于 configTOTAL_HEAP_SIZE 指定的内存区。

代码清单 11-1（22）：配置空闲钩子函数。钩子函数与回调函数类似，在任务执行到某个点时，会跳转到对应的钩子函数执行，这个宏定义表示是否启用空闲任务钩子函数，这个函数由用户来实现，但是 FreeRTOS 规定了函数的名称和参数（void vApplicationIdleHook(void)），我们自定义的钩子函数不允许出现阻塞的情况。

代码清单 11-1（23）：配置时间片钩子函数，与空闲任务钩子函数一样。这个宏定义表示是否启用时间片钩子函数，该函数由用户实现，但是 FreeRTOS 规定了函数的名称和参数（void vApplicationTickHook(void)），我们自定义的钩子函数不允许出现阻塞的情况。同时需要明确的是，xTaskIncrementTick() 函数在 xPortSysTickHandler() 中断函数中被调用，因此，vApplicationTickHook() 函数执行的时间必须很短，同时不能调用任何不是以 FromISR 或 FROM_ISR 结尾的 API 函数。

代码清单 11-1（24）：使用内存申请失败钩子函数。

代码清单 11-1（25）：这个宏定义大于 0 时启用栈溢出检测功能，如果使用此功能，那么用户必须提供一个栈溢出钩子函数。若使用，此值可以为 1 或者 2，因为有两种栈溢出检测方法。使用该功能，可以分析是否有内存越界的情况。

代码清单 11-1（26）：（默认）设置为 0 则不启用运行时间统计功能，用户可以自定义设置为 1，启用运行时间统计功能。

代码清单 11-1（27）：（默认）设置为 0 则不启用可视化跟踪调试功能，用户可以自定义设置为 1，启用可视化跟踪调试功能。

代码清单 11-1（28）：启用协程。启用协程以后必须添加文件 croutine.c，默认不启用，因为 FreeRTOS 不再支持协程。

代码清单 11-1（29）：协程的有效优先级数目。当 configUSE_CO_ROUTINES 宏定义有效时才有效，保持默认参数即可。

代码清单 11-1（30）：启用软件定时器。

代码清单 11-1（31）：配置软件定时器任务优先级为最高优先级（configMAX_PRIORI-TIES-1）。

代码清单 11-1（32）：软件定时器队列长度，也就是允许配置多少个软件定时器的数量。在 FreeRTOS 中，理论上能配置无数个软件定时器，因为软件定时器是不基于硬件的。

代码清单 11-1（33）：配置软件定时器任务栈大小，默认为（configMINIMAL_STACK_SIZE*2）。

代码清单 11-1（34）：INCLUDE_xTaskGetSchedulerState 宏定义必须设置为 1，才能使用 API 函数接口 xTaskGetSchedulerState()。

代码清单 11-1（35）：INCLUDE_vTaskPrioritySet 宏定义必须设置为 1，才能使用 API 函数接口 vTaskPrioritySet()。

代码清单 11-1（36）：INCLUDE_uxTaskPriorityGet 宏定义必须设置为 1，才能使用 API 函数接口 uxTaskPriorityGet()。

代码清单 11-1（37）：INCLUDE_vTaskDelete 宏定义必须设置为 1，才能使用 API 函数接口 vTaskDelete()。其他都是可选的宏定义，根据需要自定义即可。

代码清单 11-1（38）：定义 __NVIC_PRIO_BITS 表示配置 FreeRTOS 使用多少位作为中断优先级，在 STM32 中使用 4 位作为中断的优先级。

代码清单 11-1（39）：如果没有定义，那么默认为 4 位。

代码清单 11-1（40）：配置中断最低优先级是 15（一般配置为 15）。configLIBRARY_LOWEST_INTERRUPT_PRIORITY 用于配置 SysTick 与 PendSV。注意，这里是中断优先级，中断优先级的数值越小，优先级越高。而 FreeRTOS 的任务优先级的数值越小，任务优先级越低。

代码清单 11-1（41）：配置系统可管理的最高中断优先级为 5，configLIBRARY_MAX_SYSCALL_INTERRUPT_PRIORITY 用于配置 BASEPRI 寄存器，当 BASEPRI 设置为某个值时，会让系统不响应比该优先级低的中断，而优先级比之更高的中断则不受影响。即当这个宏定义配置为 5 时，中断优先级数值为 0、1、2、3、4 的中断是不受 FreeRTOS 管理的，不可被屏蔽，也不能调用 FreeRTOS 中的 API 函数接口，而中断优先级在 5 ～ 15 的中断受到系统管理，可以被屏蔽。

代码清单 11-1（42）：对需要配置的 SysTick 与 PendSV 进行偏移（因为是高 4 位有效），

在 port.c 中会用到 configKERNEL_INTERRUPT_PRIORITY 宏定义来配置 SCB_SHPR3（系统处理优先级寄存器，地址为 0xE000ED20），如图 11-18 所示。

System handler priority register 3(SCB_SHPR3)

Address: 0xE000 ED20
Reset value: 0x0000 0000
Required privilege: privileged

配置systick优先级   配置pendsv优先级

31	30	29	28	27	26	25	24	23	22	21	20	19	18	17	16
PRI_15[7:4]				PRI_15[3:0]				PRI_14[7:4]				PRI_14[3:0]			
rw	rw	rw	rw	r	r	r	r	rw	rw	rw	rw	r	r	r	r
15	14	13	12	11	10	9	8	7	6	5	4	3	2	1	0
Reserved															

Bits 31:24 PRI_15[7:0]: Priority of system handler 15,Sys Tick exveption
Bits 23:16 PRI_14[7:0]: Priority of system handler 14,PendSV
Bits 15:0 Reserved,must be kept cleared

图 11-18   配置 SysTick 与 PendSV（仅高 4 位可读）

代码清单 11-1（43）：configLIBRARY_MAX_SYSCALL_INTERRUPT_PRIORITY 用于配置 BASEPRI 寄存器，让 FreeRTOS 屏蔽优先级数值大于这个宏定义的中断（数值越大，优先级越低），而 BASEPRI 的有效位为高 4 位，所以需要进行偏移。因为 STM32 只使用了优先级寄存器中的 4 位，所以要以最高有效位对齐，如图 11-19 所示。

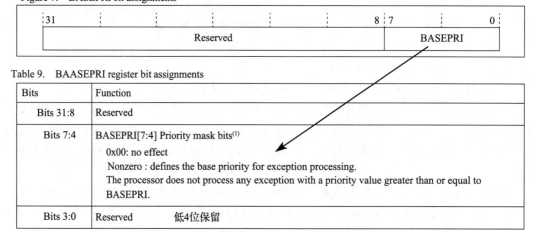

Figure 7.   BASEPRI bit assignments

31						8	7		0
Reserved							BASEPRI		

Table 9.   BAASEPRI register bit assignments

Bits	Function
Bits 31:8	Reserved
Bits 7:4	BASEPRI[7:4] Priority mask bits[1] 0x00: no effect Nonzero : defines the base priority for exception processing. The processor does not process any exception with a priority value greater than or equal to BASEPRI.
Bits 3:0	Reserved 低4位保留

图 11-19   配置 BASEPRI 寄存器

此外，还要注意，中断优先级 0（具有最高的逻辑优先级）不能被 BASEPRI 寄存器屏蔽，因此，configMAX_SYSCALL_INTERRUPT_PRIORITY 不可以设置为 0。

代码清单 11-1（44）：configUSE_TRACE_FACILITY 宏定义在 FreeRTOS 可视化调试软

件 Percepio Tracealyzer 中会用到，现在暂时不需要考虑，将 configUSE_TRACE_FACILITY
定义为 0 即可。

11.5.2 修改 FreeRTOSConfig.h 文件

FreeRTOSConfig.h 头文件的内容修改得不多，主要修改了与开发板对应的头文件，如
果使用野火 STM32F1 开发板，则包含 F1 的头文件 #include "stm32f10x.h"，同理，若使用了
其他系列的开发板，则包含与开发板对应的头文件即可，当然还需要包含串口的头文件 bsp_
usart.h，因为在 FreeRTOSConfig.h 中实现了断言操作，需要打印一些信息。其他内容根据需
求修改即可，具体参见代码清单 11-2 中的加粗部分。

注意：虽然 FreeRTOS 中默认打开了很多宏定义，但是用户还是要根据需要选择打开与关闭，
因为这样的系统会更符合用户需求，而且更严谨、更节省系统资源。

代码清单 11-2　FreeRTOSConfig.h 文件修改

```
 1 #ifndef FREERTOS_CONFIG_H
 2 #define FREERTOS_CONFIG_H
 3
 4
 5 #include "stm32f10x.h"
 6 #include "bsp_usart.h"
 7
 8
 9 //针对不同的编译器调用不同的 stdint.h 文件
10 #if defined(__ICCARM__) || defined(__CC_ARM) || defined(__GNUC__)
11 #include <stdint.h>
12 extern uint32_t SystemCoreClock;
13 #endif
14
15 //断言
16 #define vAssertCalled(char,int) printf("Error:%s,%d\r\n",char,int)
17 #define configASSERT(x) if((x)==0) vAssertCalled(__FILE__,__LINE__)
18
19 /*****************************************************************************
20  *                      FreeRTOS 基础配置选项
21  *****************************************************************************/
22 /* 置 1: RTOS 使用抢占式调度器；置 0: RTOS 使用协作式调度器（时间片）
23  *
24  * 注意，在多任务管理机制上，操作系统可以分为抢占式和协作式两种。
25  * 协作式操作系统是任务主动释放 CPU 后切换到下一个任务。
26  * 任务切换的时机完全取决于正在运行的任务
27  */
28 #define configUSE_PREEMPTION                        1
29
30 //1 表示启用时间片调度（默认是启用的）
31 #define configUSE_TIME_SLICING                      1
32
33 /* 某些运行 FreeRTOS 的硬件支持两种方法来选择下一个要执行的任务:
```

```
34    *  通用方法和特定于硬件的方法（以下简称"特殊方法"）。
35    *
36    *  通用方法：
37    *      1）configUSE_PORT_OPTIMISED_TASK_SELECTION 为 0 或者硬件不支持这种特殊方法
38    *      2）可以用于所有 FreeRTOS 支持的硬件
39    *      3）完全用 C 实现，效率略低于特殊方法
40    *      4）不强制要求限制最大可用优先级数目
41    *  特殊方法：
42    *      1）必须将 configUSE_PORT_OPTIMISED_TASK_SELECTION 设置为 1
43    *      2）依赖一个或多个特定架构的汇编指令（一般是类似计算前导零 [CLZ] 指令）
44    *      3）比通用方法更高效
45    *      4）一般强制限定最大可用优先级数目为 32
46    * 一般是硬件计算前导零指令，如果所使用的 MCU 没有这些硬件指令，那么此宏应该设置为 0
47    */
48
49    #define configUSE_PORT_OPTIMISED_TASK_SELECTION          1
50
51    /* 置 1：启用低功耗 tickless 模式；置 0：保持系统节拍（tick）中断一直运行 */
52    #define configUSE_TICKLESS_IDLE                          1
53
54    /*
55     * 写入实际的 CPU 内核时钟频率，也就是 CPU 指令执行频率，通常称为 Fclk，
56     * Fclk 为供给 CPU 内核的时钟信号，我们所说的 CPU 主频为 XX MHz
57     * 就是指这个时钟信号，相应地，1/Fclk 即为 CPU 时钟周期
58     */
59    #define configCPU_CLOCK_HZ              (SystemCoreClock)
60
61    // RTOS 系统节拍中断的频率，即每秒中断的次数，每次产生中断，RTOS 都会进行任务调度
62    #define configTICK_RATE_HZ             (( TickType_t )1000)
63
64    // 可使用的最大优先级
65    #define configMAX_PRIORITIES                             (32)
66
67    // 空闲任务使用的栈大小
68    #define configMINIMAL_STACK_SIZE     ((unsigned short)128)
69
70    // 任务名的字符串长度
71    #define configMAX_TASK_NAME_LEN                          (16)
72
73    // 系统节拍计数器变量数据类型，1 表示为 16 位无符号整型数据，0 表示为 32 位无符号整型数据
74    #define configUSE_16_BIT_TICKS                           0
75
76    // 空闲任务放弃 CPU 使用权，交给其他同优先级的用户任务
77    #define configIDLE_SHOULD_YIELD                          1
78
79    // 启用队列
80    #define configUSE_QUEUE_SETS                             1
81
82    // 开启任务通知功能，默认开启
83    #define configUSE_TASK_NOTIFICATIONS                     1
84
85    // 使用互斥信号量
86    #define configUSE_MUTEXES                                1
```

```
87
88 // 使用递归互斥信号量
89 #define configUSE_RECURSIVE_MUTEXES                        1
90
91 // 为 1 时使用计数信号量
92 #define configUSE_COUNTING_SEMAPHORES                      1
93
94 /* 设置可以注册的信号量和消息队列个数 */
95 #define configQUEUE_REGISTRY_SIZE                          10
96
97 #define configUSE_APPLICATION_TASK_TAG                     0
98
99
100 /********************************************************************
101                 FreeRTOS 与内存申请有关配置选项
102 ********************************************************************/
103 // 支持动态内存分配申请
104 #define configSUPPORT_DYNAMIC_ALLOCATION                   1
105 // 系统所有栈的大小
106 #define configTOTAL_HEAP_SIZE                ((size_t)(36*1024))
107
108
109 /********************************************************************
110                 FreeRTOS 与钩子函数有关的配置选项
111 ********************************************************************/
112 /* 置 1: 使用空闲钩子 (Idle Hook 类似于回调函数); 置 0: 忽略空闲钩子
113  *
114  * 空闲任务钩子是一个函数, 这个函数由用户来实现,
115  * FreeRTOS 规定了函数的名称和参数: void vApplicationIdleHook(void ),
116  * 这个函数在每个空闲任务周期都会被调用
117  * 对于已经删除的 RTOS 任务, 空闲任务可以释放分配给它们的栈内存,
118  * 因此必须保证空闲任务可以被 CPU 执行。
119  * 使用空闲钩子函数设置 CPU 进入省电模式是很常见的,
120  * 不能调用会引起空闲任务阻塞的 API 函数
121  */
122 #define configUSE_IDLE_HOOK                                0
123
124 /* 置 1: 使用时间片钩子 (Tick Hook); 置 0: 忽略时间片钩子
125  *
126  *
127  * 时间片钩子是一个函数, 这个函数由用户实现,
128  * FreeRTOS 规定了函数的名称和参数: void vApplicationTickHook(void )
129  * 时间片中断可以周期性地调用,
130  * 函数必须非常短小, 不能大量使用栈,
131  * 不能调用以 FromISR 或 FROM_ISR 结尾的 API 函数
132  */
133 /*xTaskIncrementTick() 函数是在 xPortSysTickHandler() 中断函数中被调用的。因此,
134  *    vApplicationTickHook() 函数执的时间必须很短才行
135  */
136
137
138 #define configUSE_TICK_HOOK                                0
139
```

```
140  // 使用内存申请失败钩子函数
141  #define configUSE_MALLOC_FAILED_HOOK                          0
142
143  /*
144   *  大于 0 时启用栈溢出检测功能，如果使用此功能，
145   *  用户必须提供一个栈溢出钩子函数。若使用，
146   *  此值可以为 1 或者 2，因为有两种栈溢出检测方法  */
147  #define configCHECK_FOR_STACK_OVERFLOW                        0
148
149
150  /**************************************************************
151              FreeRTOS 与运行时间和任务状态收集有关的配置选项
152   *************************************************************/
153  // 启用运行时间统计功能
154  #define configGENERATE_RUN_TIME_STATS                          0
155  // 启用可视化跟踪调试
156  #define configUSE_TRACE_FACILITY                               0
157  /*  与宏 configUSE_TRACE_FACILITY 同时为 1 时会编译下面 3 个函数
158   *  prvWriteNameToBuffer()
159   *  vTaskList(),
160   *  vTaskGetRunTimeStats()
161   */
162  #define configUSE_STATS_FORMATTING_FUNCTIONS                   1
163
164
165  /**************************************************************
166                   FreeRTOS 与协程有关的配置选项
167   *************************************************************/
168  // 启用协程。启用协程以后必须添加文件 croutine.c
169  #define configUSE_CO_ROUTINES                                  0
170  // 协程的有效优先级数目
171  #define configMAX_CO_ROUTINE_PRIORITIES        ( 2 )
172
173
174  /**************************************************************
175                 FreeRTOS 与软件定时器有关的配置选项
176   *************************************************************/
177  // 启用软件定时器
178  #define configUSE_TIMERS                                       1
179  // 软件定时器优先级
180  #define configTIMER_TASK_PRIORITY      (configMAX_PRIORITIES-1)
181  // 软件定时器队列长度
182  #define configTIMER_QUEUE_LENGTH                              10
183  // 软件定时器任务栈大小
184  #define configTIMER_TASK_STACK_DEPTH            (configMINIMAL_STACK_SIZE*2)
185
186  /**************************************************************
187              FreeRTOS 可选函数配置选项
188   *************************************************************/
189  #define INCLUDE_xTaskGetSchedulerState                         1
190  #define INCLUDE_vTaskPrioritySet                               1
191  #define INCLUDE_uxTaskPriorityGet                              1
192  #define INCLUDE_vTaskDelete                                    1
```

```
193 #define INCLUDE_vTaskCleanUpResources                    1
194 #define INCLUDE_vTaskSuspend                             1
195 #define INCLUDE_vTaskDelayUntil                          1
196 #define INCLUDE_vTaskDelay                               1
197 #define INCLUDE_eTaskGetState                            1
198 #define INCLUDE_xTimerPendFunctionCall                   1
199
200 /***************************************************************
201               FreeRTOS 与中断有关的配置选项
202 ***************************************************************/
203 #ifdef __NVIC_PRIO_BITS
204 #define configPRIO_BITS                    __NVIC_PRIO_BITS
205 #else
206 #define configPRIO_BITS                                  4
207 #endif
208 // 中断最低优先级
209 #define configLIBRARY_LOWEST_INTERRUPT_PRIORITY          15
210
211 // 系统可管理的最高中断优先级
212 #define configLIBRARY_MAX_SYSCALL_INTERRUPT_PRIORITY      5
213
214 #define configKERNEL_INTERRUPT_PRIORITY      /* 240 */
215 ( configLIBRARY_LOWEST_INTERRUPT_PRIORITY << (8 - configPRIO_BITS) )
216 #define configMAX_SYSCALL_INTERRUPT_PRIORITY
217 ( configLIBRARY_MAX_SYSCALL_INTERRUPT_PRIORITY << (8 - configPRIO_BITS) )
218
219 /***************************************************************
220            FreeRTOS 与中断服务函数有关的配置选项
221 ***************************************************************/
222 #define xPortPendSVHandler      PendSV_Handler
223 #define vPortSVCHandler         SVC_Handler
224
225
226 /* 以下为使用 Percepio Tracealyzer 需要的内容, 不需要时将 configUSE_TRACE_FACILITY 定义为 0 */
227 #if ( configUSE_TRACE_FACILITY == 1 )
228 #include"trcRecorder.h"
229 // 启用一个可选函数 (该函数被 Trace 源码使用, 默认该值为 0 表示不用)
230 #define INCLUDE_xTaskGetCurrentTaskHandle                1
231 #endif
232
233
234 #endif/* FREERTOS_CONFIG_H */
235
```

11.6　修改 stm32f10x_it.c 文件

　　SysTick 中断服务函数是一个非常重要的函数, FreeRTOS 中所有与时间相关的操作都在该函数中处理。SysTick 就是 FreeRTOS 的一个心跳时钟, 驱动 FreeRTOS 的运行, 就像人的心跳一样。如果 FreeRTOS 没有了 "心跳", 那么它就会卡死在某个地方, 不能进行任务调

度，也不能运行任何的指令，因此我们需要实现一个 FreeRTOS 的心跳时钟。FreeRTOS 帮我
们实现了 SysTick 的启动配置：在 port.c 文件中已经实现 vPortSetupTimerInterrupt() 函数，并
且 FreeRTOS 通用的 SysTick 中断服务函数 xPortSysTickHandler() 也在 port.c 文件中实现了，
所以移植时只需要在 stm32f10x_it.c 文件中实现对应（STM32）平台上的 SysTick_Handler()
函数即可。FreeRTOS 已经为用户实现了 PendSV_Handler() 与 SVC_Handler() 这两个很重要的
函数，在 port.c 文件中也已经实现 xPortPendSVHandler() 与 vPortSVCHandler() 函数，以防用
户实现不了，那么在 stm32f10x_it.c 文件中就需要注释掉 PendSV_Handler() 与 SVC_Handler()
这两个函数了，具体实现参见代码清单 11-3 中的加粗部分。

代码清单 11-3　stm32f10x_it.c 文件内容

```
1  /* Includes --------------------------------------------------------*/
2  #include "stm32f10x_it.h"
3  // FreeRTOS 使用
4  #include "FreeRTOS.h"
5  #include "task.h"
6
7  /** @addtogroup STM32F10x_StdPeriph_Template
8    * @{
9    */
10
11 /* Private typedef --------------------------------------------------*/
12 /* Private define ---------------------------------------------------*/
13 /* Private macro ----------------------------------------------------*/
14 /* Private variables ------------------------------------------------*/
15 /* Private function prototypes --------------------------------------*/
16 /* Private functions ------------------------------------------------*/
17
18 /*******************************************************************/
19 /*        Cortex-M3 Processor Exceptions Handlers           */
20 /*******************************************************************/
21
22 /**
23   * @brief  This function handles NMI exception.
24   * @param  None
25   * @retval None
26   */
27 void NMI_Handler(void)
28 {
29 }
30
31 /**
32   * @brief  This function handles Hard Fault exception.
33   * @param  None
34   * @retval None
35   */
36 void HardFault_Handler(void)
37 {
38     /* Go to infinite loop when Hard Fault exception occurs */
39     while (1) {
```

```
40      }
41 }
42
43 /**
44   * @brief  This function handles Memory Manage exception.
45   * @param  None
46   * @retval None
47   */
48 void MemManage_Handler(void)
49 {
50     /* Go to infinite loop when Memory Manage exception occurs */
51       while (1) {
52     }
53 }
54
55 /**
56   * @brief  This function handles Bus Fault exception.
57   * @param  None
58   * @retval None
59   */
60 void BusFault_Handler(void)
61 {
62     /* Go to infinite loop when Bus Fault exception occurs */
63       while (1) {
64     }
65 }
66
67 /**
68   * @brief  This function handles Usage Fault exception.
69   * @param  None
70   * @retval None
71   */
72 void UsageFault_Handler(void)
73 {
74     /* Go to infinite loop when Usage Fault exception occurs */
75       while (1) {
76     }
77 }
78
79 /**
80   * @brief  This function handles SVCall exception.
81   * @param  None
82   * @retval None
83   */
84 // void SVC_Handler(void)
85 // {
86 // }
87
88 /**
89   * @brief  This function handles Debug Monitor exception.
90   * @param  None
91   * @retval None
92   */
```

```
 93 void DebugMon_Handler(void)
 94 {
 95 }
 96
 97 /**
 98   * @brief  This function handles PendSVC exception.
 99   * @param  None
100   * @retval None
101   */
102 // void PendSV_Handler(void)
103 // {
104 // }
105
106 // /**
107 //   * @brief  This function handles SysTick Handler.
108 //   * @param  None
109 //   * @retval None
110 //   */
111 extern void xPortSysTickHandler(void);
112 // systick 中断服务函数
113 void SysTick_Handler(void)
114 {
115 #if (INCLUDE_xTaskGetSchedulerState  == 1 )
116     if (xTaskGetSchedulerState() != taskSCHEDULER_NOT_STARTED) {
117 #endif/* INCLUDE_xTaskGetSchedulerState */
118         xPortSysTickHandler();
119 #if (INCLUDE_xTaskGetSchedulerState  == 1 )
120     }
121 #endif/* INCLUDE_xTaskGetSchedulerState */
122 }
123
124 /**********************************************************************/
125 /*         STM32F10x Peripherals Interrupt Handlers                  */
126 /*  Add here the Interrupt Handler for the used peripheral(s) (PPP), for the  */
127 /*  available peripheral interrupt handler's name please refer to the startup */
128 /*  file (startup_stm32f10x_xx.s).                                   */
129 /**********************************************************************/
130
131 /**
132   * @brief  This function handles PPP interrupt request.
133   * @param  None
134   * @retval None
135   */
136 /*void PPP_IRQHandler(void)
137 {
138 }*/
139
140 /**
141   * @}
142   */
143
144
145 /************** (C) COPYRIGHT 2011 STMicroelectronics *****END OF FILE****/
```

至此，我们的 FreeRTOS 基本移植完成，下面可以开始测试了。

11.7　修改 main.c 文件

将原来裸机工程中 main.c 文件的内容全部删除，新增如下内容，具体参见代码清单 11-4。

代码清单 11-4　main.c 文件内容

```
1  /**
2   ******************************************************************
3   * @file     main.c
4   * @author   fire
5   * @version  V1.0
6   * @date     2018-xx-xx
7   * @brief    FreeRTOS 3.0 + STM32 工程模板
8   ******************************************************************
9   * @attention
10  *
11  * 实验平台：野火 STM32 开发板
12  * 论坛：http:// www.firebbs.cn
13  * 淘宝：https:// fire-stm32.taobao.com
14  *
15  ******************************************************************
16  */
17
18 /*
19  ******************************************************************
20  *                         包含的头文件
21  ******************************************************************
22  */
23 #include "FreeRTOS.h"
24 #include "task.h"
25
26
27 /*
28  ******************************************************************
29  *                         变量
30  ******************************************************************
31  */
32
33
34 /*
35  ******************************************************************
36  *                         函数声明
37  ******************************************************************
38  */
39
40
41
42 /*
43  ******************************************************************
```

```
44  *                               main() 函数
45  *********************************************************************
46  */
47  /**
48    * @brief   主函数
49    * @param  无
50    * @retval 无
51    */
52  int main(void)
53  {
54      /* 暂时没有在 main 任务中创建应用任务 */
55  }
56
57
58  /*******************************END OF FILE***************************/
```

11.8　下载验证

将程序编译好，用 DAP 仿真器把程序下载到野火 STM32 开发板（具体型号根据购买的板子而定，每个型号的板子都有对应的程序），但没有显示任何现象，这是因为目前我们还没有在 main 任务中创建应用任务，但是系统已经运行起来了，只有默认的空闲任务和 main 任务。要想看到现象，需要在 main 中创建应用任务。关于如何创建任务，请参见第 12 章。

第 12 章
任 务

在第 11 章中，我们已经基于野火 STM32 开发板创建了 FreeRTOS 的工程模板，从本章开始，我们将真正踏上使用 FreeRTOS 的征程。先从最简单的创建任务开始：点亮一个 LED。

12.1　硬件初始化

本章创建的任务需要用到开发板上的 LED，所以先要将 LED 相关的函数初始化好。为了方便以后统一管理板级外设的初始化过程，我们在 main.c 文件中创建一个 BSP_Init() 函数，专门用于实现板级外设初始化，具体参见代码清单 12-1 中的加粗部分。

代码清单 12-1　BSP_Init() 中添加硬件初始化函数

```
1  /*************************************************************************
2   * @ 函数名：BSP_Init
3   * @ 功能说明：板级外设初始化，所有板子上的初始化均可放在这个函数中
4   * @ 参数：无
5   * @ 返回值：无
6   ************************************************************************/
7  static void BSP_Init(void)
8  {
9      /*
10      * STM32 中断优先级分组为 4，即 4 位都用来表示抢占优先级，范围为 0 ~ 15
11      * 优先级只需要分组一次即可，以后如果有其他的任务需要用到中断，
12      * 都统一用这个优先级分组，千万不要再分组
13      */
14     NVIC_PriorityGroupConfig( NVIC_PriorityGroup_4 );
15
16     /* LED 初始化 */
17     LED_GPIO_Config();
18
19     /* 串口初始化 */
20     USART_Config();
21
22  }
```

执行到 BSP_Init() 函数时，还没有涉及操作系统，即 BSP_Init() 函数所做的工作与我们之前编写的裸机工程中的硬件初始化工作是一样的。运行完 BSP_Init () 函数，接下来才慢慢

启动操作系统，最后运行创建好的任务。有时候任务创建好，整个系统运行起来了，可想要的实验现象就是出不来，比如 LED 不会亮、串口没有输出、LCD 没有显示等。如果是初学者，这个时候就会心急如焚，那怎么办？此时如何判断是硬件的问题还是系统的问题？有一个小技巧，即在硬件初始化好之后，顺便测试一下硬件，测试方法与裸机编程一样，具体实现参见代码清单 12-2 中的加粗部分。

代码清单 12-2　BSP_Init() 中添加硬件测试函数

```
1  /* 开发板硬件 bsp 头文件 */
2  #include "bsp_led.h"
3  #include "bsp_usart.h"
4
5  /*********************************************************************
6   * @ 函数名: BSP_Init
7   * @ 功能说明: 板级外设初始化, 所有板子上的初始化均可放在这个函数中
8   * @ 参数: 无
9   * @ 返回值: 无
10  *********************************************************************/
11 static void BSP_Init(void)
12 {
13     /*
14      * STM32 中断优先级分组为 4, 即 4 位都用来表示抢占优先级, 范围为 0 ~ 15
15      * 优先级只需要分组一次即可, 以后如果有其他的任务需要用到中断,
16      * 都统一用这个优先级分组, 千万不要再分组
17      */
18     NVIC_PriorityGroupConfig( NVIC_PriorityGroup_4 );
19
20     /* LED 初始化 */
21     LED_GPIO_Config();                                          (1)
22
23     /* 测试硬件是否正常工作 */                                    (2)
24     LED1_ON;
25
26     /* 其他硬件初始化和测试 */
27
28     /* 让程序停在这里, 不再继续往下执行 */
29     while (1);                                                  (3)
30
31     /* 串口初始化      */
32     USART_Config();
33
34 }
```

代码清单 12-2（1）：初始化硬件后，顺便测试硬件，看硬件是否正常工作。

代码清单 12-2（2）：可以继续添加其他的硬件初始化和测试。确认硬件没有问题之后，可以删除硬件测试代码，也可不删，因为 BSP_Init() 函数只执行一遍。

代码清单 12-2（3）：方便测试硬件好坏，让程序停在这里，不再继续往下执行，当测试完毕后，必须删除"while(1);"。

12.2 创建单任务——SRAM 静态内存

这里，我们创建一个单任务，任务使用的栈和任务控制块都使用静态内存，即预先定义好的全局变量，这些预先定义好的全局变量都存储在内部的 SRAM 中。

12.2.1 定义任务函数

任务实际上就是一个无限循环且不带返回值的 C 函数。目前，我们创建一个这样的任务，让开发板上的 LED 灯以 500ms 的时间间隔闪烁，具体实现参见代码清单 12-3。

代码清单 12-3 定义任务函数

```
 1 static void LED_Task (void* parameter)
 2 {
 3     while (1)                                              (1)
 4     {
 5         LED1_ON;
 6         vTaskDelay(500);    /* 延时 500 个 tick */          (2)
 7
 8         LED1_OFF;
 9         vTaskDelay(500);    /* 延时 500 个 tick */
10
11     }
12 }
```

代码清单 12-3（1）：任务必须是一个死循环，否则任务将通过 LR 返回。如果 LR 指向非法的内存，就会产生 HardFault_Handler，而 FreeRTOS 指向一个死循环，那么任务返回之后就在死循环中执行，这样的任务是不安全的，所以要避免这种情况。任务一般都是死循环并且无返回值。如果 AppTaskCreate 任务执行一次之后就删除，则不影响系统运行，所以，对于只执行一次的任务，在其执行完毕后一定要及时删除。

代码清单 12-3（2）：任务中必须使用 FreeRTOS 提供的延时函数，不能使用裸机编程中的延时。这两种延时的区别是：FreeRTOS 中的延时是阻塞延时，即调用 vTaskDelay() 函数时，当前任务会被挂起，调度器会切换到其他就绪的任务，从而实现多任务。如果还是使用裸机编程中的那种延时，那么整个任务就成了一个死循环，如果恰好该任务的优先级是最高的，那么系统永远都是在这个任务中运行，比它优先级更低的任务无法运行，根本无法实现多任务。

12.2.2 空闲任务与定时器任务栈函数实现

当使用静态内存分配方式创建任务时，configSUPPORT_STATIC_ALLOCATION 宏定义必须为 1（在 FreeRTOSConfig.h 文件中），并且需要实现两个函数——vApplicationGetIdle-TaskMemory() 与 vApplicationGetTimerTaskMemory()，这两个函数用于实现用户设定的空闲（Idle）任务与定时器（Timer）任务的栈大小，必须由用户自己分配，而不能动态分配，具体参见代码清单 12-4 中的加粗部分。

代码清单 12-4　空闲任务与定时器任务栈函数实现

```c
 1  /* 空闲任务栈 */
 2  static StackType_t Idle_Task_Stack[configMINIMAL_STACK_SIZE];
 3  /* 定时器任务栈 */
 4  static StackType_t Timer_Task_Stack[configTIMER_TASK_STACK_DEPTH];
 5
 6  /* 空闲任务控制块 */
 7  static StaticTask_t Idle_Task_TCB;
 8  /* 定时器任务控制块 */
 9  static StaticTask_t Timer_Task_TCB;
10
11  /**
12  *************************************************************************
13  * @brief   获取空闲任务的任务栈和任务控制块内存
14  *ppxTimerTaskTCBBuffer     :        任务控制块内存
15  *ppxTimerTaskStackBuffer   :        任务栈内存
16  *pulTimerTaskStackSize     :        任务栈大小
17  * @author  fire
18  * @version V1.0
19  * @date    2018-xx-xx
20  *************************************************************************
21  */
22  void vApplicationGetIdleTaskMemory(StaticTask_t **ppxIdleTaskTCBBuffer,
23                                     StackType_t **ppxIdleTaskStackBuffer,
24                                     uint32_t *pulIdleTaskStackSize)
25  {
26      *ppxIdleTaskTCBBuffer=&Idle_Task_TCB;                /* 任务控制块内存 */
27      *ppxIdleTaskStackBuffer=Idle_Task_Stack;            /* 任务栈内存 */
28      *pulIdleTaskStackSize=configMINIMAL_STACK_SIZE;     /* 任务栈大小 */
29  }
30
31  /**
32  *************************************************************************
33  * @brief   获取定时器任务的任务栈和任务控制块内存
34  *     *ppxTimerTaskTCBBuffer:     任务控制块内存
35  *     *ppxTimerTaskStackBuffer:   任务栈内存
36  *     *pulTimerTaskStackSize:     任务栈大小
37  * @author  fire
38  * @version V1.0
39  * @date    2018-xx-xx
40  *************************************************************************
41  */
42  void vApplicationGetTimerTaskMemory(StaticTask_t **ppxTimerTaskTCBBuffer,
43                                      StackType_t **ppxTimerTaskStackBuffer,
44                                      uint32_t *pulTimerTaskStackSize)
45  {
46      *ppxTimerTaskTCBBuffer=&Timer_Task_TCB;             /* 任务控制块内存 */
47      *ppxTimerTaskStackBuffer=Timer_Task_Stack;         /* 任务栈内存 */
48      *pulTimerTaskStackSize=configTIMER_TASK_STACK_DEPTH; /* 任务栈大小 */
49  }
```

12.2.3　定义任务栈

目前我们只创建了一个任务，当任务进入延时时，因为没有另外就绪的用户任务，那么系统就会进入空闲任务，空闲任务是 FreeRTOS 系统自己启动的一个任务，优先级最低。当整个系统都没有就绪任务时，系统必须保证有一个任务在运行，空闲任务就是为此设计的。当用户任务延时到期，又会从空闲任务切换回用户任务。

在 FreeRTOS 系统中，每一个任务都是独立的，它们的运行环境都单独保存在其栈空间当中。那么在定义好任务函数之后，我们还要为任务定义一个栈，目前我们使用的是静态内存，所以任务栈是一个独立的全局变量，具体参见代码清单 12-5。任务栈占用的是 MCU 内部的 RAM，当任务越多时，需要使用的栈空间就越大，即需要使用的 RAM 空间就越多。一个 MCU 能够支持多少任务，取决于 RAM 空间的大小。

代码清单 12-5　定义任务栈

```
1 /* AppTaskCreate 任务栈 */
2 static StackType_t AppTaskCreate_Stack[128];
3
4 /* LED 任务栈 */
5 static StackType_t LED_Task_Stack[128];
```

大多数系统都需要进行栈空间地址对齐，在 FreeRTOS 中是以 8 字节大小对齐，并且会检查栈是否已经对齐。其中，portBYTE_ALIGNMENT 是在 portmacro.h 中定义的一个宏，其值为 8，表示配置为按 8 字节对齐，当然用户可以选择按 1、2、4、8、16、32 等字节对齐，目前默认为 8，具体实现参见代码清单 12-6。

代码清单 12-6　栈空间地址对齐实现

```
1 #define portBYTE_ALIGNMENT                     8
2
3 #if portBYTE_ALIGNMENT == 8
4 #define portBYTE_ALIGNMENT_MASK ( 0x0007 )
5 #endif
6
7 pxTopOfStack = pxNewTCB->pxStack + ( ulStackDepth - ( uint32_t ) 1 );
8 pxTopOfStack = ( StackType_t * ) ( ( ( portPOINTER_SIZE_TYPE ) pxTopOfStack ) &
9                 ( ~( ( portPOINTER_SIZE_TYPE ) portBYTE_ALIGNMENT_MASK ) ) );
10
11 /* 检查计算出的栈顶部的对齐方式是否正确 */
12 configASSERT( ( ( ( portPOINTER_SIZE_TYPE ) pxTopOfStack &
13                 ( portPOINTER_SIZE_TYPE ) portBYTE_ALIGNMENT_MASK ) == 0UL ) );
```

12.2.4　定义任务控制块

定义好任务函数和任务栈之后，还需要为任务定义一个任务控制块，通常称这个任务控制块为任务的身份证。在 C 代码中，任务控制块就是一个结构体，里面有很多成员，这些成员共同描述了任务的全部信息，具体参见代码清单 12-7。

代码清单 12-7　定义任务控制块

```
1 /* AppTaskCreate 任务控制块 */
2 static StaticTask_t AppTaskCreate_TCB;
3 /* LED_Task 任务控制块 */
4 static StaticTask_t LED_Task_TCB;
```

12.2.5　静态创建任务

任务的三要素是任务主体函数、任务栈和任务控制块，那么如何把这 3 个要素联合在一起？ FreeRTOS 中的静态任务创建函数 xTaskCreateStatic() 可实现上述需求。该函数将任务主体函数、任务栈（静态的）和任务控制块（静态的）联系在一起，让任务可以随时被系统启动，具体参见代码清单 12-8。

代码清单 12-8　静态创建任务

```
 1 /* 创建 AppTaskCreate 任务 */
 2 AppTaskCreate_Handle = xTaskCreateStatic((TaskFunction_t)AppTaskCreate,  //任务函数
                                                                              (1)
 3                        (const char* )"AppTaskCreate",      //任务名称    (2)
 4                        (uint32_t    )128,      //任务栈大小               (3)
 5                        (void* )NULL,           //传递给任务函数的参数      (4)
 6                        (UBaseType_t )3,        //任务优先级               (5)
 7                        (StackType_t* )AppTaskCreate_Stack,   //任务栈     (6)
 8                        (StaticTask_t* )&AppTaskCreate_TCB);  //任务控制块  (7)
 9
10 if (NULL != AppTaskCreate_Handle)    /* 创建成功 */
11     vTaskStartScheduler();           /* 启动任务, 开启调度 */
```

代码清单 12-8（1）：任务入口函数，即任务函数的名称，需要我们自己定义并且实现。

代码清单 12-8（2）：任务名称，字符串形式，最大长度由 FreeRTOSConfig.h 中定义的 configMAX_TASK_NAME_LEN 宏指定，多余部分会被自动截掉。任务名称最好与任务函数入口名称一致，以便进行调试。

代码清单 12-8（3）：任务栈大小，单位为字，在 32 位处理器下（STM32），一个字等于 4 字节，那么任务大小就为 128×4 字节。

代码清单 12-8（4）：任务入口函数形参，不用时配置为 0 或者 NULL 即可。

代码清单 12-8（5）：任务的优先级。优先级范围由 FreeRTOSConfig.h 中的宏 configMAX_PRIORITIES 决定。如果启用 configUSE_PORT_OPTIMISED_TASK_SELECTION 宏定义，则最多支持 32 个优先级；如果不用特殊方法查找下一个运行的任务，则不强制要求限制最大可用优先级数目。在 FreeRTOS 中，数值越大优先级越高，0 代表最低优先级。

代码清单 12-8（6）：任务栈起始地址，只有在使用静态内存时才需要提供，在使用动态内存时会根据提供的任务栈大小自动创建。

代码清单 12-8（7）：任务控制块指针，在使用静态内存时，需要向任务初始化函数 xTaskCreateStatic() 传递预先定义好的任务控制块的指针。在使用动态内存时，任务创建函数

xTaskCreate() 会返回一个指针指向任务控制块，该任务控制块是 xTaskCreate() 函数中动态分配的一块内存。

12.2.6　启动任务

当任务创建好后，处于就绪（ready）态。就绪态的任务可以参与操作系统的调度。但是此时仅仅是创建了任务，还未开启任务调度器，也没创建空闲任务与定时器任务（如果启用了 configUSE_TIMERS 宏定义），那么这两个任务就在启动任务调度器中实现。每个操作系统中，任务调度器只启动一次，之后不会再次执行。FreeRTOS 中启动任务调度器的函数是 vTaskStartScheduler()，并且启动任务调度器时不会返回，从此任务管理都由 FreeRTOS 管理，此时才是真正进入实时操作系统的第一步，具体实现参见代码清单 12-9。

代码清单 12-9　启动任务

```
/* 启动任务，开启调度 */
1 vTaskStartScheduler();
```

12.2.7　main.c 文件

现在我们把任务主体、任务栈、任务控制块这 3 部分代码统一放到 main.c 文件中。我们在 main.c 文件中创建一个 AppTaskCreate 任务，该任务用于创建用户任务。为了方便管理，我们将所有的任务创建都统一放在这个函数中，在此函数中创建成功的任务可以直接参与任务调度，具体内容参见代码清单 12-10。

代码清单 12-10　main.c 文件内容

```
1 /**
2  ******************************************************************
3  * @file    main.c
4  * @author  fire
5  * @version V1.0
6  * @date    2018-xx-xx
7  * @brief   FreeRTOS v9.0.0 + STM32 工程模板
8  ******************************************************************
9  * @attention
10 *
11 * 实验平台 : 野火 STM32 开发板
12 * 论坛 : http://www.firebbs.cn
13 * 淘宝 : https:// fire-stm32.taobao.com
14 *
15 ******************************************************************
16 */
17
18 /*
19 ******************************************************************
20 *                        包含的头文件
21 ******************************************************************
22 */
23 /* FreeRTOS 头文件 */
```

```
24 #include "FreeRTOS.h"
25 #include "task.h"
26 /* 开发板硬件 bsp 头文件 */
27 #include "bsp_led.h"
28 #include "bsp_usart.h"
29
30 /*********************** 任务句柄 ********************************/
31 /*
32  * 任务句柄是一个指针, 用于指向一个任务。当任务创建好之后, 它就具有一个任务句柄,
33  * 以后我们想操作这个任务都需要用到这个任务句柄, 如果是任务操作自身, 那么
34  * 这个句柄可以为 NULL
35  */
36 /* 创建任务句柄 */
37 static TaskHandle_t AppTaskCreate_Handle;
38 /* LED 任务句柄 */
39 static TaskHandle_t LED_Task_Handle;
40
41 /************************** 内核对象句柄 ***********************/
42 /*
43  * 信号量、消息队列、事件标志组、软件定时器都属于内核的对象, 要想使用这些内核
44  * 对象, 必须先创建, 创建成功之后会返回相应的句柄。这实际上就是一个指针, 后续我
45  * 们就可以通过句柄操作这些内核对象
46  *
47  *
48  * 内核对象可以理解为一种全局的数据结构, 通过这些数据结构可以实现任务间的通信、
49  * 任务间的事件同步等功能。这些功能的实现是通过调用内核对象的函数来完成的
50  *
51  *
52  */
53
54
55 /*********************** 全局变量声明 *************************/
56 /*
57  * 在写应用程序时, 可能需要用到一些全局变量
58  */
59 /* AppTaskCreate 任务栈 */
60 static StackType_t AppTaskCreate_Stack[128];
61 /* LED 任务栈 */
62 static StackType_t LED_Task_Stack[128];
63
64 /* AppTaskCreate 任务控制块 */
65 static StaticTask_t AppTaskCreate_TCB;
66 /* LED_Task 任务控制块 */
67 static StaticTask_t LED_Task_TCB;
68
69 /* 空闲任务栈 */
70 static StackType_t Idle_Task_Stack[configMINIMAL_STACK_SIZE];
71 /* 定时器任务栈 */
72 static StackType_t Timer_Task_Stack[configTIMER_TASK_STACK_DEPTH];
73
74 /* 空闲任务控制块 */
75 static StaticTask_t Idle_Task_TCB;
76 /* 定时器任务控制块 */
77 static StaticTask_t Timer_Task_TCB;
```

```
 78
 79 /*
 80 ********************************************************************
 81 *                              函数声明
 82 ********************************************************************
 83 */
 84 static void AppTaskCreate(void);              /* 用于创建任务 */
 85
 86 static void LED_Task(void* pvParameters);  /* LED_Task 任务实现 */
 87
 88 static void BSP_Init(void);                   /* 用于初始化板载相关资源 */
 89
 90 /**
 91       * 使用了静态分配内存,以下两个函数由用户实现,函数在 task.c 文件中有引用,
 92       * 当且仅当 configSUPPORT_STATIC_ALLOCATION 宏定义为 1 时才有效
 93       */
 94 void vApplicationGetTimerTaskMemory(StaticTask_t **ppxTimerTaskTCBBuffer,
 95                                     StackType_t **ppxTimerTaskStackBuffer,
 96                                     uint32_t *pulTimerTaskStackSize);
 97
 98 void vApplicationGetIdleTaskMemory(StaticTask_t **ppxIdleTaskTCBBuffer,
 99                                    StackType_t **ppxIdleTaskStackBuffer,
100                                    uint32_t *pulIdleTaskStackSize);
101
102 /****************************************************************
103   * @brief   主函数
104   * @param   无
105   * @retval  无
106   * @note    第 1 步: 开发板硬件初始化
107             第 2 步: 创建 APP 应用任务
108             第 3 步: 启动 FreeRTOS,开始多任务调度
109   ****************************************************************/
110 int main(void)
111 {
112     /* 开发板硬件初始化 */
113     BSP_Init();
114     printf(" 这是一个 [ 野火 ]-STM32 全系列开发板 -FreeRTOS- 静态创建任务 !\r\n");
115     /* 创建 AppTaskCreate 任务 */
116     AppTaskCreate_Handle = xTaskCreateStatic((TaskFunction_t)AppTaskCreate,
117                     (const char* )"AppTaskCreate", //任务名称
118                     (uint32_t    )128,             //任务栈大小
119                     (void*   )NULL,                //传递给任务函数的参数
120                     (UBaseType_t )3,               //任务优先级
121                     (StackType_t* )AppTaskCreate_Stack,
122                     (StaticTask_t* )&AppTaskCreate_TCB);
123
124   if (NULL != AppTaskCreate_Handle)         /* 创建成功 */
125       vTaskStartScheduler();                /* 启动任务,开启调度 */
126
127   while (1);                                /* 正常情况下不会执行到这里 */
128 }
129
130
131 /****************************************************************
```

```
132    * @ 函数名: AppTaskCreate
133    * @ 功能说明: 为了方便管理，所有的任务创建函数都放在这个函数中
134    * @ 参数: 无
135    * @ 返回值: 无
136    **************************************************************/
137   static void AppTaskCreate(void)
138   {
139       taskENTER_CRITICAL();                                      // 进入临界区
140
141       /* 创建 LED_Task 任务 */
142       LED_Task_Handle = xTaskCreateStatic((TaskFunction_t    )LED_Task,
                                                                     // 任务函数
143                                            (const char*)"LED_Task",// 任务名称
144                                            (uint32_t)128,         // 任务栈大小
145                                            (void*     )NULL,        // 传递给任务函数的参数
146                                            (UBaseType_t)4,        // 任务优先级
147                                            (StackType_t*)LED_Task_Stack,
                                                                     // 任务栈
148                                            (StaticTask_t*)&LED_Task_TCB);
                                                                     // 任务控制块
149
150       if (NULL != LED_Task_Handle)                /* 创建成功 */
151       printf("LED_Task 任务创建成功!\n");
152       else
153       printf("LED_Task 任务创建失败!\n");
154
155       vTaskDelete(AppTaskCreate_Handle); // 删除 AppTaskCreate 任务
156
157       taskEXIT_CRITICAL();                                      // 退出临界区
158   }
159
160
161
162   /**************************************************************
163    * @ 函数名: LED_Task
164    * @ 功能说明: LED_Task 任务主体
165    * @ 参数: 无
166    * @ 返回值: 无
167    **************************************************************/
168   static void LED_Task(void* parameter)
169   {
170       while (1) {
171           LED1_ON;
172           vTaskDelay(500);                       /* 延时 500 个 tick */
173           printf("led1_task running,LED1_ON\r\n");
174
175           LED1_OFF;
176           vTaskDelay(500);                       /* 延时 500 个 tick */
177           printf("led1_task running,LED1_OFF\r\n");
178       }
179   }
180
181   /**************************************************************
182    * @ 函数名: BSP_Init
```

```
183    * @ 功能说明：板级外设初始化，所有板子上的初始化均可放在这个函数中
184    * @ 参数：无
185    * @ 返回值：无
186    ***********************************************************************/
187 static void BSP_Init(void)
188 {
189     /*
190      * STM32 中断优先级分组为 4，即 4 位都用来表示抢占优先级，范围为 0 ~ 15，
191      * 优先级只需要分组一次即可，以后如果有其他任务需要用到中断，
192      * 都统一用这个优先级分组，千万不要再分组
193      */
194     NVIC_PriorityGroupConfig( NVIC_PriorityGroup_4 );
195
196     /* LED 初始化 */
197     LED_GPIO_Config();
198
199     /* 串口初始化     */
200     USART_Config();
201
202 }
203
204
205 /**
206   ***********************************************************************
207   * @brief   获取空闲任务的任务栈和任务控制块内存
208   *ppxTimerTaskTCBBuffer     :       任务控制块内存
209   *ppxTimerTaskStackBuffer   :       任务栈内存
210   *pulTimerTaskStackSize     :       任务栈大小
211   * @author  fire
212   * @version V1.0
213   * @date    2018-xx-xx
214   ***********************************************************************
215   */
216 void vApplicationGetIdleTaskMemory(StaticTask_t **ppxIdleTaskTCBBuffer,
217                                    StackType_t **ppxIdleTaskStackBuffer,
218                                    uint32_t *pulIdleTaskStackSize)
219 {
220     *ppxIdleTaskTCBBuffer=&Idle_Task_TCB;                /* 任务控制块内存 */
221     *ppxIdleTaskStackBuffer=Idle_Task_Stack;            /* 任务栈内存 */
222     *pulIdleTaskStackSize=configMINIMAL_STACK_SIZE;     /* 任务栈大小 */
223 }
224
225 /**
226   ***********************************************************************
227   * @brief   获取定时器任务的任务栈和任务控制块内存
228   *ppxTimerTaskTCBBuffer     :       任务控制块内存
229   *ppxTimerTaskStackBuffer   :       任务栈内存
230   *pulTimerTaskStackSize     :       任务栈大小
231   * @author  fire
232   * @version V1.0
233   * @date    2018-xx-xx
234   ***********************************************************************
235   */
236 void vApplicationGetTimerTaskMemory(StaticTask_t **ppxTimerTaskTCBBuffer,
```

```
237                                             StackType_t **ppxTimerTaskStackBuffer,
238                                             uint32_t *pulTimerTaskStackSize)
239 {
240     *ppxTimerTaskTCBBuffer=&Timer_Task_TCB;                  /* 任务控制块内存 */
241     *ppxTimerTaskStackBuffer=Timer_Task_Stack;              /* 任务栈内存 */
242     *pulTimerTaskStackSize=configTIMER_TASK_STACK_DEPTH;   /* 任务栈大小 */
243 }
244
245 /************************END OF FILE************************/
246
```

在使用静态内存配置创建任务时，必须将 FreeRTOSConfig.h 中的 configSUPPORT_STATIC_ ALLOCATION 宏配置为 1。

12.3   下载验证 SRAM 静态内存单任务

将程序编译好，用 DAP 仿真器把程序下载到野火 STM32 开发板（具体型号根据购买的板子而定，每个型号的板子都有对应的程序），可以看到板子上的 LED 灯已经在闪烁，说明我们创建的单任务（使用静态内存）已经运行起来了。

在当前这个例程中，任务栈、任务控制块用的都是静态内存，必须由用户预先定义。这种方法在使用 FreeRTOS 时用得比较少，通常采用的方法是在任务创建时动态分配任务栈和任务控制块的内存空间。接下来我们讲解创建单任务——SRAM 动态内存的方法。

12.4   创建单任务——SRAM 动态内存

这里，我们创建一个单任务，任务使用的栈和任务控制块是在创建任务时 FreeRTOS 动态分配的，并不是预先定义好的全局变量。那这些动态的内存堆是从哪里来的？继续往下看。

12.4.1   动态内存空间堆的来源

在创建单任务——SRAM 静态内存的例程中，任务控制块和任务栈的内存空间都是从内部的 SRAM 中分配的，具体分配到哪个地址由编译器决定。现在我们开始使用动态内存，即堆，其实堆也是内存，也属于 SRAM。FreeRTOS 做法是在 SRAM 中定义一个大数组（即堆内存）供 FreeRTOS 的动态内存分配函数使用。在第一次使用时，系统会将定义的堆内存进行初始化，这些代码在 FreeRTOS 提供的内存管理方案中实现（heap_1.c、heap_2.c、heap_4.c 等，具体的内存管理方案后文中将详细讲解），具体实现参见代码清单 12-11。

代码清单 12-11   定义 FreeRTOS 的堆到内部 SRAM

```
1 // 系统中所有堆的大小
2 #define configTOTAL_HEAP_SIZE        ((size_t)(36*1024))          (1)
3 static uint8_t ucHeap[ configTOTAL_HEAP_SIZE ];                   (2)
4 /* 如果这是第一次调用 malloc，那么需要将堆
5 初始化，以设置空闲块列表 */
```

```
 6 if ( pxEnd == NULL )
 7 {
 8     prvHeapInit();                                                      (3)
 9 } else
10 {
11     mtCOVERAGE_TEST_MARKER();
12 }
```

代码清单 12-11（1）：堆内存的大小为 configTOTAL_HEAP_SIZE，在 FreeRTOSConfig.h 中由我们自己定义。configSUPPORT_DYNAMIC_ALLOCATION 宏定义在使用 FreeRTOS 操作系统时必须开启。

代码清单 12-11（2）：从内部 SRAM 中定义一个静态数组 ucHeap，大小由 configTOTAL_HEAP_SIZE 宏决定，目前定义为 36KB。定义的堆大小不能超过内部 SRAM 的总大小。

代码清单 12-11（3）：如果这是第一次调用 malloc，那么需要将堆初始化，以设置空闲块列表，方便以后分配内存。初始化完成之后会取得堆的结束地址，在 MemMang 中的 5 个内存分配文件（heap_x.c）中实现。

12.4.2　定义任务函数

使用动态内存时，任务的主体函数与使用静态内存时是一样的，具体参见代码清单 12-12。

代码清单 12-12　定义任务函数

```
 1 static void LED_Task (void* parameter)
 2 {
 3     while (1)                                                           (1)
 4     {
 5         LED1_ON;
 6     vTaskDelay(500);     /* 延时 500 个 tick */                         (2)
 7
 8         LED1_OFF;
 9     vTaskDelay(500);     /* 延时 500 个 tick */
10
11     }
12 }
```

代码清单 12-12（1）：任务必须是一个死循环，否则任务将通过 LR 返回。如果 LR 指向了非法的内存，就会产生 HardFault_Handler，而 FreeRTOS 指向一个任务退出函数 prvTask-ExitError()，里面是一个死循环，那么任务返回之后就在死循环中执行，这样的任务是不安全的，所以要避免这种情况。任务一般都是死循环并且无返回值。我们的 AppTaskCreate 任务，执行一次之后就删除，则不影响系统运行，所以，对于只执行一次的任务，在其执行完毕后一定要及时删除。

代码清单 12-12（2）：任务中的延时函数必须使用 FreeRTOS 提供的延时函数，不能使用裸机编程中的延时。这两种延时的区别是：FreeRTOS 中的延时是阻塞延时，即调用 vTaskDelay() 函数时，当前任务会被挂起，调度器会切换到其他就绪的任务，从而实现多任务。如果还是使用裸机编程中的那种延时，那么整个任务就成了一个死循环，如果恰好该任务的优先级是最高的，那么系统永远都是在这个任务中运行，比它优先级更低的任务无法运行，根本无法实现多任务。

12.4.3 定义任务栈

使用动态内存时，任务栈在任务创建时创建，无须像使用静态内存那样预先定义好一个全局的静态栈空间。动态内存就是按需分配内存，随用随取。

12.4.4 定义任务控制块指针

使用动态内存时，同样不用像使用静态内存那样预先定义好一个全局的静态任务控制块空间。任务控制块是在任务创建时分配内存空间时创建的，任务创建函数会返回一个指针，用于指向任务控制块，所以要预先为任务栈定义一个任务控制块指针，也就是我们常说的任务句柄，具体定义参见代码清单 12-13。

代码清单 12-13　定义任务句柄

```
1  /****************************** 任务句柄 ********************************/
2  /*
3   * 任务句柄是一个指针，用于指向一个任务，当任务创建好之后，它就具有一个任务句柄，
4   * 以后我们想操作这个任务都需要用到这个任务句柄，如果是任务操作自身，那么
5   * 这个句柄可以为 NULL
6   */
7  /* 创建任务句柄 */
8  static TaskHandle_t AppTaskCreate_Handle = NULL;
9  /* LED 任务句柄 */
10 static TaskHandle_t LED_Task_Handle = NULL;
```

12.4.5 动态创建任务

使用静态内存时，用 xTaskCreateStatic() 创建任务，而使用动态内存时，则用 xTaskCreate() 函数创建任务，两者的函数名不一样，具体的形参也有区别，参见代码清单 12-14。

代码清单 12-14　动态创建任务

```
1  /* 创建 AppTaskCreate 任务 */
2  xReturn = xTaskCreate((TaskFunction_t )AppTaskCreate,    /* 任务入口函数 */   (1)
3                        (const char*    )"AppTaskCreate",/* 任务名称 */       (2)
4                        (uint16_t       )512,              /* 任务栈大小 */     (3)
5                        (void*          )NULL,             /* 任务入口函数参数 */ (4)
6                        (UBaseType_t    )1,                /* 任务的优先级 */    (5)
7                        (TaskHandle_t*  )&AppTaskCreate_Handle);
                                                            /* 任务控制块指针 */  (6)
8  /* 启动任务调度 */
9  if (pdPASS == xReturn)
10     vTaskStartScheduler();                              /* 启动任务，开启调度 */
```

代码清单 12-14（1）：任务入口函数，即任务函数的名称，需要我们自己定义并且实现。

代码清单 12-14（2）：任务名称，为字符串形式，最大长度由 FreeRTOSConfig.h 中定义的 configMAX_TASK_NAME_LEN 宏指定，多余部分会被自动截掉。任务名称最好与任务函数入口名称一致，以便进行调试。

代码清单 12-14（3）：任务栈大小，单位为字，在 32 位处理器下（STM32），一个字等于 4 字节，那么任务大小就为 128×4 字节。

代码清单 12-14（4）：任务入口函数形参，不用时配置为 0 或者 NULL 即可。

代码清单 12-14（5）：任务的优先级。优先级范围由 FreeRTOSConfig.h 中的宏 configMAX_PRIORITIES 决定。如果启用 configUSE_PORT_OPTIMISED_TASK_SELECTION 宏定义，则最多支持 32 个优先级；如果不用特殊方法查找下一个运行的任务，则不强制要求限制最大可用优先级数目。在 FreeRTOS 中，数值越大优先级越高，0 代表最低优先级。

代码清单 12-14（6）：任务控制块指针，在使用内存时，需要向任务初始化函数 xTaskCreate-Static() 传递预先定义好的任务控制块的指针。在使用动态内存时，任务创建函数 xTaskCreate() 会返回一个指针指向任务控制块，该任务控制块是 xTaskCreate() 函数中动态分配的一块内存。

12.4.6　启动任务

当任务创建好后，即处于任务就绪态。就绪态的任务可以参与操作系统的调度。但是此时仅仅是创建了任务，还未开启任务调度器，也没创建空闲任务与定时器任务（如果启用了 configUSE_TIMERS 宏定义），那么这两个任务就在启动任务调度器中实现。每个操作系统中，任务调度器只启动一次，之后不会再次执行。FreeRTOS 中启动任务调度器的函数是 vTaskStartScheduler()，并且启动任务调度器时不会返回，从此任务管理都由 FreeRTOS 管理，此时才是真正进入实时操作系统的第一步，具体实现参见代码清单 12-15。

代码清单 12-15　启动任务

```
1 /* 启动任务调度 */
2 if (pdPASS == xReturn)
3     vTaskStartScheduler();   /* 启动任务，开启调度 */
4 else
5 return -1;
```

12.4.7　main.c 文件

12.2.6 节与代码清单 12-10 中创建单任务的思路一致，我们统一在 AppTaskCreate 中创建其他任务，并把任务主体、任务栈、任务控制块这 3 部分代码统一放到 main.c 文件中，参见代码清单 12-16。

代码清单 12-16　main.c 文件内容

```
1 /**
2   ************************************************************
3   * @file    main.c
4   * @author  fire
5   * @version V1.0
6   * @date    2018-xx-xx
```

```
 7    * @brief    FreeRTOS v9.0.0 + STM32 工程模板
 8    **************************************************************************
 9    * @attention
10    *
11    * 实验平台：野火 STM32 全系列开发板
12    * 论坛: http://www.firebbs.cn
13    * 淘宝: https://fire-stm32.taobao.com
14    *
15    **************************************************************************
16    */
17
18 /*
19 **************************************************************************
20 *                         包含的头文件
21 **************************************************************************
22 */
23 /* FreeRTOS 头文件 */
24 #include "FreeRTOS.h"
25 #include "task.h"
26 /* 开发板硬件 bsp 头文件 */
27 #include "bsp_led.h"
28 #include "bsp_usart.h"
29
30 /********************** 任务句柄 *****************************/
31 /*
32  * 任务句柄是一个指针,用于指向一个任务,当任务创建好之后,它就具有一个任务句柄,
33  * 以后我们想操作这个任务都需要用到这个任务句柄,如果是任务操作自身,那么
34  * 这个句柄可以为 NULL
35  */
36 /* 创建任务句柄 */
37 static TaskHandle_t AppTaskCreate_Handle = NULL;
38 /* LED 任务句柄 */
39 static TaskHandle_t LED_Task_Handle = NULL;
40
41 /********************** 内核对象句柄 *****************************/
42 /*
43  * 信号量、消息队列、事件标志组、软件定时器都属于内核的对象,要想使用这些内核
44  * 对象,必须先创建,创建成功之后会返回相应的句柄。这实际上就是一个指针,后续我
45  * 们就可以通过句柄操作这些内核对象
46  *
47  *
48  * 内核对象可以理解为一种全局的数据结构,通过这些数据结构可以实现任务间的通信、
49  * 任务间的事件同步等功能。这些功能的实现是通过调用这些内核对象的函数来完成的
50  *
51  *
52  */
53
54
55 /********************** 全局变量声明 *****************************/
56 /*
57  * 在写应用程序时,可能需要用到一些全局变量
58  */
59
```

```
60
61  /*
62  ********************************************************************
63  *                              函数声明
64  ********************************************************************
65  */
66  static void AppTaskCreate(void);                    /* 用于创建任务 */
67
68  static void LED_Task(void* pvParameters);           /*LED_Task 任务实现 */
69
70  static void BSP_Init(void);                         /* 用于初始化板载相关资源 */
71
72  /*******************************************************************
73   * @brief   主函数
74   * @param   无
75   * @retval  无
76   * @note    第 1 步: 开发板硬件初始化
77             第 2 步: 创建 APP 应用任务
78             第 3 步: 启动 FreeRTOS, 开始多任务调度
79   *******************************************************************/
80  int main(void)
81  {
82      BaseType_t xReturn = pdPASS;     /* 定义一个创建信息返回值, 默认为 pdPASS */
83
84      /* 开发板硬件初始化 */
85      BSP_Init();
86      printf(" 这是一个 [ 野火 ]-STM32 全系列开发板 -FreeRTOS- 工程模板 !\r\n");
87      /* 创建 AppTaskCreate 任务 */
88      xReturn = xTaskCreate((TaskFunction_t )AppTaskCreate,  /* 任务入口函数 */
89                            (const char*     )"AppTaskCreate",/* 任务名称 */
90                            (uint16_t        )512,           /* 任务栈大小 */
91                            (void*           )NULL,          /* 任务入口函数参数 */
92                            (UBaseType_t     )1,             /* 任务的优先级 */
93                            (TaskHandle_t*   )&AppTaskCreate_Handle);
94                                                             /* 任务控制块指针 */
94      /* 启动任务调度 */
95      if (pdPASS == xReturn)
96          vTaskStartScheduler();                       /* 启动任务, 开启调度 */
97      else
98      return -1;
99
100     while (1);                              /* 正常情况下不会执行到这里 */
101  }
102
103
104  /*******************************************************************
105   * @ 函数名: AppTaskCreate
106   * @ 功能说明: 为了方便管理, 所有的任务创建函数都放在这个函数中
107   * @ 参数: 无
108   * @ 返回值: 无
109   *******************************************************************/
110  static void AppTaskCreate(void)
111  {
```

```
112        BaseType_t xReturn = pdPASS;       /* 定义一个创建信息返回值, 默认为 pdPASS */
113
114        taskENTER_CRITICAL();      //进入临界区
115
116        /* 创建 LED_Task 任务 */
117        xReturn = xTaskCreate((TaskFunction_t )LED_Task,            /* 任务入口函数 */
118                              (const char*     )"LED_Task",         /* 任务名称 */
119                              (uint16_t        )512,                /* 任务栈大小 */
120                              (void*           )NULL,               /* 任务入口函数参数 */
121                              (UBaseType_t     )2,                  /* 任务的优先级 */
122                              (TaskHandle_t*   )&LED_Task_Handle);
                                                                     /* 任务控制块指针 */
123        if (pdPASS == xReturn)
124            printf(" 创建 LED_Task 任务成功!\r\n");
125
126        vTaskDelete(AppTaskCreate_Handle);           //删除 AppTaskCreate 任务
127
128        taskEXIT_CRITICAL();                         //退出临界区
129 }
130
131
132
133 /***********************************************************************
134  * @ 函数名: LED_Task
135  * @ 功能说明: LED_Task 任务主体
136  * @ 参数: 无
137  * @ 返回值: 无
138  ***********************************************************************/
139 static void LED_Task(void* parameter)
140 {
141    while (1) {
142        LED1_ON;
143        vTaskDelay(500);                                        /* 延时 500 个 tick */
144        printf("led1_task running,LED1_ON\r\n");
145
146        LED1_OFF;
147        vTaskDelay(500);        /* 延时 500 个 tick */
148        printf("led1_task running,LED1_OFF\r\n");
149    }
150 }
151
152 /***********************************************************************
153  * @ 函数名: BSP_Init
154  * @ 功能说明: 板级外设初始化, 所有板子上的初始化均可放在这个函数中
155  * @ 参数: 无
156  * @ 返回值: 无
157  ***********************************************************************/
158 static void BSP_Init(void)
159 {
160    /*
161     * STM32 中断优先级分组为 4, 即 4 位都用来表示抢占优先级, 范围为 0 ~ 15
162     * 优先级只需要分组一次即可, 以后如果有其他的任务需要用到中断,
163     * 都统一用这个优先级分组, 千万不要再分组
```

```
164        */
165      NVIC_PriorityGroupConfig( NVIC_PriorityGroup_4 );
166
167      /* LED 初始化 */
168      LED_GPIO_Config();
169
170      /* 串口初始化        */
171      USART_Config();
172
173  }
174
175  /***********************END OF FILE***************************/
176
```

其实动态创建与静态创建的差别很小，后文中若没有特别说明，均使用动态创建任务。

12.5　下载验证 SRAM 动态内存单任务

将程序编译好，用 DAP 仿真器把程序下载到野火 STM32 开发板（具体型号根据购买的板子而定，每个型号的板子都有对应的程序），可以看到板子上的 LED 灯已经在闪烁，说明我们创建的单任务（使用动态内存）已经运行起来了。此后的实验中，我们创建内核对象均采用动态内存分配方案。

12.6　创建多任务——SRAM 动态内存

创建多任务只需要按照创建单任务的方法操作即可。接下来我们创建两个任务，任务 1 让一个 LED 灯闪烁，任务 2 让另外一个 LED 灯闪烁，两个 LED 灯闪烁的频率不一样，具体实现参见代码清单 12-17 中的加粗部分，两个任务的优先级不一样。

代码清单 12-17　创建多任务——SRAM 动态内存

```
1  /**
2   ***************************************************************
3   * @file    main.c
4   * @author  fire
5   * @version V1.0
6   * @date    2018-xx-xx
7   * @brief   FreeRTOS v9.0.0 + STM32 多任务创建
8   ***************************************************************
9   * @attention
10  *
11  * 实验平台：野火 STM32 全系列开发板
12  * 论坛：http://www.firebbs.cn
13  * 淘宝：https://fire-stm32.taobao.com
14  *
15  ***************************************************************
16  */
```

```
17
18 /*
19 *************************************************************************
20 *                            包含的头文件
21 *************************************************************************
22 */
23 /* FreeRTOS 头文件 */
24 #include "FreeRTOS.h"
25 #include "task.h"
26 /* 开发板硬件 bsp 头文件 */
27 #include "bsp_led.h"
28 #include "bsp_usart.h"
29
30 /************************* 任务句柄 *************************/
31 /*
32  * 任务句柄是一个指针，用于指向一个任务，当任务创建好之后，它就具有一个任务句柄，
33  * 以后我们想操作这个任务都需要用到这个任务句柄，如果是任务操作自身，那么
34  * 这个句柄可以为 NULL
35  */
36 /* 创建任务句柄 */
37 static TaskHandle_t AppTaskCreate_Handle = NULL;
38 /* LED1 任务句柄 */
39 static TaskHandle_t LED1_Task_Handle = NULL;
40 /* LED2 任务句柄 */
41 static TaskHandle_t LED2_Task_Handle = NULL;
42 /************************* 内核对象句柄 *************************/
43 /*
44  * 信号量、消息队列、事件标志组、软件定时器都属于内核的对象，要想使用这些内核
45  * 对象，必须先创建，创建成功之后会返回相应的句柄。这实际上就是一个指针，后续我
46  * 们就可以通过句柄操作这些内核对象
47  *
48  *
49  * 内核对象可以理解为一种全局的数据结构，通过这些数据结构可以实现任务间的通信、
50  * 任务间的事件同步等功能。这些功能的实现是通过调用内核对象的函数来完成的
51  *
52  *
53  */
54
55
56 /************************* 全局变量声明 *************************/
57 /*
58  * 在写应用程序时，可能需要用到一些全局变量
59  */
60
61
62 /*
63 *************************************************************************
64 *                            函数声明
65 *************************************************************************
66 */
67 static void AppTaskCreate(void);                          /* 用于创建任务 */
68
69 static void LED1_Task(void* pvParameters);       /*LED1_Task 任务实现 */
```

```
70  static void LED2_Task(void* pvParameters);          /*LED2_Task 任务实现 */
71
72  static void BSP_Init(void);          /*  用于初始化板载相关资源  */
73
74  /*********************************************************************
75   *  @brief   主函数
76   *  @param   无
77   *  @retval  无
78   *  @note    第 1 步：开发板硬件初始化
79                第 2 步：创建 APP 应用任务
80                第 3 步：启动 FreeRTOS，开始多任务调度
81   *********************************************************************/
82  int main(void)
83  {
84      BaseType_t xReturn = pdPASS;/* 定义一个创建信息返回值，默认为 pdPASS */
85
86      /* 开发板硬件初始化 */
87      BSP_Init();
88      printf(" 这是一个 [ 野火 ]-STM32 全系列开发板 -FreeRTOS- 多任务创建实验 !\r\n");
89      /* 创建 AppTaskCreate 任务 */
90      xReturn = xTaskCreate((TaskFunction_t )AppTaskCreate,/* 任务入口函数  */
91                            (const char*   )"AppTaskCreate", /* 任务名称 */
92                            (uint16_t      )512,            /* 任务栈大小 */
93                            (void*         )NULL,           /* 任务入口函数参数 */
94                            (UBaseType_t   )1,              /* 任务的优先级 */
95          (TaskHandle_t* )&AppTaskCreate_Handle);          /* 任务控制块指针 */
96      /* 启动任务调度 */
97      if (pdPASS == xReturn)
98          vTaskStartScheduler();                          /* 启动任务, 开启调度 */
99      else
100         return -1;
101
102     while (1);                          /* 正常情况下不会执行到这里 */
103 }
104
105
106 /*********************************************************************
107  * @ 函数名: AppTaskCreate
108  * @ 功能说明: 为了方便管理, 所有的任务创建函数都放在这个函数中
109  * @ 参数: 无
110  * @ 返回值: 无
111  *********************************************************************/
112 static void AppTaskCreate(void)
113 {
114     BaseType_t xReturn = pdPASS;       /* 定义一个创建信息返回值, 默认为 pdPASS */
115
116     taskENTER_CRITICAL();              //进入临界区
117
118     /* 创建 LED_Task 任务 */
119     xReturn = xTaskCreate((TaskFunction_t )LED1_Task,     /* 任务入口函数 */
120                           (const char*   )"LED1_Task", /* 任务名称 */
121                           (uint16_t      )512,          /* 任务栈大小 */
122                           (void*         )NULL,         /* 任务入口函数参数 */
```

```
123                               (UBaseType_t    )2,                /* 任务的优先级 */
124                               (TaskHandle_t*  )&LED1_Task_Handle);
                                                                     /* 任务控制块指针 */
125      if (pdPASS == xReturn)
126          printf(" 创建 LED1_Task 任务成功 !\r\n");
127
128      /* 创建 LED_Task 任务 */
129      xReturn = xTaskCreate((TaskFunction_t )LED2_Task,     /* 任务入口函数 */
130                             (const char*    )"LED2_Task",  /* 任务名称 */
131                             (uint16_t       )512,          /* 任务栈大小 */
132                             (void*          )NULL,         /* 任务入口函数参数 */
133                             (UBaseType_t    )3,            /* 任务的优先级 */
134                             (TaskHandle_t*  )&LED2_Task_Handle);
                                                              /* 任务控制块指针 */
135      if (pdPASS == xReturn)
136          printf(" 创建 LED2_Task 任务成功 !\r\n");
137
138      vTaskDelete(AppTaskCreate_Handle);   // 删除 AppTaskCreate 任务
139
140      taskEXIT_CRITICAL();                          // 退出临界区
141 }
142
143
144
145 /*******************************************************************
146  * @ 函数名: LED1_Task
147  * @ 功能说明: LED1_Task 任务主体
148  * @ 参数: 无
149  * @ 返回值: 无
150  *******************************************************************/
151 static void LED1_Task(void* parameter)
152 {
153      while (1) {
154          LED1_ON;
155          vTaskDelay(500);                              /* 延时 500 个 tick */
156          printf("led1_task running,LED1_ON\r\n");
157
158          LED1_OFF;
159          vTaskDelay(500);                              /* 延时 500 个 tick */
160          printf("led1_task running,LED1_OFF\r\n");
161      }
162 }
163
164 /*******************************************************************
165  * @ 函数名: LED2_Task
166  * @ 功能说明: LED2_Task 任务主体
167  * @ 参数: 无
168  * @ 返回值: 无
169  *******************************************************************/
170 static void LED2_Task(void* parameter)
171 {
172      while (1) {
173          LED2_ON;
```

```
174            vTaskDelay(1000);                              /* 延时 500 个 tick */
175            printf("led1_task running,LED2_ON\r\n");
176
177            LED2_OFF;
178            vTaskDelay(1000);                              /* 延时 500 个 tick */
179            printf("led1_task running,LED2_OFF\r\n");
180        }
181 }
182 /*******************************************************************
183   * @ 函数名：BSP_Init
184   * @ 功能说明：板级外设初始化，所有板子上的初始化均可放在这个函数中
185   * @ 参数：无
186   * @ 返回值：无
187   *******************************************************************/
188 static void BSP_Init(void)
189 {
190 /*
191     * STM32 中断优先级分组为 4，即 4 位都用来表示抢占优先级，范围为 0 ~ 15
192     * 优先级只需要分组一次即可，以后如果有其他的任务需要用到中断，
193     * 都统一用这个优先级分组，千万不要再分组
194     */
195    NVIC_PriorityGroupConfig( NVIC_PriorityGroup_4 );
196
197    /* LED 初始化 */
198    LED_GPIO_Config();
199
200    /* 串口初始化 */
201    USART_Config();
202
203 }
204
205 /************************END OF FILE************************/
206
```

目前多任务我们只创建了 2 个，如果要创建 3 个、4 个甚至更多个，方法是相同的，容易忽略的地方是任务栈的大小以及每个任务优先级的设置。大的任务，栈空间要设置得大一些，重要的任务优先级则要设置得高一点。

12.7　下载验证 SRAM 动态内存多任务

将程序编译好，用 DAP 仿真器把程序下载到野火 STM32 开发板（具体型号根据购买的板子而定，每个型号的板子都有对应的程序），可以看到板子上的 2 个 LED 灯以不同的频率在闪烁，说明我们创建的多任务（使用动态内存）已经运行起来了。

第 13 章
FreeRTOS 的启动流程

在目前的 RTOS 中，主要有两种比较流行的启动方式，接下来将通过伪代码的方式来讲解这两种启动方式的区别，然后具体分析 FreeRTOS 的启动流程。

13.1 "万事俱备，只欠东风"法

第一种方法，我们称之为"万事俱备，只欠东风"法。这种方法是在 main 函数中将硬件、RTOS 系统初始化，所有任务创建完毕，称之为"万事俱备"，最后只欠一道"东风"，即启动 RTOS 的调度器，开始多任务的调度，具体的伪代码实现参见代码清单 13-1。

代码清单 13-1　"万事俱备，只欠东风"法伪代码实现

```
1  int main (void)
2  {
3      /* 硬件初始化 */
4      HardWare_Init();                                              (1)
5
6      /* RTOS 系统初始化 */
7      RTOS_Init();                                                  (2)
8
9      /* 创建任务 1，但任务 1 不会执行，因为调度器还没有开启 */        (3)
10     RTOS_TaskCreate(Task1);
11     /* 创建任务 2，但任务 2 不会执行，因为调度器还没有开启 */
12     RTOS_TaskCreate(Task2);
13
14     /* ……继续创建各种任务 */
15
16     /* 启动 RTOS，开始调度 */
17     RTOS_Start();                                                 (4)
18 }
19
20 void Task1( void *arg )                                           (5)
21 {
22     while (1)
23     {
24         /* 任务实体，必须有阻塞的情况出现 */
25     }
26 }
```

```
27
28 void Task2( void *arg )                                            (6)
29 {
30     while (1)
31     {
32             /* 任务实体, 必须有阻塞的情况出现 */
33     }
34 }
```

代码清单 13-1（1）：硬件初始化。硬件初始化这一步还属于裸机的范畴，我们可以把需要用到的硬件都初始化并测试好，确保无误。

代码清单 13-1（2）：RTOS 系统初始化。比如 RTOS 里面的全局变量的初始化、空闲任务的创建等。不同的 RTOS，它们的初始化有细微的差别。

代码清单 13-1（3）：创建各种任务。这里把所有要用到的任务都创建好，但还不会进入调度，因为这个时候 RTOS 的调度器还没有开启。

代码清单 13-1（4）：启动 RTOS 调度器，开始任务调度。这个时候调度器就从刚刚创建好的任务中选择一个优先级最高的任务开始运行。

代码清单 13-1（5）（6）：任务实体通常是一个不带返回值的无限循环的 C 函数，函数体必须有阻塞的情况出现，否则任务（如果优先权恰好是最高）会一直在 while 循环中执行，导致其他任务没有执行的机会。

13.2　"小心翼翼，十分谨慎"法

第二种方法，我们称之为"小心翼翼，十分谨慎"法。这种方法是在 main() 函数中将硬件和 RTOS 系统先初始化好，然后在创建一个启动任务后就启动调度器，在启动任务中创建各种应用任务，当所有任务都创建成功后，启动任务把自己删除，具体的伪代码实现参见代码清单 13-2。

代码清单 13-2　"小心翼翼，十分谨慎"法伪代码实现

```
1 int main (void)
2 {
3     /* 硬件初始化 */
4     HardWare_Init();                                               (1)
5
6     /* RTOS 系统初始化 */
7     RTOS_Init();                                                   (2)
8
9     /* 创建一个任务 */
10    RTOS_TaskCreate(AppTaskCreate);                                (3)
11
12    /* 启动 RTOS, 开始调度 */
13    RTOS_Start();                                                  (4)
14 }
15
16 /* 起始任务, 在里面创建任务 */
17 void AppTaskCreate( void *arg )                                   (5)
```

```
18 {
19      /* 创建任务 1，然后执行 */
20      RTOS_TaskCreate(Task1);                                    (6)
21
22      /* 当任务 1 阻塞时，继续创建任务 2，然后执行 */
23      RTOS_TaskCreate(Task2);
24
25      /* ……继续创建各种任务 */
26
27      /* 当任务创建完成，删除起始任务 */
28      RTOS_TaskDelete(AppTaskCreate);                            (7)
29 }
30
31 void Task1( void *arg )                                        (8)
32 {
33      while (1)
34      {
35              /* 任务实体，必须有阻塞的情况出现 */
36      }
37 }
38
39 void Task2( void *arg )                                        (9)
40 {
41      while (1)
42      {
43              /* 任务实体，必须有阻塞的情况出现 */
44      }
45 }
```

代码清单 13-2（1）：硬件初始化。来到硬件初始化这一步还属于裸机的范畴，我们可以把需要用到的硬件都初始化并测试好，确保无误。

代码清单 13-2（2）：RTOS 系统初始化。比如 RTOS 中的全局变量的初始化，空闲任务的创建等。不同的 RTOS，它们的初始化有细微的差别。

代码清单 13-2（3）：创建一个初始任务，然后在这个初始任务中创建各种应用任务。

代码清单 13-2（4）：启动 RTOS 调度器，开始任务调度。这时调度器就去执行刚刚创建好的初始任务。

代码清单 13-2（5）：我们通常说任务是一个不带返回值的无限循环的 C 函数，但是因为初始任务的特殊性，它不能是无限循环的，只执行一次就应关闭。在初始任务中我们创建我们需要的各种任务。

代码清单 13-2（6）：创建任务。每创建一个任务后它都将进入就绪态，系统会进行一次调度，如果新创建的任务的优先级比初始任务的优先级高，那么将执行新创建的任务，当新的任务阻塞时再回到初始任务被打断的地方继续执行。反之，则继续往下创建新的任务，直到所有任务创建完成。

代码清单 13-2（7）：各种应用任务创建完成后，初始任务自己关闭自己，使命完成。

代码清单 13-2（8）（9）：任务实体通常是一个不带返回值的无限循环的 C 函数，函数体必须有阻塞的情况出现，否则任务（如果优先权恰好是最高的）会一直在 while 循环中执行，其他任务没有执行的机会。

13.3　两种方法的适用情况

上述两种方法孰优孰劣？笔者比较喜欢使用第一种。对于 LiteOS 和 μc/OS，两种方法都可以使用，由用户选择，RT-Thread 和 FreeRTOS 中则默认使用第二种。接下来我们详细讲解 FreeRTOS 的启动流程。

13.4　FreeRTOS 的启动流程

我们知道，在系统上电时第一个执行的是启动文件中由汇编语言编写的复位函数 Reset_ Handler，具体实现参见代码清单 13-3。复位函数的最后会调用 C 库函数 __main，具体参见代码清单 13-3 中的加粗部分。__main 函数的主要作用是初始化系统的堆和栈，最后调用 C 中的 main() 函数，从而进入 C 的世界。

代码清单 13-3　Reset_Handler 函数

```
1 Reset_Handler    PROC
2                  EXPORT   Reset_Handler             [WEAK]
3                  IMPORT   __main
4                  IMPORT   SystemInit
5                  LDR      R0, =SystemInit
6                  BLX      R0
7                  LDR      R0, =__main
8                  BX       R0
9                  ENDP
```

13.4.1　创建任务函数 xTaskCreate()

在 main() 函数中，我们直接可以对 FreeRTOS 进行创建任务操作，因为 FreeRTOS 会自动进行初始化，比如初始化堆内存。FreeRTOS 的简单方便是别的实时操作系统所没有的，例如，RT-Tharead 中用户需要做很多事情，具体可以参考本书的姊妹篇——《RT-Thread 内核实现与应用开发实战：基于 STM32》；再例如，华为 LiteOS 也需要用户初始化内核，具体可以参考《华为 LiteOS 内核实现与应用开发实战：基于 STM32》。

自动初始化的特点使得初学 FreeRTOS 变得很简单，可以在 main() 函数中直接初始化板级外设 BSP_Init()，然后进行任务的创建——xTaskCreate()。在任务创建中，FreeRTOS 会进行一系列系统初始化，在创建任务时，会初始化堆内存，具体参见代码清单 13-4。

代码清单 13-4　xTaskCreate() 函数内部进行堆内存初始化

```
1 BaseType_t xTaskCreate(TaskFunction_t pxTaskCode,
2                        const char * const pcName,
3                        const uint16_t usStackDepth,
4                        void * const pvParameters,
```

```
 5                              UBaseType_t uxPriority,
 6                              TaskHandle_t * const pxCreatedTask )
 7 {
 8     if ( pxStack != NULL ) {
 9         /* 分配任务控制块内存 */
10         pxNewTCB = ( TCB_t * ) pvPortMalloc( sizeof( TCB_t ) );          (1)
11
12
13         if ( pxNewTCB != NULL ) {
14             /* 将栈位置存储在 TCB 中 */
15             pxNewTCB->pxStack = pxStack;
16         }
17     }
18     /*
19     省略代码
20     ......
21     */
22 }
23
24 /* 分配内存函数 */
25 void *pvPortMalloc( size_t xWantedSize )
26 {
27     BlockLink_t *pxBlock, *pxPreviousBlock, *pxNewBlockLink;
28     void *pvReturn = NULL;
29
30     vTaskSuspendAll();
31     {
32
33         /* 如果这是对 malloc 的第一次调用，那么需要将堆初始化来设置空闲块列表 */
34         if ( pxEnd == NULL ) {
35             prvHeapInit();                                               (2)
36         } else {
37             mtCOVERAGE_TEST_MARKER();
38         }
39         /*
40         省略代码
41         ......
42         */
43
44     }
45 }
```

从代码清单 13-4 的（1）和（2）中，我们知道：在未初始化内存时，一旦调用了 xTask-Create() 函数，FreeRTOS 就会自动进行内存的初始化，具体参见代码清单 13-5。注意，此函数是 FreeRTOS 内部调用的，目前我们暂时不用考虑这个函数的实现，在后文中会仔细讲解 FreeRTOS 的内存管理相关知识，现在只要知道 FreeRTOS 会帮初始化系统需要的内容即可。

代码清单 13-5　prvHeapInit() 函数定义

```
1 static void prvHeapInit( void )
2 {
3     BlockLink_t *pxFirstFreeBlock;
```

```
4      uint8_t *pucAlignedHeap;
5      size_t uxAddress;
6      size_t xTotalHeapSize = configTOTAL_HEAP_SIZE;
7
8
9      uxAddress = ( size_t ) ucHeap;
10     /* 确保堆在正确对齐的边界上启动 */
11     if ( ( uxAddress & portBYTE_ALIGNMENT_MASK ) != 0 ) {
12         uxAddress += ( portBYTE_ALIGNMENT - 1 );
13         uxAddress &= ~( ( size_t ) portBYTE_ALIGNMENT_MASK );
14         xTotalHeapSize -= uxAddress - ( size_t ) ucHeap;
15     }
16
17     pucAlignedHeap = ( uint8_t * ) uxAddress;
18
19     /* xStart 用于保存指向空闲块列表中第一个项目的指针,
20     void 用于防止编译器警告 */
21     xStart.pxNextFreeBlock = ( void * ) pucAlignedHeap;
22     xStart.xBlockSize = ( size_t ) 0;
23
24
25     /* pxEnd 用于标记空闲块列表的末尾,并插入堆空间的末尾 */
26     uxAddress = ( ( size_t ) pucAlignedHeap ) + xTotalHeapSize;
27     uxAddress -= xHeapStructSize;
28     uxAddress &= ~( ( size_t ) portBYTE_ALIGNMENT_MASK );
29     pxEnd = ( void * ) uxAddress;
30     pxEnd->xBlockSize = 0;
31     pxEnd->pxNextFreeBlock = NULL;
32
33
34     /* 首先,有一个空闲块,其大小为用整个堆空间减去 pxEnd 占用的空间 */
35     pxFirstFreeBlock = ( void * ) pucAlignedHeap;
36     pxFirstFreeBlock->xBlockSize = uxAddress - ( size_t ) pxFirstFreeBlock;
37     pxFirstFreeBlock->pxNextFreeBlock = pxEnd;
38
39     /* 只存在一个块,它覆盖整个可用堆空间,因为是刚初始化的堆内存 */
40     xMinimumEverFreeBytesRemaining = pxFirstFreeBlock->xBlockSize;
41     xFreeBytesRemaining = pxFirstFreeBlock->xBlockSize;
42
43
44     xBlockAllocatedBit = ( ( size_t ) 1 ) << ( ( sizeof( size_t ) *
45             heapBITS_PER_BYTE ) - 1 );
46}
47/*-----------------------------------------------------------*/
```

13.4.2　开启调度器函数 vTaskStartScheduler()

在创建完任务时,需要开启调度器,因为创建仅仅是把任务添加到系统中,还没真正调度,并且空闲任务和定时器任务也没有实现,这些都是在开启调度器函数 vTaskStartScheduler() 中实现的。为什么要有空闲任务?因为 FreeRTOS 一旦启动,就必须保证系统中每时每刻都有一个任务处于运行态(Running),并且空闲任务不可以被挂起或删除,空闲任务的优先级是最低的，以便系统中其他任务能随时抢占空闲任务的 CPU 使用权。这些都是系统中必需的，也无须用户自己实现。处理完这些之后，系统才真正开始启动，具体参见代码清单 13-6中加粗部分。

代码清单 13-6　vTaskStartScheduler() 函数

```
1  /*-----------------------------------------------------------*/
2
3  void vTaskStartScheduler( void )
4  {
5      BaseType_t xReturn;
6
7      /* 添加空闲任务 */
8  #if( configSUPPORT_STATIC_ALLOCATION == 1 )
9      {
10         StaticTask_t *pxIdleTaskTCBBuffer = NULL;
11         StackType_t *pxIdleTaskStackBuffer = NULL;
12         uint32_t ulIdleTaskStackSize;
13
14         /* 空闲任务是使用用户提供的 RAM 创建的,
15         然后 RAM 的地址创建空闲任务。这是静态创建任务，我们不用考虑 */
16         vApplicationGetIdleTaskMemory( &pxIdleTaskTCBBuffer,
17                                        &pxIdleTaskStackBuffer,
18                                        &ulIdleTaskStackSize );
19         xIdleTaskHandle = xTaskCreateStatic(prvIdleTask,
20                                             "IDLE",
21         ulIdleTaskStackSize,
22                                             ( void * ) NULL,
23                                             (tskIDLE_PRIORITY | portPRIVILEGE_BIT ),
24                                             pxIdleTaskStackBuffer,
25                                             pxIdleTaskTCBBuffer );
26
27         if ( xIdleTaskHandle != NULL ) {
28             xReturn = pdPASS;
29         } else {
30             xReturn = pdFAIL;
31         }
32     }
33 #else   /* 这里才是动态创建 idle 任务 */
34     {
35         /* 使用动态分配的 RAM 创建空闲任务 */
36         xReturn = xTaskCreate(prvIdleTask,                             (1)
37                               "IDLE", configMINIMAL_STACK_SIZE,
38                               ( void * ) NULL,
39                               ( tskIDLE_PRIORITY | portPRIVILEGE_BIT ),
40                               &xIdleTaskHandle );
41     }
42 #endif
43
44 #if ( configUSE_TIMERS == 1 )
45     {
46         /* 如果启用了 configUSE_TIMERS 宏定义
```

```
47                 表明使用定时器，需要创建定时器任务 */
48             if ( xReturn == pdPASS ) {
49             xReturn = xTimerCreateTimerTask();                              (2)
50         } else {
51             mtCOVERAGE_TEST_MARKER();
52         }
53     }
54 #endif/* configUSE_TIMERS */
55
56     if ( xReturn == pdPASS ) {
57             /* 此处关闭中断，以确保不会发生中断
58                 在调用 xPortStartScheduler ( ) 之前或调用期间。栈的
59                 创建任务中包含打开中断的状态，
60                 因此，当执行第一个任务时，中断将自动重新启用，
61                 开始运行 */
62         portDISABLE_INTERRUPTS();
63
64 #if ( configUSE_NEWLIB_REENTRANT == 1 )
65         {
66             /* 不需要考虑，这个宏定义未启用 */
67             _impure_ptr = &( pxCurrentTCB->xNewLib_reent );
68         }
69 #endif/* configUSE_NEWLIB_REENTRANT */
70
71         xNextTaskUnblockTime = portMAX_DELAY;
72         xSchedulerRunning = pdTRUE;                                          (3)
73         xTickCount = ( TickType_t ) 0U;
74
75         /* 如果定义了 configGENERATE_RUN_TIME_STATS，则以下内容
76             必须定义宏以配置用于生成的定时器 / 计数器，
77             运行时定数器时基。目前没启用该宏定义 */
78         portCONFIGURE_TIMER_FOR_RUN_TIME_STATS();
79
80         /* 调用 xPortStartScheduler 函数配置相关硬件
81             如滴答定时器、FPU、pendsv 等               */
82         if ( xPortStartScheduler() != pdFALSE ) {                           (4)
83             /* 如果 xPortStartScheduler() 函数启动成功，则不会运行到这里 */
84         } else {
85             /* 不会运行到这里，除非调用 xTaskEndScheduler() 函数 */
86         }
87     } else {
88         /* 只有在内核无法启动时才会运行至此行，
89             因为没有足够的堆内存来创建空闲任务或定时器任务。
90             此处使用了断言，会输出错误信息，方便错误定位 */
91         configASSERT( xReturn != errCOULD_NOT_ALLOCATE_REQUIRED_MEMORY );
92     }
93
94     /* 如果 INCLUDE_xTaskGetIdleTaskHandle 设置为 0，则防止编译器警告，
95         这意味着在其他地方均不使用 xIdleTaskHandle()。暂时不用考虑 */
96     ( void ) xIdleTaskHandle;
97 }
98 /*-------------------------------------------------------------*/
```

代码清单 13-6（1）：动态创建空闲任务（IDLE），因为现在我们不使用静态内存创建，configSUPPORT_STATIC_ALLOCATION 宏定义为 0，只能动态创建空闲任务，并且空闲任务的优先级与栈大小都在 FreeRTOSConfig.h 中由用户定义，空闲任务的任务句柄存放在静态变量 xIdleTaskHandle 中，用户可以调用 API 函数 xTaskGetIdleTaskHandle() 获得空闲任务句柄。

代码清单 13-6（2）：如果在 FreeRTOSConfig.h 中启用了 configUSE_TIMERS 宏定义，那么需要创建一个定时器任务，这个定时器任务也是调用 xTaskCreate() 函数完成创建，过程十分简单。这也是系统的初始化内容 FreeRTOS 用户提供了很多便利。为 xTimerCreateTimerTask() 函数具体参见代码清单 13-7 中的加粗部分。

代码清单 13-7　xTimerCreateTimerTask() 源码

```
1  BaseType_t xTimerCreateTimerTask( void )
2  {
3      BaseType_t xReturn = pdFAIL;
4
5      /* 检查使用了哪些活动定时器的列表，以及
6      用于与定时器服务通信的队列，已经
7      初始化。*/
8      prvCheckForValidListAndQueue();
9
10     if ( xTimerQueue != NULL ) {
11 #if( configSUPPORT_STATIC_ALLOCATION == 1 )
12         {
13              /* 这是静态创建的，无须过多考虑 */
14             StaticTask_t *pxTimerTaskTCBBuffer = NULL;
15             StackType_t *pxTimerTaskStackBuffer = NULL;
16             uint32_t ulTimerTaskStackSize;
17
18             vApplicationGetTimerTaskMemory(&pxTimerTaskTCBBuffer,
19                 &pxTimerTaskStackBuffer,
20                 &ulTimerTaskStackSize );
21             xTimerTaskHandle = xTaskCreateStatic(prvTimerTask,
22                 "Tmr Svc",
23                 ulTimerTaskStackSize,
24                 NULL,
25              ( ( UBaseType_t ) configTIMER_TASK_PRIORITY ) |
26                 portPRIVILEGE_BIT,
27                 pxTimerTaskStackBuffer,
28                 pxTimerTaskTCBBuffer );
29
30              if ( xTimerTaskHandle != NULL )
31              {
32                  xReturn = pdPASS;
33              }
34         }
35 #else
36             {/* 这是才是动态创建定时器任务 */
37             xReturn = xTaskCreate(prvTimerTask,
38             "Tmr Svc",
39             configTIMER_TASK_STACK_DEPTH,
```

```
40                NULL,
41                ( ( UBaseType_t ) configTIMER_TASK_PRIORITY ) |
42                portPRIVILEGE_BIT,
43                &xTimerTaskHandle );
44        }
45 #endif/* configSUPPORT_STATIC_ALLOCATION */
46    } else {
47        mtCOVERAGE_TEST_MARKER();
48    }
49
50    configASSERT( xReturn );
51    return xReturn;
52 }
```

代码清单 13-6（3）：xSchedulerRunning 等于 pdTRUE，表示调度器开始运行了，而 xTick-Count 需要初始化为 0，这个 xTickCount 变量用于记录系统的时间，在节拍定时器（SysTick）中断服务函数中进行自加。

代码清单 13-6（4）：调用函数 xPortStartScheduler() 启动系统节拍定时器（一般都是使用 SysTick）并启动第一个任务。因为设置系统节拍定时器涉及硬件特性，因此函数 xPortStart-Scheduler() 由移植层提供（在 port.c 文件中实现）。硬件架构不同，该函数的代码也不同。在 ARM_CM3 中，使用 SysTick 作为系统节拍定时器。有兴趣的读者可以看一看 xPortStart-Scheduler() 的源码内容，下面简单介绍一下相关知识。

在 Cortex-M3 架构中，FreeRTOS 为了任务启动和任务切换使用了 3 个异常：SVC、PendSV 和 SysTick。

SVC（系统服务调用，简称系统调用）用于任务启动，有些操作系统不允许应用程序直接访问硬件，而是通过提供一些系统服务函数实现访问。用户程序使用 SVC 发出对系统服务函数的呼叫请求，以这种方法调用它们来间接访问硬件，它就会产生一个 SVC 异常。

PendSV（可挂起系统调用）用于完成任务切换，它是可以像普通中断一样被挂起的，其最大特性是如果当前有优先级比它高的中断在运行，PendSV 会延迟执行，直到高优先级中断执行完毕，这样产生的 PendSV 中断就不会打断其他中断的运行。

SysTick 用于产生系统节拍时钟，提供一个时间片，如果多个任务共享同一个优先级，则每次 SysTick 中断，下一个任务将获得一个时间片。

这里将 PendSV 和 SysTick 异常优先级设置为最低，这样任务切换不会打断某个中断服务程序，中断服务程序也不会被延迟，这样简化了设计，有利于系统稳定。有的读者可能会问，SysTick 的优先级配置为最低，如果出现延迟，系统时间会不会有偏差？答案是不会有偏差，因为 SysTick 只是当次响应中断被延迟了，而 SysTick 是硬件定时器，它一直在计时，这一次的溢出产生中断与下一次的溢出产生中断的时间间隔是一样的，至于系统是否响应或是延迟响应，与 SysTick 无关，它依旧在计时。

13.4.3　main() 函数

当我们拿到一个移植好的 FreeRTOS 例程时，正常情况下首先看到的应是 main() 函数，用于创建并启动一些任务和进行硬件初始化，具体参见代码清单 13-8。因为 FreeRTOS 已经完成了系统初始化工作，所以如果只是使用 FreeRTOS，那么无须关注 FreeRTOS API 函数中的实现过程，但建议先深入了解 FreeRTOS，然后再去使用，以免出现问题。

代码清单 13-8　main() 函数

```
1  /****************************************************************
2   * @brief   主函数
3   * @param   无
4   * @retval  无
5   * @note    第 1 步: 开发板硬件初始化
6             第 2 步: 创建 APP 应用任务
7             第 3 步: 启动 FreeRTOS, 开始多任务调度
8   ****************************************************************/
9  int main(void)
10 {
11     BaseType_t xReturn = pdPASS;/* 定义一个创建信息返回值, 默认为 pdPASS */
12
13     /* 开发板硬件初始化 */
14     BSP_Init();                                                      (1)
15     printf(" 这是一个 [ 野火 ]-STM32 全系列开发板 -FreeRTOS- 多任务创建实验 !\r\n");
16     /* 创建 AppTaskCreate 任务 */                                    (2)
17     xReturn = xTaskCreate((TaskFunction_t )AppTaskCreate,  /* 任务入口函数 */
18                          (const char*     )"AppTaskCreate",/* 任务名称 */
19                          (uint16_t        )512,            /* 任务栈大小 */
20                          (void*           )NULL,           /* 任务入口函数参数 */
21                          (UBaseType_t     )1,              /* 任务的优先级 */
22                          (TaskHandle_t*)&AppTaskCreate_Handle);/* 任务控制块指针 */
23     /* 启动任务调度 */
24     if (pdPASS == xReturn)
25     vTaskStartScheduler();    /* 启动任务, 开启调度 */                (3)
26     else
27     return -1;                                                       (4)
28
29     while (1);               /* 正常情况下不会执行到这里 */
30 }
```

代码清单 13-8（1）：开发板硬件初始化，FreeRTOS 系统初始化是在创建任务与开启调度器时完成的。

代码清单 13-8（2）：在 AppTaskCreate() 函数中创建各种应用任务，具体参见代码清单 13-9。

代码清单 13-9　AppTaskCreate() 函数

```
1  /****************************************************************
2   * @ 函数名: AppTaskCreate
3   * @ 功能说明: 为了方便管理, 所有的任务创建函数都放在这个函数中
4   * @ 参数: 无
5   * @ 返回值: 无
6   ****************************************************************/
7  static void AppTaskCreate(void)
```

```
 8 {
 9     BaseType_t xReturn = pdPASS;/* 定义一个创建信息返回值，默认为 pdPASS */
10
11     taskENTER_CRITICAL();                        //进入临界区
12
13     /* 创建 LED_Task 任务 */
14     xReturn = xTaskCreate((TaskFunction_t )LED1_Task,      /* 任务入口函数 */
15                           (const char*     )"LED1_Task",   /* 任务名称 */
16                           (uint16_t        )512,           /* 任务栈大小 */
17                           (void*           )NULL,          /* 任务入口函数参数 */
18                           (UBaseType_t     )2,             /* 任务的优先级 */
19                           (TaskHandle_t*   )&LED1_Task_Handle);/* 任务控制块指针 */
20     if (pdPASS == xReturn)
21         printf(" 创建 LED1_Task 任务成功 !\r\n");
22
23     /* 创建 LED_Task 任务 */
24     xReturn = xTaskCreate((TaskFunction_t )LED2_Task,      /* 任务入口函数 */
25                           (const char*     )"LED2_Task",   /* 任务名称 */
26                           (uint16_t        )512,           /* 任务栈大小 */
27                           (void*           )NULL,          /* 任务入口函数参数 */
28                           (UBaseType_t     )3,             /* 任务的优先级 */
29                           (TaskHandle_t*   )&LED2_Task_Handle);/* 任务控制块指针 */
30     if (pdPASS == xReturn)
31         printf(" 创建 LED2_Task 任务成功 !\r\n");
32
33     vTaskDelete(AppTaskCreate_Handle);           // 删除 AppTaskCreate 任务
34
35     taskEXIT_CRITICAL();                         // 退出临界区
36 }
```

当创建的应用任务的优先级比 AppTaskCreate 任务的优先级高、低或者相等时，程序是如何执行的？假如像代码中一样在临界区创建任务，则只能在退出临界区时执行最高优先级的任务。假如没使用临界区，就会分 3 种情况：1）应用任务的优先级比初始任务的优先级高，那么创建完后立刻执行刚刚创建的应用任务，当应用任务被阻塞时，回到初始任务被打断的地方继续往下执行，直到所有应用任务创建完成，最后初始任务把自己删除，完成自己的使命；2）应用任务的优先级与初始任务的优先级一样，那么创建完后根据任务的时间片来执行，直到所有应用任务创建完成，最后初始任务把自己删除，完成自己的使命；3）应用任务的优先级比初始任务的优先级低，那么创建完后任务不会被执行，如果还有应用任务，则紧接着创建应用任务。如果应用任务的优先级出现了比初始任务高或者相等的情况，请参考 1）和 2）的处理方式，直到所有应用任务创建完成，最后初始任务把自己删除，完成自己的使命。

代码清单 13-8（3）（4）：在启动任务调度器时，假如启动成功，任务就不会有返回了，假如启动不成功，则通过 LR 寄存器指定的地址退出，在创建 AppTaskCreate 任务时，任务栈对应的 LR 寄存器指向的是任务退出函数 prvTaskExitError()，该函数中是一个死循环，这代表假如创建任务不成功，就会进入死循环，该任务也不会运行。

第 14 章
任 务 管 理

14.1 任务的基本概念

从系统的角度看，任务是竞争系统资源的最小运行单元。FreeRTOS 是一个支持多任务的操作系统。在 FreeRTOS 中，任务可以使用或等待 CPU、使用内存空间等系统资源，并独立于其他任务运行，任何数量的任务都可以共享同一个优先级，如果宏 configUSE_TIME_SLICING 定义为 1，处于就绪态的多个相同优先级任务将会以时间片切换的方式共享处理器。

简而言之，FreeRTOS 的任务可认为是一系列独立任务的集合。每个任务在自己的环境中运行。在任何时刻，只有一个任务得到运行，FreeRTOS 调度器决定运行哪个任务。调度器会不断启动、停止每一个任务，宏观上看，所有的任务都在同时执行。作为任务，不需要对调度器的活动有所了解，在任务切入、切出时保存上下文环境（寄存器值、栈内容）是调度器主要的职责。为了实现这点，每个 FreeRTOS 任务都需要有自己的栈空间。当任务切出时，其执行环境会被保存在该任务的栈空间中，这样当任务再次运行时，就能从栈中正确恢复上次的运行环境，任务越多，需要的栈空间就越大，而一个系统能运行多少个任务，取决于系统可用的 SRAM。

FreeRTOS 可以为用户提供多个任务单独享有的独立的栈空间，系统可以决定任务的状态以及任务是否可以运行，还能运用内核的 IPC 通信资源实现任务之间的通信，帮助用户管理业务程序流程。这样用户可以将更多的精力投入业务功能的实现中。

FreeRTOS 中的任务采用抢占式调度机制，高优先级的任务可打断低优先级任务，低优先级任务必须在高优先级任务阻塞或结束后才能得到调度。同时 FreeRTOS 也支持时间片轮转调度方式，只不过时间片的调度不允许抢占任务的 CPU 使用权。

任务通常会运行在一个死循环中，也不会退出，如果不再需要某个任务，可以调用 FreeRTOS 中的删除任务 API 函数显式地将其删除。

14.2 任务调度器的基本概念

FreeRTOS 中提供的任务调度器是基于优先级的全抢占式调度：在系统中除了中断处理函数、调度器上锁部分的代码和禁止中断的代码是不可抢占的之外，系统的其他部分都是可以抢占的。系统理论上可以支持无数个优先级（ $0 \sim N$ ），优先级数值越小，任务优先级越低，0 为最低优先级，分配给空闲任务使用，一般不建议用户使用这个优先级。假如启用了 configUSE_PORT_OPTIMISED_TASK_SELECTION 宏（在 FreeRTOSConfig.h 中文件定义），一般强制限定最大可用优先级数目为 32。在一些资源比较紧张的系统中，可以根据实际情况选择只支持 8 个或 32 个优先级的系统配置。在系统中，当有比当前任务优先级更高的任务就绪时，当前任务将立刻被换出，高优先级任务抢占处理器开始运行。

一个操作系统如果只是具备了高优先级任务能够"立即"获得处理器并得到执行的特点，那么它仍然不算是实时操作系统。因为这个查找最高优先级任务的过程决定了调度时间是否具有确定性，例如一个包含 n 个就绪任务的系统中，如果仅仅从头找到尾，那么这个时间将直接和 n 相关，而下一个就绪任务抉择时间的长短将会极大地影响系统的实时性。

FreeRTOS 内核中采用两种方法寻找最高优先级的任务，第一种方法是通用方法，在就绪链表中从高优先级往低优先级查找 uxTopPriority，因为在创建任务时已经将优先级进行排序，查找到的第一个 uxTopPriority 就是我们需要的任务，然后通过 uxTopPriority 获取对应的任务控制块。第二种方法则是特殊方法，利用计算前导零指令 CLZ，直接在 uxTopReadyPriority 这个 32 位的变量中得出 uxTopPriority，这样就可以知道哪一个优先级任务能够运行，这种调度算法比普通方法更快捷，但受限于平台（在 STM32 中我们就使用这种方法）。

FreeRTOS 内核中也允许创建相同优先级的任务。相同优先级的任务采用时间片轮转方式进行调度（也就是通常说的分时调度器），时间片轮转调度仅在当前系统中无更高优先级就绪任务存在的情况下才有效。为了保证系统的实时性，系统尽最大可能地保证高优先级的任务得以运行。任务调度的原则是一旦任务状态发生了改变，并且当前运行的任务优先级小于优先级队列组中任务最高优先级时，立刻进行任务切换（除非当前系统处于中断处理程序中或禁止任务切换的状态）。

14.3 任务状态的概念

FreeRTOS 系统中的每一个任务都有多种运行状态。系统初始化完成后，创建的任务就可以在系统中竞争一定的资源，由内核进行调度。

任务状态通常分为以下 4 种：

❑ 就绪（ready）态：该任务在就绪列表中，就绪的任务已经具备执行能力，只等待调度器进行调度，新创建的任务会初始化为就绪态。

❑ 运行（running）态：该状态表明任务正在执行，此时它占用处理器，FreeRTOS 调度器选择运行的永远是处于最高优先级的就绪态任务，当任务开始运行的一刻，其任务状态就变成了运行态。

❑ 阻塞（blocked）态：如果任务当前正在等待某个时序或外部中断，我们就说这个任务处于阻塞态，该任务不在就绪列表中，包含任务挂起、任务延时、任务正在等待信号量、读写队列或者等待读写事件等。

❑ 挂起（suspended）态：处于挂起态的任务对调度器而言是不可见的，让一个任务进入挂起态的唯一办法就是调用 vTaskSuspend() 函数；而恢复一个挂起态的任务的唯一途径是调用 vTaskResume() 或 vTaskResumeFromISR() 函数。

❑ 我们可以这样理解挂起态与阻塞态的区别，当任务有较长的时间不允许运行时，可以挂起任务，这样调度器就不会理会这个任务的任何信息，直到调用恢复任务的 API 函数；而任务处于阻塞态时，系统还需要判断阻塞态的任务是否超时，是否可以解除阻塞。

14.4　任务状态迁移

FreeRTOS 系统中多种运行状态之间的转换关系是怎样的呢？任务从运行态变成阻塞态，或者从阻塞态变成就绪态，这些任务状态是如何进行迁移的？下面就一起了解一下任务状态迁移，如图 14-1 所示。

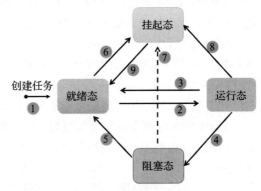

图 14-1 ①：创建任务→就绪态：任务创建完成后进入就绪态，表明任务已准备就绪，随时可以运行，只等待调度器进行调度。

图 14-1 ②：就绪态→运行态：发生任务切换时，就绪列表中最高优先级的任务被执行，从而进入运行态。

图 14-1 ③：运行态→就绪态：有更高优先级的任务创建或者恢复后，会发生任务调度，

图 14-1　任务状态迁移图

此刻就绪列表中最高优先级任务变为运行态，那么原先运行的任务由运行态变为就绪态，依然在就绪列表中，等待最高优先级的任务运行完毕继续运行原来的任务（此处可以看作 CPU 使用权被更高优先级的任务抢占了）。

图 14-1 ④：运行态→阻塞态：正在运行的任务发生阻塞（挂起、延时、读信号量等待）时，该任务会从就绪列表中删除，任务状态由运行态变成阻塞态，然后发生任务切换，运行就绪列表中当前最高优先级任务。

图 14-1 ⑤：阻塞态→就绪态：阻塞的任务被恢复后（任务恢复、延时时间超时、读信号量超时或读到信号量等），此时被恢复的任务会被加入就绪列表，从而由阻塞态变成就绪态；如果此时被恢复任务的优先级高于正在运行任务的优先级，则会发生任务切换，该任务将再次转换任务状态，由就绪态变成运行态。

图 14-1 ⑥⑦⑧：就绪态、阻塞态、运行态→挂起态：任务可以通过调用 vTaskSuspend() API 函数将处于任何状态的任务挂起，被挂起的任务得不到 CPU 的使用权，也不会参与调度，除非解除其挂起态。

图 14-1 ⑨：挂起态→就绪态：恢复一个挂起状态任务的唯一途径是调用 vTaskResume() 或 vTaskResumeFromISR() API 函数，如果此时被恢复任务的优先级高于正在运行任务的优先级，则会发生任务切换，该任务将再次转换任务状态，由就绪态变成运行态。

14.5　常用的任务函数

相信通过对第一部分各章节的学习，大家对任务创建以及任务调度的实现已经掌握了，下面就补充一些 FreeRTOS 提供的任务操作中的一些常用函数。

14.5.1　任务挂起函数

1. vTaskSuspend()

vTaskSuspend() 函数用于挂起指定任务。被挂起的任务绝不会得到 CPU 的使用权，不管该任务具有什么优先级。

任务可以通过调用 vTaskSuspend() 函数将处于任何状态的任务挂起，被挂起的任务得不到 CPU 的使用权，也不会参与调度，它相对于调度器而言是不可见的，除非解除其挂起态。vTaskSuspend() 函数是我们经常使用的一个函数，下面一起看一看 vTaskSuspend 函数的源码，具体参见代码清单 14-1。

代码清单 14-1　任务挂起函数 vTaskSuspend() 源码

```
1  /*-----------------------------------------------------------*/
2
3  #if ( INCLUDE_vTaskSuspend == 1 )                                  (1)
4
5  void vTaskSuspend( TaskHandle_t xTaskToSuspend )                   (2)
6  {
7      TCB_t *pxTCB;
8
9      taskENTER_CRITICAL();
10     {
11         /* 如果在此处传递 null，那么 pxTCB 将指向正在运行的任务 */
12         pxTCB = prvGetTCBFromHandle( xTaskToSuspend );            (3)
13
14         traceTASK_SUSPEND( pxTCB );
15
16         /* 从就绪 / 阻塞列表中删除任务并放入挂起列表中 */
17         if ( uxListRemove( &( pxTCB->xStateListItem ) ) == ( UBaseType_t ) 0 ) {
18             taskRESET_READY_PRIORITY( pxTCB->uxPriority );        (4)
19         } else {
20             mtCOVERAGE_TEST_MARKER();
21         }
22
23         /* 如果任务在等待事件，也从等待事件列表中移除 */
24         if ( listLIST_ITEM_CONTAINER( &( pxTCB->xEventListItem ) ) != NULL ) {
25             ( void ) uxListRemove( &( pxTCB->xEventListItem ) );  (5)
26         } else {
27             mtCOVERAGE_TEST_MARKER();
28         }
29         /* 将任务状态添加到挂起列表中 */
30         vListInsertEnd( &xSuspendedTaskList,&(pxTCB->xStateListItem));  (6)
31
```

```
32          }
33      taskEXIT_CRITICAL();
34
35      if ( xSchedulerRunning != pdFALSE ) {
36              /* 重置下一个任务的解除阻塞时间。
37                  重新计算还要多长时间执行下一个任务。
38                  如果下一个解锁的任务刚好是被删除的任务,
39                  那么使用变量 NextTaskUnblockTime 就不对了,
40                  所以要重新从延时列表中获取一下 */
41
42          taskENTER_CRITICAL();
43          {
44              prvResetNextTaskUnblockTime();                              (7)
45          }
46          taskEXIT_CRITICAL();
47      } else {
48          mtCOVERAGE_TEST_MARKER();
49      }
50
51      if ( pxTCB == pxCurrentTCB ) {
52      if ( xSchedulerRunning != pdFALSE ) {                               (8)
53              /* 当前的任务已经被挂起 */
54              configASSERT( uxSchedulerSuspended == 0 );
55
56              /* 调度器在运行时,如果这个挂起的任务是当前任务,则立即切换任务 */
57              portYIELD_WITHIN_API();
58          } else {                                                        (9)
59          /* 调度器未运行 (xSchedulerRunning == pdFALSE ),
60              但 pxCurrentTCB 指向的任务刚刚被暂停,
61              所以必须调整 pxCurrentTCB 以指向其他任务。
62              首先调用函数 listCURRENT_LIST_LENGTH()
63              判断一下系统中所有的任务是不是都被挂起了,
64              也就是查看列表 xSuspendedTaskList
65              的长度是不是等于 uxCurrentNumberOfTasks,
66              事实上并不会发生这种情况,
67              因为空闲任务是不允许被挂起和阻塞的,
68              必须保证系统中无论如何都有一个任务可以运行 */
69
70                  if ( listCURRENT_LIST_LENGTH( &xSuspendedTaskList )
71                  == uxCurrentNumberOfTasks ) {                           (10)
72                  /* 没有其他任务准备就绪,因此将 pxCurrentTCB 设置回 NULL,
73                      以便在创建下一个任务时 pxCurrentTCB 将被设置为指向它,
74                      实际上并不会执行到这里 */
75
76                  pxCurrentTCB = NULL;                                    (11)
77              } else {
78                  /* 有其他任务,则切换到其他任务 */
79
80                  vTaskSwitchContext();                                   (12)
81              }
82          }
83      } else {
```

```
84            mtCOVERAGE_TEST_MARKER();
85        }
86 }
87
88 #endif/* INCLUDE_vTaskSuspend */
89 /*-----------------------------------------------------------*/
```

代码清单 14-1（1）：如果想要使用任务挂起函数 vTaskSuspend()，则必须将宏定义 INC-LUDE_vTaskSuspend 配置为 1。

代码清单 14-1（2）：xTaskToSuspend 是挂起指定任务的任务句柄，任务必须为已创建的任务，可以通过传递 NULL 来挂起任务本身。

代码清单 14-1（3）：利用任务句柄 xTaskToSuspend 来获取任务控制块，通过调用 prvGet-TCBFromHandle()API 函数得到对应的任务控制块。

代码清单 14-1（4）：从就绪/阻塞列表中删除即将挂起的任务。然后更新最高优先级变量 uxReadyPriorities，目的是维护这个变量，此变量的功能如下：

1）在使用通用方法找到最高优先级任务时，它用来记录最高优先级任务的优先级。

2）在使用硬件方法找到最高优先级任务时，它的每一位（共 32 位）的状态代表这个优先级上有没有就绪的任务，具体参见 8.2 节关于查找最高优先级就绪任务的讲解。

代码清单 14-1（5）：如果任务在等待事件，也将任务从等待事件列表中移除。

代码清单 14-1（6）：将任务状态添加到挂起列表中。在 FreeRTOS 中有专门的列表用于记录任务的状态，记录任务挂起态的列表就是 xSuspendedTaskList，所有被挂起的任务都会放到这个列表中。

代码清单 14-1（7）：重置下一个任务的解除阻塞时间。重新计算一下还要多长时间执行下一个任务，如果下一个解锁的任务刚好是被挂起的任务，那么就是不正确的了，因为挂起的任务对调度器而言是不可见的，所以调度器无法对挂起态的任务进行调度，要重新从延时列表中获取下一个要解除阻塞的任务。

代码清单 14-1（8）：如果挂起的是当前运行的任务，并且调度器已经是运行的，则需要立即切换任务，否则系统的任务会出现错乱，这是不允许的。

代码清单 14-1（9）：调度器未运行（xSchedulerRunning == pdFALSE），但 pxCurrentTCB 指向的任务刚刚被挂起，所以必须重置 pxCurrentTCB 以指向其他可以运行的任务。

代码清单 14-1（10）：首先调用函数 listCURRENT_LIST_LENGTH() 判断系统中所有的任务是不是都被挂起了，也就是查看列表 xSuspendedTaskList 的长度是否等于 uxCurrent-NumberOfTasks，事实上并不会发生这种情况，因为空闲任务是不允许被挂起和阻塞的，必须保证系统中无论如何都有一个任务可以运行。

代码清单 14-1（11）：如果没有其他任务准备就绪，就将 pxCurrentTCB 设置为 NULL，在创建下一个任务时 pxCurrentTCB 将重新被设置。但是实际上并不会执行到这里，因为系统中的空闲任务永远是可以运行的。

代码清单 14-1（12）：有其他可运行的任务，则切换到其他任务。

注意：任务可以调用 vTaskSuspend() 函数来挂起自身，但是在挂起自身时会进行一次任务上下文切换，需要挂起自身时就将 xTaskToSuspend 设置为 NULL 传递进来即可。无论任务是什么状态都可以被挂起，只要调用了 vTaskSuspend() 函数就会挂起成功，不论是挂起其他任务还是挂起任务自身。

　　任务的挂起与恢复函数在很多时候都是很有用的，比如我们想暂停某个任务一段时间，但是又需要其在恢复时能继续工作，那么删除任务是不可行的，因为如果删除了任务，任务的所有信息都是不可能恢复的，删除意味着彻底清除，里面的资源都被系统释放掉。但是挂起任务就不会这样，调用挂起任务函数，仅仅是将任务进入挂起态，其内部的资源都会保留下来，同时也不会参与系统中任务的调度，当调用恢复函数时，整个任务立即从挂起态进入就绪态，并且参与任务的调度，如果该任务的优先级是当前就绪态优先级最高的任务，那么立即会按照挂起前的任务状态继续执行该任务，从而达到我们需要的效果，注意，是继续执行，也就是说，挂起任务之前的状态会被系统保留下来，在恢复的瞬间继续执行。这个任务函数的使用方法是很简单的，只需要把任务句柄传递进来即可，vTaskSuspend() 会根据任务句柄的信息将对应的任务挂起，具体参见代码清单 14-2 中加粗部分。

代码清单 14-2　任务挂起函数 vTaskSuspend() 实例

```
1  /*********************** 任务句柄 ***********************/
2  /*
3   * 任务句柄是一个指针，用于指向一个任务，当任务创建好之后，就具有了一个任务句柄
4   * 以后我们要想操作此任务都需要用到这个任务句柄，如果是操作自身，那么
5   * 这个句柄可以为 NULL
6   */
7  static TaskHandle_t LED_Task_Handle = NULL;/* LED 任务句柄 */
8
9  static void KEY_Task(void* parameter)
10 {
11     while (1) {
12     if ( Key_Scan(KEY1_GPIO_PORT,KEY1_GPIO_PIN) == KEY_ON ) {
13     /* KEY1 被按下 */
14         printf(" 挂起 LED 任务! \n");
15         vTaskSuspend(LED_Task_Handle);/* 挂起 LED 任务 */
16       }
17       vTaskDelay(20);                   /* 延时 20 个 tick */
18     }
19 }vTaskSuspendAll()
```

2. vTaskSuspendAll()

　　vTaskSuspendAll() 函数是比较有意思的，可将所有任务挂起，其实源码很简单，直接将调度器锁定，并且这个函数是可以进行嵌套的，也就是说，挂起所有任务就是挂起任务调度器。调度器被挂起后不能进行上下文切换，但是中断还是启用的。当调度器被挂起时，如果有中断需要进行上下文切换，那么这个中断将会被挂起，在调度器恢复之后才响应这个中断。vTaskSuspendAll() 源码具体参见代码清单 14-3。恢复调度器可以调用 xTaskResumeAll()

函数，调用了多少次 vTaskSuspendAll()，就要调用多少次 xTaskResumeAll() 进行恢复，xTask-
ResumeAll() 的源码会在 14.5.2 节中讲解。

代码清单 14-3　vTaskSuspendAll() 源码

```
1 void vTaskSuspendAll( void )
2 {
3     ++uxSchedulerSuspended;                                                    (1)
4 }
```

代码清单 14-3（1）：uxSchedulerSuspended 用于记录调度器是否被挂起，该变量默认初
始值为 pdFALSE，表明调度器是未被挂起的，每调用一次 vTaskSuspendAll() 函数就将变量
加 1，用于记录调用了多少次 vTaskSuspendAll() 函数。

14.5.2　任务恢复函数

1. vTaskResume()

既然有任务的挂起操作，那么就有恢复操作。任务恢复就是让挂起的任务重新进入就绪
态，恢复的任务会保留挂起前的状态信息，在恢复时根据挂起时的状态继续运行。如果被恢
复任务在所有就绪态任务中处于最高优先级列表的第一位，那么系统将进行任务上下文的切
换。任务恢复函数 vTaskResume() 的源码具体参见代码清单 14-4。

代码清单 14-4　任务恢复函数 vTaskResume() 源码

```
1 #if ( INCLUDE_vTaskSuspend == 1 )                                             (1)
2
3 void vTaskResume( TaskHandle_t xTaskToResume )                                (2)
4 {
5 /* 根据 xTaskToResume 获取对应的任务控制块 */
6     TCB_t * const pxTCB = ( TCB_t * ) xTaskToResume;                          (3)
7
8     /* 检查要恢复的任务是否被挂起,
9     如果没被挂起,那么恢复调用任务没有意义 */
10     configASSERT( xTaskToResume );                                           (4)
11
12     /* 该参数不能为 NULL,
13         同时也无法恢复当前正在执行的任务,
14         因为当前正在执行的任务不需要恢复,
15         只能恢复处于挂起态的任务
16     */
17     if ( ( pxTCB != NULL ) && ( pxTCB != pxCurrentTCB ) ) {                   (5)
18         /* 进入临界区 */
19         taskENTER_CRITICAL();                                                (6)
20         {
21         if ( prvTaskIsTaskSuspended( pxTCB ) != pdFALSE ) {                   (7)
22                 traceTASK_RESUME( pxTCB );
23
24                 /* 由于我们处于临界区,
25                 即使任务被挂起,也可以访问任务的状态列表。
26                 将要恢复的任务从挂起列表中删除 */
```

```
27                ( void ) uxListRemove(  &( pxTCB->xStateListItem ) );      (8)
28
29                /* 将要恢复的任务添加到就绪列表中 */
30                prvAddTaskToReadyList( pxTCB );                            (9)
31
32                /* 如果刚刚恢复的任务优先级比当前任务优先级更高,
33                则需要进行任务的切换 */
34                if ( pxTCB->uxPriority >= pxCurrentTCB->uxPriority ){
35                    /* 因为恢复的任务在当前情况下的优先级最高
36                       调用 taskYIELD_IF_USING_PREEMPTION() 进行一次任务切换 */
37                    taskYIELD_IF_USING_PREEMPTION();                       (10)
38                } else {
39                    mtCOVERAGE_TEST_MARKER();
40                }
41            } else {
42                mtCOVERAGE_TEST_MARKER();
43            }
44        }
45        taskEXIT_CRITICAL();                                              (11)
46        /* 退出临界区 */
47    } else {
48        mtCOVERAGE_TEST_MARKER();
49    }
50 }
51
52 #endif/* INCLUDE_vTaskSuspend */
53
54 /*-----------------------------------------------------------*/
```

代码清单 14-4(1):如果想要使用任务恢复函数 vTaskResume(),则必须将宏定义 INCLUDE_vTaskSuspend 配置为 1,因为任务挂起只能通过调用 vTaskSuspend() 函数实现,未挂起的任务无须恢复,当需要调用 vTaskSuspend() 函数时必须启用宏定义 INCLUDE_vTaskSuspend,所以想要使用 FreeRTOS 的任务挂起与恢复函数,就必须将这个宏定义配置为 1。

代码清单 14-4(2):xTaskToResume 是恢复指定任务的任务句柄。

代码清单 14-4(3):根据 xTaskToResume 任务句柄获取对应的任务控制块。

代码清单 14-4(4):检查要恢复的任务是否存在,如果不存在,调用恢复任务函数将没有任何意义。

代码清单 14-4(5):pxTCB 任务控制块指针不能为 NULL,已经挂起的任务才需要恢复,同时要恢复的任务不能是当前正在运行的任务,因为当前正在运行(运行态)的任务不需要恢复,只能恢复处于挂起态的任务。

代码清单 14-4(6):进入临界区,防止被打断。

代码清单 14-4(7):判断要恢复的任务是否真的被挂起了,被挂起才需要恢复,没被挂起不需要恢复。

代码清单 14-4(8):将要恢复的任务从挂起列表中删除。在 FreeRTOS 中有专门的列表用于记录任务的状态,记录任务挂起态的列表就是 xSuspendedTaskList,现在恢复任务就将要恢复的任务从列表中删除。

代码清单 14-4（9）：将要恢复的任务添加到就绪列表中，任务从挂起态恢复为就绪态。FreeRTOS 中也有专门的列表用于记录处于就绪态的任务，这个列表就是 pxReadyTasksLists。

代码清单 14-4（10）：如果恢复的任务优先级比当前正在运行的任务优先级更高，则需要进行任务的切换。可调用 taskYIELD_IF_USING_PREEMPTION() 进行一次任务切换。

代码清单 14-4（11）：退出临界区。

无论任务在挂起时调用过多少次 vTaskSuspend() 函数，只需要调用一次 vTaskResume() 函数即可将任务恢复运行，当然，无论调用多少次 vTaskResume() 函数，也只在任务为挂起态时才进行恢复。下面来看一看任务恢复函数 vTaskResume() 的使用实例，具体参见代码清单 14-5 中加粗部分。

代码清单 14-5　任务恢复函数 vTaskResume() 实例

```
1  /*
2   * 任务句柄是一个指针，用于指向一个任务，当任务创建好之后，就具有了一个任务句柄
3   * 以后我们要想操作此任务都需要用到这个任务句柄，如果是任务操作自身，那么
4   * 这个句柄可以为 NULL
5   */
6  static TaskHandle_t LED_Task_Handle = NULL;/* LED 任务句柄 */
7
8  static void KEY_Task(void* parameter)
9  {
10     while (1) {
11         if ( Key_Scan(KEY2_GPIO_PORT,KEY2_GPIO_PIN) == KEY_ON ) {
12             /* KEY2 被按下 */
13             printf(" 恢复 LED 任务! \n");
14             vTaskResume(LED_Task_Handle);  /* 恢复 LED 任务 */
15         }
16         vTaskDelay(20);                    /* 延时 20 个 tick */
17     }
18 }
```

2. xTaskResumeFromISR()

xTaskResumeFromISR() 与 vTaskResume() 一样，都是用于恢复被挂起的任务，不同之处在于 xTaskResumeFromISR() 专门用在中断服务程序中。无论调用过多少次 vTaskSuspend() 函数而挂起的任务，只需要调用一次 xTaskResumeFromISR() 函数即可解挂。要想使用该函数，必须在 FreeRTOSConfig.h 中把 INCLUDE_vTaskSuspend 和 INCLUDE_vTaskResumeFromISR 都定义为 1。任务未处于挂起态时，调用 xTaskResumeFromISR() 函数是没有任何意义的，xTaskResumeFromISR() 源码具体参见代码清单 14-6。

代码清单 14-6　xTaskResumeFromISR() 源码

```
1 /*-----------------------------------------------------------*/
2
3 #if ( ( INCLUDE_xTaskResumeFromISR == 1 ) && ( INCLUDE_vTaskSuspend == 1 ) )
4
```

```
 5 BaseType_t xTaskResumeFromISR( TaskHandle_t xTaskToResume )              (1)
 6 {
 7     BaseType_t xYieldRequired = pdFALSE;                                 (2)
 8     TCB_t * const pxTCB = ( TCB_t * ) xTaskToResume;                     (3)
 9     UBaseType_t uxSavedInterruptStatus;                                  (4)
10
11     configASSERT( xTaskToResume );                                       (5)
12
13     portASSERT_IF_INTERRUPT_PRIORITY_INVALID();
14
15     uxSavedInterruptStatus = portSET_INTERRUPT_MASK_FROM_ISR();          (6)
16     {
17         if ( prvTaskIsTaskSuspended( pxTCB ) != pdFALSE ) {              (7)
18             traceTASK_RESUME_FROM_ISR( pxTCB );
19
20             /* 检查可以访问的就绪列表以及调度器是否被挂起 */
21             if ( uxSchedulerSuspended == ( UBaseType_t ) pdFALSE ) {     (8)
22                 /* 如果刚刚恢复的任务优先级比当前任务优先级更高，
23                    则需要进行一次任务的切换，
24                 xYieldRequired = pdTRUE 表示需要进行任务切换 */
25                 if ( pxTCB->uxPriority >= pxCurrentTCB->uxPriority ) {    (9)
26                     xYieldRequired = pdTRUE;
27                 } else {
28                     mtCOVERAGE_TEST_MARKER();
29                 }
30
31                 /* 可以访问就绪列表，
32                    因此可以将任务从挂起列表删除
33                    然后添加到就绪列表中 */
34                 ( void ) uxListRemove( &( pxTCB->xStateListItem ) );     (10)
35                 prvAddTaskToReadyList( pxTCB );
36             } else {
37                 /* 无法访问就绪列表，
38                    因此任务将被添加到待处理的就绪列表中，
39                    直到调度器被恢复再进行任务的处理 */
40                 vListInsertEnd( &( xPendingReadyList ),
41                                 &( pxTCB->xEventListItem ) );            (11)
42             }
43         } else {
44             mtCOVERAGE_TEST_MARKER();
45         }
46     }
47     portCLEAR_INTERRUPT_MASK_FROM_ISR( uxSavedInterruptStatus );         (12)
48
49     return xYieldRequired;                                               (13)
50 }
51
52 #endif
53 /*-----------------------------------------------------------*/
```

代码清单 14-6（1）：xTaskToResume 是恢复指定任务的任务句柄。

代码清单 14-6（2）：定义一个是否需要进行任务切换的变量 xYieldRequired，默认为

pdFALSE，当任务恢复成功并且需要任务切换时则重置为 pdTRUE，以表示需要进行任务切换。

代码清单 14-6（3）：根据 xTaskToResume 任务句柄获取对应的任务控制块。

代码清单 14-6（4）：定义一个变量 uxSavedInterruptStatus 用于保存关闭中断的状态。

代码清单 14-6（5）：检查要恢复的任务是否存在，如果不存在，那么调用恢复任务函数没有任何意义。

代码清单 14-6（6）：调用 portSET_INTERRUPT_MASK_FROM_ISR() 函数设置 BASEPRI 寄存器，用于屏蔽系统可管理的中断，防止处理过程被其他中断打断，当 BASEPRI 设置为 configMAX_SYSCALL_INTERRUPT_PRIORITY 时（该宏在 FreeRTOSConfig.h 中定义，现在配置为 5），会让系统不响应比该优先级低的中断，而优先级比之更高的中断则不受影响。即当这个宏定义配置为 5 时，中断优先级数值在 0、1、2、3、4 的这些中断是不受 FreeRTOS 管理的，不可被屏蔽，而中断优先级在 5 ～ 15 的中断是受到系统管理的，可用被屏蔽。

代码清单 14-6（7）：判断要恢复的任务是否真的被挂起了，被挂起才需要恢复，否则不需要恢复。

代码清单 14-6（8）：检查可以访问的就绪列表以及调度器是否被挂起，如果没有被挂起，则继续执行（9）、（10）的程序内容。

代码清单 14-6（9）：如果刚刚恢复的任务优先级比当前任务优先级更高，则需要进行一次任务切换，重置 xYieldRequired = pdTRUE 表示需要进行任务切换。

代码清单 14-6（10）：可以访问就绪列表，因此可以将任务从挂起列表中删除，然后添加到就绪列表中。

代码清单 14-6（11）：因为 uxSchedulerSuspended 调度器被挂起，无法访问就绪列表，所以此任务将被添加到待处理的就绪列表中，直到调度器恢复后再进行任务的处理。

代码清单 14-6（12）：调用 portCLEAR_INTERRUPT_MASK_FROM_ISR() 函数清除 BASEPRI 的设置，恢复屏蔽的中断。

代码清单 14-6（13）：返回 xYieldRequired 结果，在外部选择是否进行任务切换。

使用 xTaskResumeFromISR() 函数时有几点需要注意：

1）当函数的返回值为 pdTRUE 时，恢复运行的任务的优先级等于或高于正在运行的任务，表明在中断服务函数退出后必须进行一次上下文切换，使用 portYIELD_FROM_ISR() 进行上下文切换。当函数的返回值为 pdFALSE 时，恢复运行的任务的优先级低于当前正在运行的任务，表明在中断服务函数退出后不需要进行上下文切换。

2）xTaskResumeFromISR() 通常被认为是一个危险的函数，因为它的调用并非是固定的，中断可能随时出现。所以，xTaskResumeFromISR() 不能用于任务和中断间的同步。如果中断恰巧在任务被挂起之前到达，就会导致一次中断丢失（任务还没有挂起，调用 xTaskResume-FromISR() 函数是没有意义的，只能等待下一次中断）。这种情况下，使用信号量或者任务通知来同步即可避免这种情况。

xTaskResumeFromISR() 的使用方法具体参见代码清单 14-7 中加粗部分。

代码清单 14-7 xTaskResumeFromISR() 实例

```
1  void vAnExampleISR( void )
2  {
3      BaseType_t xYieldRequired;
4
5      /* 恢复被挂起的任务 */
6      xYieldRequired = xTaskResumeFromISR( xHandle );
7
8      if ( xYieldRequired == pdTRUE ) {
9      /* 执行上下文切换，ISR 返回时将运行另外一个任务 */
10         portYIELD_FROM_ISR();
11     }
12 }
```

3. xTaskResumeAll()

之前我们讲解过 vTaskSuspendAll() 函数，当调用了 vTaskSuspendAll() 函数将调度器挂起，想要恢复调度器时就需要调用 xTaskResumeAll() 函数。xTaskResumeAll() 的源码具体参见代码清单 14-8。

代码清单 14-8 xTaskResumeAll() 源码

```
1  /*-----------------------------------------------------------*/
2
3  BaseType_t xTaskResumeAll( void )
4  {
5      TCB_t *pxTCB = NULL;
6      BaseType_t xAlreadyYielded = pdFALSE;
7
8      /* 如果 uxSchedulerSuspended 为 0,
9      则此函数与先前对 vTaskSuspendAll() 的调用不匹配,
10     不需要调用 xTaskResumeAll() 恢复调度器 */
11     configASSERT( uxSchedulerSuspended );                          (1)
12
13
14
15     /* 屏蔽中断 */
16
17     taskENTER_CRITICAL();                                          (2)
18     {
19         --uxSchedulerSuspended;                                    (3)
20
21         if ( uxSchedulerSuspended == ( UBaseType_t ) pdFALSE ) {   (4)
22             if ( uxCurrentNumberOfTasks > ( UBaseType_t ) 0U ) {
23             /* 将任何准备好的任务从待处理就绪列表
24                 移动到相应的就绪列表中 */
25             while ( listLIST_IS_EMPTY( &xPendingReadyList ) == pdFALSE ) { (5)
26                     pxTCB = ( TCB_t * ) listGET_OWNER_OF_HEAD_ENTRY
27                         ( ( &xPendingReadyList ) );
28                     ( void ) uxListRemove( &( pxTCB->xEventListItem ) );
29                     ( void ) uxListRemove( &( pxTCB->xStateListItem ) );
30                     prvAddTaskToReadyList( pxTCB );
```

```
31
32                        /* 如果待移动任务的优先级高于当前任务,
33                           则需要进行一次任务的切换,
34                           xYieldPending = pdTRUE 表示需要进行任务切换 */
35                        if ( pxTCB->uxPriority >= pxCurrentTCB->uxPriority ) {    (6)
36                            xYieldPending = pdTRUE;
37                        } else {
38                            mtCOVERAGE_TEST_MARKER();
39                        }
40                    }
41
42                    if ( pxTCB != NULL ) {
43                        /* 在调度器被挂起时,任务被解除阻塞,
44                           这可能阻止了重新计算下一个解除阻塞时间,
45                           在这种情况下,重置下一个任务的解除阻塞时间 */
46
47                        prvResetNextTaskUnblockTime();                            (7)
48                    }
49
50                    /*  如果在调度器挂起这段时间产生滴答定时器的计时
51                        并且在这段时间有任务解除阻塞,由于调度器的挂起导致
52                        没法切换任务,当恢复调度器的时候应立即处理这些任务。
53                        这样确保了滴答定时器的计数不会滑动,
54                        并且任何在延时的任务都会在正确的时间恢复 */
55                    {
56                        UBaseType_t uxPendedCounts = uxPendedTicks;
57
58                        if ( uxPendedCounts > ( UBaseType_t ) 0U ) {              (8)
59                            do {
60                              if ( xTaskIncrementTick() != pdFALSE ) {            (9)
61                                    xYieldPending = pdTRUE;
62                                } else {
63                                    mtCOVERAGE_TEST_MARKER();
64                                }
65                                --uxPendedCounts;
66                            } while ( uxPendedCounts > ( UBaseType_t ) 0U );
67
68                            uxPendedTicks = 0;
69                        } else {
70                            mtCOVERAGE_TEST_MARKER();
71                        }
72                    }
73
74                    if ( xYieldPending != pdFALSE ) {
75 #if( configUSE_PREEMPTION != 0 )
76                        {
77                            xAlreadyYielded = pdTRUE;
78                        }
79 #endif
80                        taskYIELD_IF_USING_PREEMPTION();                          (10)
81                    } else {
82                        mtCOVERAGE_TEST_MARKER();
83                    }
```

```
84                 }
85          } else {
86              mtCOVERAGE_TEST_MARKER();
87          }
88      }
89      taskEXIT_CRITICAL();                                                    (11)
90
91      return xAlreadyYielded;
92 }
```

代码清单 14-8（1）：断言，如果 uxSchedulerSuspended 为 0，则此函数与先前对 vTask-SuspendAll() 的调用次数不匹配，说明没有调用过 vTaskSuspendAll() 函数，那么就不需要调用 xTaskResumeAll() 恢复调度器。

代码清单 14-8（2）：进入临界区。

代码清单 14-8（3）：我们知道，每调用一次 vTaskSuspendAll() 函数就会将 uxScheduler-Suspended 变量加 1，那么调用对应的 xTaskResumeAll() 肯定就是将变量减 1。

代码清单 14-8（4）：如果调度器恢复正常工作，也就是调度器没有被挂起，就可以将所有待处理的就绪任务从待处理就绪列表 xPendingReadyList 移动到适当的就绪列表中。

代码清单 14-8（5）：当待处理就绪列表 xPendingReadyList 非空时，需要将待处理就绪列表中的任务移除，添加到就绪列表中去。

代码清单 14-8（6）：如果待移动任务优先级高于当前任务，则需要进行一次任务的切换，重置 xYieldPending = pdTRUE 表示需要进行任务切换。

代码清单 14-8（7）：在调度器被挂起时，任务被解除阻塞，这可能阻止了重新计算下一个解除阻塞时间，在这种情况下，需要重置下一个任务的解除阻塞时间。调用 prvResetNextTaskUnblockTime() 函数将从延时列表中获取下一个要解除阻塞的任务。

代码清单 14-8（8）：如果在调度器挂起这段时间产生滴答定时器的计时，并且在这段时间有任务解除阻塞，调度器的挂起将导致无法切换任务，当恢复调度器时应立即处理这些任务。这样既确保了滴答定时器的计数不会滑动，也保证了所有在延时的任务都会在正确的时间恢复。

代码清单 14-8（9）：调用 xTaskIncrementTick() 函数查找是否有待切换的任务，如果有则应该进行任务切换。

代码清单 14-8（10）：如果需要进行一次任务切换，则调用 taskYIELD_IF_USING_PREEMP-TION() 函数。

代码清单 14-8（11）：退出临界区。

xTaskResumeAll() 函数的使用方法很简单，但是要注意，调用了多少次 vTaskSuspendAll() 函数，就必须调用相同次数的 xTaskResumeAll() 函数，具体参见代码清单 14-9 中加粗部分。

代码清单 14-9　xTaskResumeAll() 实例伪代码

```
1 void vDemoFunction( void )
2 {
3     vTaskSuspendAll();
4     /* 处理代码 */
```

```
5      vTaskSuspendAll();
6      /* 处理代码 */
7      vTaskSuspendAll();
8      /* 处理代码 */
9
10     xTaskResumeAll();
11     xTaskResumeAll();
12     xTaskResumeAll();
13 }
```

14.5.3　任务删除函数

vTaskDelete() 函数用于删除一个任务。当一个任务删除另一个任务时，形参为要删除的任务创建时返回的任务句柄。如果是删除自身，则形参为 NULL。要想使用该函数，必须在 FreeRTOSConfig.h 中把 INCLUDE_vTaskDelete 定义为 1，要删除的任务将从所有就绪、阻塞、挂起和事件列表中删除，任务删除函数 vTaskDelete() 的源码具体参见代码清单 14-10。

代码清单 14-10　任务删除函数 vTaskDelete() 源码

```
1  /*-----------------------------------------------------------*/
2
3  #if ( INCLUDE_vTaskDelete == 1 )
4
5  void vTaskDelete( TaskHandle_t xTaskToDelete )                              (1)
6  {
7      TCB_t *pxTCB;
8
9      taskENTER_CRITICAL();
10     {
11         /* 获取任务控制块，如果 xTaskToDelete 为 NULL,
12         则删除任务自身 */
13         pxTCB = prvGetTCBFromHandle( xTaskToDelete );                        (2)
14
15         /* 将任务从就绪列表中删除 */
16         if ( uxListRemove( &( pxTCB->xStateListItem ) ) == ( UBaseType_t ) 0 ) {
17             /* 清除任务的就绪优先级变量中的标志位 */
18             taskRESET_READY_PRIORITY( pxTCB->uxPriority );                   (3)
19         } else {
20             mtCOVERAGE_TEST_MARKER();
21         }
22
23         /* 如果当前任务在等待事件，那么将任务从事件列表中移除 */
24         if ( listLIST_ITEM_CONTAINER( &( pxTCB->xEventListItem ) ) != NULL ) {
25             ( void ) uxListRemove( &( pxTCB->xEventListItem ) );             (4)
26         } else {
27             mtCOVERAGE_TEST_MARKER();
28         }
29
30         uxTaskNumber++;
31
32         if ( pxTCB == pxCurrentTCB ) {
33             /*
```

```
34                    任务正在删除自身。这不能在任务自身中完成,
35                    因为需要上下文切换到另一个任务。
36                    将任务放在结束列表中。空闲任务会检查结束
37                    列表并释放删除的任务控制块
38                    和已删除任务的栈的任何内存 */
39                    vListInsertEnd( &xTasksWaitingTermination,                    (5)
40                                    &( pxTCB->xStateListItem ) );
41
42                    /* 增加 uxDeletedTasksWaitingCleanUp 变量,
43                    记录有多少个任务需要释放内存,
44                    以便空闲任务知道有一个已删除的任务,然后进行内存释放。
45                    空闲任务会检查结束列表 xTasksWaitingTermination */
46                    ++uxDeletedTasksWaitingCleanUp;                               (6)
47
48                    /* 任务删除钩子函数 */
49                    portPRE_TASK_DELETE_HOOK( pxTCB, &xYieldPending );
50        } else {
51                    /* 当前任务数减 1, uxCurrentNumberOfTasks 是全局变量
52                    用于记录当前的任务数量 */
53                    --uxCurrentNumberOfTasks;                                     (7)
54                    /* 删除任务控制块 */
55                    prvDeleteTCB( pxTCB );                                        (8)
56
57                    /* 重置下一个任务的解除阻塞时间。重新计算一下
58                    还要多长时间执行下一个任务,如果下一个解锁的任务
59                    刚好是被删除的任务,那么这就是不正确的,
60                    因为删除的任务对调度器而言是不可见的,
61                    所以调度器无法对删除的任务进行调度,
62                    要重新从延时列表中获取下一个要解除阻塞的任务。
63                    它是从延时列表的头部来获取任务的 TCB, 延时列表是按延时时间排序的 */
64                    prvResetNextTaskUnblockTime();                                (9)
65        }
66
67        traceTASK_DELETE( pxTCB );
68    }
69    taskEXIT_CRITICAL();                                                          (10)
70
71    /* 如果删除的是当前的任务,则需要发起一次任务切换 */
72    if ( xSchedulerRunning != pdFALSE ) {
73        if ( pxTCB == pxCurrentTCB ) {
74            configASSERT( uxSchedulerSuspended == 0 );
75            portYIELD_WITHIN_API();                                               (11)
76        } else {
77            mtCOVERAGE_TEST_MARKER();
78        }
79    }
80 }
81
82 #endif/* INCLUDE_vTaskDelete */
83 /*-------------------------------------------------------------*/
```

代码清单 14-10（1）：如果想要使用任务恢复函数 vTaskDelete()，则必须在 FreeRTOSConfig.h

中将宏定义 INCLUDE_vTaskDelete 配置为 1，xTaskToDelete 是删除指定任务的任务句柄。

代码清单 14-10（2）：利用任务句柄 xTaskToDelete 获取任务控制块，通过调用 prvGetTCB-FromHandle() 函数得到对应的任务控制块。如果 xTaskToDelete 为 NULL，则会删除任务自身。

代码清单 14-10（3）：将任务从就绪列表中删除，如果删除后就绪列表的长度为 0，当前没有就绪的任务，应该调用 taskRESET_READY_PRIORITY() 函数清除任务的最高就绪优先级变量 uxTopReadyPriority 中的位。

代码清单 14-10（4）：如果当前任务在等待事件，那么将任务从事件列表中移除。

代码清单 14-10（5）：如果此时删除的任务是任务自身，那么删除任务函数不能在任务自身中完成，因为需要切换到另一个任务。所以，需要将任务放在结束列表（xTasksWaiting-Termination）中，空闲任务会检查结束列表并在空闲任务中释放删除任务的控制块和已删除任务的栈内存。

代码清单 14-10（6）：增加 uxDeletedTasksWaitingCleanUp 变量的值，该变量用于记录有多少个任务需要释放内存，以便空闲任务知道有多少个已删除的任务需要进行内存释放，空闲任务会检查结束列表 xTasksWaitingTermination 并且释放对应删除任务的内存空间，空闲任务调用 prvCheckTasksWaitingTermination() 函数进行相应操作，该函数是 FreeRTOS 内部调用的函数，在 prvIdleTask 中调用，本是无须用户理会的，现在为了学习原理将它给出，其源码具体参见代码清单 14-11。

代码清单 14-11　prvCheckTasksWaitingTermination() 源码

```
 1 static void prvCheckTasksWaitingTermination( void )
 2 {
 3     /* 这个函数是被空闲任务调用的 prvIdleTask */
 4
 5 #if ( INCLUDE_vTaskDelete == 1 )
 6     {
 7         BaseType_t xListIsEmpty;
 8
 9         /* uxDeletedTasksWaitingCleanUp 这个变量的值用于
10         记录需要进行内存释放的任务个数，
11         防止在空闲任务中过于频繁地调用 vTaskSuspendAll() */
12         while ( uxDeletedTasksWaitingCleanUp > ( UBaseType_t ) 0U ) {     (1)
13             vTaskSuspendAll();                                            (2)
14             {
15                 /* 检查结束列表中的任务 */
16                 xListIsEmpty = listLIST_IS_EMPTY( &xTasksWaitingTermination ); (3)
17             }
18             ( void ) xTaskResumeAll();
19
20             if ( xListIsEmpty == pdFALSE ) {
21                 TCB_t *pxTCB;
22
23                 taskENTER_CRITICAL();
24                 {
25                     /* 获取对应任务控制块 */
26                     pxTCB = ( TCB_t * ) listGET_OWNER_OF_HEAD_ENTRY
```

```
27                            ( ( &xTasksWaitingTermination ) );        (4)
28
29                /* 将任务从状态列表中删除 */
30              ( void ) uxListRemove( &(pxTCB->xStateListItem));        (5)
31
32                /* 当前任务个数减 1 */
33                --uxCurrentNumberOfTasks;                               (6)
34          /* uxDeletedTasksWaitingCleanUp 的值减 1, 直到为 0 退出循环 */
35              --uxDeletedTasksWaitingCleanUp;
36          }
37          taskEXIT_CRITICAL();
38          /* 删除任务控制块与栈 */
39          prvDeleteTCB( pxTCB );                                       (7)
40      } else {
41          mtCOVERAGE_TEST_MARKER();
42      }
43    }
44  }
45 #endif/* INCLUDE_vTaskDelete */
46 }
```

代码清单 14-11（1）：uxDeletedTasksWaitingCleanUp 变量的值用于记录需要进行内存释放的任务个数，只有在需要进行释放时才进入循环查找释放的任务，防止在空闲任务中过于频繁地调用 vTaskSuspendAll()。

代码清单 14-11（2）：挂起任务调度器。

代码清单 14-11（3）：检查结束列表 xTasksWaitingTermination 中的任务个数是否为空。

代码清单 14-11（4）：如果结束列表非空，则根据 xTasksWaitingTermination 中的任务获取对应的任务控制块。

代码清单 14-11（5）：将任务从状态列表中删除。

代码清单 14-11（6）：当前任务个数减 1，并且 uxDeletedTasksWaitingCleanUp 的值也减 1，直到为 0 退出循环。

代码清单 14-11（7）：调用 prvDeleteTCB() 函数释放任务控制块与栈空间。

这个函数在任务删除自身时才起作用，删除其他任务时是直接在删除函数中将其他任务的内存释放掉，不需要在空闲任务中释放。

回到代码清单 4-10：

代码清单 14-10（7）：删除的任务并非自身，则将当前任务个数减 1，uxCurrentNumberOfTasks 是全局变量，用于记录当前的任务总数量。

代码清单 14-10（8）：调用 prvDeleteTCB() 函数释放任务控制块与栈空间。此处与在空闲任务中的用法一致。

代码清单 14-10（9）：重置下一个任务的解除阻塞时间。重新计算一下还要多长时间才执行下一个任务。如果下一个解锁的任务刚好是被删除的任务，那么这就是不正确的，因为删除的任务对调度器而言是不可见的，所以调度器无法对删除的任务进行调度，要重新从延时列表中获取下一个要解除阻塞的任务。调用 prvResetNextTaskUnblockTime() 函数从延时列表的头部获取下一个要解除任务的 TCB，延时列表按延时时间排序。

代码清单 14-10（10）：退出临界区。

代码清单 14-10（11）：如删除的是当前的任务，则需要发起一次任务切换。

删除任务时，只会自动释放内核本身分配给任务的内存。应用程序（而不是内核）分配给任务的内存或其他资源必须是删除任务时由应用程序显式释放。就好比在某个任务中申请了一大块内存，但是没有释放就把任务删除了，这块内存在任务删除之后不会自动释放，所以应该在删除任务之前就把任务中的资源释放掉，然后再进行删除，否则很容易造成内存泄露。删除任务的方法很简单，具体参见代码清单 14-12 中加粗部分。

代码清单 14-12　任务删除函数 vTaskDelete() 实例

```
 1 /* 创建一个任务，将创建的任务句柄存储在 DeleteHandle 中 */
 2 TaskHandle_t DeleteHandle;
 3
 4 if (xTaskCreate(DeleteTask,
 5                 "DeleteTask",
 6                  STACK_SIZE,
 7                  NULL,
 8                  PRIORITY,
 9                  &DeleteHandle) != pdPASS )
10 {
11     /* 创建任务失败，因为没有足够的堆内存可分配 */
12 }
13
14 void DeleteTask( void )
15 {
16     /* 用户代码 xxxxx */
17     /* ............ */
18
19     /* 删除任务本身 */
20      vTaskDelete( NULL );
21 }
22
23 /* 在其他任务中删除 DeleteTask 任务 */
24 vTaskDelete( DeleteHandle );
```

14.5.4　任务延时函数

1. vTaskDelay()

vTaskDelay() 函数在任务中用得非常多，每个任务都必须是死循环，并且必须有阻塞，否则低优先级的任务无法运行。要想使用 FreeRTOS 中的 vTaskDelay() 函数，必须在 FreeRTOS-Config.h 中把 INCLUDE_vTaskDelay 定义为 1。vTaskDelay() 函数的原型参见代码清单 14-13。

代码清单 14-13　vTaskDelay() 函数原型

```
 1 void vTaskDelay( const TickType_t xTicksToDelay )
```

vTaskDelay() 用于阻塞延时，调用该函数后，任务将进入阻塞状态，进入阻塞态的任务将让出 CPU 资源。延时的时长由形参 xTicksToDelay 决定，单位为系统节拍周期，比如系统的时钟节拍周期为 1ms，那么调用 vTaskDelay(1) 的延时时间则为 1ms。

vTaskDelay() 延时是相对性的延时，它指定的延时时间是从调用 vTaskDelay() 结束后开始计算的，经过指定的时间后延时结束。比如 vTaskDelay(100)，调用 vTaskDelay() 结束后，任务进入阻塞状态，经过 100 个系统时钟节拍周期后，任务解除阻塞。因此，vTaskDelay() 并不适用于周期性执行任务的场合。此外，其他任务和中断活动也会影响到 vTaskDelay() 的调用（比如调用前高优先级任务抢占了当前任务），进而影响到任务下一次执行的时间，下面来了解一下任务相对延时函数 vTaskDelay() 的源码，具体参见代码清单 14-14。

代码清单 14-14　任务相对延时函数 vTaskDelay() 源码

```
1  /*-----------------------------------------------------------*/
2  #if ( INCLUDE_vTaskDelay == 1 )
3
4  void vTaskDelay( const TickType_t xTicksToDelay )
5  {
6      BaseType_t xAlreadyYielded = pdFALSE;
7
8      /* 延时时间要大于 0 个 tick
9      否则会强制切换任务 */
10         if ( xTicksToDelay > ( TickType_t ) 0U ) {          (1)
11          configASSERT( uxSchedulerSuspended == 0 );
12          vTaskSuspendAll();                                 (2)
13          {
14              traceTASK_DELAY();
15
16              /* 将任务添加到延时列表中 */
17              prvAddCurrentTaskToDelayedList( xTicksToDelay, pdFALSE );   (3)
18          }
19          xAlreadyYielded = xTaskResumeAll();                (4)
20      } else {
21          mtCOVERAGE_TEST_MARKER();
22      }
23
24      /* 强制切换任务，将 PendSV 的位 28 置 1 */
25      if ( xAlreadyYielded == pdFALSE ) {
26          portYIELD_WITHIN_API();                            (5)
27      } else {
28          mtCOVERAGE_TEST_MARKER();
29      }
30  }
31
32  #endif/* INCLUDE_vTaskDelay */
33  /*-----------------------------------------------------------*/
```

代码清单 14-14（1）：延时时间 xTicksToDelay 要大于 0 个 tick，否则会强制切换任务。

代码清单 14-14（2）：挂起任务调度器。

代码清单 14-14（3）：将任务添加到延时列表中，prvAddCurrentTaskToDelayedList() 函数将在后文中详细讲解，具体参见代码清单 14-15。

代码清单 14-14（4）：恢复任务调度器。

代码清单 14-14（5）：强制切换任务，调用 portYIELD_WITHIN_API() 函数将 PendSV 的位 28 置 1。

代码清单 14-15　prvAddCurrentTaskToDelayedList() 源码（已省略无用代码）

```
1  /*************************************************************/
2  static void prvAddCurrentTaskToDelayedList(
3      TickType_t xTicksToWait,                                      (1)
4      const BaseType_t xCanBlockIndefinitely )                      (2)
5  {
6      TickType_t xTimeToWake;
7      const TickType_t xConstTickCount = xTickCount;                (3)
8
9      /* 在将任务添加到阻止列表之前，从就绪列表中删除任务，
10        因为两个列表都使用相同的列表项 */
11     if ( uxListRemove( &( pxCurrentTCB->xStateListItem ) )
12         == ( UBaseType_t ) 0 ) {                                  (4)
13       portRESET_READY_PRIORITY( pxCurrentTCB->uxPriority,
14                              uxTopReadyPriority );
15     } else {
16       mtCOVERAGE_TEST_MARKER();
17     }
18
19 #if ( INCLUDE_vTaskSuspend == 1 )
20     {
21         if ( ( xTicksToWait == portMAX_DELAY ) &&
22             ( xCanBlockIndefinitely != pdFALSE ) ) {              (5)
23             /* 支持挂起，则将当前任务挂起，
24               直接将任务添加到挂起列表，而不是延时列表 */
25             vListInsertEnd( &xSuspendedTaskList,
26                         &( pxCurrentTCB->xStateListItem ) );      (6)
27         } else {
28             /* 计算唤醒任务的时间 */
29             xTimeToWake = xConstTickCount + xTicksToWait;         (7)
30
31             /* 列表项将按唤醒时间顺序插入 */
32             listSET_LIST_ITEM_VALUE(
33                 &( pxCurrentTCB->xStateListItem ), xTimeToWake );
34
35             if ( xTimeToWake < xConstTickCount ) {                (8)
36                 /* 唤醒时间如果溢出了，则会添加到延时溢出列表中 */
37                 vListInsert( pxOverflowDelayedTaskList,
38                         &( pxCurrentTCB->xStateListItem ) );
39             } else {
40                 /* 没有溢出，添加到延时列表中 */
41                 vListInsert( pxDelayedTaskList,
42                         &( pxCurrentTCB->xStateListItem ) );      (9)
43
44                 /* 如果进入阻塞状态的任务被放置在被阻止任务列表的头部，
45                   也就是下一个要唤醒的任务就是当前任务，那么就需要更新
46                   xNextTaskUnblockTime 的值 */
```

```
47                    if ( xTimeToWake < xNextTaskUnblockTime ) {        (10)
48                        xNextTaskUnblockTime = xTimeToWake;
49                    } else {
50                        mtCOVERAGE_TEST_MARKER();
51                    }
52                }
53            }
54        }
55 }
```

代码清单 14-15（1）：xTicksToWait 表示要延时多长时间，单位为系统节拍周期。

代码清单 14-15（2）：xCanBlockIndefinitely 表示是否可以永久阻塞，如果为 pdFALSE，则表示不允许永久阻塞，也就是不允许挂起当前任务，而如果为 pdTRUE，则可以永久阻塞。

代码清单 14-15（3）：获取当前调用延时函数的时间点。

代码清单 14-15（4）：在将任务添加到阻止列表之前，从就绪列表中删除任务，因为两个列表都使用相同的列表项。调用 uxListRemove() 函数将任务从就绪列表中删除。

代码清单 14-15（5）：支持挂起，则将当前任务挂起，此操作中必须启用 INCLUDE_vTaskSuspend 宏定义，并且 xCanBlockIndefinitely 为 pdTRUE。

代码清单 14-15（6）：调用 vListInsertEnd() 函数直接将任务添加到挂起列表 xSuspended-TaskList，而不是延时列表。

代码清单 14-15（7）：计算唤醒任务的时间。

代码清单 14-15（8）：唤醒时间如果溢出了，则会将任务添加到延时溢出列表中，任务的延时由两个列表来维护，一个用于延时溢出的情况，另一个用于非溢出的情况，具体参见代码清单 14-16。

代码清单 14-16　两个延时列表

```
1 PRIVILEGED_DATA static List_t * volatile pxDelayedTaskList;
2
3 PRIVILEGED_DATA static List_t * volatile pxOverflowDelayedTaskList;
```

代码清单 14-15（9）：如果唤醒任务的时间没有溢出，就会将任务添加到延时列表中，而不是延时溢出列表。

代码清单 14-15（10）：如果下一个要唤醒的任务就是当前延时的任务，那么需要重置下一个任务的解除阻塞时间 xNextTaskUnblockTime 为唤醒当前延时任务的时间 xTimeToWake。

任务的延时在实际中运用得特别多，因为需要暂停一个任务，让任务放弃 CPU，延时结束后再继续运行该任务，如果任务中没有阻塞，比该任务优先级低的任务则无法得到 CPU 的使用权，也就无法运行，具体参见代码清单 14-17 中加粗部分。

代码清单 14-17　相对延时函数 vTaskDelay() 实例

```
1 void vTaskA( void * pvParameters )
2 {
```

```
 3      while (1) {
 4          //  ……
 5          //  这里为任务主体代码
 6          //  ……
 7
 8          /* 调用相对延时函数，阻塞 1000 个 tick */
 9          vTaskDelay( 1000 );
10      }
11 }
```

2. vTaskDelayUntil()

在 FreeRTOS 中，除了相对延时函数，还有绝对延时函数 vTaskDelayUntil()。绝对延时常用于较精确的周期运行任务，比如希望某个任务以固定频率定期执行，而不受外部的影响，任务从上一次运行开始到下一次运行开始的时间间隔是绝对的，而不是相对的。下面来学习一下 vTaskDelayUntil() 函数的实现过程，函数原型具体参见代码清单 14-18。

代码清单 14-18　vTaskDelayUntil() 函数原型

```
1 #if ( INCLUDE_vTaskDelayUntil == 1 )
2
3 void vTaskDelayUntil( TickType_t * const pxPreviousWakeTime,
4                       const TickType_t xTimeIncrement );
```

要想使用该函数，必须在 FreeRTOSConfig.h 中把 INCLUDE_vTaskDelayUntil 定义为 1。

vTaskDelayUntil() 与 vTaskDelay() 一样，都用来实现任务的周期性延时，但 vTaskDelay() 的延时是相对的，是不确定的，它的延时是等 vTaskDelay () 调用完毕后开始计算的，并且 vTaskDelay () 延时的时间到了之后，如果有高优先级的任务或者中断正在执行，被延时阻塞的任务并不会马上解除阻塞，所以每次执行任务的周期并不完全确定。而 vTaskDelayUntil() 延时是绝对的，适用于周期性执行的任务。当 *pxPreviousWakeTime + xTimeIncrement 时间到达后，vTaskDelayUntil() 函数立刻返回，如果任务是最高优先级的，那么任务会立刻解除阻塞，所以说 vTaskDelayUntil() 函数的延时是绝对性的，其实现源码具体参见代码清单 14-19。

代码清单 14-19　任务绝对延时函数 vTaskDelayUntil() 源码

```
 1 #if ( INCLUDE_vTaskDelayUntil == 1 )
 2
 3 void vTaskDelayUntil( TickType_t * const pxPreviousWakeTime,              (1)
 4                       const TickType_t xTimeIncrement )                   (2)
 5 {
 6     TickType_t xTimeToWake;
 7     BaseType_t xAlreadyYielded, xShouldDelay = pdFALSE;
 8
 9     configASSERT( pxPreviousWakeTime );
10     configASSERT( ( xTimeIncrement > 0U ) );
11     configASSERT( uxSchedulerSuspended == 0 );
12
13     vTaskSuspendAll();
14     {
```

```
15              /* 获取开始进行延时的时间点 */
16              const TickType_t xConstTickCount = xTickCount;                    (3)
17
18              /* 计算延时到达的时间, 也就是唤醒任务的时间 */
19          xTimeToWake = *pxPreviousWakeTime + xTimeIncrement;                   (4)
20
21          /* pxPreviousWakeTime 中保存的是上次唤醒时间,
22          唤醒后需要一定时间执行任务主体代码,
23          如果上次唤醒时间大于当前时间, 则说明节拍计数器溢出了 */
24          if ( xConstTickCount < *pxPreviousWakeTime ) {                        (5)
25              /* 如果唤醒时间小于上次唤醒时间,
26                  并且大于开始计时的时间,
27                  就相当于没有溢出,
28                  也就是保证了周期性延时时间大于任务主体代码的执行时间 */
29              if ( ( xTimeToWake < *pxPreviousWakeTime )
30                  && ( xTimeToWake > xConstTickCount ) ) {                      (6)
31                      xShouldDelay = pdTRUE;
32              } else {
33                      mtCOVERAGE_TEST_MARKER();
34              }
35          } else {
36              /* 只是唤醒时间溢出的情况,
37                  或者都没溢出,
38                  保证了延时时间大于任务主体代码的执行时间 */
39              if ( ( xTimeToWake < *pxPreviousWakeTime )
40                  || ( xTimeToWake > xConstTickCount ) ) {                      (7)
41                  xShouldDelay = pdTRUE;
42              } else {
43                      mtCOVERAGE_TEST_MARKER();
44              }
45          }
46
47          /* 更新上一次的唤醒时间 */
48          *pxPreviousWakeTime = xTimeToWake;                                    (8)
49
50              if ( xShouldDelay != pdFALSE ) {
51              traceTASK_DELAY_UNTIL( xTimeToWake );
52
53              /* prvAddCurrentTaskToDelayedList() 函数需要的是阻塞时间
54                  而不是唤醒时间, 因此减去当前的滴答计数 */
55              prvAddCurrentTaskToDelayedList(
56                  xTimeToWake - xConstTickCount, pdFALSE );                     (9)
57          } else {
58              mtCOVERAGE_TEST_MARKER();
59          }
60      }
61      xAlreadyYielded = xTaskResumeAll();
62
63      /* 强制执行一次上下文切换 */
64      if ( xAlreadyYielded == pdFALSE ) {                                       (10)
65          portYIELD_WITHIN_API();
66      } else {
67          mtCOVERAGE_TEST_MARKER();
```

```
68      }
69 }
```

代码清单 14-19（1）：指针，指向一个变量，该变量保存任务最后一次解除阻塞的时刻。第一次使用时，该变量必须初始化为当前时间，之后这个变量会在 vTaskDelayUntil() 函数内自动更新。

代码清单 14-19（2）：周期循环时间。当时间等于 *pxPreviousWakeTime + xTimeIncrement 时，任务解除阻塞。如果不改变参数 xTimeIncrement 的值，调用该函数的任务会按照固定频率执行。

代码清单 14-19（3）：获取开始进行延时的时间点。

代码清单 14-19（4）：计算延时到达的时间，也就是唤醒任务的时间。由于变量 xTickCount 与 xTimeToWake 可能会溢出，所以程序必须检测各种溢出情况，并且要保证延时周期不得小于任务主体代码的执行时间，这样才能保证绝对延时的正确性，具体有以下几种溢出情况。

代码清单 14-19（5）：pxPreviousWakeTime 中保存的是上次唤醒时间，唤醒后需要一定时间执行任务主体代码，如果上次唤醒时间大于当前时间，则说明节拍计数器溢出了。

代码清单 14-19（6）：如果本次任务的唤醒时间小于上次唤醒时间，但是大于开始进入延时的时间，进入延时的时间与任务唤醒时间都已经溢出了，就可以看作没有溢出，其实也就是保了证周期性延时时间大于任务主体代码的执行时间，如图 14-2 所示。

注意记住以下参数表示的含义：

❑ xTimeIncrement：任务周期时间。

❑ pxPreviousWakeTime：上一次唤醒任务的时间点。

❑ xTimeToWake：本次要唤醒任务的时间点。

❑ xConstTickCount：进入延时的时间点。

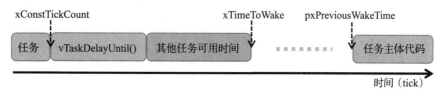

图 14-2　进入延时的时间与任务唤醒时间都溢出

代码清单 14-19（7）：只是唤醒时间 xTimeToWake 溢出的情况，或者是 xConstTickCount 与 xTimeToWake 都没溢出的情况，都是符合要求的，因为都保证了周期性延时时间大于任务主体代码的执行时间，具体如图 14-3 与图 14-4 所示。

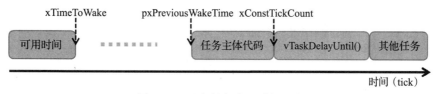

图 14-3　只有任务唤醒时间溢出

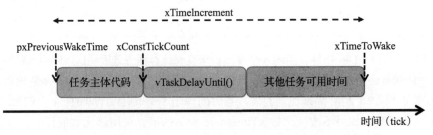

图 14-4   xConstTickCount 与 xTimeToWake 都没溢出（正常情况）

从图 14-2 ～图 14-4 可以看出无论是溢出还是没有溢出，都要求在下次唤醒任务之前，当前任务主体代码必须执行完。也就是说任务执行的时间必须小于任务周期时间 xTime-Increment，不能存在任务周期为 10ms 的任务，因为其主体代码执行时间为 20ms，这样根本执行不完任务主体代码。计算的唤醒时间合法后，就将当前任务加入延时列表。同样，延时列表也有两个。每次产生系统节拍中断，都会检查这两个延时列表，查看延时的任务是否到期，如果时间到，则将任务从延时列表中删除，重新加入就绪列表，任务从阻塞态变成就绪态，如果此时的任务优先级是最高的，则会触发一次上下文切换。

代码清单 14-19（8）：更新上一次唤醒任务的时间 pxPreviousWakeTime。

代码清单 14-19（9）：prvAddCurrentTaskToDelayedList() 函数需要的是阻塞时间而不是唤醒时间，因此减去当前的进入延时的时间 xConstTickCount。

代码清单 14-19（10）：强制执行一次上下文切换。

下面看一看 vTaskDelayUntil() 的使用方法。注意，vTaskDelayUntil() 的使用方法与 vTask-Delay() 不一样，具体参见代码清单 14-20 中加粗部分。

代码清单 14-20   绝对延时函数 vTaskDelayUntil() 实例

```
1  void vTaskA( void * pvParameters )
2  {
3      /* 用于保存上次时间。调用后系统自动更新 */
4      static portTickType PreviousWakeTime;
5      /* 设置延时时间，将时间转为节拍数 */
6      const portTickType TimeIncrement = pdMS_TO_TICKS(1000);
7
8      /* 获取当前系统时间 */
9      PreviousWakeTime = xTaskGetTickCount();
10
11     while (1)
12     {
13
14
15         /* 调用绝对延时函数, 任务时间间隔为 1000 个 tick */
16         vTaskDelayUntil( &PreviousWakeTime, TimeIncrement );
17
18
19         //  ……
20         //  这里为任务主体代码
```

```
21          //  ……
22
23      }
24 }
```

需要注意的是，在使用时要将延时时间转化为系统节拍，在进入任务主体之前要调用延时函数。

先调用 vTaskDelayUntil() 使任务进入阻塞态，等到时间到了就从阻塞中解除，然后执行主体代码，主体代码执行完毕，会继续调用 vTaskDelayUntil() 使任务进入阻塞态，然后以此方式循环执行。即使任务在执行过程中发生中断，也不会影响这个任务的运行周期，仅仅是缩短了阻塞的时间而已，到了要唤醒的时间依旧会将任务唤醒。

14.6　任务的设计要点

嵌入式开发人员要对自己设计的嵌入式系统要了如指掌，任务的优先级信息，任务与中断的处理，任务的运行时间、逻辑、状态等都要明确，才能设计出好的系统，所以，在设计时需要根据需求制定框架。在设计之初就应该考虑下面几点因素：任务运行的上下文环境、任务的执行时间合理设计。

FreeRTOS 中任务运行的上下文包括：

❑ 中断服务函数。

❑ 普通任务。

❑ 空闲任务。

1. 中断服务函数

中断服务函数是一种需要特别注意的上下文环境，它运行在非任务的执行环境下（一般为芯片的一种特殊运行模式（也被称作特权模式）），在这个上下文环境中不能使用挂起当前任务的操作，不允许调用任何会阻塞运行的 API 函数接口。另外需要注意的是，中断服务程序最好保持精简短小、快进快出，一般在中断服务函数中只标记事件的发生，然后通知任务，让对应任务去执行相关处理，因为中断服务函数的优先级高于任何任务的优先级，如果中断处理时间过长，将会导致整个系统的任务无法正常运行。所以在设计时必须考虑中断的频率、中断的处理时间等重要因素，以便配合对应中断处理任务的工作。

2. 普通任务

普通任务中看似没有什么限制程序执行的因素，似乎所有的操作都可以执行。但是作为一个优先级明确的实时系统，如果一个任务中的程序出现了死循环操作（此处的死循环是指没有阻塞机制的任务循环体），那么比这个任务优先级低的任务都将无法执行，当然也包括空闲任务，因为产生死循环时，任务不会主动让出 CPU，低优先级的任务是不可能得到 CPU 的使用权的，而高优先级的任务就可以抢占 CPU。这个情况在实时操作系统中是必须注意的一点，所以在任务中不允许出现死循环。如果一个任务只有就绪态而无阻塞态，势必会影响其他低优先级任务的执行，所以在进行任务设计时，就应该保证任务在不活跃时，可以进入阻塞态以交出 CPU 使用权，这就需要我们明确在什么情况下让任务进入阻塞态，保证低优先级任务可以正常运行。在实际设计中，一般会将紧急的处理事件的任务优先级设置得高一些。

3. 空闲任务

空闲任务（idle 任务）是 FreeRTOS 系统中没有其他工作进行时自动进入的系统任务。因为处理器总是需要代码来执行，所以至少要有一个任务处于运行态。FreeRTOS 为了保证这一点，当调用 vTaskStartScheduler() 时，调度器会自动创建一个空闲任务。空闲任务是一个非常短小的循环，用户可以通过空闲任务钩子方式，在空闲任务上钩入自己的功能函数。通常这个空闲任务钩子能够完成一些额外的特殊功能，例如，系统运行状态的指示、系统省电模式等。除了空闲任务钩子，FreeRTOS 系统还把空闲任务用于一些其他功能，比如当系统删除一个任务或一个动态任务运行结束时，在执行删除任务时，并不会释放任务的内存空间，只会将任务添加到结束列表中，真正的系统资源回收工作在空闲任务中完成。空闲任务是唯一不允许出现阻塞情况的任务，因为 FreeRTOS 需要保证系统永远都有一个可运行的任务。

对于空闲任务钩子上挂接的空闲钩子函数，应该满足以下条件：

❏ 永远不会挂起空闲任务。
❏ 不应该陷入死循环，需要留出部分时间用于系统处理系统资源回收。

4. 任务的执行时间

任务的执行时间一般指两个方面，一是任务从开始到结束的时间，二是任务的周期。

在设计系统时对这两个时间我们都需要考虑，例如，对于事件 A 对应的服务任务 Ta，系统要求的实时响应指标是 10ms，而 Ta 的最大运行时间是 1ms，那么 10ms 就是任务 Ta 的周期，1ms 则是任务的运行时间。简单来说，任务 Ta 在 10ms 内完成对事件 A 的响应即可。此时，系统中还存在以 50ms 为周期的另一个任务 Tb，它每次运行的最大时间长度是 100μs。在这种情况下，即使把任务 Tb 的优先级设置得 Ta 更高，对系统的实时性指标也没什么影响，因为即使在 Ta 的运行过程中，Tb 抢占了 Ta 的资源，等到 Tb 执行完毕，消耗的时间也只不过是 100μs，还是在事件 A 规定的响应时间内（10ms），Ta 能够安全完成对事件 A 的响应。但是假如系统中还存在任务 Tc，其运行时间为 20ms，假如将 Tc 的优先级设置得比 Ta 更高，那么在 Ta 运行时，突然间被 Tc 打断，等到 Tc 执行完毕，那么 Ta 已经错过对事件 A（10ms）的响应了，这是不允许的。所以在设计时，必须考虑任务的时间，一般来说处理时间更短的任务，其优先级应设置得更高一些。

14.7　任务管理实验

任务管理实验是将任务常用的函数进行一次实验，在野火 STM32 开发板上进行该实验。创建两个任务，一个是 LED 任务，另一个是按键任务，LED 任务是显示任务运行的状态，而按键任务是通过检测按键的按下与否来进行对 LED 任务的挂起与恢复，具体参见代码清单 14-21 中加粗部分。

代码清单 14-21　任务管理实验

```
 1  /**
 2    **********************************************************************
 3    * @file    main.c
 4    * @author  fire
 5    * @version V1.0
 6    * @date    2018-xx-xx
 7    * @brief   FreeRTOS V9.0.0  + STM32 任务管理
 8    **********************************************************************
 9    * @attention
10    *
11    * 实验平台：野火 STM32 全系列开发板
12    * 论坛：http://www.firebbs.cn
13    * 淘宝：https://fire-stm32.taobao.com
14    *
15    **********************************************************************
16    */
17
18  /*
19    **********************************************************************
20    *                         包含的头文件
21    **********************************************************************
22    */
23  /* FreeRTOS 头文件 */
24  #include "FreeRTOS.h"
25  #include "task.h"
26  /* 开发板硬件 bsp 头文件 */
27  #include "bsp_led.h"
28  #include "bsp_usart.h"
29  #include "bsp_key.h"
30  /************************* 任务句柄 ****************************/
31  /*
32    * 任务句柄是一个指针，用于指向一个任务，当任务创建好之后，它就具有一个任务句柄，
33    * 以后我们要想操作这个任务都需要用到这个任务句柄，如果是任务操作自身，那么
34    * 这个句柄可以为 NULL
35    */
36  static TaskHandle_t AppTaskCreate_Handle = NULL;        /* 创建任务句柄 */
37  static TaskHandle_t LED_Task_Handle = NULL;             /* LED 任务句柄 */
38  static TaskHandle_t KEY_Task_Handle = NULL;             /* KEY 任务句柄 */
39
40  /************************* 内核对象句柄 ****************************/
41  /*
42    * 信号量、消息队列、事件标志组、软件定时器都属于内核的对象，要想使用这些内核
43    * 对象，必须先创建，创建成功之后会返回一个相应的句柄。实际上就是一个指针，后续我
44    * 们就可以通过这个句柄操作这些内核对象
45    *
46    *
47    * 内核对象可以理解为一种全局的数据结构，通过这些数据结构可以实现任务间的通信、
48    * 任务间的事件同步等功能。这些功能的实现是通过调用这些内核对象的函数
49    * 来完成的
50    *
51    */
52
```

```
53
54 /*************************** 全局变量声明 ***************************/
55 /*
56  * 在写应用程序时，可能需要用到一些全局变量
57  */
58
59
60 /*
61 *******************************************************************
62 *                           函数声明
63 *******************************************************************
64 */
65 static void AppTaskCreate(void);                        /* 用于创建任务 */
66
67 static void LED_Task(void *pvParameters);               /*LED_Task 任务实现*/
68 static void KEY_Task(void *pvParameters);               /*KEY_Task 任务实现*/
69
70 static void BSP_Init(void);                             /* 用于初始化板载相关
                                                               资源 */
71
72 /*******************************************************
73  * @brief   主函数
74  * @param   无
75  * @retval  无
76  * @note    第 1 步：开发板硬件初始化
77           第 2 步：创建 APP 应用任务
78           第 3 步：启动 FreeRTOS，开始多任务调度
79  *******************************************************/
80 int main(void)
81 {
82     BaseType_t xReturn = pdPASS; /* 定义一个创建信息返回值，默认为pdPASS */
83
84     /* 开发板硬件初始化 */
85     BSP_Init();
86
87     printf(" 这是一个 [ 野火 ]-STM32 全系列开发板 -FreeRTOS 任务管理实验！\n\n");
88     printf(" 按下 KEY1 挂起任务，按下 KEY2 恢复任务 \n");
89
90    /* 创建 AppTaskCreate 任务 */
91    xReturn = xTaskCreate((TaskFunction_t )AppTaskCreate,  /* 任务入口函数 */
92                          (const char*    )"AppTaskCreate",/* 任务名称 */
93                          (uint16_t       )512,            /* 任务栈大小 */
94                          (void*          )NULL,           /* 任务入口函数参数 */
95                          (UBaseType_t    )1,              /* 任务的优先级 */
96        (TaskHandle_t*  )&AppTaskCreate_Handle);           /* 任务控制块指针 */
97        /* 启动任务调度 */
98           if (pdPASS == xReturn)
99         vTaskStartScheduler();        /* 启动任务，开启调度 */
100   else
101       return -1;
102
103   while (1);                          /* 正常情况下不会执行到这里 */
104 }
```

```
105
106
107   /***********************************************************
108    * @ 函数名: AppTaskCreate
109    * @ 功能说明: 为了方便管理,所有的任务创建函数都放在这个函数中
110    * @ 参数: 无
111    * @ 返回值: 无
112    **********************************************************/
113   static void AppTaskCreate(void)
114   {
115       BaseType_t xReturn = pdPASS;        /* 定义一个创建信息返回值,默认为 pdPASS */
116
117       taskENTER_CRITICAL();//进入临界区
118
119       /* 创建 LED_Task 任务 */
120       xReturn = xTaskCreate((TaskFunction_t )LED_Task,          /* 任务入口函数 */
121                             (const char*    )"LED_Task",        /* 任务名称 */
122                             (uint16_t       )512,               /* 任务栈大小 */
123                             (void*          )NULL,        /* 任务入口函数参数 */
124                             (UBaseType_t    )2,                 /* 任务的优先级 */
125                             (TaskHandle_t*  )&LED_Task_Handle);
126                                                         /* 任务控制块指针 */
127       if (pdPASS == xReturn)
            printf(" 创建 LED_Task 任务成功!\r\n");
128       /* 创建 KEY_Task 任务 */
129       xReturn = xTaskCreate((TaskFunction_t )KEY_Task,          /* 任务入口函数 */
130                             (const char*    )"KEY_Task",        /* 任务名称 */
131                             (uint16_t       )512,               /* 任务栈大小 */
132                             (void*          )NULL,        /* 任务入口函数参数 */
133                             (UBaseType_t    )3,                 /* 任务的优先级 */
134                             (TaskHandle_t*  )&KEY_Task_Handle);
                                                            /* 任务控制块指针 */
135           if (pdPASS == xReturn)
136           printf(" 创建 KEY_Task 任务成功!\r\n");
137
138       vTaskDelete(AppTaskCreate_Handle); //删除 AppTaskCreate 任务
139
140       taskEXIT_CRITICAL();                      //退出临界区
141   }
142
143
144
145   /***********************************************************
146    * @ 函数名: LED_Task
147    * @ 功能说明: LED_Task 任务主体
148    * @ 参数: 无
149    * @ 返回值: 无
150    **********************************************************/
151   static void LED_Task(void *parameter)
152   {
153       while (1) {
154           LED1_ON;
155           printf("LED_Task Running,LED1_ON\r\n");
```

```
156            vTaskDelay(500);                                    /* 延时 500 个 tick */
157
158            LED1_OFF;
159            printf("LED_Task Running,LED1_OFF\r\n");
160            vTaskDelay(500);                                    /* 延时 500 个 tick */
161        }
162 }
163
164 /**********************************************************************
165  * @ 函数名: KEY_Task
166  * @ 功能说明: KEY_Task 任务主体
167  * @ 参数: 无
168  * @ 返回值: 无
169  **********************************************************************/
170 static void KEY_Task(void* parameter)
171 {
172     while (1) {
173         if ( Key_Scan(KEY1_GPIO_PORT,KEY1_GPIO_PIN) == KEY_ON ) {
174             /* KEY1 被按下 */
175             printf(" 挂起 LED 任务! \n");
176             vTaskSuspend(LED_Task_Handle);                       /* 挂起 LED 任务 */
177         }
178         if ( Key_Scan(KEY2_GPIO_PORT,KEY2_GPIO_PIN) == KEY_ON ) {
179         /* KEY2 被按下 */
180             printf(" 恢复 LED 任务! \n");
181             vTaskResume(LED_Task_Handle);                        /* 恢复 LED 任务 */
182         }
183         vTaskDelay(20);                                          /* 延时 20 个 tick */
184     }
185 }
186
187 /**********************************************************************
188  * @ 函数名: BSP_Init
189  * @ 功能说明: 板级外设初始化,所有板子上的初始化均可放在这个函数中
190  * @ 参数: 无
191  * @ 返回值: 无
192  **********************************************************************/
193 static void BSP_Init(void)
194 {
195     /*
196      * STM32 中断优先级分组为 4,即 4 位都用来表示抢占优先级,范围为 0 ~ 15
197      * 优先级只需要分组一次即可,以后如果有其他的任务需要用到中断,
198      * 都统一用这个优先级分组,千万不要再分组
199      */
200     NVIC_PriorityGroupConfig( NVIC_PriorityGroup_4 );
201
202     /* LED 初始化 */
203     LED_GPIO_Config();
204
205     /* 串口初始化 */
206     USART_Config();
207
208     /* 按键初始化 */
```

```
209     Key_GPIO_Config();
210
211 }
212
213 /***************************END OF FILE***************************/
```

14.8　实验现象

将程序编译好，用 USB 线连接计算机和开发板的 USB 接口（对应丝印为 USB 转串口），用 DAP 仿真器把配套程序下载到野火 STM32 开发板（具体型号根据购买的板子而定，每个型号的板子都有对应的程序），在计算机上打开串口调试助手，然后复位开发板就可以在调试助手中看到串口的打印信息，在开发板上可以看到 LED 灯在闪烁，按下开发板的 KEY1 按键挂起任务，按下 KEY2 按键恢复任务；我们按下 KEY1 试一下，可以看到开发板上的灯不闪烁了，同时在串口调试助手中也输出了相应的信息，说明任务已经被挂起，再按下 KEY2 按键，可以看到开发板上的灯恢复闪烁，同时在串口调试助手中也输出了相应的信息，说明任务已经被恢复，具体如图 14-5 所示。

图 14-5　任务管理实验现象

第 15 章
消 息 队 列

回想一下，在裸机的编程中，我们是怎样使用全局数组的呢？

15.1　消息队列的基本概念

队列又称消息队列，是一种常用于任务间通信的数据结构，队列可以在任务与任务间、中断与任务间传递信息，实现了任务接收来自其他任务或中断的不固定长度的消息。任务能够从队列中读取消息，当队列中的消息为空时，读取消息的任务将被阻塞。用户还可以指定阻塞的任务时间 xTicksToWait，在这段时间中，如果队列为空，该任务将保持阻塞状态以等待队列数据有效。当队列中有新消息时，被阻塞的任务会被唤醒并处理新消息；当等待的时间超过指定的阻塞时间，即使队列中尚无有效数据，任务也会自动从阻塞态转为就绪态。消息队列是一种异步的通信方式。

通过消息队列服务，任务或中断服务例程可以将一条或多条消息放入消息队列中。同样，一个或多个任务可以从消息队列中获得消息。当有多个消息发送到消息队列时，通常是将先进入消息队列的消息先传给任务，也就是说，任务先得到的是最先进入消息队列的消息，即先进先出原则（FIFO），但是也支持后进先出原则（LIFO）。

FreeRTOS 中使用队列数据结构实现任务异步通信工作，具有如下特性：

❑ 消息支持先进先出方式排队，支持异步读写工作方式。

❑ 读写队列均支持超时机制。

❑ 消息支持后进先出方式排队，向队首发送消息（LIFO）。

❑ 可以允许不同长度（不超过队列节点最大值）的任意类型消息。

❑ 一个任务能够从任意一个消息队列接收和发送消息。

❑ 多个任务能够从同一个消息队列接收和发送消息。

❑ 当队列使用结束后，可以通过删除队列函数进行删除。

15.2　消息队列的运作机制

创建消息队列时 FreeRTOS 会先给消息队列分配一块内存空间，这块内存的大小等于

［消息队列控制块大小 +（单个消息空间大小 × 消息队列长度）］，接着再初始化消息队列，此时消息队列为空。FreeRTOS 的消息队列控制块由多个元素组成，当消息队列被创建时，系统会为控制块分配对应的内存空间，用于保存消息队列的一些信息，如消息的存储位置、头指针 pcHead、尾指针 pcTail、消息大小 uxItemSize 以及队列长度 uxLength 等。同时每个消息队列都与消息空间在同一段连续的内存空间中，在创建成功时，这些内存就被占用了，只有删除消息队列时，这段内存才会被释放。创建成功时就已经分配好每个消息空间与消息队列的容量，无法更改，每个消息空间可以存放不大于消息大小（uxItemSize）的任意类型的数据，所有消息队列中的消息空间总数即消息队列的长度，这个长度可在消息队列创建时指定。

任务或者中断服务程序都可以给消息队列发送消息。当发送消息时，如果队列未满或者允许覆盖入队，FreeRTOS 会将消息复制到消息队列队尾，否则会根据用户指定的阻塞超时时间进行阻塞。在这段时间中，如果队列一直不允许入队，该任务将保持阻塞状态以等待队列允许入队。当其他任务从其等待的队列中读取入数据（队列未满时），该任务将自动由阻塞态转换为就绪态。当等待的时间超过了指定的阻塞时间，即使队列中还不允许入队，任务也会自动从阻塞态转换为就绪态，此时发送消息的任务或者中断程序会收到一个错误代码 errQUEUE_FULL。

发送紧急消息的过程与发送消息几乎一样，唯一的不同是，当发送紧急消息时，发送的位置是消息队列的队头而非队尾，这样，接收者就能够优先接收紧急消息，从而及时进行消息处理。

当某个任务试图读一个队列时，其可以指定一个阻塞超时时间。在这段时间中，如果队列为空，该任务将保持阻塞状态以等待队列数据有效。当其他任务或中断服务程序向其等待的队列中写入了数据，该任务将自动由阻塞态转换为就绪态。当等待的时间超过了指定的阻塞时间，即使队列中尚无有效数据，任务也会自动从阻塞态转换为就绪态。

当消息队列不再被使用时，应该将其删除以释放系统资源，一旦操作完成，消息队列将被永久删除。

消息队列的运作过程如图 15-1 所示。

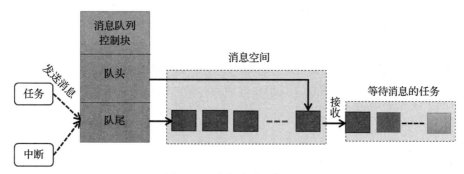

图 15-1　消息队列运作过程

15.3　消息队列的阻塞机制

我们使用的消息队列一般不是属于某个任务的队列，在很多时候，我们创建的队列是每个任务都可以去对其进行读写操作的，但是为了保护每个任务对其进行读写操作的过程，必须有阻塞机制，在某个任务对其进行读写操作时，必须保证该任务能正常完成读写操作，而不受后来任务的干扰。

那么，如何实现这个机制呢？很简单，因为 FreeRTOS 中已经提供了这种机制，我们直接使用即可，每个对消息队列读写的函数都有这种机制，称之为阻塞机制。假设有一个任务 A 对某个队列进行读操作时（也就是我们所说的出队）发现它没有消息，那么此时任务 A 有 3 个选择：第 1 个选择，既然队列没有消息，那么不再等待，去处理其他操作，这样任务 A 不会进入阻塞态；第 2 个选择，任务 A 继续等待，此时任务 A 会进入阻塞态，等待消息到来，而任务 A 的等待时间就由我们自己定义，比如设置为 1000 个 tick，在这 1000 个 tick 到来之前，任务 A 都是处于阻塞态。若阻塞的这段时间任务 A 等到了队列的消息，那么任务 A 就会从阻塞态变成就绪态。如果此时任务 A 比当前运行的任务优先级还高，那么任务 A 就会得到消息并且运行；假如 1000 个 tick 过去了队列还没有消息，那么任务 A 就不等了，从阻塞态中唤醒，返回一个没等到消息的错误代码，然后继续执行任务 A 的其他代码；第 3 个选择，任务 A 一直等待，这样任务 A 就会进入阻塞态，直到完成读取队列的消息。

而在发送消息时，为了保护数据，当且仅当队列允许入队时，发送者才能成功发送消息；队列中无可用消息空间时，说明消息队列已满，此时，系统会根据用户指定的阻塞超时时间将任务阻塞，在指定的超时时间内如果还不能完成入队操作，发送消息的任务或者中断服务程序会收到一个错误代码 errQUEUE_FULL，然后解除阻塞态。当然，只有在任务中发送消息才允许进入阻塞态，而在中断中发送消息不允许带有阻塞机制，需要调用在中断中发送消息的 API 函数接口。

假如有多个任务阻塞在一个消息队列中，那么这些阻塞的任务将按照任务优先级进行排序，优先级高的任务将优先获得队列的访问权。

15.4　消息队列的应用场景

消息队列可用于发送不定长消息的场合，包括任务与任务间的消息交换。队列是 FreeRTOS 主要的任务间通信方式，可以在任务与任务间、中断和任务间传送信息，发送到队列的消息是通过复制方式实现的，这意味着队列存储的数据是原始数据，而不是原始数据的引用。

15.5　消息队列控制块

FreeRTOS 的消息队列控制块由多个元素组成，当消息队列被创建时，系统会为控制块分配对应的内存空间，用于保存消息队列的一些信息，如消息的存储位置、头指针 pcHead、尾指针 pcTail、消息大小 uxItemSize、队列长度 uxLength，以及当前队列消息个数 uxMessages-Waiting 等，具体参见代码清单 15-1。

代码清单 15-1　消息队列控制块

```
1 typedef struct QueueDefinition {
2 int8_t *pcHead;                                              (1)
3 int8_t *pcTail;                                              (2)
4 int8_t *pcWriteTo;                                           (3)
5
6 union {
7 int8_t *pcReadFrom;                                          (4)
8        UBaseType_t uxRecursiveCallCount;                     (5)
9    } u;
10
11    List_t xTasksWaitingToSend;                              (6)
12    List_t xTasksWaitingToReceive;                           (7)
13
14    volatile UBaseType_t uxMessagesWaiting;                  (8)
15    UBaseType_t uxLength;                                     (9)
16    UBaseType_t uxItemSize;                                   (10)
17
18    volatil eint8_t cRxLock;                                 (11)
19    volatil eint8_t cTxLock;                                 (12)
20
21 #if( ( configSUPPORT_STATIC_ALLOCATION == 1 )
22   && ( configSUPPORT_DYNAMIC_ALLOCATION == 1 ) )
23    uint8_t ucStaticallyAllocated;
24 #endif
25
26 #if ( configUSE_QUEUE_SETS == 1 )
27    struct QueueDefinition *pxQueueSetContainer;
28 #endif
29
30 #if ( configUSE_TRACE_FACILITY == 1 )
31          UBaseType_t uxQueueNumber;
32          uint8_t ucQueueType;
33 #endif
34
35        } xQUEUE;
36
37 typedef xQUEUE Queue_t;
```

代码清单 15-1（1）：pcHead 指向队列消息存储区起始位置，即第一个消息空间。

代码清单 15-1（2）：pcTail 指向队列消息存储区结束位置地址。

代码清单 15-1（3）：pcWriteTo 指向队列消息存储区下一个可用消息空间。

代码清单 15-1（4）：pcReadFrom 与 uxRecursiveCallCount 是一对互斥变量，使用联合体来确保两个互斥的结构体成员不会同时出现。当结构体用于队列时，pcReadFrom 指向出队消息空间的最后一个，也就是读取消息时是从 pcReadFrom 指向的空间读取消息内容。

代码清单 15-1（5）：当结构体用于互斥量时，uxRecursiveCallCount 用于计数，记录递归互斥量被"调用"的次数。

代码清单 15-1（6）：xTasksWaitingToSend 是一个发送消息阻塞列表，用于保存阻塞在此队列的任务，任务按照优先级进行排序。由于队列已满，想要发送消息的任务无法发送消息。

代码清单 15-1（7）：xTasksWaitingToReceive 是一个获取消息阻塞列表，用于保存阻塞在此队列的任务，任务按照优先级进行排序。由于队列是空的，想要获取消息的任务无法获取消息。

代码清单 15-1（8）：uxMessagesWaiting 用于记录当前消息队列的消息个数，如果消息队列用于信号量，这个值就表示有效信号量个数。

代码清单 15-1（9）：uxLength 表示队列的长度，也就是能存放多少消息。

代码清单 15-1（10）：uxItemSize 表示单个消息的大小。

代码清单 15-1（11）：队列上锁后，存储从队列收到的列表项数目，也就是出队的数量；如果队列没有上锁，则设置为 queueUNLOCKED。

代码清单 15-1（12）：队列上锁后，存储发送到队列的列表项数目，也就是入队的数量；如果队列没有上锁，则设置为 queueUNLOCKED。

这两个成员变量为 queueUNLOCKED 时，表示队列未上锁；当这两个成员变量为 queue-LOCKED_UNMODIFIED 时，表示队列上锁。

15.6　常用的消息队列函数

使用队列模块的典型流程如下：
- ❏ 创建消息队列。
- ❏ 写队列操作。
- ❏ 读队列操作。
- ❏ 删除队列。

15.6.1　消息队列动态创建函数

xQueueCreate() 用于创建一个新的队列并返回可用于访问这个队列的队列句柄。队列句柄其实就是一个指向队列数据结构类型的指针。

队列就是一个数据结构，用于任务间的数据的传递。每创建一个新的队列都需要为其分配 RAM，一部分用于存储队列的状态，剩下的作为队列消息的存储区域。使用 xQueue-Create() 创建队列时，使用的是动态内存分配，所以要想使用该函数，必须在 FreeRTOS-Config.h 中把 configSUPPORT_DYNAMIC_ALLOCATION 定义为 1 来启用，这是一个用于启用动态内存分配的宏，通常情况下，在 FreeRTOS 中，凡是创建任务、队列、信号量和互斥量等内核对象都需要使用动态内存分配，所以这个宏默认在 FreeRTOS.h 头文件中已经启用（即定义为 1）。如果想使用静态内存，则可以使用 xQueueCreateStatic() 函数来创建一个队列。使用静态创建消息队列函数创建队列时需要的形参更多，需要的内存在编译时预先分配好，一般很少使用这种方法。xQueueCreate() 函数的原型具体参见代码清单 15-2 中加粗部分，使用说明如表 15-1 所示。

代码清单 15-2　xQueueCreate() 函数原型

```
1 #if( configSUPPORT_DYNAMIC_ALLOCATION == 1 )
2 #define xQueueCreate( uxQueueLength, uxItemSize )    \
3 xQueueGenericCreate( ( uxQueueLength ), ( uxItemSize ), ( queueQUEUE_TYPE_BASE ) )
4 #endif
```

表 15-1　xQueueCreate() 函数说明

函 数 原 型		QueueHandle_t xQueueCreate(UBaseType_t uxQueueLength, UBaseType_t uxItemSize);
功　　能		用于创建一个新的队列
参　　数	uxQueueLength	队列能够存储的最大消息单元数目，即队列长度
	uxItemSize	队列中消息单元的大小，以字节为单位
返 回 值		如果创建成功，则返回一个队列句柄，用于访问创建的队列；如果创建不成功，则返回 NULL，可能的原因是创建队列需要的 RAM 无法分配成功

从函数原型中可以看到，创建队列时真正使用的函数是 xQueueGenericCreate()。消息队列创建函数，顾名思义，就是创建一个队列，与任务一样，都是需要先创建才能使用。FreeRTOS 不知道我们需要什么样的队列，只是提供了创建函数，类似队列的长度、消息的大小这些信息都是需要我们自己定义的。xQueueGenericCreate() 函数的源码具体参见代码清单 15-3。

代码清单 15-3　xQueueGenericCreate() 函数源码

```
1 /*-----------------------------------------------------------*/
2 #if( configSUPPORT_DYNAMIC_ALLOCATION == 1 )
3
4 QueueHandle_t xQueueGenericCreate( const UBaseType_t uxQueueLength,
5                                    const UBaseType_t uxItemSize,
6                                    const uint8_t ucQueueType )
7 {
8     Queue_t *pxNewQueue;
9     size_t xQueueSizeInBytes;
10    uint8_t *pucQueueStorage;
11
12    configASSERT( uxQueueLength > ( UBaseType_t ) 0 );
13
14    if ( uxItemSize == ( UBaseType_t ) 0 ) {
15        /* 消息空间大小为 0*/
16        xQueueSizeInBytes = ( size_t ) 0;                                (1)
17    } else {
18        /* 分配足够的消息存储空间，空间的大小为队列长度 x 单个消息大小 */
19        xQueueSizeInBytes = ( size_t ) ( uxQueueLength * uxItemSize );   (2)
20    }
21    /* 向系统申请内存，内存大小为消息队列控制块大小 + 消息存储空间大小 */
22    pxNewQueue=(Queue_t*)pvPortMalloc(sizeof(Queue_t)+xQueueSizeInBytes);(3)
23
24    if ( pxNewQueue != NULL ) {
25        /* 计算出消息存储空间的起始地址 */
26        pucQueueStorage = ( ( uint8_t * ) pxNewQueue ) + sizeof( Queue_t );(4)
27
28 #if( configSUPPORT_STATIC_ALLOCATION == 1 )
```

```
29          {
30
31              pxNewQueue->ucStaticallyAllocated = pdFALSE;
32          }
33 #endif
34
35          prvInitialiseNewQueue( uxQueueLength,                    (5)
36                                 uxItemSize,
37                                 pucQueueStorage,
38                                 ucQueueType,
39                                 pxNewQueue );
40      }
41
42      return pxNewQueue;
43 }
44
45 #endif
46 /*-----------------------------------------------------------*/
```

代码清单 15-3（1）：如果 uxItemSize 为 0，也就是单个消息空间大小为 0，就不需要申请内存了，那么将 xQueueSizeInBytes 也设置为 0 即可。设置为 0 是可以的，用作信号量时就可以设置为 0。

代码清单 15-3（2）：如果 uxItemSize 不为 0，那么需要分配足以存储消息的空间，内存的大小为队列长度 × 单个消息大小。

代码清单 15-3（3）：FreeRTOS 调用 pvPortMalloc() 函数向系统申请内存空间，内存大小为消息队列控制块大小＋消息存储空间大小，因为这段内存空间是需要保证连续的，具体如图 15-2 所示。

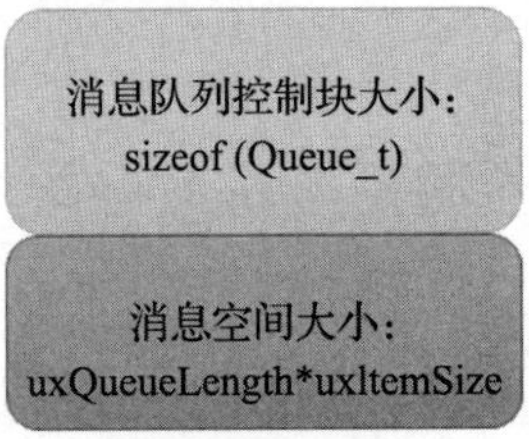

代码清单 15-3（4）：计算出消息存储内存空间的起始地址，因为（3）中申请的内存是包含了消息队列控制块的内存空间，但是我们存储消息的内存空间在消息队列控制块后面。

代码清单 15-3（5）：调用 prvInitialiseNewQueue()

图 15-2　消息队列的内存空间示意图

函数将消息队列进行初始化。其实 xQueueGenericCreate() 主要是用于分配消息队列内存的，消息队列初始化函数的源码具体参见代码清单 15-4。

代码清单 15-4　prvInitialiseNewQueue() 函数源码

```
1 /*-----------------------------------------------------------*/
2 static void prvInitialiseNewQueue( const UBaseType_t uxQueueLength,     (1)
3                                    const UBaseType_t uxItemSize,        (2)
4                                    uint8_t *pucQueueStorage,            (3)
5                                    const uint8_t ucQueueType,           (4)
6                                    Queue_t *pxNewQueue )                (5)
7 {
8     ( void ) ucQueueType;
9
10    if ( uxItemSize == ( UBaseType_t ) 0 ) {
```

```
11              /* 没有为消息存储分配内存, 但是 pcHead 指针不能设置为 NULL,
12                 因为队列用作互斥量时, pcHead 要设置成 NULL。
13                 这里只是将 pcHead 指向一个已知的区域 */
14              pxNewQueue->pcHead = ( int8_t * ) pxNewQueue;              (6)
15          } else {
16              /* 设置 pcHead 指向存储消息的起始地址 */
17              pxNewQueue->pcHead = ( int8_t * ) pucQueueStorage;        (7)
18          }
19
20          /* 初始化消息队列控制块的其他成员 */
21          pxNewQueue->uxLength = uxQueueLength;                         (8)
22          pxNewQueue->uxItemSize = uxItemSize;
23          /* 重置消息队列 */
24          ( void ) xQueueGenericReset( pxNewQueue, pdTRUE );           (9)
25
26 #if ( configUSE_TRACE_FACILITY == 1 )
27      {
28          pxNewQueue->ucQueueType = ucQueueType;
29      }
30 #endif
31
32 #if( configUSE_QUEUE_SETS == 1 )
33      {
34          pxNewQueue->pxQueueSetContainer = NULL;
35      }
36 #endif
37
38      traceQUEUE_CREATE( pxNewQueue );
39 }
40 /*-----------------------------------------------------------*/
```

代码清单 15-4（1）：消息队列长度。

代码清单 15-4（2）：单个消息大小。

代码清单 15-4（3）：存储消息起始地址。

代码清单 15-4（4）：消息队列类型，包括以下 6 种。

❑ queueQUEUE_TYPE_BASE：表示队列。

❑ queueQUEUE_TYPE_SET：表示队列集合。

❑ queueQUEUE_TYPE_MUTEX：表示互斥量。

❑ queueQUEUE_TYPE_COUNTING_SEMAPHORE：表示计数信号量。

❑ queueQUEUE_TYPE_BINARY_SEMAPHORE：表示二进制信号量。

❑ queueQUEUE_TYPE_RECURSIVE_MUTEX：表示递归互斥量。

代码清单 15-4（5）：消息队列控制块。

代码清单 15-4（6）：即使没有为消息队列分配存储消息的内存空间，pcHead 指针也不能设置为 NULL，因为队列用作互斥量时，pcHead 要设置成 NULL，这里只能将 pcHead 指向一个已知的区域——消息队列控制块 pxNewQueue。

代码清单 15-4（7）：如果分配了存储消息的内存空间，则设置 pcHead 指向存储消息的起始地址 pucQueueStorage。

代码清单 15-4（8）：初始化消息队列控制块的其他成员，如消息队列的长度与消息的大小。

代码清单 15-4（9）：重置消息队列。在消息队列初始化时，需要重置一下相关参数，具体参见代码清单 15-5。

代码清单 15-5　重置消息队列 xQueueGenericReset() 源码

```
1  /*-----------------------------------------------------------*/
2  BaseType_t xQueueGenericReset( QueueHandle_t xQueue,
3                                 BaseType_t xNewQueue )
4  {
5      Queue_t * const pxQueue = ( Queue_t * ) xQueue;
6
7      configASSERT( pxQueue );
8
9      taskENTER_CRITICAL();                                         (1)
10     {
11         pxQueue->pcTail = pxQueue->pcHead +
12                 ( pxQueue->uxLength * pxQueue->uxItemSize );       (2)
13         pxQueue->uxMessagesWaiting = ( UBaseType_t ) 0U;          (3)
14         pxQueue->pcWriteTo = pxQueue->pcHead;                      (4)
15         pxQueue->u.pcReadFrom = pxQueue->pcHead +
16         (( pxQueue->uxLength - ( UBaseType_t ) 1U ) * pxQueue->uxItemSize );(5)
17         pxQueue->cRxLock = queueUNLOCKED;                          (6)
18         pxQueue->cTxLock = queueUNLOCKED;
19
20         if ( xNewQueue == pdFALSE ) {                              (7)
21             if ( listLIST_IS_EMPTY
22                 ( &( pxQueue->xTasksWaitingToSend ) ) == pdFALSE ) {
23                 if ( xTaskRemoveFromEventList
24                     ( &( pxQueue->xTasksWaitingToSend ) ) != pdFALSE ) {
25                     queueYIELD_IF_USING_PREEMPTION();
26                 } else {
27                     mtCOVERAGE_TEST_MARKER();
28                 }
29             } else {
30                 mtCOVERAGE_TEST_MARKER();
31             }
32         } else {                                                  (8)
33             vListInitialise( &( pxQueue->xTasksWaitingToSend ) );
34             vListInitialise( &( pxQueue->xTasksWaitingToReceive ) );
35         }
36     }
37     taskEXIT_CRITICAL();                                          (9)
38
39     return pdPASS;
40 }
41 /*-----------------------------------------------------------*/
```

代码清单 15-5（1）：进入临界段。

代码清单 15-5（2）：重置消息队列的成员变量，pcTail 指向存储消息内存空间的结束地址。

代码清单 15-5（3）：当前消息队列中的消息个数 uxMessagesWaiting 为 0。

代码清单 15-5（4）：pcWriteTo 指向队列消息存储区下一个可用消息空间，因为是重置消息队列，就指向消息队列的第一个消息空间，也就是 pcHead 指向的空间。

代码清单 15-5（5）：pcReadFrom 指向消息队列最后一个消息空间。

代码清单 15-5（6）：消息队列没有上锁，设置为 queueUNLOCKED。

代码清单 15-5（7）：如果不是新建一个消息队列，那么之前的消息队列可能阻塞了一些任务，需要将其解除阻塞。如果有发送消息任务被阻塞，那么需要将它恢复，而如果任务是因为读取消息而阻塞，那么重置之后的消息队列也是空的，则无须被恢复。

代码清单 15-5（8）：如果是新创建一个消息队列，则需要将 xTasksWaitingToSend 列表与 xTasksWaitingToReceive 列表初始化。

代码清单 15-5（9）：退出临界段。

至此，消息队列的创建讲解完毕，创建完成的消息队列示意图如图 15-3 所示。

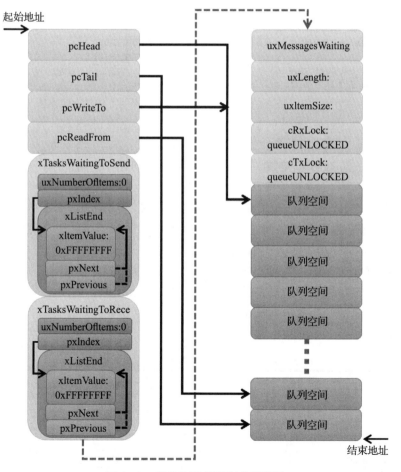

图 15-3　消息队列创建完成示意图

在创建消息队列的时候，是需要用户自己定义消息队列的句柄的，但是要注意，定义了队列的句柄并不等于创建了队列，创建队列必须是调用消息队列创建函数进行创建（可以是静态创建也可以是动态创建），否则，以后根据队列句柄使用消息队列的其他函数时会发生错误。创建完成会返回消息队列的句柄，用户通过句柄就可以使用消息队列进行发送与读取消息队列的操作，如果返回的是 NULL，则表示创建失败。消息队列创建函数 xQueueCreate() 使用实例具体参见代码清单 15-6 中加粗部分。

代码清单 15-6　xQueueCreate() 实例

```
 1 QueueHandle_t Test_Queue =NULL;
 2
 3 #define   QUEUE_LEN    4              /* 队列的长度，最大可包含多少个消息 */
 4 #define   QUEUE_SIZE   4              /* 队列中每个消息大小（字节）*/
 5
 6 BaseType_t xReturn = pdPASS;/* 定义一个创建信息返回值，默认为 pdPASS */
 7
 8 taskENTER_CRITICAL();                                      // 进入临界区
 9
10 /* 创建 Test_Queue */
11 Test_Queue = xQueueCreate((UBaseType_t ) QUEUE_LEN,        /* 消息队列的长度 */
12                          (UBaseType_t ) QUEUE_SIZE);       /* 消息的大小 */
13 if (NULL != Test_Queue)
14     printf(" 创建 Test_Queue 消息队列成功!\r\n");
15
16 taskEXIT_CRITICAL();                                       // 退出临界区
```

15.6.2　消息队列静态创建函数

xQueueCreateStatic() 用于创建一个新的队列并返回可用于访问这个队列的队列句柄。队列句柄其实就是一个指向队列数据结构类型的指针。

队列就是一个数据结构，用于任务间的数据的传递。每创建一个新的队列都需要为其分配 RAM，一部分用于存储队列的状态，其余的作为队列的存储区。使用 xQueueCreateStatic() 创建队列时，使用的是静态内存分配，所以要想使用该函数，必须在 FreeRTOSConfig.h 中把 configSUPPORT_STATIC_ALLOCATION 定义为 1 来启用。这是一个用于启用静态内存分配的宏，需要的内存在程序编译时分配好，由用户自己定义，创建过程与 xQueueCreate() 差别不大，暂不深入讲解。xQueueCreateStatic() 函数的具体说明如表 15-2 所示，使用实例具体参见代码清单 15-7 中加粗部分。

表 15-2　xQueueCreateStatic() 函数说明

函 数 原 型	QueueHandle_t xQueueCreateStatic(UBaseType_t uxQueueLength, UBaseType_t uxItemSize, uint8_t *pucQueueStorageBuffer, StaticQueue_t *pxQueueBuffer);	
功　　能	用于创建一个新的队列	
参　　数	uxQueueLength	队列能够存储的最大单元数目，即队列深度
	uxItemSize	队列中数据单元的长度，以字节为单位

（续）

参　　数	pucQueueStorageBuffer	指针，指向一个 uint8_t 类型的数组，数组的大小至少有 uxQueueLength* uxItemSize 个字节。当 uxItemSize 为 0 时，pucQueueStorageBuffer 可以为 NULL
	pxQueueBuffer	指针，指向 StaticQueue_t 类型的变量，该变量用于存储队列的数据结构
返回值		如果创建成功，则返回一个队列句柄，用于访问创建的队列；如果创建不成功，则返回 NULL，可能的原因是创建队列需要的 RAM 无法分配成功

代码清单 15-7　xQueueCreateStatic() 函数实例

```
1  /* 创建一个可以最多可以存储 10 个 64 位变量的队列 */
2  #define QUEUE_LENGTH     10
3  #define ITEM_SIZE        sizeof( uint64_t )
4
5  /* 该变量用于存储队列的数据结构 */
6  static StaticQueue_t xStaticQueue;
7
8  /* 该数组作为队列的存储区域，大小至少有 uxQueueLength * uxItemSize 个字节 */
9  uint8_t ucQueueStorageArea[ QUEUE_LENGTH * ITEM_SIZE ];
10
11 void vATask( void *pvParameters )
12 {
13     QueueHandle_t xQueue;
14
15 /* 创建一个队列 */
16     xQueue = xQueueCreateStatic( QUEUE_LENGTH,      /* 队列深度 */
17                                  ITEM_SIZE,         /* 队列数据单元的单位 */
18                                  ucQueueStorageArea,/* 队列的存储区域 */
19                                  &xStaticQueue );   /* 队列的数据结构 */
20 /* 剩余代码 */
21 }
```

15.6.3　消息队列删除函数

队列删除函数是根据消息队列句柄直接删除的，删除之后这个消息队列的所有信息都会被系统回收清空，而且不能再次使用这个消息队列，但是需要注意的是，如果某个消息队列没有被创建，当然是无法删除的。xQueue 是 vQueueDelete() 函数的形参，是消息队列句柄，表示要删除的队列，其函数源码具体参见代码清单 15-8。

代码清单 15-8　消息队列删除函数 vQueueDelete() 源码（已省略暂时无用部分）

```
1 void vQueueDelete( QueueHandle_t xQueue )
2 {
3     Queue_t * const pxQueue = ( Queue_t * ) xQueue;
4
5     /* 断言 */
6     configASSERT( pxQueue );                                        (1)
7     traceQUEUE_DELETE( pxQueue );
8
9 #if ( configQUEUE_REGISTRY_SIZE > 0 )
10     {
11         /* 将消息队列从注册表中删除，我们目前没有添加到注册表中，暂时不用理会 */
```

```
12              vQueueUnregisterQueue( pxQueue );                    (2)
13      }
14 #endif
15
16 #if( ( configSUPPORT_DYNAMIC_ALLOCATION == 1 )
17     && ( configSUPPORT_STATIC_ALLOCATION == 0 ) ) {
18      /* 因为所用的消息队列是动态分配内存的，所以需要调用
19         vPortFree 来释放消息队列的内存 */
20      vPortFree( pxQueue );                                        (3)
21      }
22 }
```

代码清单 15-8（1）：对传入的消息队列句柄进行检查，如果消息队列是有效的，才允许进行删除操作。

代码清单 15-8（2）：将消息队列从注册表中删除，目前没有将消息队列添加到注册表中，暂时不用理会。

代码清单 15-8（3）：因为所用的消息队列是动态分配内存的，所以需要调用 vPortFree() 函数来释放消息队列的内存。

消息队列删除函数 vQueueDelete() 的使用也很简单，只需传入要删除的消息队列的句柄即可，调用函数时，系统将删除这个消息队列。需要注意的是，调用删除消息队列函数前，系统应存在 xQueueCreate() 或 xQueueCreateStatic() 函数创建的消息队列。此外 vQueue-Delete() 也可用于删除信号量。如果删除消息队列时，有任务正在等待消息，则不应该进行删除操作（官方给出的是不允许进行删除操作，但是源码并没有禁止删除的操作，使用时注意一下即可），删除消息队列的实例具体见代码清单 15-9 中加粗部分。

代码清单 15-9　消息队列删除函数 vQueueDelete() 实例

```
1 #define QUEUE_LENGTH    5
2 #define QUEUE_ITEM_SIZE 4
3
4 int main( void )
5 {
6     QueueHandle_t xQueue;
7     /* 创建消息队列 */
8     xQueue = xQueueCreate( QUEUE_LENGTH, QUEUE_ITEM_SIZE );
9
10    if ( xQueue == NULL ) {
11    /* 消息队列创建失败 */
12    } else {
13        /* 删除已创建的消息队列 */
14        vQueueDelete( xQueue );
15    }
16 }
```

15.6.4　向消息队列发送消息函数

消息队列发送函数有多个，都是使用宏定义进行展开的，有些只能在任务中调用，有些只能在中断中调用，具体见下面的讲解。

1. xQueueSend() 与 xQueueSendToBack()

xQueueSend() 与 xQueueSendToBack() 的函数原型参见代码清单 15-10 和代码清单 15-11。

代码清单 15-10 xQueueSend() 函数原型

```
1 #define xQueueSend( xQueue, pvItemToQueue, xTicksToWait )          \
2        xQueueGenericSend( ( xQueue ), ( pvItemToQueue ),           \
3                          ( xTicksToWait ), queueSEND_TO_BACK )
```

代码清单 15-11 xQueueSendToBack() 函数原型

```
1 #define xQueueSendToBack( xQueue, pvItemToQueue, xTicksToWait )    \
2        xQueueGenericSend( ( xQueue ), ( pvItemToQueue ),           \
3                          ( xTicksToWait ), queueSEND_TO_BACK )
```

xQueueSend() 是一个宏，宏展开是调用函数 xQueueGenericSend()，这个函数的实现过程在后面会详细讲解。该宏是为了向后兼容没有包含 xQueueSendToFront() 和 xQueueSend-ToBack() 这两个宏的 FreeRTOS 版本。xQueueSend() 等同于 xQueueSendToBack()。

xQueueSend() 用于向队列尾部发送一个队列消息。消息以复制的形式入队，而不是以引用的形式。该函数绝对不能在中断服务程序中被调用，中断中必须使用带有中断保护功能的 xQueueSendFromISR() 来代替。xQueueSend() 函数的具体说明如表 15-3 所示，应用实例具体参见代码清单 15-12 中加粗部分。

表 15-3 xQueueSend() 函数说明

函 数 原 型	BaseType_t xQueueSend(QueueHandle_t xQueue, const void * pvItemToQueue, TickType_t xTicksToWait);	
功　　能	用于向队列尾部发送一个队列消息	
参　　数	xQueue	队列句柄
	pvItemToQueue	指针，指向要发送到队列尾部的队列消息
	xTicksToWait	队列满时，等待队列空闲的最大超时时间。如果队列满并且 xTicksToWait 被设置成 0，函数立刻返回。超时时间的单位为系统节拍周期，常量 portTICK_PERIOD_MS 用于辅助计算真实的时间，单位为 ms。如果 INCLUDE_vTaskSuspend 设置成 1，并且指定延时为 portMAX_DELAY，将导致任务挂起（没有超时）
返 回 值	消息发送成功则返回 pdTRUE，否则返回 errQUEUE_FULL	

代码清单 15-12 xQueueSend() 函数实例

```
1 static void Send_Task(void* parameter)
2 {
3     BaseType_t xReturn = pdPASS;      /* 定义一个创建信息返回值，默认为 pdPASS */
4     uint32_t send_data1 = 1;
5     uint32_t send_data2 = 2;
6     while (1) {
7         if ( Key_Scan(KEY1_GPIO_PORT,KEY1_GPIO_PIN) == KEY_ON ) {
8             /* KEY1 被按下 */
9             printf(" 发送消息 send_data1！\n");
10            xReturn = xQueueSend( Test_Queue,          /* 消息队列的句柄 */
```

```
11                                         &send_data1,      /* 发送的消息内容 */
12                                         0 );              /* 等待时间 0 */
13              if (pdPASS == xReturn)
14                  printf(" 消息 send_data1 发送成功 !\n\n");
15          }
16          if ( Key_Scan(KEY2_GPIO_PORT,KEY2_GPIO_PIN) == KEY_ON ) {
17              /* KEY2 被按下 */
18              printf("发送消息 send_data2! \n");
19              xReturn = xQueueSend( Test_Queue,       /* 消息队列的句柄 */
20                                    &send_data2,       /* 发送的消息内容 */
21                                    0 );               /* 等待时间 0 */
22              if (pdPASS == xReturn)
23                  printf(" 消息 send_data2 发送成功 !\n\n");
24          }
25          vTaskDelay(20);                              /* 延时 20 个 tick */
26      }
27 }
```

2. xQueueSendFromISR() 与 xQueueSendToBackFromISR()

xQueueSendFromISR() 与 xQueueSendToBackFromISR() 的函数原型参见代码清单 15-13
和代码清单 15-14。

代码清单 15-13   xQueueSendFromISR() 函数原型

```
1 #define xQueueSendFromISR(xQueue,pvItemToQueue;                                    \
2                       pxHigherPriorityTaskWoken)                                   \
3          xQueueGenericSendFromISR( ( xQueue ), ( pvItemToQueue ),                  \
4                       ( pxHigherPriorityTaskWoken ), queueSEND_TO_BACK )
```

xQueueSendToBackFromISR() 等同于 xQueueSendFromISR()。

代码清单 15-14   xQueueSendToBackFromISR() 函数原型

```
1 #define xQueueSendToBackFromISR(xQueue,pvItemToQueue,pxHigherPriorityTaskWoken) \
2          xQueueGenericSendFromISR( ( xQueue ), ( pvItemToQueue ),                \
3          ( pxHigherPriorityTaskWoken ), queueSEND_TO_BACK )
```

xQueueSendFromISR() 是一个宏, 宏展开是调用函数 xQueueGenericSendFromISR()。该
宏是 xQueueSend() 的中断保护版本, 用于在中断服务程序中向队列尾部发送一个队列消息,
等价于 xQueueSendToBackFromISR()。xQueueSendFromISR() 函数的具体说明如表 15-4 所示,
使用实例具体参见代码清单 15-15 中加粗部分。

表 15-4   xQueueSendFromISR() 函数说明

函 数 原 型	BaseType_t xQueueSendFromISR(QueueHandle_t xQueue, const void *pvItemToQueue, BaseType_t *pxHigherPriorityTaskWoken);	
功 能	在中断服务程序中用于向队列尾部发送一个消息	
参 数	xQueue	队列句柄
	pvItemToQueue	指针, 指向要发送到队列尾部的消息

（续）

		如果入队导致一个任务解锁，并且解锁的任务优先级高于当前被中断的任务，则将 *pxHigherPriorityTaskWoken 设置成 pdTRUE，然后在中断退出前进行一次上下文切换，去执行比唤醒任务的优先级更高的任务。从 FreeRTOS V7.3.0 起，pxHigherPriorityTaskWoken 作为一个可选参数，可以设置为 NULL
参　　数	pxHigherPriorityTaskWoken	
返 回 值	消息发送成功则返回 pdTRUE，否则返回 errQUEUE_FULL	

代码清单 15-15　xQueueSendFromISR() 函数实例

```
 1 void vBufferISR( void )
 2 {
 3     char cIn;
 4     BaseType_t xHigherPriorityTaskWoken;
 5
 6     /* 在 ISR 开始时，我们并没有唤醒任务 */
 7     xHigherPriorityTaskWoken = pdFALSE;
 8
 9     /* 直到缓冲区为空 */
10     do {
11         /* 从缓冲区获取一个字节的数据 */
12         cIn = portINPUT_BYTE( RX_REGISTER_ADDRESS );
13
14         /* 发送这个数据 */
15         xQueueSendFromISR( xRxQueue, &cIn, &xHigherPriorityTaskWoken );
16
17     } while ( portINPUT_BYTE( BUFFER_COUNT ) );
18
19     /* 这时 buffer 已经为空，如果需要，则进行上下文切换 */
20     if ( xHigherPriorityTaskWoken ) {
21         /* 上下文切换，这是一个宏，不同的处理器，具体的方法不一样 */
22         taskYIELD_FROM_ISR ();
23     }
24 }
```

3. xQueueSendToFront()

xQueueSendToFront() 的函数原型参见代码清单 15-16。

代码清单 15-16　xQueueSendToFront() 函数原型

```
1 #define xQueueSendToFront( xQueue, pvItemToQueue, xTicksToWait )        \
2     xQueueGenericSend( ( xQueue ), ( pvItemToQueue ),                   \
3     ( xTicksToWait ), queueSEND_TO_FRONT )
```

xQueueSendToFront() 是一个宏，宏展开也是调用函数 xQueueGenericSend()。xQueueSend-ToFront() 用于向队列队首发送一个消息。消息以复制的形式入队，而不是以引用的形式。该函数绝不能在中断服务程序中被调用，而是必须使用带有中断保护功能的 xQueueSend-ToFrontFromISR() 来代替。xQueueSendToFront() 函数的具体说明如表 15-5 所示，使用方式与 xQueueSend() 函数一致。

表 15-5   xQueueSendToFront() 函数说明

函 数 原 型	BaseType_t xQueueSendToFront(QueueHandle_t xQueue,
	                              const void * pvItemToQueue,
	                              TickType_t xTicksToWait);	

功 能	用于向队列的队首发送一个消息	
参 数	xQueue	队列句柄
	pvItemToQueue	指针，指向要发送到队首的消息
	xTicksToWait	队列满时，等待队列空闲的最大超时时间。如果队列满并且 xTicksToWait 被设置为 0，则函数立刻返回。超时时间的单位为系统节拍周期，常量 portTICK_PERIOD_MS 用于辅助计算真实的时间，单位为 ms。如果 INCLUDE_vTaskSuspend 设置成 1，并且指定延时为 portMAX_DELAY，将导致任务无限阻塞（没有超时）
返 回 值	发送消息成功则返回 pdTRUE，否则返回 errQUEUE_FULL	

4. xQueueSendToFrontFromISR()

xQueueSendToFrontFromISR() 的函数原型参见代码清单 15-17。

代码清单 15-17   xQueueSendToFrontFromISR() 函数原型

```
1 #define xQueueSendToFrontFromISR( xQueue,pvItemToQueue,pxHigherPriorityTaskWoken ) \
2         xQueueGenericSendFromISR( ( xQueue ), ( pvItemToQueue ),                   \
3         ( pxHigherPriorityTaskWoken ), queueSEND_TO_FRONT )
```

xQueueSendToFrontFromISR() 是一个宏，宏展开是调用函数 xQueueGenericSendFrom-ISR()。该宏是 xQueueSendToFront() 的中断保护版本，用于在中断服务程序中向消息队列的队首发送一个消息。xQueueSendToFromISR() 函数具体说明如表 15-6 所示，使用方式与 xQueueSendFromISR() 函数一致。

表 15-6   xQueueSendToFromISR() 函数说明

函 数 原 型	BaseType_t xQueueSendToFrontFromISR(QueueHandle_t xQueue, const void *pvItemToQueue, BaseType_t *pxHigherPriorityTaskWoken);	
功 能	在中断服务程序中向消息队列的队首发送一个消息	
参 数	xQueue	队列句柄
	pvItemToQueue	指针，指向要发送到队首的消息
	pxHigherPriorityTaskWoken	如果入队导致一个任务解锁，并且解锁的任务优先级高于当前被中断的任务，则将 *pxHigherPriorityTaskWoken 设置为 pdTRUE，然后在中断退出前进行一次上下文切换，去执行被唤醒的优先级更高的任务。从 FreeRTOS V7.3.0 起，pxHigherPriorityTaskWoken 作为一个可选参数，可以设置为 NULL
返 回 值	队列项投递成功则返回 pdTRUE，否则返回 errQUEUE_FULL	

5. 通用消息队列发送函数 xQueueGenericSend()（任务）

前文中介绍的那些在任务中发送消息的函数都是 xQueueGenericSend() 展开的宏定义，真正起作用的是 xQueueGenericSend() 函数，根据指定的不同参数，发送消息的结果会不一样。下面一起看一看任务级的通用消息队列发送函数的实现过程，具体参见代码清单 15-18。

代码清单 15-18   xQueueGenericSend() 函数源码（已删减）

```
1  /*------------------------------------------------------------*/
2  BaseType_t xQueueGenericSend( QueueHandle_t xQueue,                          (1)
3                          const void * const pvItemToQueue,                    (2)
4                          TickType_t xTicksToWait,                             (3)
5                          const BaseType_t xCopyPosition )                     (4)
6  {
7      BaseType_t xEntryTimeSet = pdFALSE, xYieldRequired;
8      TimeOut_t xTimeOut;
9      Queue_t * const pxQueue = ( Queue_t * ) xQueue;
10
11     /* 已删除一些断言操作 */
12
13     for ( ;; ) {
14         taskENTER_CRITICAL();                                                (5)
15         {
16             /* 队列未满 */
17             if ( ( pxQueue->uxMessagesWaiting < pxQueue->uxLength )
18                 || ( xCopyPosition == queueOVERWRITE ) ) {                   (6)
19                 traceQUEUE_SEND( pxQueue );
20                 xYieldRequired =
21             prvCopyDataToQueue( pxQueue, pvItemToQueue, xCopyPosition );     (7)
22
23                 /* 已删除使用队列集部分代码 */
24                 /* 如果有任务在等待获取此消息队列 */
25     if ( listLIST_IS_EMPTY(&(pxQueue->xTasksWaitingToReceive))==pdFALSE){(8)
26                 /* 将任务从阻塞中恢复 */
27                 if ( xTaskRemoveFromEventList(
28                 &( pxQueue->xTasksWaitingToReceive ) )!=pdFALSE)         {(9)
29                     /* 如果恢复的任务优先级比当前运行任务优先级还高，
30                        那么需要进行一次任务切换 */
31                     queueYIELD_IF_USING_PREEMPTION();                        (10)
32                 } else {
33                     mtCOVERAGE_TEST_MARKER();
34                 }
35             } else if ( xYieldRequired != pdFALSE ) {
36                 /* 如果没有等待的任务，复制成功后也需要进行任务切换 */
37                 queueYIELD_IF_USING_PREEMPTION();                            (11)
38             } else {
39                 mtCOVERAGE_TEST_MARKER();
40             }
41
42             taskEXIT_CRITICAL();                                             (12)
43             return pdPASS;
44         }
45         /* 队列已满 */
46         else {                                                               (13)
47             if ( xTicksToWait == ( TickType_t ) 0 ) {
48                 /* 如果用户不指定阻塞超时时间，退出 */
49                 taskEXIT_CRITICAL();                                         (14)
50                 traceQUEUE_SEND_FAILED( pxQueue );
51                 return errQUEUE_FULL;
52             } else if ( xEntryTimeSet == pdFALSE ) {
```

```
53                    /* 初始化阻塞超时结构体变量，初始化进入
54                       阻塞的时间 xTickCount 和溢出次数 xNumOfOverflows */
55                    vTaskSetTimeOutState( &xTimeOut );                    (15)
56                    xEntryTimeSet = pdTRUE;
57                } else {
58                    mtCOVERAGE_TEST_MARKER();
59                }
60            }
61        }
62        taskEXIT_CRITICAL();                                              (16)
63        /* 挂起调度器 */
64        vTaskSuspendAll();
65        /* 队列上锁 */
66        prvLockQueue( pxQueue );
67
68        /* 检查是否超过超时时间 */
69        if (xTaskCheckForTimeOut(&xTimeOut, &xTicksToWait)==pdFALSE){     (17)
70            /* 如果队列还是满的 */
71 if ( prvIsQueueFull( pxQueue ) != pdFALSE ) {                           (18)
72                traceBLOCKING_ON_QUEUE_SEND( pxQueue );
73                /* 将当前任务添加到队列的等待发送列表
74                   以及阻塞延时列表，延时时间为用户指定的超时时间 xTicksToWait */
75                vTaskPlaceOnEventList(
76 &( pxQueue->xTasksWaitingToSend ), xTicksToWait );                      (19)
77 /* 队列解锁 */
78                prvUnlockQueue( pxQueue );                               (20)
79
80 /* 恢复调度器 */
81 if ( xTaskResumeAll() == pdFALSE ) {
82                    portYIELD_WITHIN_API();
83                }
84            } else {
85 /* 队列有空闲消息空间，允许入队 */
86                prvUnlockQueue( pxQueue );                               (21)
87                ( void ) xTaskResumeAll();
88            }
89        } else {
90 /* 超时时间已过，退出 */
91            prvUnlockQueue( pxQueue );                                   (22)
92            ( void ) xTaskResumeAll();
93
94            traceQUEUE_SEND_FAILED( pxQueue );
95            return errQUEUE_FULL;
96        }
97    }
98 }
99 /*-----------------------------------------------------------*/
```

代码清单 15-18（1）：消息队列句柄。

代码清单 15-18（2）：指针，指向要发送的消息。

代码清单 15-18（3）：指定阻塞超时时间。

代码清单 15-18（4）：发送数据到消息队列的位置，有以下 3 个选择，在 queue.h 中有定义：

❑ queueSEND_TO_BACK：发送到队尾。

❑ queueSEND_TO_FRONT：发送到队头。

❑ queueOVERWRITE：以覆盖的方式发送。

代码清单 15-18（5）：进入临界段。

代码清单 15-18（6）：判断队列是否已满，而如果是则使用覆盖的方式发送数据。无论队列是否已满，都可以发送。

代码清单 15-18（7）：如果队列没满，可以调用 prvCopyDataToQueue() 函数将消息复制到消息队列中。

代码清单 15-18（8）：消息复制完毕，那么看一看是否有任务在等待消息。

代码清单 15-18（9）：如果有任务在等待获取此消息，就要将任务从阻塞中恢复，调用 xTaskRemoveFromEventList() 函数将等待的任务从队列的等待接收列表 xTasksWaitingToReceive 中删除，并且添加到就绪列表中。

代码清单 15-18（10）：将任务从阻塞态中恢复，如果恢复的任务优先级比当前运行任务的优先级高，那么需要进行一次任务切换。

代码清单 15-18（11）：如果没有等待的任务，复制成功也需要进行一次任务切换。

代码清单 15-18（12）：退出临界段。

代码清单 15-18（13）：（7）～（12）是队列未满的操作，如果队列已满，又会有不一样的操作过程。

代码清单 15-18（14）：如果用户不指定阻塞超时时间，则直接退出，不会发送消息。

代码清单 15-18（15）：而如果用户指定了超时时间，系统就会初始化阻塞超时结构体变量，初始化进入阻塞的时间 xTickCount 和溢出次数 xNumOfOverflows，为后面的阻塞任务做准备。

代码清单 15-18（16）：因为前面进入了临界段，所以应先退出临界段，并且把调度器挂起，因为接下来的操作系统不允许其他任务访问队列，简单地挂起调度器不会进行任务切换，但是挂起调度器并不会禁止中断的发生，所以还需要给队列上锁，因为系统不希望突然有中断操作这个队列的 xTasksWaitingToReceive 列表和 xTasksWaitingToSend 列表。

代码清单 15-18（17）：检查一下是否已经超过了用户指定的超时时间。如果没超过，则执行（18）～（21）中操作。

代码清单 15-18（18）：如果队列还是满的，系统只能根据用户指定的超时时间来阻塞任务。

代码清单 15-18（19）：当前任务添加到队列的等待发送列表以及阻塞延时列表，阻塞时间为用户指定的超时时间 xTicksToWait。

代码清单 15-18（20）：队列解锁，恢复调度器，如果调度器挂起期间有任务解除阻塞，并且解除阻塞的任务优先级比当前任务高，就需要进行一次任务切换。

代码清单 15-18（21）：如果队列有空闲消息空间，允许入队，就重新发送消息。

代码清单 15-18（22）：超时时间已过，返回一个 errQUEUE_FULL 错误代码，退出。

从前面的函数中我们就知道如何使用消息队列发送消息了，这里就不再赘述。

从消息队列的入队操作可以看出，如果阻塞时间不为 0，则任务会因为等待入队而进入阻塞，在将任务设置为阻塞的过程中，系统不希望有其他任务和中断操作这个队列的 xTasksWaitingToReceive 列表和 xTasksWaitingToSend 列表，因为可能引起其他任务解除阻塞，这可能会发生优先级翻转。比如任务 A 的优先级低于当前任务，但是在当前任务进入阻塞的过程中，任务 A 却因为其他原因解除阻塞了，这显然是要禁止的。因此，FreeRTOS 使用挂起调度器禁止其他任务操作队列，因为挂起调度器意味着任务不能切换并且不准调用可能引起任务切换的 API 函数。但挂起调度器并不会禁止中断，中断服务函数仍然可以操作队列事件列表，可能会解除任务阻塞或进行上下文切换，这也是不允许的。于是，解决的办法是不但挂起调度器，还要给队列上锁，禁止任何中断来操作队列。

6. 消息队列发送函数 xQueueGenericSendFromISR()（中断）

既然有在任务中发送消息的函数，当然也需要有在中断中发送消息函数，其实这个函数与 xQueueGenericSend() 函数很像，只不过执行的上下文环境是不一样的，xQueueGenericSend-FromISR() 函数只能用于在中断中执行，是不带阻塞机制的，具体源码参见代码清单 15-19。

代码清单 15-19　xQueueGenericSendFromISR() 函数源码

```
 1 BaseType_t xQueueGenericSendFromISR( QueueHandle_t xQueue,          (1)
 2                       const void * const pvItemToQueue,             (2)
 3                       BaseType_t * const pxHigherPriorityTaskWoken, (3)
 4                       const BaseType_t xCopyPosition )              (4)
 5 {
 6     BaseType_t xReturn;
 7     UBaseType_t uxSavedInterruptStatus;
 8     Queue_t * const pxQueue = ( Queue_t * ) xQueue;
 9
10     /* 已删除一些断言操作 */
11
12     uxSavedInterruptStatus = portSET_INTERRUPT_MASK_FROM_ISR();
13     {
14         /* 队列未满 */
15         if ( ( pxQueue->uxMessagesWaiting < pxQueue->uxLength )
16             || ( xCopyPosition == queueOVERWRITE ) ) {             (5)
17             const int8_t cTxLock = pxQueue->cTxLock;
18             traceQUEUE_SEND_FROM_ISR( pxQueue );
19
20         /* 完成消息复制 */
21         (void)prvCopyDataToQueue(pxQueue,pvItemToQueue,xCopyPosition ); (6)
22
23         /* 判断队列是否上锁 */
24         if ( cTxLock == queueUNLOCKED ) {                          (7)
25         /* 已删除使用队列集部分代码 */
26         {
27             /* 如果有任务在等待获取此消息队列 */
28             if ( listLIST_IS_EMPTY(
29                 &( pxQueue->xTasksWaitingToReceive ) ) == pdFALSE ){ (8)
30         /* 将任务从阻塞中恢复 */
31         if ( xTaskRemoveFromEventList(
32             &( pxQueue->xTasksWaitingToReceive )) != pdFALSE )     {(9)
33                 if ( pxHigherPriorityTaskWoken != NULL ) {
```

```
34                            /*  解除阻塞的任务优先级比当前任务高, 记录上下文切换请求,
35                              等返回中断服务程序后, 就进行上下文切换 */
36                            *pxHigherPriorityTaskWoken = pdTRUE;                (10)
37                        } else {
38                            mtCOVERAGE_TEST_MARKER();
39                        }
40                    } else {
41                        mtCOVERAGE_TEST_MARKER();
42                    }
43                } else {
44                    mtCOVERAGE_TEST_MARKER();
45                }
46            }
47
48        } else {
49                /*  队列上锁, 记录上锁次数, 等到任务解除队列锁时,
50                  使用这个计录数就可以知道有多少数据入队 */
51                pxQueue->cTxLock = ( int8_t ) ( cTxLock + 1 );                (11)
52            }
53
54            xReturn = pdPASS;
55        } else {
56            /*  队列是满的, 因为 API 执行的上下文环境是中断,
57              所以不能阻塞, 直接返回队列已满错误代码 errQUEUE_FULL */
58            traceQUEUE_SEND_FROM_ISR_FAILED( pxQueue );                (12)
59            xReturn = errQUEUE_FULL;
60        }
61    }
62    portCLEAR_INTERRUPT_MASK_FROM_ISR( uxSavedInterruptStatus );
63
64    return xReturn;
65 }
```

代码清单 15-19 （1）：消息队列句柄。

代码清单 15-19 （2）：指针，指向要发送的消息。

代码清单 15-19 （3）：如果入队导致一个任务解锁，并且解锁的任务优先级高于当前运行的任务，则该函数将 *pxHigherPriorityTaskWoken 设置为 pdTRUE。如果 xQueueSendFrom-ISR() 设置这个值为 pdTRUE，则中断退出前需要一次上下文切换。从 FreeRTOS V7.3.0 起，pxHigherPriorityTaskWoken 为一个可选参数，并可以设置为 NULL。

代码清单 15-19 （4）：发送数据到消息队列的位置，有以下 3 个选择，在 queue.h 中有定义：

❑ queueSEND_TO_BACK：发送到队尾。

❑ queueSEND_TO_FRONT：发送到队头。

❑ queueOVERWRITE：以覆盖的方式发送。

代码清单 15-19 （5）：判断队列是否已满，而如果是，则使用覆盖的方式发送数据。无论队列是否已满，都可以发送。

代码清单 15-19 （6）：如果队列没满，可以调用 prvCopyDataToQueue() 函数将消息复制到消息队列中。

代码清单 15-19（7）：判断队列是否上锁，如果队列上锁了，那么队列的等待接收列表将不能访问。

代码清单 15-19（8）：消息复制完毕，那么看一看有是否有任务在等待消息，如果有任务在等待获取此消息，就要将任务从阻塞中恢复。

代码清单 15-19（9）：调用 xTaskRemoveFromEventList() 函数将等待的任务从队列的等待接收列表 xTasksWaitingToReceive 中删除，并且添加到就绪列表中。

代码清单 15-19（10）：如果恢复的任务优先级比当前运行任务的优先级高，那么需要记录上下文切换请求，等发送完成后，就进行一次任务切换。

代码清单 15-19（11）：如果队列上锁，就记录上锁次数，等到任务解除队列锁时，从这个记录次数就可以知道有多少数据入队。

代码清单 15-19（12）：队列是满的，因为 API 执行的上下文环境是中断，所以不能阻塞，直接返回队列已满错误代码 errQUEUE_FULL。

xQueueGenericSendFromISR() 函数没有阻塞机制，只能用于在中断中发送消息，代码简单了很多，当成功入队后，如果有因为等待出队而阻塞的任务，系统会将该任务解除阻塞。需要注意的是，解除了任务并不是会立刻运行，只是任务会被挂到就绪列表中。在执行解除阻塞操作之前，会判断队列是否上锁。如果没有上锁，则可以解除被阻塞的任务，然后根据任务优先级情况来决定是否需要进行任务切换；如果队列已经上锁，则不能解除被阻塞的任务，只能记录 xTxLock 的值，表示队列上锁期间消息入队的个数，也用来记录可以解除阻塞任务的个数，在队列解锁中会将任务解除阻塞。

15.6.5　从消息队列读取消息函数

当任务试图读取队列中的消息时，可以指定一个阻塞超时时间，当且仅当消息队列中有消息时，任务才能读取到消息。在这段时间中，如果队列为空，该任务将保持阻塞状态以等待队列数据有效。当其他任务或中断服务程序向其等待的队列中写入了数据，该任务将自动由阻塞态转为就绪态。当任务等待的时间超过了指定的阻塞时间，即使队列中尚无有效数据，任务也会自动从阻塞态转换为就绪态。

1. xQueueReceive() 与 xQueuePeek()

xQueueReceive() 函数原型参见代码清单 15-20。

代码清单 15-20　xQueueReceive() 函数原型

```
1 #define xQueueReceive( xQueue, pvBuffer, xTicksToWait )          \
2          xQueueGenericReceive( ( xQueue ), ( pvBuffer ),          \
3          ( xTicksToWait ), pdFALSE )
```

xQueueReceive() 是一个宏，宏展开是调用函数 xQueueGenericReceive()。xQueueReceive() 用于从一个队列中接收消息并把消息从队列中删除。接收消息是以复制的形式进行的，所以必须提供一个足够大的缓冲区。具体能够复制多少数据到缓冲区，在队列创建时已经设定。该函数不能在中断服务程序中调用，而是必须使用带有中断保护功能的 xQueue-

ReceiveFromISR() 来代替。xQueueReceive() 函数的具体说明如表 15-7 所示，应用实例参见代码清单 15-21 中加粗部分。

表 15-7　xQueueReceive() 函数说明

函 数 原 型	BaseType_t xQueueReceive(QueueHandle_t xQueue, void *pvBuffer, TickType_t xTicksToWait);	
功　　能	用于从一个队列中接收消息，并把接收的消息从队列中删除	
参　　数	xQueue	队列句柄
	pvBuffer	指针，指向接收到的要保存的数据
	xTicksToWait	队列为空时，阻塞超时的最大时间。如果该参数设置为 0，函数立刻返回。超时时间的单位为系统节拍周期，常量 portTICK_PERIOD_MS 用于辅助计算真实的时间，单位为 ms。如果 INCLUDE_vTaskSuspend 设置为 1，并且指定延时为 portMAX_DELAY，将导致任务无限阻塞（没有超时）
返　回　值	队列项接收成功则返回 pdTRUE，否则返回 pdFALSE	

代码清单 15-21　xQueueReceive() 函数实例

```
1  static void Receive_Task(void* parameter)
2  {
3      BaseType_t xReturn = pdTRUE;      /* 定义一个创建信息返回值，默认为 pdPASS */
4      uint32_t r_queue;                 /* 定义一个接收消息的变量 */
5      while (1) {
6          xReturn = xQueueReceive( Test_Queue,      /* 消息队列的句柄 */
7                                   &r_queue,        /* 发送的消息内容 */
8                                   portMAX_DELAY);  /* 等待时间一直等 */
9          if (pdTRUE== xReturn)
10             printf(" 本次接收到的数据是 %d\n\n",r_queue);
11         else
12             printf(" 数据接收出错，错误代码：0x%lx\n",xReturn);
13     }
14 }
```

看到这里，有读者会问，如果接收了消息不想删除该怎么办呢？如果不想删除消息，就调用 xQueuePeek() 函数。

xQueuePeek() 函数与 xQueueReceive() 函数的实现方式、使用方法几乎一样，区别是 xQueuePeek() 函数接收消息完毕不会删除消息队列中的消息，函数原型具体参见代码清单 15-22。

代码清单 15-22　xQueuePeek() 函数原型

```
1  #define xQueuePeek( xQueue, pvBuffer, xTicksToWait )            \
2          xQueueGenericReceive( ( xQueue ), ( pvBuffer ),         \
3          ( xTicksToWait ), pdTRUE )
```

2. xQueueReceiveFromISR() 与 xQueuePeekFromISR()

xQueueReceiveFromISR() 是 xQueueReceive() 的中断版本，用于在中断服务程序中接收一个队列消息并把消息从队列中删除；xQueuePeekFromISR() 是 xQueuePeek() 的中断版本，用于在中断中从一个队列中接收消息，但并不会把消息从队列中移除。

这两个函数只能用于中断，是不带阻塞机制的，并且在中断中可以安全调用，函数说明如表 15-8 和表 15-9 所示，函数的使用实例具体参见代码清单 15-23 中加粗部分。

表 15-8 xQueueReceiveFromISR() 函数说明

函数原型	BaseType_t xQueueReceiveFromISR(QueueHandle_t xQueue, void *pvBuffer, BaseType_t *pxHigherPriorityTaskWoken);	
功　　能	在中断中从一个队列中接收消息，并从队列中删除该消息	
参　　数	xQueue	队列句柄
	pvBuffer	指针，指向接收到的要保存的数据
	pxHigherPriorityTaskWoken	任务在向队列投递信息时，如果队列已满，则任务将阻塞在该队列上。如果 xQueueReceiveFromISR() 函数导致一个任务解除阻塞，那么 *pxHigherPriorityTaskWoken 将被设置为 pdTRUE，否则 *pxHigherPriorityTaskWoken 的值将不变。从 FreeRTOS V7.3.0 起，pxHigherPriorityTaskWoken 作为一个可选参数，可以设置为 NULL
返　回　值	队列项接收成功则返回 pdTRUE，否则返回 pdFALSE	

表 15-9 xQueuePeekFromISR() 函数说明

函数原型	BaseType_t xQueuePeekFromISR(QueueHandle_t xQueue, void *pvBuffer);	
功　　能	在中断中从一个队列中接收消息，但不会把消息从该队列中移除	
参　　数	xQueue	队列句柄
	pvBuffer	指针，指向接收到要的保存的数据
返　回　值	队列项接收（peek）成功则返回 pdTRUE，否则返回 pdFALSE	

代码清单 15-23 xQueueReceiveFromISR() 函数实例

```
1  QueueHandle_t xQueue;
2
3  /* 创建一个队列，并向队列中发送一些数据 */
4  void vAFunction( void *pvParameters )
5  {
6      char cValueToPost;
7      const TickType_t xTicksToWait = ( TickType_t )0xff;
8
9      /* 创建一个可以容纳 10 个字符的队列 */
10     xQueue = xQueueCreate( 10, sizeof( char ) );
11     if ( xQueue == 0 ) {
12         /* 队列创建失败 */
13     }
14
15     /* …… 任务其他代码 */
16
17     /* 向队列中发送两个字符，
18     如果队列满了，则等待 xTicksToWait 个系统节拍周期*/
19     cValueToPost = 'a';
20     xQueueSend( xQueue, ( void * ) &cValueToPost, xTicksToWait );
21     cValueToPost = 'b';
```

```
22        xQueueSend( xQueue, ( void * ) &cValueToPost, xTicksToWait );
23
24        /* 继续向队列中发送字符,
25        当队列满时该任务将被阻塞 */
26        cValueToPost = 'c';
27        xQueueSend( xQueue, ( void * ) &cValueToPost, xTicksToWait );
28  }
29
30
31  /* 中断服务程序: 输出所有从队列中接收到的字符 */
32  void vISR_Routine( void )
33  {
34        BaseType_t xTaskWokenByReceive = pdFALSE;
35        char cRxedChar;
36
37        while ( xQueueReceiveFromISR( xQueue,
38                                      ( void * ) &cRxedChar,
39                                      &xTaskWokenByReceive) ) {
40
41            /* 接收到一个字符, 然后输出这个字符 */
42            vOutputCharacter( cRxedChar );
43
44            /* 如果从队列中移除一个字符串后唤醒了向此队列投递字符的任务,
45            那么参数 xTaskWokenByReceive 将会设置成 pdTRUE, 这个循环无论重复多少次,
46            仅会有一个任务被唤醒 */
47        }
48
49        if ( xTaskWokenByReceive != pdFALSE ) {
50            /* 我们应该进行一次上下文切换, 当 ISR 返回时则执行另外一个任务 */
51            /* 这是一个上下文切换的宏, 对于不同的处理器, 具体处理方式不一样 */
52            taskYIELD ();
53        }
54  }
```

3. 从队列读取消息函数 xQueueGenericReceive()

由于在中断中接收消息的函数用得并不多, 我们只讲解在任务中读取消息的函数 xQueue-GenericReceive(), 具体参见代码清单 15-24。

代码清单 15-24　xQueueGenericReceive() 函数源码

```
1  /*-----------------------------------------------------------*/
2  BaseType_t xQueueGenericReceive( QueueHandle_t xQueue,               (1)
3                                   void * const pvBuffer,              (2)
4                                   TickType_t xTicksToWait,           (3)
5                                   const BaseType_t xJustPeeking )    (4)
6  {
7        BaseType_t xEntryTimeSet = pdFALSE;
8        TimeOut_t xTimeOut;
9        int8_t *pcOriginalReadPosition;
10       Queue_t * const pxQueue = ( Queue_t * ) xQueue;
11
12       /* 已删除一些断言 */
```

```
13      for ( ;; ) {
14          taskENTER_CRITICAL();                                            (5)
15          {
16              const UBaseType_t uxMessagesWaiting = pxQueue->uxMessagesWaiting;
17
18              /* 查看队列中是否有消息 */
19              if ( uxMessagesWaiting > ( UBaseType_t ) 0 ) {               (6)
20                  /* 防止仅仅是读取消息，而不进行消息出队操作 */
21                  pcOriginalReadPosition = pxQueue->u.pcReadFrom;          (7)
22                  /* 拷贝消息到用户指定存放区域 pvBuffer */
23                  prvCopyDataFromQueue( pxQueue, pvBuffer );               (8)
24
25                  if ( xJustPeeking == pdFALSE ) {                        (9)
26                      /* 读取消息并且消息出队 */
27                      traceQUEUE_RECEIVE( pxQueue );
28
29                      /* 获取了消息，当前消息队列的消息个数需要减 1 */
30                      pxQueue->uxMessagesWaiting = uxMessagesWaiting - 1;(10)
31                      /* 判断一下消息队列中是否有等待发送消息的任务 */
32                      if ( listLIST_IS_EMPTY(                             (11)
33                          &( pxQueue->xTasksWaitingToSend ) ) == pdFALSE ) {
34                          /* 将任务从阻塞中恢复 */
35                          if ( xTaskRemoveFromEventList(                  (12)
36                              &( pxQueue->xTasksWaitingToSend ) ) != pdFALSE ) {
37                              /* 如果被恢复的任务优先级比当前任务高，则会进行一次任务切换 */
38                              queueYIELD_IF_USING_PREEMPTION();           (13)
39                          } else {
40                              mtCOVERAGE_TEST_MARKER();
41                          }
42                      } else {
43                          mtCOVERAGE_TEST_MARKER();
44                      }
45                  } else {                                                (14)
46                      /* 任务只是查看消息（peek），并不出队 */
47                      traceQUEUE_PEEK( pxQueue );
48
49                      /* 因为是只读消息，所以还要还原读消息位置指针 */
50                      pxQueue->u.pcReadFrom = pcOriginalReadPosition;     (15)
51
52                      /* 判断消息队列中是否还有等待获取消息的任务 */
53                      if ( listLIST_IS_EMPTY(                             (16)
54                          &( pxQueue->xTasksWaitingToReceive ) ) == pdFALSE ) {
55                          /* 将任务从阻塞中恢复 */
56                          if ( xTaskRemoveFromEventList(
57                              &( pxQueue->xTasksWaitingToReceive ) ) != pdFALSE ) {
58                              /* 如果被恢复的任务优先级比当前任务高，则会进行一次任务切换 */
59                              queueYIELD_IF_USING_PREEMPTION();
60                          } else {
61                              mtCOVERAGE_TEST_MARKER();
62                          }
63                      } else {
64                          mtCOVERAGE_TEST_MARKER();
65                      }
```

```
66                    }
67
68                    taskEXIT_CRITICAL();                                          (17)
69                    return pdPASS;
70                } else {                                                          (18)
71                    /* 消息队列中没有消息可读 */
72                    if ( xTicksToWait == ( TickType_t ) 0 ) {                     (19)
73                        /* 不等待，直接返回 */
74                        taskEXIT_CRITICAL();
75                        traceQUEUE_RECEIVE_FAILED( pxQueue );
76                        return errQUEUE_EMPTY;
77                    } else if ( xEntryTimeSet == pdFALSE ) {
78                        /* 初始化阻塞超时结构体变量，初始化进入
79                        阻塞的时间 xTickCount 和溢出次数 xNumOfOverflows */
80                        vTaskSetTimeOutState( &xTimeOut );                         (20)
81                        xEntryTimeSet = pdTRUE;
82                    } else {
83                        mtCOVERAGE_TEST_MARKER();
84                    }
85                }
86            }
87        taskEXIT_CRITICAL();
88
89        vTaskSuspendAll();
90        prvLockQueue( pxQueue );                                                  (21)
91
92        /* 检查超时时间是否已经过去了 */
93        if ( xTaskCheckForTimeOut( &xTimeOut, &xTicksToWait ) == pdFALSE ) {(22)
94            /* 如果队列还是空的 */
95            if ( prvIsQueueEmpty( pxQueue ) != pdFALSE ) {
96                traceBLOCKING_ON_QUEUE_RECEIVE( pxQueue );                         (23)
97                /* 将当前任务添加到队列的等待接收列表中
98                以及阻塞延时列表，阻塞时间为用户指定的超时时间 xTicksToWait */
99                vTaskPlaceOnEventList(
100                    &( pxQueue->xTasksWaitingToReceive ), xTicksToWait );
101                prvUnlockQueue( pxQueue );
102                if ( xTaskResumeAll() == pdFALSE ) {
103                    /* 如果有任务优先级比当前任务高，会进行一次任务切换 */
104                    portYIELD_WITHIN_API();
105                } else {
106                    mtCOVERAGE_TEST_MARKER();
107                }
108            } else {
109                /* 如果队列有消息了，就再试一次获取消息 */
110                prvUnlockQueue( pxQueue );                                         (24)
111                ( void ) xTaskResumeAll();
112            }
113        } else {
114            /* 超时时间已过，退出 */
115            prvUnlockQueue( pxQueue );                                             (25)
116            ( void ) xTaskResumeAll();
117
118            if ( prvIsQueueEmpty( pxQueue ) != pdFALSE ) {
```

```
119                    /* 如果队列还是空的，返回错误代码 errQUEUE_EMPTY */
120                    traceQUEUE_RECEIVE_FAILED( pxQueue );
121                    return errQUEUE_EMPTY;                              (26)
122                } else {
123                    mtCOVERAGE_TEST_MARKER();
124                }
125            }
126        }
127 }
128 /*-----------------------------------------------------------*/
```

代码清单 15-24（1）：消息队列句柄。

代码清单 15-24（2）：指针，指向接收到的要保存的数据。

代码清单 15-24（3）：队列为空时，用户指定的阻塞超时时间。如果该参数设置为 0，函数立刻返回。超时时间的单位为系统节拍周期，常量 portTICK_PERIOD_MS 用于辅助计算真实的时间，单位为 ms。如果 INCLUDE_vTaskSuspend 设置为 1，并且指定延时为 portMAX_DELAY，将导致任务无限阻塞（没有超时）。

代码清单 15-24（4）：xJustPeeking 用于标记消息是否需要出队，如果是 pdFALSE，表示读取消息之后会进行出队操作，即读取消息后会把消息从队列中删除；如果是 pdTRUE，则读取消息之后不会进行出队操作，消息还会保留在队列中。

代码清单 15-24（5）：进入临界段。

代码清单 15-24（6）：查看队列中是否有可读的消息。

代码清单 15-24（7）：如果有消息，先记录读消息位置，防止仅仅是读取消息，而不进行消息出队操作。

代码清单 15-24（8）：复制消息到用户指定存放区域 pvBuffer，pvBuffer 由用户设置，其空间大小必须不小于消息的大小。

代码清单 15-24（9）：判断一下 xJustPeeking 的值，如果是 pdFALSE，表示读取消息之后会进行出队操作。

代码清单 15-24（10）：因为上面复制了消息到用户指定的数据区域，当前消息队列的消息个数需要减 1。

代码清单 15-24（11）：判断消息队列中是否有等待发送消息的任务。

代码清单 15-24（12）：如果有任务在等待发送消息到这个队列，就要将任务从阻塞中恢复，调用 xTaskRemoveFromEventList() 函数将等待的任务从队列的等待发送列表 xTasks-WaitingToSend 中删除，并且添加到就绪列表中。

代码清单 15-24（13）：将任务从阻塞中恢复，如果恢复的任务优先级比当前运行任务的优先级高，那么需要进行一次任务切换。

代码清单 15-24（14）：任务只是读取消息（xJustPeeking 为 pdTRUE），并不出队。

代码清单 15-24（15）：因为是只读消息，所以还要还原读消息位置指针。

代码清单 15-24（16）：判断消息队列中是否还有等待获取消息的任务，将那些任务恢复过来，如果恢复的任务优先级比当前运行任务的优先级高，那么需要进行一次任务切换。

代码清单 15-24（17）：退出临界段。

代码清单 15-24（18）：如果当前队列中没有可读的消息，那么系统会根据用户指定的阻塞超时时间 xTicksToWait 阻塞任务。

代码清单 15-24（19）：如果 xTicksToWait 为 0，那么不等待，直接返回 errQUEUE_EMPTY。

代码清单 15-24（20）：如果用户指定了超时时间，系统就会初始化阻塞超时结构体变量，初始化进入阻塞的时间 xTickCount 和溢出次数 xNumOfOverflows，为后面的阻塞任务做准备。

代码清单 15-24（21）：因为前面进入了临界段，所以应先退出临界段，并且把调度器挂起，因为接下来的操作系统不允许其他任务访问队列，简单地挂起调度器不会进行任务切换，但是挂起调度器并不会禁止中断的发生，所以还需要给队列上锁，因为系统不希望突然有中断操作这个队列的 xTasksWaitingToReceive 列表和 xTasksWaitingToSend 列表。

代码清单 15-24（22）：检查是否已经超过用户指定的超时时间。如果未超过，则执行（22）~（24）中操作。

代码清单 15-24（23）：如果队列还是空的，就将当前任务添加到队列的等待接收列表以及阻塞延时列表中，阻塞时间为用户指定的超时时间 xTicksToWait，然后恢复调度器。如果调度器挂起期间有任务解除阻塞，并且解除阻塞的任务优先级比当前任务高，就需要进行一次任务切换。

代码清单 15-24（24）：如果队列有消息了，就再试一次获取消息。

代码清单 15-24（25）：超时时间已过，退出。

代码清单 15-24（26）：返回错误码 errQUEUE_EMPTY。

15.7　消息队列注意事项

在使用 FreeRTOS 提供的消息队列函数时，需要了解以下几点：

1）使用 xQueueSend()、xQueueSendFromISR()、xQueueReceive() 等函数之前应先创建消息队列，并根据队列句柄进行操作。

2）队列读取采用的是先进先出（FIFO）模式，会先读取先存储在队列中的数据。当然，FreeRTOS 也支持后进先出（LIFO）模式，那么读取时就会读取到后进入队列的数据。

3）在获取队列中的消息时，必须定义一个存储读取数据的区域，并且该区域大小不小于消息大小，否则很可能引发地址非法的错误。

4）无论是发送还是接收消息，都是以复制的方式进行，如果消息过于庞大，可以将消息的地址作为消息进行发送、接收。

5）队列是具有自己独立权限的内核对象，并不属于任何任务。所有任务都可以向同一队列写入和读出。一个队列由多任务或中断写入是常有的，但由多个任务读出则用得比较少。

15.8   消息队列实验

　　消息队列实验是在 FreeRTOS 中创建了两个任务，一个是发送消息任务，一个是获取消息任务，两个任务独立运行。发送消息任务通过检测按键的按下情况来发送消息，假如发送消息不成功，就把返回的错误代码在串口中打印出来；获取消息任务在消息队列没有消息之前一直等待消息，一旦获取到消息，就把消息打印在串口调试助手里，具体参见代码清单 15-25 中加粗部分。

代码清单 15-25   消息队列实验

```
1  /**
2  ******************************************************************
3   * @file     main.c
4   * @author   fire
5   * @version  V1.0
6   * @date     2018-xx-xx
7   * @brief    FreeRTOS V9.0.0 + STM32 消息队列
8  ******************************************************************
9   * @attention
10  *
11  * 实验平台：野火 STM32 开发板
12  * 论坛：http:// www.firebbs.cn
13  * 淘宝：https:// fire-stm32.taobao.com
14  *
15 ******************************************************************
16  */
17
18 /*
19 ******************************************************************
20 *                       包含的头文件
21 ******************************************************************
22 */
23 /* FreeRTOS 头文件 */
24 #include "FreeRTOS.h"
25 #include "task.h"
26 #include "queue.h"
27 /* 开发板硬件 bsp 头文件 */
28 #include "bsp_led.h"
29 #include "bsp_usart.h"
30 #include "bsp_key.h"
31 /********************** 任务句柄 **********************/
32 /*
33  * 任务句柄是一个指针，用于指向一个任务，当任务创建好之后，它就具有了一个任务句柄，
34  * 以后我们要想操作这个任务都需要用到这个任务句柄，如果是任务操作自身，那么
35  * 这个句柄可以为 NULL
36  */
37 static TaskHandle_t AppTaskCreate_Handle = NULL;    /* 创建任务句柄 */
38 static TaskHandle_t Receive_Task_Handle = NULL;     /* LED 任务句柄 */
39 static TaskHandle_t Send_Task_Handle = NULL;        /* KEY 任务句柄 */
40
```

```
41 /************************* 内核对象句柄 ***************************/
42 /*
43  * 信号量、消息队列、事件标志组、软件定时器都属于内核的对象，要想使用这些内核
44  * 对象，必须先创建，创建成功之后会返回一个相应的句柄。实际上就是一个指针，后续我
45  * 们就可以通过这个句柄操作这些内核对象。
46  *
47  *
48  * 内核对象可以理解为一种全局的数据结构，通过这些数据结构可以实现任务间的通信、
49  * 任务间的事件同步等各种功能。至于这些功能的实现，我们是通过调用这些内核对象的函数
50  * 来完成的
51  *
52  */
53 QueueHandle_t Test_Queue =NULL;
54
55 /************************* 全局变量声明 ***************************/
56 /*
57  * 在写应用程序时，可能需要用到一些全局变量
58  */
59
60
61 /************************* 宏定义 ***************************/
62 /*
63  * 当我们写应用程序时，可能需要用到一些宏定义
64  */
65 #define   QUEUE_LEN     4        /* 队列的长度，最大可包含多少个消息 */
66 #define   QUEUE_SIZE    4        /* 队列中每个消息的大小（字节）*/
67
68 /*
69 ********************************************************************
70 *                         函数声明
71 ********************************************************************
72 */
73 static void AppTaskCreate(void);                    /* 用于创建任务 */
74
75 static void Receive_Task(void* pvParameters);       /* Receive_Task 任务实现 */
76 static void Send_Task(void* pvParameters);          /* Send_Task 任务实现 */
77
78 static void BSP_Init(void);                         /* 用于初始化板载相关资源 */
79
80 /********************************************************************
81  * @brief  主函数
82  * @param  无
83  * @retval 无
84  * @note   第1步：开发板硬件初始化
85            第2步：创建APP应用任务
86            第3步：启动FreeRTOS，开始多任务调度
87  ********************************************************************/
88 int main(void)
89 {
90     BaseType_t xReturn = pdPASS;      /* 定义一个创建信息返回值，默认为pdPASS */
91
92     /* 开发板硬件初始化 */
93     BSP_Init();
```

```
94        printf(" 这是一个 [ 野火 ]-STM32 全系列开发板 -FreeRTOS 消息队列实验！\n");
95        printf(" 按下 KEY1 或者 KEY2 发送队列消息 \n");
96        printf("Receive 任务接收到消息在串口回显 \n\n");
97        /* 创建 AppTaskCreate 任务 */
98        xReturn = xTaskCreate((TaskFunction_t )AppTaskCreate,      /* 任务入口函数 */
99                              (const char*     )"AppTaskCreate",   /* 任务名称 */
100                             (uint16_t        )512,               /* 任务栈大小 */
101                             (void*           )NULL,              /* 任务入口函数参数 */
102                             (UBaseType_t     )1,                 /* 任务的优先级 */
103                             (TaskHandle_t *  )&AppTaskCreate_Handle);/* 任务控制块指 */
104       /* 启动任务调度 */
105       if (pdPASS == xReturn)
106           vTaskStartScheduler();          /* 启动任务，开启调度 */
107       else
108           return -1;
109
110       while (1);                           /* 正常情况下不会执行到这里 */
111 }
112
113
114 /**********************************************************************
115  * @ 函数名：AppTaskCreate
116  * @ 功能说明：为了方便管理，所有的任务创建函数都放在这个函数中
117  * @ 参数：无
118  * @ 返回值：无
119  **********************************************************************/
120 static void AppTaskCreate(void)
121 {
122     BaseType_t xReturn = pdPASS;      /* 定义一个创建信息返回值，默认为 pdPASS */
123
124     taskENTER_CRITICAL();            // 进入临界区
125
126     /* 创建 Test_Queue */
127     Test_Queue = xQueueCreate((UBaseType_t ) QUEUE_LEN,     /* 消息队列的长度 */
128                               (UBaseType_t ) QUEUE_SIZE); /* 消息的大小 */
129     if (NULL != Test_Queue)
130         printf(" 创建 Test_Queue 消息队列成功 !\r\n");
131
132     /* 创建 Receive_Task 任务 */
133     xReturn = xTaskCreate((TaskFunction_t )Receive_Task,      /* 任务入口函数 */
134                           (const char*     )"Receive_Task",   /* 任务名称 */
135                           (uint16_t        )512,              /* 任务栈大小 */
136                           (void*           )NULL,             /* 任务入口函数参数 */
137                           (UBaseType_t     )2,                /* 任务的优先级 */
138                           (TaskHandle_t* )&Receive_Task_Handle);/* 任务控制块指针 */
139     if (pdPASS == xReturn)
140         printf(" 创建 Receive_Task 任务成功 !\r\n");
141
142     /* 创建 Send_Task 任务 */
143     xReturn = xTaskCreate((TaskFunction_t)Send_Task,         /* 任务入口函数 */
144                           (const char*     )"Send_Task",      /* 任务名称 */
145                           (uint16_t        )512,       /* 任务栈大小 */
146                           (void*           )NULL,      /* 任务入口函数参数 */
```

```
147                            (UBaseType_t   )3,          /* 任务的优先级 */
148                            (TaskHandle_t* )&Send_Task_Handle);/* 任务控制块指针 */
149      if (pdPASS == xReturn)
150          printf(" 创建 Send_Task 任务成功 !\n\n");
151
152      vTaskDelete(AppTaskCreate_Handle);          // 删除 AppTaskCreate 任务
153
154      taskEXIT_CRITICAL();                        // 退出临界区
155  }
156
157
158
159  /***********************************************************
160   * @ 函数名: Receive_Task
161   * @ 功能说明: Receive_Task 任务主体
162   * @ 参数: 无
163   * @ 返回值: 无
164   **********************************************************/
165  static void Receive_Task(void* parameter)
166  {
167      BaseType_t xReturn = pdTRUE;/* 定义一个创建信息返回值，默认为 pdTRUE */
168      uint32_t r_queue;/* 定义一个接收消息的变量 */
169      while (1) {
170          xReturn = xQueueReceive( Test_Queue,              /* 消息队列的句柄 */
171                                   &r_queue,                /* 发送的消息内容 */
172                                   portMAX_DELAY);          /* 等待时间一直等 */
173          if (pdTRUE == xReturn)
174              printf(" 本次接收到的数据是 %d\n\n",r_queue);
175          else
176              printf(" 数据接收出错, 错误代码 : 0x%lx\n",xReturn);
177      }
178  }
179
180  /***********************************************************
181   * @ 函数名: Send_Task
182   * @ 功能说明: Send_Task 任务主体
183   * @ 参数: 无
184   * @ 返回值: 无
185   **********************************************************/
186  static void Send_Task(void* parameter)
187  {
188      BaseType_t xReturn = pdPASS;      /* 定义一个创建信息返回值，默认为 pdPASS */
189      uint32_t send_data1 = 1;
190      uint32_t send_data2 = 2;
191      while (1) {
192      if ( Key_Scan(KEY1_GPIO_PORT,KEY1_GPIO_PIN) == KEY_ON ) {
193              /* KEY1 被按下 */
194              printf(" 发送消息 send_data1 ! \n");
195              xReturn = xQueueSend( Test_Queue,       /* 消息队列的句柄 */
196                                   &send_data1,       /* 发送的消息内容 */
197                                   0 );               /* 等待时间 0 */
198              if (pdPASS == xReturn)
199                  printf(" 消息 send_data1 发送成功 !\n\n");
```

```
200                }
201                if ( Key_Scan(KEY2_GPIO_PORT,KEY2_GPIO_PIN) == KEY_ON ) {
202                    /* KEY2 被按下 */
203                    printf(" 发送消息 send_data2！\n");
204                    xReturn = xQueueSend( Test_Queue,       /* 消息队列的句柄 */
205                                          &send_data2,       /* 发送的消息内容 */
206                                          0 );               /* 等待时间 0 */
207                    if (pdPASS == xReturn)
208                        printf(" 消息 send_data2 发送成功 !\n\n");
209                }
210                vTaskDelay(20);                             /* 延时 20 个 tick */
211        }
212 }
213
214 /*************************************************************************
215  * @ 函数名: BSP_Init
216  * @ 功能说明: 板级外设初始化, 所有板子上的初始化均可放在这个函数里面
217  * @ 参数: 无
218  * @ 返回值: 无
219  *************************************************************************/
220 static void BSP_Init(void)
221 {
222     /*
223      * STM32 中断优先级分组为 4, 即 4 位都用来表示抢占优先级, 范围为 0~15。
224      * 优先级只需要分组一次即可, 以后如果有其他的任务需要用到中断,
225      * 都统一用这个优先级分组, 千万不要再分组
226      */
227     NVIC_PriorityGroupConfig( NVIC_PriorityGroup_4 );
228
229     /* LED 初始化 */
230     LED_GPIO_Config();
231
232     /* 串口初始化 */
233     USART_Config();
234
235     /* 按键初始化 */
236     Key_GPIO_Config();
237
238 }
239
240 /*****************************END OF FILE****************************/
```

15.9 实验现象

将程序编译好, 用 USB 线连接计算机和开发板的 USB 接口 (对应丝印为 USB 转串口), 用 DAP 仿真器把配套程序下载到野火 STM32 开发板 (具体型号根据购买的板子而定, 每个型号的板子都有对应的程序), 在计算机上打开串口调试助手, 然后复位开发板就可以在调试助手中看到串口的打印信息, 按下开发板的 KEY1 按键发送消息 1, 按下 KEY2 按键发送消息 2; 我们按下 KEY1 按键, 在串口调试助手中可以看到接收到消息 1, 按下 KEY2 按键,

在串口调试助手中可以看到接收到消息 2，如图 15-4 所示。

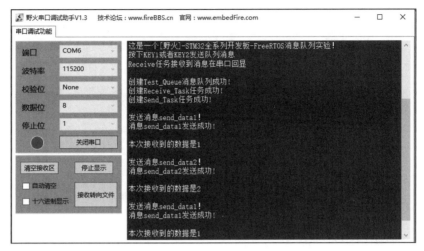

图 15-4 消息队列实验现象

第 16 章
信　号　量

回想一下，你是否在裸机编程中这样使用过一个变量：用于标记某个事件是否发生，或者标记某个硬件是否正在使用，如果被占用了或者没发生，我们就不对它进行操作。

16.1　信号量的基本概念

信号量（semaphore）是一种实现任务间通信的机制，可以实现任务之间同步或临界资源的互斥访问，常用于协助一组相互竞争的任务来访问临界资源。在多任务系统中，各任务之间需要同步或互斥实现临界资源的保护，信号量功能可以为用户提供这方面的支持。

信号量是一个非负整数，所有获取它的任务都会将该整数减 1（获取它当然是为了使用资源），当该整数值为 0 时，所有试图获取它的任务都将处于阻塞状态。通常一个信号量的计数值用于对应有效的资源数，表示剩下的可被占用的互斥资源数。其值的含义分两种情况：

❑ 0：表示没有积累下来的释放信号量操作，且可能有在此信号量上阻塞的任务。

❑ 正值：表示有一个或多个释放信号量操作。

16.1.1　二值信号量

二值信号量既可以用于临界资源访问，也可以用于同步功能。

二值信号量和互斥信号量（以下使用互斥量表示互斥信号量）非常相似，但是有一些细微差别：互斥量有优先级继承机制，二值信号量则没有这个机制。这使得二值信号量更适合应用于同步功能（任务与任务间的同步或任务和中断间的同步），而互斥量更偏向应用于临界资源的访问。

用作同步时，信号量在创建后应被设置为空，任务 1 获取信号量而进入阻塞，任务 2 在某种条件发生后释放信号量，于是任务 1 获得信号量得以进入就绪态。如果任务 1 的优先级是最高的，那么就会立即切换任务，从而达到两个任务间的同步。同样地，在中断服务函数中释放信号量，任务 1 也会得到信号量，从而达到任务与中断间的同步。

还记得我们经常说的中断要快进快出吗，在裸机开发中我们经常在中断中做一个标记，然后在退出时进行轮询处理，这就类似于我们使用信号量进行同步，当标记发生了，我们再做其他事情。在 FreeRTOS 中，信号量用于同步，如任务与任务的同步、中断与任务的同步，可以大大提高效率。

可以将二值信号量看作只有一个消息的队列，因此这个队列只能为空或满（因此称为二值），在运用时只需要知道队列中是否有消息即可，而无须关注消息是什么。

16.1.2　计数信号量

二进制信号量可以看作长度为 1 的队列，而计数信号量则可以看作长度大于 1 的队列，信号量使用者依然不必关心存储在队列中的消息，只需要关心队列中是否有消息即可。

顾名思义，计数信号量肯定是用于计数的，在实际使用中，我们常将计数信号量用于事件计数与资源管理。每当某个事件发生时，任务或者中断将释放一个信号量（信号量计数值加 1），当事件被处理时（一般在任务中处理），处理任务会取走该信号量（信号量计数值减 1）。信号量的计数值表示还有多少个事件未被处理。此外，系统中还有很多资源，我们也可以使用计数信号量进行资源管理。信号量的计数值表示系统中可用的资源数目，任务必须先获取到信号量才能获取资源访问权，当信号量的计数值为 0 时，表示系统没有可用的资源，但是要注意，在使用完资源时必须归还信号量，否则当计数值为 0 时，任务就无法访问该资源了。

计数信号量允许多个任务对其进行操作，但限制了任务的数量。比如有一个停车场，里面只有 100 个车位，那么只能停 100 辆车，相当于我们的信号量有 100 个。假如一开始停车场的车位还有 100 个，那么每进去一辆车就要消耗一个停车位，车位的数量就要减 1，相应地，我们的信号量在使用之后也需要减 1。当停车场停满了 100 辆车时，此时的停车位数量为 0，再来的车就不能停进去了，否则将造成事故，也相当于我们的信号量为 0，后面的任务对这个停车场资源的访问也无法进行。当有车从停车场离开时，车位又空余出来了，那么后面的车就能停进去了。信号量操作也是一样的，当我们释放了这个资源，后面的任务才能对这个资源进行访问。

16.1.3　互斥信号量

互斥信号量其实是特殊的二值信号量，其特有的优先级继承机制使它更适用于简单互锁，也就是保护临界资源（关于优先级继承将在后文中详细讲解）。

用作互斥时，信号量创建后可用信号量个数应该是满的，任务在需要使用临界资源（临界资源是指任何时刻只能被一个任务访问的资源）时，先获取互斥信号量，使其为空，这样其他任务需要使用临界资源时就会因为无法获取信号量而进入阻塞，从而保证了临界资源的安全。

在操作系统中，大多情况下我们使用信号量是为了给临界资源建立一个标志，信号量表示了该临界资源被占用的情况。这样，当一个任务在访问临界资源时，就会先对这个资源信息进行查询，从而在了解资源被占用的情况之后再做处理，进而使得临界资源得到有效的保护。

16.1.4　递归信号量

递归信号量是可以重复获取调用的信号量。按照信号量的特性，每获取一次，可用信号量个数就会减少一个，但是递归则不然，已经获取递归互斥量的任务可以重复获取该递归互斥量，该任务拥有递归信号量的所有权。任务成功获取几次递归互斥量，就要返还几次，在此之前，递归互斥量都处于无效状态，其他任务无法获取，只有持有递归信号量的任务才能获取与释放。

16.2 二值信号量的应用场景

在嵌入式操作系统中，二值信号量是任务间、任务与中断间同步的重要手段，信号量使用最多的一般都是二值信号量与互斥信号量（互斥信号量将在第 17 章讲解）。为什么叫作二值信号量呢？因为信号量资源被获取了，信号量值就是 0；信号量资源被释放，信号量值就是 1，故把这种取值只有 0 和 1 两种情况的信号量称之为二值信号量。

在多任务系统中，我们经常会用到二值信号量，比如某个任务需要等待一个标记，那么任务可以在轮询中查询这个标记有没有被置位，但是这样会很消耗 CPU 资源并且妨碍其他任务执行，更好的做法是使任务的大部分时间处于阻塞状态（允许其他任务执行），直到某些事件发生，该任务才被唤醒去执行。可以使用二值信号量实现这种同步，当任务获取信号量时，因为此时尚未发生特定事件，信号量为空，任务会进入阻塞状态；当事件的条件满足后，任务 / 中断便会释放信号量，告知任务这个事件发生了，任务取得信号量便被唤醒去执行对应的操作，任务执行完毕并不需要归还信号量，这样 CPU 的效率可以大大提高，而且实时响应也是最快的。

再比如某个任务使用信号量在等中断标记发生，在这之前任务已经进入了阻塞态，在等待中断的发生，当中断发生之后释放一个信号量，也就是我们常说的标记，当它退出中断之后，操作系统会进行任务的调度，如果这个任务能够运行，系统就会把等待的这个任务运行起来，这样就大大提高了我们的效率。

二值信号量在任务与任务中同步的应用场景：假设我们有一个温湿度传感器，每 1s 采集一次数据，那么让它在液晶屏中显示出数据，这个周期也是 1s，如果液晶屏刷新的周期是 100ms，那么此时的温湿度数据还没更新，液晶屏根本无须刷新，只需要在 1s 后温湿度数据更新时刷新即可，否则 CPU 就是白白做了多次的无效数据更新操作，CPU 的资源被刷新数据这个任务占用了大半，造成 CPU 资源浪费。如果液晶屏刷新的周期是 10s，那么温湿度的数据都变化了 10 次，液晶屏才来更新数据，那么这个产品测得的结果就是不准确的，所以还是需要同步协调工作，在温湿度采集完毕之后进行液晶屏数据的刷新，这样得到的结果才是最准确的，并且不会浪费 CPU 的资源。

同理，二值信号量在任务与中断中同步的应用场景：在串口接收中，我们不知道什么时候有数据发送过来，但如果设置一个任务专门时刻查询是否有数据到来，将会浪费 CPU 资源，所以在这种情况下使用二值信号量是很好的办法——当没有数据到来时，任务进入阻塞态，不参与任务的调度；等到数据到来了，释放一个二值信号量，任务就立即从阻塞态中解除，进入就绪态，然后在运行时处理数据，这样系统的资源就会得到很好的利用。

16.3 二值信号量的运作机制

创建信号量时，系统会为创建的信号量对象分配内存，并把可用信号量初始化为用户自定义的个数。二值信号量的最大可用信号量个数为 1。

任何任务都可以从创建的二值信号量资源中获取一个二值信号量，获取成功则返回正确信息，否则任务会根据用户指定的阻塞超时时间来等待其他任务 / 中断释放信号量。在等待的这段时间中，系统将任务变成阻塞态，任务将被挂到该信号量的阻塞等待列表中。

在二值信号量无效时，假如此时有任务获取该信号量，那么任务将进入阻塞状态，具体如图 16-1 所示。

假如某个时间中断 / 任务释放了信号量（其过程具体如图 16-2 所示），那么由于获取无效信号量而进入阻塞态的任务将获得信号量并且恢复为就绪态，其过程具体如图 16-3 所示。

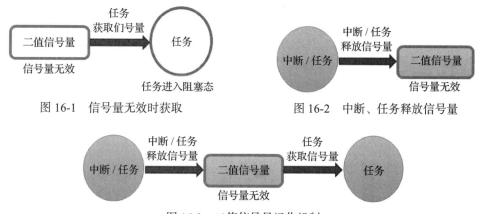

图 16-1 信号量无效时获取   图 16-2 中断、任务释放信号量

图 16-3 二值信号量运作机制

16.4 计数信号量的运作机制

计数信号量可以用于资源管理，允许多个任务获取信号量访问共享资源，但会限制任务的最大数目。当访问的任务数达到可支持的最大数目时，会阻塞其他试图获取该信号量的任务，直到有任务释放了信号量。这就是计数信号量的运作机制，虽然计数信号量允许多个任务访问同一个资源，但是也有限定，比如某个资源限定只能有 3 个任务访问，那么当有第 4 个任务访问时，会因为获取不到信号量而进入阻塞，等到有任务（比如任务 1）释放掉该资源时，第 4 个任务才能获取到信号量从而进行资源的访问，其运作机制具体如图 16-4 所示。

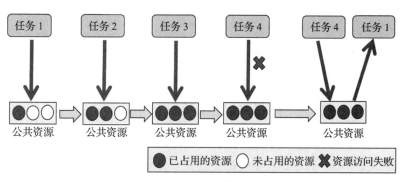

图 16-4 计数信号量运作示意图

16.5　信号量控制块

　　信号量的 API 函数实际上都是宏，使用现有的队列机制，这些宏在 semphr.h 文件中定义，如果使用信号量或者互斥量，则需要包含 semphr.h 头文件，所以 FreeRTOS 的信号量控制块结构体与消息队列结构体是一样的，只不过结构体中某些成员变量代表的含义不同，具体不同之处将详细讲解。先来看看信号量控制块，具体参见代码清单 16-1 中加粗部分。注意，没说明的部分与消息队列一致。

代码清单 16-1　信号量控制块

```
1 typedefstruct QueueDefinition {
2     int8_t *pcHead;
3     int8_t *pcTail;
4     int8_t *pcWriteTo;
5
6     union {
7         int8_t *pcReadFrom;
8         UBaseType_t uxRecursiveCallCount;
9     } u;
10
11    List_t xTasksWaitingToSend;
12    List_t xTasksWaitingToReceive;
13
14    volatile UBaseType_t uxMessagesWaiting;                              (1)
15    UBaseType_t uxLength;                                                (2)
16    UBaseType_t uxItemSize;                                             (3)
17
18    volatile int8_t cRxLock;
19    volatile int8_t cTxLock;
20
21 #if( ( configSUPPORT_STATIC_ALLOCATION == 1 )
22    && ( configSUPPORT_DYNAMIC_ALLOCATION == 1 ) )
23    uint8_t ucStaticallyAllocated;
24 #endif
25
26 #if ( configUSE_QUEUE_SETS == 1 )
27    struct QueueDefinition *pxQueueSetContainer;
28 #endif
29
30 #if ( configUSE_TRACE_FACILITY == 1 )
31         UBaseType_t uxQueueNumber;
32         uint8_t ucQueueType;
33 #endif
34
35         } xQUEUE;
36
37 typedef xQUEUE Queue_t;
```

　　代码清单 16-1（1）：如果控制块结构体是用于消息队列，则 uxMessagesWaiting 用来记录当前消息队列的消息个数；如果控制块结构体被用于信号量时，则这个值表示有效信号量个数，有以下两种情况：

- □ 如果信号量是二值信号量、互斥信号量，这个值为 1 则表示有可用信号量，为 0 则表示没有可用信号量。
- □ 如果是计数信号量，这个值表示可用的信号量个数，在创建计数信号量时会被初始化一个可用信号量个数 uxInitialCount，最大不允许超过创建信号量的初始值 uxMaxCount。

代码清单 16-1（2）：如果控制块结构体是用于消息队列，则 uxLength 表示队列的长度，也就是能存放多少消息；如果控制块结构体被用于信号量时，则 uxLength 表示最大的信号量可用个数，会有以下两种情况：

- □ 如果信号量是二值信号量、互斥信号量，uxLength 最大为 1，因为信号量要么是有效的，要么是无效的。
- □ 如果是计数信号量，这个值表示最大的信号量个数，在创建计数信号量时将由用户指定 uxMaxCount。

代码清单 16-1（3）：如果控制块结构体是用于消息队列，则 uxItemSize 表示单个消息的大小；如果控制块结构体被用于信号量时，则无须分配存储空间，为 0 即可。

16.6　常用的信号量函数

16.6.1　信号量创建函数

1. 创建二值信号量 xSemaphoreCreateBinary()

xSemaphoreCreateBinary() 用于创建一个二值信号量，并返回一个句柄。其实二值信号量和互斥量都共同使用一个 SemaphoreHandle_t 类型的句柄，该句柄的原型是一个 void 型的指针。使用该函数创建的二值信号量是空的，在使用 xSemaphoreTake() 函数获取之前必须先调用函数 xSemaphoreGive()，释放后才可以获取。如果是使用老式的函数 vSemaphore-CreateBinary() 创建的二值信号量，则为 1，在使用之前不用先释放。要想使用该函数，必须在 FreeRTOSConfig.h 中把宏 configSUPPORT_DYNAMIC_ALLOCATION 定义为 1，即开启动态内存分配。其实该宏在 FreeRTOS.h 中默认定义为 1，即所有 FreeRTOS 的对象在创建时都默认使用动态内存分配方案，xSemaphoreCreateBinary() 函数原型具体参见代码清单 16-2。

代码清单 16-2　xSemaphoreCreateBinary() 函数原型

```
1 #if( configSUPPORT_DYNAMIC_ALLOCATION == 1 )
2
3 #define xSemaphoreCreateBinary()                                    \
4         xQueueGenericCreate(                                        \
5                             (UBaseType_t ) 1,                       \   (1)
6                             semSEMAPHORE_QUEUE_ITEM_LENGTH,         \   (2)
7                             queueQUEUE_TYPE_BINARY_SEMAPHORE )          (3)
8
9 #endif
```

从这个函数原型我们就可以知道二值信号量的创建实际使用的函数就是 xQueueGeneric-

Create() 函数，是不是很熟悉，这就是创建消息队列时使用的函数，但是参数不一样，下面根据 xQueueGenericCreate() 函数原型来讲解一下参数的作用，参见代码清单 16-3。

代码清单 16-3   xQueueGenericCreate() 函数原型

```
1 QueueHandle_t xQueueGenericCreate(const UBaseType_t uxQueueLength,
2                                   const UBaseType_t uxItemSize,
3                                   const uint8_t ucQueueType )
```

代码清单 16-2（1）：uxQueueLength 为 1 表示创建的队列长度为 1，其实用作信号量就表示信号量的最大可用个数。从前面的知识点我们就知道，二值信号量非空即满，长度为 1 就体现了这一点。

代码清单 16-2（2）：semSEMAPHORE_QUEUE_ITEM_LENGTH 其实是一个宏定义，其值为 0，表示创建的消息空间（队列项）大小为 0。这个所谓的"消息队列"其实并不是用于存储消息的，而是被用作二值信号量，因为我们根本无须关注消息内容是什么，只要知道有没有信号量即可。

代码清单 16-2（3）：ucQueueType 表示创建消息队列的类型，在 queue.h 中有定义，具体参见代码清单 16-4，现在创建的是二值信号量，其类型就是 queueQUEUE_TYPE_BINARY_SEMAPHORE。

代码清单 16-4   ucQueueType 可选类型

```
1 #define queueQUEUE_TYPE_BASE                ( ( uint8_t ) 0U )
2 #define queueQUEUE_TYPE_SET                 ( ( uint8_t ) 0U )
3 #define queueQUEUE_TYPE_MUTEX               ( ( uint8_t ) 1U )
4 #define queueQUEUE_TYPE_COUNTING_SEMAPHORE  ( ( uint8_t ) 2U )
5 #define queueQUEUE_TYPE_BINARY_SEMAPHORE    ( ( uint8_t ) 3U )
6 #define queueQUEUE_TYPE_RECURSIVE_MUTEX     ( ( uint8_t ) 4U )
```

有的读者可能会问，如果创建一个没有消息存储空间的队列，那么信号量用什么表示？其实二值信号量的释放和获取都是通过操作队列控制块结构体成员 uxMessageWaiting 来实现的，它表示信号量中当前可用的信号量个数。在信号量创建之后，变量 uxMessageWaiting 的值为 0，这说明当前信号量处于无效状态，此时的信号量是无法被获取的。在获取信号之前，应先释放一个信号量。后面讲到信号量释放和获取时还会详细介绍。

二值信号量的创建过程具体参见 15.6.1 节，因为都是使用一样的函数创建，创建信号量后的示意图如图 16-5 所示。

2. 创建计数信号量 xSemaphoreCreateCounting()

xSemaphoreCreateCounting() 用于创建一个计数信号量。要想使用该函数，必须在 Free-RTOSConfig.h 中把宏 configSUPPORT_DYNAMIC_ALLOCATION 定义为 1，即开启动态内存分配。其实该宏在 FreeRTOS.h 中默认定义为 1，即所有 FreeRTOS 的对象在创建时都默认使用动态内存分配方案。

其实计数信号量与二值信号量的创建过程相差不多，也是间接调用 xQueueGenericCreate() 函数进行创建。xSemaphoreCreateCounting() 函数的具体说明如表 16-1 所示，其函数原型与源码具体参见代码清单 16-5。

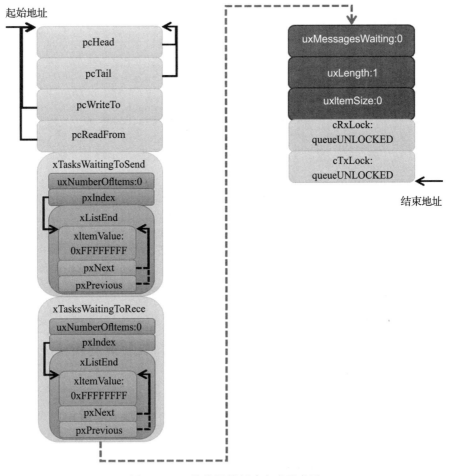

图 16-5　二值信号量创建完成示意图

表 16-1　xSemaphoreCreateCounting() 函数说明

函数原型	SemaphoreHandle_t xSemaphoreCreateCounting(UBaseType_t uxMaxCount, UBaseType_t uxInitialCount);	
功　　能	创建一个计数信号量	
参　　数	uxMaxCount	计数信号量的最大值，当达到这个值时，信号量不能再被释放
	uxInitialCount	创建计数信号量的初始值
返 回 值	如果创建成功，则返回一个计数信号量句柄，用于访问创建的计数信号量。如果创建不成功，则返回 NULL	

代码清单 16-5　创建计数信号量 xQueueCreateCountingSemaphore() 源码

```
1 #if( configSUPPORT_DYNAMIC_ALLOCATION == 1 )
2
3 #define xSemaphoreCreateCounting( uxMaxCount, uxInitialCount ) \
4       xQueueCreateCountingSemaphore((uxMaxCount),(uxInitialCount))
```

```
 5
 6 #endif
 7 // 下面是函数源码
 8 #if( ( configUSE_COUNTING_SEMAPHORES == 1 )
 9     && ( configSUPPORT_DYNAMIC_ALLOCATION == 1 ) )
10
11 QueueHandle_t xQueueCreateCountingSemaphore(
12                      const UBaseType_t uxMaxCount,
13                      const UBaseType_t uxInitialCount )
14 {
15     QueueHandle_t xHandle;
16
17     configASSERT( uxMaxCount != 0 );
18     configASSERT( uxInitialCount <= uxMaxCount );
19
20     xHandle = xQueueGenericCreate( uxMaxCount,
21                                    queueSEMAPHORE_QUEUE_ITEM_LENGTH,
22                                    queueQUEUE_TYPE_COUNTING_SEMAPHORE );
23
24     if ( xHandle != NULL ) {
25         ( ( Queue_t * ) xHandle )->uxMessagesWaiting =
26             uxInitialCount;
27
28         traceCREATE_COUNTING_SEMAPHORE();
29     } else {
30         traceCREATE_COUNTING_SEMAPHORE_FAILED();
31     }
32
33     return xHandle;
34 }
35
36 #endif
37 /*-----------------------------------------------------------*/
```

从代码清单 16-5 中加粗部分可以看出，创建计数信号量仍然调用通用队列创建函数 xQueueGenericCreate() 来创建一个计数信号量，信号量最大个数由参数 uxMaxCount 指定；每个消息空间的大小由宏 queueSEMAPHORE_QUEUE_ITEM_LENGTH 指定，这个宏被定义为 0，也就是说创建的计数信号量只有消息队列控制块结构体存储空间而没有消息存储空间，这一点与二值信号量一致；创建的信号量类型是计数信号量 queueQUEUE_TYPE_COUNTING_SEMAPHORE。如果创建成功，还会将消息队列控制块中的 uxMessagesWaiting 成员变量赋值为用户指定的初始可用信号量个数 uxInitialCount，如果这个值大于 0，则表示此时有 uxInitialCount 个计数信号量是可用的，这点与二值信号量的创建不一样，二值信号量在创建成功时是无效的（FreeRTOS 新版源码，旧版源码在创建成功时默认是有效的）。

如果我们创建一个最大计数值为 5，并且默认有效的可用信号量个数为 5 的计数信号量，那么计数信号量创建成功的示意图如图 16-6 所示。

创建二值信号量与计数信号量的使用实例具体参见代码清单 16-6 与代码清单 16-7 中加粗部分。

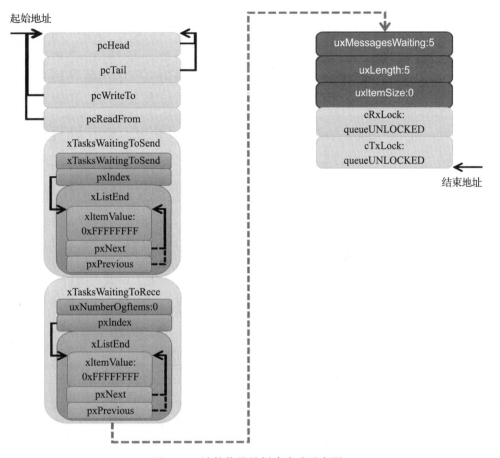

图 16-6　计数信号量创建成功示意图

代码清单 16-6　二值信号量创建函数 xSemaphoreCreateBinary() 实例

```
1  SemaphoreHandle_t xSemaphore = NULL;
2
3
4  void vATask( void * pvParameters )
5  {
6      /* 尝试创建一个信号量 */
7      xSemaphore = xSemaphoreCreateBinary();
8
9      if ( xSemaphore == NULL ) {
10     /* 内存不足，创建失败 */
11     } else {
12         /* 信号量现在可以使用，句柄存在于变量 xSemaphore 中，
13         这时还不能调用函数 xSemaphoreTake() 来获取信号量，
14         因为使用 xSemaphoreCreateBinary() 函数创建的信号量是空的，
15         在第一次获取之前必须先调用函数 xSemaphoreGive() 进行提交 */
16     }
17 }
```

代码清单 16-7 计数信号量创建函数 xSemaphoreCreateCounting() 实例

```
1  void vATask( void *pvParameters )
2  {
3      SemaphoreHandle_t xSemaphore;
4      /* 创建一个计数信号量，用于事件计数 */
5      xSemaphore = xSemaphoreCreateCounting( 5, 5 );
6
7      if ( xSemaphore != NULL ) {
8              /* 计数信号量创建成功 */
9      }
10 }
```

当然，创建信号量也有静态创建，其实都是差不多的，但是我们一般常使用动态创建，关于静态创建暂不讲解。

16.6.2 信号量删除函数

vSemaphoreDelete() 用于删除一个信号量，包括二值信号量、计数信号量、互斥量和递归互斥量。如果有任务阻塞在该信号量上，那么不要删除该信号量。该函数的具体说明如表 16-2 所示。

表 16-2 vSemaphoreDelete() 函数说明

函 数 原 型	void vSemaphoreDelete(SemaphoreHandle_t xSemaphore);	
功　　能	删除一个信号量	
参　　数	xSemaphore	信号量句柄
返 回 值	无	

删除信号量的过程其实就是删除消息队列的过程，因为信号量其实就是消息队列，只不过是无法存储消息的队列而已，其函数原型具体参见代码清单 16-8，具体的实现过程见15.6.3 节。

代码清单 16-8 vSemaphoreDelete() 函数原型

```
1  #define vSemaphoreDelete( xSemaphore )              \
2          vQueueDelete( ( QueueHandle_t ) ( xSemaphore ) )
```

16.6.3 信号量释放函数

与消息队列的操作一样，信号量的释放可以在任务、中断中使用，所以需要有不一样的 API 函数在不一样的上下文环境中调用。

在前面的讲解中，我们知道，当信号量有效时任务才能获取信号量，那么是什么函数使得信号量变得有效？其实有两个方式，一个是在创建时进行初始化，将其可用的信号量个数设置一个初始值；在二值信号量中，该初始值的范围是 0 ~ 1（在旧版本的 FreeRTOS 中，创建二值信号量默认是有效的，而新版本中则默认是无效的），假如初始值为一个可用的信号量，被申请一次就变得无效了，那就需要释放信号量。FreeRTOS 提供了信号量释放函数，每调用一次该函数就释放一个信号量。但是有一个问题，能不能一直释放？很显然是不能的，无论是二值信号量还是计数信号量，都要注意可用信号量的范围，当用作二值信号量时，必须确保其可用值在 0 ～ 1 范围内；而如果用作计数信号量，其范围是由用户在创建时指定 uxMaxCount，其最大可用信号量不允许超出 uxMaxCount，这说明我们不能一直调用信号量释放函数来释放信号量，其实一直调用也是无法释放成功的，在写代码时要注意代码的严谨性。

1. xSemaphoreGive()（任务）

xSemaphoreGive() 是一个用于释放信号量的宏，真正的实现过程是调用消息队列通用发送函数。xSemaphoreGive() 函数的原型具体参见代码清单 16-9。释放的信号量对象必须是已经被创建的，可以用于二值信号量、计数信号量、互斥量的释放，但不能释放由函数 xSemaphoreCreateRecursiveMutex() 创建的递归互斥量。此外，该函数不能在中断中使用。

代码清单 16-9　xSemaphoreGive() 函数原型

```
1 #define xSemaphoreGive( xSemaphore )                            \
2        xQueueGenericSend( ( QueueHandle_t ) ( xSemaphore ),      \
3                           NULL,                                  \
4                           semGIVE_BLOCK_TIME,                    \
5                           queueSEND_TO_BACK )
```

从该宏定义可以看出，释放信号量实际上是一次入队操作，并且不允许入队阻塞，因为阻塞时间为 semGIVE_BLOCK_TIME，该宏的值为 0。

通过消息队列入队过程分析，我们可以将释放一个信号量的过程简化：如果信号量未满，控制块结构体成员 uxMessageWaiting 就会加 1，然后判断是否有阻塞的任务，如果有就会恢复阻塞的任务，然后返回成功信息（pdPASS）；如果信号量已满，则返回错误代码（err_QUEUE_FULL），具体的源码分析过程参见 15.6 节。

xSemaphoreGive() 函数使用实例参见代码清单 16-10 中加粗部分。

代码清单 16-10　xSemaphoreGive() 函数实例

```
1 static void Send_Task(void* parameter)
2 {
3     BaseType_t xReturn = pdPASS;/* 定义一个创建信息返回值，默认为 pdPASS */
4     while (1) {
5         /* KEY1 被按下 */
6         if ( Key_Scan(KEY1_GPIO_PORT,KEY1_GPIO_PIN) == KEY_ON ) {
7             xReturn = xSemaphoreGive( BinarySem_Handle );  // 给出二值信号量
8             if ( xReturn == pdTRUE )
9                 printf("BinarySem_Handle 二值信号量释放成功 !\r\n");
10            else
11                printf("BinarySem_Handle 二值信号量释放失败 !\r\n");
12        }
13        /* KEY2 被按下 */
14        if ( Key_Scan(KEY2_GPIO_PORT,KEY2_GPIO_PIN) == KEY_ON ) {
15            xReturn = xSemaphoreGive( BinarySem_Handle );  // 给出二值信号量
16            if ( xReturn == pdTRUE )
```

```
17                 printf("BinarySem_Handle 二值信号量释放成功!\r\n");
18             else
19                 printf("BinarySem_Handle 二值信号量释放失败!\r\n");
20         }
21         vTaskDelay(20);
22     }
23 }
```

2. xSemaphoreGiveFromISR()（中断）

xSemaphoreGiveFromISR() 用于释放一个信号量，带中断保护。被释放的信号量可以是二进制信号量和计数信号量。和普通版本的释放信号量 API 函数有些许不同，xSemaphore-GiveFromISR() 不能释放互斥量，这是因为互斥量不可以在中断中使用。互斥量的优先级继承机制只能在任务中起作用，而在中断中毫无意义。带中断保护的信号量释放其实也是一个宏，真正调用的函数是 xQueueGiveFromISR()，宏定义具体参见代码清单 16-11。

代码清单 16-11　xSemaphoreGiveFromISR() 源码

```
1 #define xSemaphoreGiveFromISR( xSemaphore,                        \
2                                pxHigherPriorityTaskWoken )         \
3   xQueueGiveFromISR(( QueueHandle_t )                             \
4                        ( xSemaphore ),                            \
5                        ( pxHigherPriorityTaskWoken ) )
```

如果可用信号量未满，控制块结构体成员 uxMessageWaiting 就会加 1，然后判断是否有阻塞的任务，如果有就会恢复阻塞的任务，然后返回成功信息（pdPASS）。如果恢复的任务优先级比当前任务优先级高，那么在退出中断时要进行一次任务切换。如果队列满，则返回错误代码（err_QUEUE_FULL），表示队列满。

一个或者多个任务有可能阻塞在同一个信号量上，调用函数 xSemaphoreGiveFromISR() 可能会唤醒阻塞在该信号量上的任务。如果被唤醒的任务的优先级大于当前任务的优先级，那么形参 pxHigherPriorityTaskWoken 就会被设置为 pdTRUE，然后在中断退出前执行一次上下文切换。从 FreeRTOS V7.3.0 版本开始，pxHigherPriorityTaskWoken 是一个可选的参数，可以设置为 NULL。xSemaphoreGiveFromISR() 函数使用实例具体参见代码清单 16-12 中加粗部分。

代码清单 16-12　xSemaphoreGiveFromISR() 函数实例

```
1 void vTestISR( void )
2 {
3     BaseType_t pxHigherPriorityTaskWoken;
4     uint32_t ulReturn;
5     /* 进入临界段，临界段可以嵌套 */
6     ulReturn = taskENTER_CRITICAL_FROM_ISR();
7
8     /* 判断是否产生中断 */
9     {
10         /* 如果产生中断，清除中断标志位 */
```

```
11
12              // 释放二值信号量，发送接收到新数据标志，供前台程序查询
13              xSemaphoreGiveFromISR(BinarySem_Handle,&
14                                    pxHigherPriorityTaskWoken);
15
16              // 系统会判断是否需要进行任务切换
17              portYIELD_FROM_ISR(pxHigherPriorityTaskWoken);
18          }
19
20      /* 退出临界段 */
21      taskEXIT_CRITICAL_FROM_ISR( ulReturn );
22  }
```

16.6.4　信号量获取函数

与消息队列的操作一样，信号量的获取可以在任务、中断（中断中使用并不常见）中使用，所以需要有不一样的 API 函数在不一样的上下文环境中调用。

与释放信号量对应的是获取信号量。我们知道，当信号量有效时，任务才能获取信号量，当任务获取了某个信号量时，该信号量的可用个数就减 1，当它减到 0 时，任务就无法再获取了，并且获取的任务会进入阻塞态（假如用户指定了阻塞超时时间）。如果某个信号量中当前拥有一个可用的信号量，被获取一次就变得无效了，那么此时另外一个任务获取该信号量时就会无法获取成功，该任务便会进入阻塞态，阻塞时间由用户指定。

1. xSemaphoreTake()（任务）

xSemaphoreTake() 函数用于获取信号量，不带中断保护。获取的信号量对象可以是二值信号量、计数信号量和互斥量，但是递归互斥量并不能使用这个 API 函数获取。其实获取信号量是一个宏，真正调用的函数是 xQueueGenericReceive()。该宏不能在中断中使用，而是必须由具有中断保护功能的 xQueueReceiveFromISR() 代替。该函数的具体说明如表 16-3 所示，应用举例参见代码清单 16-13。

表 16-3　xSemaphoreTake() 函数说明

函数原型	#define xSemaphoreTake(xSemaphore, xBlockTime)　　　　　　　　　　　xQueueGenericReceive((QueueHandle_t) (xSemaphore),　　　　　　　　　　　　　　　　　　　　NULL,(xBlockTime),　　　　　　　　　　　　　　　　　　　　pdFALSE)	
功　　能	获取一个信号量，可以是二值信号量、计数信号量、互斥量	
参　　数	xSemaphore	信号量句柄
	xBlockTime	等待信号量可用的最大超时时间，单位为 tick（即系统节拍周期）。如果宏 INCLUDE_vTaskSuspend 定义为 1 且形参 xTicksToWait 设置为 portMAX_DELAY，则任务将一直阻塞在该信号量上（即没有超时时间）
返 回 值	在指定的超时时间中获取成功则返回 pdTRUE；没有获取成功则返回 errQUEUE_EMPTY	

从该宏定义可以看出释放信号量实际上是一次消息出队操作，阻塞时间 xBlockTime 由用户指定。当有任务试图获取信号量，当且仅当信号量有效时，任务才能读取信号量。如果信号量无效，在用户指定的阻塞超时时间中，该任务将保持阻塞状态以等待信号量有效。当其他任务

或中断释放了有效的信号量，该任务将自动由阻塞态转换为就绪态。当任务等待的时间超过了指定的阻塞时间，即使信号量中还是没有可用信号量，任务也会自动从阻塞态转换为就绪态。

通过前面消息队列出队过程分析，我们可以将获取一个信号量的过程简化：如果有可用信号量，控制块结构体成员 uxMessageWaiting 就会减 1，然后返回获取成功信息（pdPASS）；如果信号量无效并且阻塞时间为 0，则返回错误代码（errQUEUE_EMPTY）；如果信号量无效并且用户指定了阻塞时间，则任务会因为等待信号量而进入阻塞状态，并被挂接到延时列表中。具体的源码分析过程参考 15.6 节（此处暂时未讲解互斥信号量）。

xSemaphoreTake() 函数的使用实例具体见代码清单 16-13 中加粗部分。

代码清单 16-13　xSemaphoreTake() 函数使用实例

```
1  static void Receive_Task(void* parameter)
2  {
3      BaseType_t xReturn = pdPASS;        /* 定义一个创建信息返回值，默认为 pdPASS */
4      while (1) {
5          // 获取二值信号量 xSemaphore，没获取到则一直等待
6          xReturn = xSemaphoreTake(BinarySem_Handle,  /* 二值信号量句柄 */
7                                   portMAX_DELAY);     /* 等待时间 */
8          if (pdTRUE == xReturn)
9              printf("BinarySem_Handle 二值信号量获取成功 !\n\n");
10         LED1_TOGGLE;
11     }
12 }
```

2. xSemaphoreTakeFromISR()（中断）

xSemaphoreTakeFromISR() 是函数 xSemaphoreTake() 的中断版本，用于获取信号量，是一个不带阻塞机制获取信号量的函数，获取对象必须是已经创建的信号量，信号量类型可以是二值信号量和计数信号量。xSemaphoreTakeFromISR() 与 xSemaphoreTake() 函数不同，它不能用于获取互斥量，因为互斥量不可以在中断中使用，并且互斥量特有的优先级继承机制只能在任务中起作用，而在中断中毫无意义。该函数的具体说明如表 16-4 所示。

表 16-4　xSemaphoreTakeFromISR() 函数说明

函数原型	xSemaphoreTakeFromISR(SemaphoreHandle_t xSemaphore, signed BaseType_t *pxHigherPriorityTaskWoken)	
功　　能	在中断中获取一个信号量（其实很少在中断中获取信号量）。可以是二值信号量、计数信号量	
参　　数	xSemaphore	信号量句柄
	pxHigherPriorityTaskWoken	一个或者多个任务有可能阻塞在同一个信号量上，调用函数 xSemaphoreTakeFromISR() 会唤醒阻塞在该信号量上优先级最高的信号量入队任务，如果被唤醒的任务的优先级大于或者等于被中断的任务的优先级，那么形参 pxHigherPriorityTaskWoken 就会被设置为 pdTRUE，然后在中断退出前执行一次上下文切换，中断退出后则直接返回刚刚被唤醒的高优先级的任务。从 FreeRTOS V7.3.0 版本开始，pxHigherPriorityTaskWoken 是一个可选的参数，可以设置为 NULL
返　回　值	获取成功则返回 pdTRUE，没有获取成功则返回 errQUEUE_EMPTY。没有获取成功是因为信号量不可用	

16.7　信号量实验

16.7.1　二值信号量同步实验

　　二值信号量同步实验是在 FreeRTOS 中创建了两个任务，一个是获取信号量任务，另一个是释放互斥量任务，两个任务独立运行。获取信号量任务是一直在等待信号量，其等待时间为 portMAX_DELAY，等到获取到信号量之后，开始执行任务代码，如此反复等待另外一个任务释放的信号量。

　　释放信号量任务检测按键是否按下，如果按下则释放信号量，此时释放信号量会唤醒获取任务，获取任务开始运行，然后形成两个任务间的同步，因为如果没有按下按键，那么信号量就不会释放，只有当信号量释放时，获取信号量的任务才会被唤醒，如此一来就达到任务与任务的同步，同时程序的运行会在串口打印出相关信息，具体参见代码清单 16-14 中加粗部分。

代码清单 16-14　二值信号量同步实验

```
1  /**
2   ******************************************************************
3   * @file      main.c
4   * @author    fire
5   * @version   V1.0
6   * @date      2018-xx-xx
7   * @brief     FreeRTOS V9.0.0  + STM32 二值信号量同步
8   ******************************************************************
9   * @attention
10  *
11  * 实验平台: 野火 STM32 全系列开发板
12  * 论坛: http:// www.firebbs.cn
13  * 淘宝: https:// fire-stm32.taobao.com
14  *
15  ******************************************************************
16  */
17
18  /*
19  ******************************************************************
20  *                          包含的头文件
21  ******************************************************************
22  */
23  /* FreeRTOS 头文件 */
24  #include "FreeRTOS.h"
25  #include "task.h"
26  #include "queue.h"
27  #include "semphr.h"
28  /* 开发板硬件bsp头文件 */
29  #include "bsp_led.h"
30  #include "bsp_usart.h"
31  #include "bsp_key.h"
32  /*********************** 任务句柄 ***************************/
33  /*
```

```
34    * 任务句柄是一个指针，用于指向一个任务。当任务创建好之后，它就具有一个任务句柄，
35    * 以后我们要想操作这个任务都需要用到这个任务句柄。如果是任务操作自身，那么
36    * 这个句柄可以为 NULL
37    */
38   static TaskHandle_t AppTaskCreate_Handle = NULL;        /* 创建任务句柄 */
39   static TaskHandle_t Receive_Task_Handle = NULL;         /* LED 任务句柄 */
40   static TaskHandle_t Send_Task_Handle = NULL;            /* KEY 任务句柄 */
41
42   /************************* 内核对象句柄 ****************************/
43   /*
44    * 信号量、消息队列、事件标志组、软件定时器都属于内核对象，要想使用这些内核
45    * 对象，必须先创建，创建成功之后会返回相应的句柄。这实际上就是一个指针，后续我
46    * 们就可以通过这个句柄操作这些内核对象
47    *
48    *
49    * 内核对象可以理解为一种全局的数据结构，通过这些数据结构可以实现任务间的通信。
50    * 任务间的事件同步等功能。这些功能的实现是通过调用内核对象的函数来完成的
51    *
52    *
53    */
54   SemaphoreHandle_t BinarySem_Handle =NULL;
55
56   /************************* 全局变量声明 ****************************/
57   /*
58    * 在写应用程序时，可能需要用到一些全局变量
59    */
60
61
62   /************************* 宏定义 ****************************/
63   /*
64    * 在写应用程序时，可能需要用到一些宏定义
65    */
66
67
68   /*
69    ******************************************************************
70    *                         函数声明
71    ******************************************************************
72    */
73   static void AppTaskCreate(void);/* 用于创建任务 */
74
75   static void Receive_Task(void *pvParameters);        /* Receive_Task 任务实现 */
76   static void Send_Task(void *pvParameters);           /* Send_Task 任务实现 */
77
78   static void BSP_Init(void);/* 用于初始化板载相关资源 */
79
80   /*****************************************************************
81    * @brief   主函数
82    * @param   无
83    * @retval  无
84    * @note    第 1 步：开发板硬件初始化
85    *          第 2 步：创建 APP 应用任务
86    *          第 3 步：启动 FreeRTOS，开始多任务调度
```

```
87         **********************************************************/
88  int main(void)
89  {
90      BaseType_t xReturn = pdPASS;/* 定义一个创建信息返回值，默认为 pdPASS */
91
92      /* 开发板硬件初始化 */
93      BSP_Init();
94      printf(" 这是一个 [ 野火 ]-STM32 全系列开发板 -FreeRTOS 二值信号量同步实验！\n");
95      printf(" 按下 KEY1 或者 KEY2 进行任务与任务间的同步 \n");
96      /* 创建 AppTaskCreate 任务 */
97      xReturn = xTaskCreate((TaskFunction_t )AppTaskCreate,      /* 任务入口函数 */
98                            (const char*    )"AppTaskCreate",    /* 任务名称 */
99                            (uint16_t       )512,        /* 任务栈大小 */
100                           (void*          )NULL,       /* 任务入口函数参数 */
101                           (UBaseType_t    )1,          /* 任务的优先级 */
102                           (TaskHandle_t*  )&AppTaskCreate_Handle);/* 任务控制块指针 */
103     /* 启动任务调度 */
104     if (pdPASS == xReturn)
105         vTaskStartScheduler();    /* 启动任务，开启调度 */
106     else
107         return -1;
108
109     while (1);  /* 正常情况下不会执行到这里 */
110 }
111
112
113 /*************************************************************
114  * @ 函数名：AppTaskCreate
115  * @ 功能说明：为了方便管理，所有的任务创建函数都放在这个函数中
116  * @ 参数：无
117  * @ 返回值：无
118  **********************************************************/
119 static void AppTaskCreate(void)
120 {
121     BaseType_t xReturn = pdPASS;/* 定义一个创建信息返回值，默认为 pdPASS */
122
123     taskENTER_CRITICAL();                 // 进入临界区
124
125     /* 创建 BinarySem */
126     BinarySem_Handle = xSemaphoreCreateBinary();
127     if (NULL != BinarySem_Handle)
128         printf("BinarySem_Handle 二值信号量创建成功 !\r\n");
129
130     /* 创建 Receive_Task 任务 */
131     xReturn = xTaskCreate((TaskFunction_t )Receive_Task,       /* 任务入口函数 */
132                           (const char* )"Receive_Task",    /* 任务名称 */
133                           (uint16_t    )512,       /* 任务栈大小 */
134                           (void*       )NULL,      /* 任务入口函数参数 */
135                           (UBaseType_t )2,         /* 任务的优先级 */
136                           (TaskHandle_t* )&Receive_Task_Handle);/* 任务控制块指针 */
137 if (pdPASS == xReturn)
138         printf(" 创建 Receive_Task 任务成功 !\r\n");
139
```

```
140            /* 创建 Send_Task 任务 */
141            xReturn = xTaskCreate((TaskFunction_t )Send_Task,        /* 任务入口函数 */
142                                   (const char*     )"Send_Task",      /* 任务名称 */
143                                   (uint16_t        )512,        /* 任务栈大小 */
144                                   (void*           )NULL,       /* 任务入口函数参数 */
145                                   (UBaseType_t     )3,          /* 任务的优先级 */
146                                   (TaskHandle_t*   )&Send_Task_Handle);/* 任务控制块指针 */
147            if (pdPASS == xReturn)
148                printf(" 创建 Send_Task 任务成功 !\n\n");
149
150            vTaskDelete(AppTaskCreate_Handle);         // 删除 AppTaskCreate 任务
151
152            taskEXIT_CRITICAL();                       // 退出临界区
153       }
154
155
156
157    /*********************************************************************
158     * @ 函数名: Receive_Task
159     * @ 功能说明: Receive_Task 任务主体
160     * @ 参数: 无
161     * @ 返回值: 无
162     *********************************************************************/
163    static void Receive_Task(void *parameter)
164    {
165        BaseType_t xReturn = pdPASS;      /* 定义一个创建信息返回值，默认为 pdPASS */
166        while (1) {
167            // 获取二值信号量 xSemaphore，若获取到则一直等待
168            xReturn = xSemaphoreTake(BinarySem_Handle,         /* 二值信号量句柄 */
169                                     portMAX_DELAY);           /* 等待时间 */
170            if (pdTRUE == xReturn)
171                printf("BinarySem_Handle 二值信号量获取成功 !\n\n");
172            LED1_TOGGLE;
173        }
174    }
175
176    /*********************************************************************
177     * @ 函数名: Send_Task
178     * @ 功能说明: Send_Task 任务主体
179     * @ 参数: 无
180     * @ 返回值: 无
181     *********************************************************************/
182    static void Send_Task(void *parameter)
183    {
184        BaseType_t xReturn = pdPASS;      /* 定义一个创建信息返回值，默认为 pdPASS */
185        while (1) {
186            /* KEY1 被按下 */
187            if ( Key_Scan(KEY1_GPIO_PORT,KEY1_GPIO_PIN) == KEY_ON ) {
188                xReturn = xSemaphoreGive( BinarySem_Handle ); // 给出二值信号量
189                if ( xReturn == pdTRUE )
190                    printf("BinarySem_Handle 二值信号量释放成功 !\r\n");
191                else
192                    printf("BinarySem_Handle 二值信号量释放失败 !\r\n");
```

```
193            }
194            /* KEY2 被按下 */
195            if ( Key_Scan(KEY2_GPIO_PORT,KEY2_GPIO_PIN) == KEY_ON ) {
196                xReturn = xSemaphoreGive( BinarySem_Handle ); // 给出二值信号量
197                    if ( xReturn == pdTRUE )
198                    printf("BinarySem_Handle 二值信号量释放成功 !\r\n");
199                    else
200                    printf("BinarySem_Handle 二值信号量释放失败 !\r\n");
201            }
202            vTaskDelay(20);
203        }
204 }
205 /****************************************************************
206  * @ 函数名: BSP_Init
207  * @ 功能说明: 板级外设初始化, 所有板子上的初始化均可放在这个函数中
208  * @ 参数: 无
209  * @ 返回值: 无
210  ****************************************************************/
211 static void BSP_Init(void)
212 {
213     /*
214      * STM32 中断优先级分组为 4, 即 4 位都用来表示抢占优先级, 范围为 0 ~ 15
215      * 优先级只需要分组一次即可, 以后如果有其他的任务需要用到中断,
216      * 都统一用这个优先级分组, 千万不要再分组
217      */
218     NVIC_PriorityGroupConfig( NVIC_PriorityGroup_4 );
219
220     /* LED 初始化 */
221     LED_GPIO_Config();
222
223     /* 串口初始化        */
224     USART_Config();
225
226     /* 按键初始化        */
227     Key_GPIO_Config();
228
229 }
230
231 /*********************END OF FILE*************************/
```

16.7.2 计数信号量实验

计数信号量实验是模拟停车场工作运行。在创建信号量时初始化 5 个可用的信号量, 并且创建了两个任务: 一个是获取信号量任务, 另一个是释放信号量任务, 两个任务独立运行, 获取信号量任务是通过按下 KEY1 按键进行信号量的获取, 模拟停车场停车操作, 其等待时间是 0, 在串口调试助手中输出相应信息。

释放信号量任务则是信号量的释放, 该任务中也是通过按下 KEY2 按键进行信号量的释放, 模拟停车场取车操作, 在串口调试助手中输出相应信息。实验源码具体参见代码清单 16-15 中加粗部分。

代码清单 16-15　计数信号量实验

```
1  /**
2   *****************************************************************
3   * @file    main.c
4   * @author  fire
5   * @version V1.0
6   * @date    2018-xx-xx
7   * @brief   FreeRTOS V9.0.0 + STM32 计数信号量实验
8   *****************************************************************
9   * @attention
10  *
11  * 实验平台: 野火 STM32 全系列开发板
12  * 论坛: http:// www.firebbs.cn
13  * 淘宝: https:// fire-stm32.taobao.com
14  *
15  *****************************************************************
16  */
17
18  /*
19  *****************************************************************
20  *                         包含的头文件
21  *****************************************************************
22  */
23  /* FreeRTOS 头文件 */
24  #include "FreeRTOS.h"
25  #include "task.h"
26  #include "queue.h"
27  #include "semphr.h"
28  /* 开发板硬件bsp头文件 */
29  #include "bsp_led.h"
30  #include "bsp_usart.h"
31  #include "bsp_key.h"
32  /*********************** 任务句柄 ***********************/
33  /*
34   * 任务句柄是一个指针，用于指向一个任务。当任务创建好之后，它就具有一个任务句柄，
35   * 以后我们要想操作这个任务都需要用到这个任务句柄。如果是任务操作自身，那么
36   * 这个句柄可以为 NULL
37   */
38  static TaskHandle_t AppTaskCreate_Handle = NULL;    /* 创建任务句柄 */
39  static TaskHandle_t Take_Task_Handle = NULL;        /* Take_Task 任务句柄 */
40  static TaskHandle_t Give_Task_Handle = NULL;        /* Give_Task 任务句柄 */
41
42  /********************** 内核对象句柄 ***************************/
43  /*
44   * 信号量、消息队列、事件标志组、扳软件定时器都属于内核的对象，要想使用这些内核
45   * 对象，必须先创建，创建成功之后会返回相应的句柄。这实际上就是一个指针，后续我
46   * 们就可以通过这个句柄操作这些内核对象
47   *
48   *
49   * 内核对象可以理解为一种全局的数据结构，通过这些数据结构可以实现任务间的通信、
50   * 任务间的事件同步等功能。这些功能的实现是通过调用内核对象的函数
51   * 来完成的
52   *
```

```
53    */
54   SemaphoreHandle_t CountSem_Handle =NULL;
55
56   /************************ 全局变量声明 ******************************/
57   /*
58    * 在写应用程序时, 可能需要用到一些全局变量
59    */
60
61
62   /************************ 宏定义 *********************************/
63   /*
64    * 在写应用程序时, 可能需要用到一些宏定义
65    */
66
67
68   /*
69    *****************************************************************
70    *                          函数声明
71    *****************************************************************
72    */
73   static void AppTaskCreate(void);/* 用于创建任务 */
74
75   static void Take_Task(void *pvParameters);  /* Take_Task 任务实现 */
76   static void Give_Task(void *pvParameters);  /* Give_Task 任务实现 */
77
78   static void BSP_Init(void);/* 用于初始化板载相关资源 */
79
80   /*****************************************************************
81    * @brief   主函数
82    * @param   无
83    * @retval  无
84    * @note    第 1 步: 开发板硬件初始化
85    *          第 2 步: 创建 APP 应用任务
86    *          第 3 步: 启动 FreeRTOS, 开始多任务调度
87    *****************************************************************/
88   int main(void)
89   {
90       BaseType_t xReturn = pdPASS;/* 定义一个创建信息返回值, 默认为 pdPASS */
91
92       /* 开发板硬件初始化 */
93       BSP_Init();
94
95       printf(" 这是一个 [ 野火 ]-STM32 全系列开发板 -FreeRTOS 计数信号量实验! \n");
96       printf(" 车位默认值为 5 个, 按下 KEY1 申请车位, 按下 KEY2 释放车位! \n\n");
97
98       /* 创建 AppTaskCreate 任务 */
99       xReturn = xTaskCreate((TaskFunction_t )AppTaskCreate,      /* 任务入口函数 */
100                            (const char*    )"AppTaskCreate",    /* 任务名称 */
101                            (uint16_t       )512,         /* 任务栈大小 */
102                            (void*          )NULL,        /* 任务入口函数参数 */
103                            (UBaseType_t    )1,           /* 任务的优先级 */
104                            (TaskHandle_t*)&AppTaskCreate_Handle);/* 任务控制块指针 */
105      /* 启动任务调度 */
106      if (pdPASS == xReturn)
```

```
107            vTaskStartScheduler();            /* 启动任务，开启调度 */
108     else
109            return -1;
110
111     while (1);                              /* 正常情况下不会执行到这里 */
112 }
113
114
115 /*************************************************************************
116  * @ 函数名: AppTaskCreate
117  * @ 功能说明: 为了方便管理，所有的任务创建函数都放在这个函数中
118  * @ 参数: 无
119  * @ 返回值: 无
120  *************************************************************************/
121 static void AppTaskCreate(void)
122 {
123     BaseType_t xReturn = pdPASS;/* 定义一个创建信息返回值，默认为 pdPASS */
124
125     taskENTER_CRITICAL();               // 进入临界区
126
127     /* 创建 CountSem */
128     CountSem_Handle = xSemaphoreCreateCounting(5,5);
129     if (NULL != CountSem_Handle)
130         printf("CountSem_Handle 计数信号量创建成功!\r\n");
131
132     /* 创建 Take_Task 任务 */
133     xReturn = xTaskCreate((TaskFunction_t)Take_Task,        /* 任务入口函数 */
134                           (const char*   )"Take_Task",      /* 任务名称 */
135                           (uint16_t      )512,        /* 任务栈大小 */
136                           (void*         )NULL,       /* 任务入口函数参数 */
137                           (UBaseType_t   )2,          /* 任务的优先级 */
138                           (TaskHandle_t* )&Take_Task_Handle);/* 任务控制块指针 */
139     if (pdPASS == xReturn)
140         printf(" 创建 Take_Task 任务成功!\r\n");
141
142     /* 创建 Give_Task 任务 */
143     xReturn = xTaskCreate((TaskFunction_t)Give_Task,        /* 任务入口函数 */
144                           (const char*   )"Give_Task",      /* 任务名称 */
145                           (uint16_t      )512,        /* 任务栈大小 */
146                           (void*         )NULL,       /* 任务入口函数参数 */
147                           (UBaseType_t   )3,          /* 任务的优先级 */
148                           (TaskHandle_t* )&Give_Task_Handle);/* 任务控制块指针 */
149     if (pdPASS == xReturn)
150         printf(" 创建 Give_Task 任务成功!\n\n");
151
152     vTaskDelete(AppTaskCreate_Handle);             // 删除 AppTaskCreate 任务
153
154     taskEXIT_CRITICAL();                            // 退出临界区
155 }
156
157
158
159 /*************************************************************************
160  * @ 函数名: Take_Task
```

```
161     * @ 功能说明: Take_Task 任务主体
162     * @ 参数: 无
163     * @ 返回值: 无
164     *********************************************************************/
165    static void Take_Task(void* parameter)
166    {
167        BaseType_t xReturn = pdTRUE;/* 定义一个创建信息返回值，默认为 pdPASS */
168        /* 任务都是一个无限循环，不能返回 */
169        while (1) {
170            // 如果 KEY1 被按下
171            if ( Key_Scan(KEY1_GPIO_PORT,KEY1_GPIO_PIN) == KEY_ON ) {
172                /* 获取一个计数信号量 */
173                xReturn = xSemaphoreTake(CountSem_Handle,        /* 计数信号量句柄 */
174                                         0);                     /* 等待时间: 0 */
175                if ( pdTRUE == xReturn )
176                    printf( "KEY1 被按下，成功申请到停车位。\n" );
177                else
178                    printf( "KEY1 被按下，不好意思，现在停车场已满! \n" );
179            }
180            vTaskDelay(20);                                      // 每 20ms 扫描一次
181        }
182    }
183
184    /*********************************************************************
185     * @ 函数名: Give_Task
186     * @ 功能说明: Give_Task 任务主体
187     * @ 参数: 无
188     * @ 返回值: 无
189     *********************************************************************/
190    static void Give_Task(void *parameter)
191    {
192        BaseType_t xReturn = pdTRUE;/* 定义一个创建信息返回值，默认为 pdPASS */
193        /* 任务都是一个无限循环，不能返回 */
194        while (1) {
195            // 如果 KEY2 被按下
196            if ( Key_Scan(KEY2_GPIO_PORT,KEY2_GPIO_PIN) == KEY_ON ) {
197                /* 获取一个计数信号量 */
198                xReturn = xSemaphoreGive(CountSem_Handle);       // 给出计数信号量
199                if ( pdTRUE == xReturn )
200                    printf( "KEY2 被按下，释放 1 个停车位。\n" );
201                else
202                    printf( "KEY2 被按下，但已无车位可以释放! \n" );
203            }
204            vTaskDelay(20);                                      // 每 20ms 扫描一次
205        }
206    }
207    /*********************************************************************
208     * @ 函数名: BSP_Init
209     * @ 功能说明: 板级外设初始化，所有板子上的初始化均可放在这个函数中
210     * @ 参数: 无
211     * @ 返回值: 无
212     *********************************************************************/
213    static void BSP_Init(void)
214    {
```

```
215        /*
216         * STM32 中断优先级分组为 4，即 4 位都用来表示抢占优先级，范围为 0 ~ 15
217         * 优先级分组只需要分组一次即可，以后如果有其他的任务需要用到中断，
218         * 都统一用这个优先级分组，千万不要再分组
219         */
220        NVIC_PriorityGroupConfig( NVIC_PriorityGroup_4 );
221
222        /* LED 初始化 */
223        LED_GPIO_Config();
224
225        /* 按键初始化        */
226        Key_GPIO_Config();
227
228        /* 串口初始化        */
229        USART_Config();
230
231
232
233    }
234
235 /***************************END OF FILE***************************/
```

16.8　实验现象

16.8.1　二值信号量实验现象

　　将程序编译好，用 USB 线连接计算机和开发板的 USB 接口（对应丝印为 USB 转串口），用 DAP 仿真器把配套程序下载到野火 STM32 开发板（具体型号根据购买的板子而定，每个型号的板子都有对应的程序），在计算机上打开串口调试助手，然后复位开发板就可以在调试助手中看到串口的打印信息，其中输出了信息表明任务正在运行中。我们按下开发板的按键，串口打印任务运行的信息，表明两个任务同步成功，具体如图 16-7 所示。

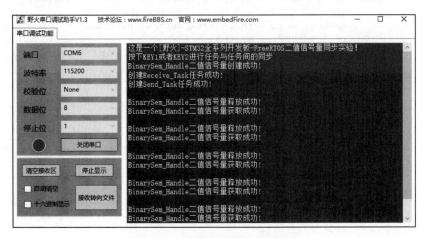

图 16-7　二值信号量同步实验现象

16.8.2　计数信号量实验现象

将程序编译好，用 USB 线连接计算机和开发板的 USB 接口（对应丝印为 USB 转串口），用 DAP 仿真器把配套程序下载到野火 STM32 开发板（具体型号根据购买的板子而定，每个型号的板子都有对应的程序），在计算机上打开串口调试助手，然后复位开发板就可以在调试助手中看到串口的打印信息，按下开发板的 KEY1 按键获取信号量模拟停车，按下 KEY2 按键释放信号量模拟取车。尝试按下 KEY1 与 KEY2 按键，在串口调试助手中可以看到运行结果，具体如图 16-8 所示。

图 16-8　计数信号量实验现象

第 17 章
互　斥　量

17.1　互斥量的基本概念

互斥量又称互斥信号量，是一种特殊的二值信号量。互斥量和信号量的不同之处在于，它支持互斥量所有权、递归访问以及防止优先级翻转的特性，用于实现对临界资源的独占式处理。互斥量的状态只有两种——开锁或闭锁。当互斥量被任务持有时，该互斥量处于闭锁状态，任务获得互斥量的所有权。当任务释放互斥量时，该互斥量处于开锁状态，任务失去该互斥量的所有权。当一个任务持有互斥量时，其他任务将不能再对该互斥量进行开锁或持有。持有该互斥量的任务也能够再次获得这个锁而不被挂起，这就是递归访问，也就是递归互斥量的特性。这个特性与一般的信号量有很大的不同，在信号量中，由于已经不存在可用的信号量，任务递归获取信号量时会发生主动挂起（最终形成死锁）。

如果想要用于实现同步（任务之间或者任务与中断之间），二值信号量或许是更好的选择，虽然互斥量也可以用于任务与任务、任务与中断的同步，但是互斥量更多的是用于保护资源的互锁。

用于互锁的互斥量可以充当保护资源的令牌，当一个任务希望访问某个资源时，它必须先获取令牌。当任务使用完资源后，必须还回令牌，以便其他任务可以访问该资源。是不是很熟悉，在我们的二值信号量中也是一样的，用于保护临界资源，保证多任务的访问井然有序。当任务获取到信号量时才能开始使用被保护的资源，使用完就释放信号量，下一个任务才能获取信号量从而可使用被保护的资源。但是信号量会导致另一个潜在问题，那就是任务优先级翻转（具体会在下文讲解）。而 FreeRTOS 提供的互斥量可以通过优先级继承算法降低优先级翻转问题产生的影响，所以，用于临界资源的保护时一般建议使用互斥量。

17.2　互斥量的优先级继承机制

在 FreeRTOS 操作系统中，为了减少优先级翻转问题，使用了优先级继承算法。优先级继承算法是指暂时提高某个占有某种资源的低优先级任务的优先级，使之与所有等待该资源的任务中优先级最高的那个任务的优先级相等，而当这个低优先级任务执行完毕释放该资源时，优先级重新回到初始设定值。因此，继承优先级的任务避免了系统资源被任何中间优先级的任务抢占。

互斥量与二值信号量最大的不同之处在于，互斥量具有优先级继承机制，而信号量没有。也就是说，某个临界资源受到一个互斥量保护。如果这个资源正在被一个低优先级任务使用，那么此时的互斥量是闭锁状态，也代表了没有任务能申请到这个互斥量。如果此时一个高优先级任务想要对这个资源进行访问而申请这个互斥量，那么高优先级任务会因为申请不到互斥量而进入阻塞态，此时系统会将现在持有该互斥量的任务的优先级临时提升到与高优先级任务的优先级相同，这个优先级提升的过程叫作优先级继承。优先级继承机制可确保高优先级任务进入阻塞态的时间尽可能短，并将已经出现的"优先级翻转"的影响降低到最小。

为帮助大家理解，下面结合过程示意图再介绍一遍。我们知道任务的优先级在创建时是已经设置好的，高优先级的任务可以打断低优先级的任务，抢占 CPU 的使用权。但是在很多场合中，某些资源只有一个，当低优先级任务正在占用该资源时，即便是高优先级任务，也只能等待低优先级任务使用完该资源后释放资源。这种高优先级任务无法运行而低优先级任务可以运行的现象称为"优先级翻转"。

为什么说优先级翻转在操作系统中危害很大？因为在我们一开始创造这个系统时，就已经设置好了任务的优先级，越重要的任务优先级越高。但是发生优先级翻转对我们的操作系统来说是致命的，会导致系统的高优先级任务阻塞时间过长。

举个例子，现在有 3 个任务，分别为 H（High）任务、M（Middle）任务、L（Low）任务，3 个任务的优先级顺序为 H 任务 >M 任务 >L 任务。正常运行时 H 任务可以打断 M 任务与 L 任务，M 任务可以打断 L 任务。假设系统中有一个资源被保护了，此时该资源被 L 任务使用。某一时刻，H 任务需要使用该资源，但是 L 任务还没使用完，H 任务则因为申请不到资源而进入阻塞态，L 任务继续使用该资源，此时已经出现了优先级翻转现象——高优先级任务在等待低优先级的任务执行。如果在 L 任务执行时刚好 M 任务被唤醒了，由于 M 任务优先级比 L 任务优先级高，那么会打断 L 任务，抢占 CPU 的使用权，直到 M 任务执行完，再把 CPU 使用权归还给 L 任务，L 任务继续执行，等到执行完毕之后释放该资源，H 任务此时才从阻塞态解除，使用该资源。这个过程中，本来优先级最高的 H 任务，在等待更低优先级的 L 任务与 M 任务，其阻塞的时间是 M 任务运行时间 +L 任务运行时间。这只是只有 3 个任务

的系统的情况，假如有很多个这样的任务打断最低优先级的任务，那这个系统最高优先级任务岂不是崩溃了？这个情况是不允许出现的，高优先级的任务必须能及时响应。所以，在没有优先级继承的情况下，使用资源保护的危害极大，具体如图 17-1 所示。

图 17-1 ①：L 任务正在使用某临界资源，H 任务被唤醒，执行 H 任务。但 L 任务并未执行完毕，此时临界资源还未释放。

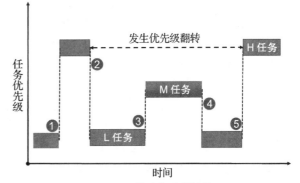

图 17-1　优先级翻转图解

图 17-1 ②：某个时刻 H 任务也要对该临界资源进行访问，但 L 任务还未释放资源，由于保护机制，H 任务进入阻塞态，L 任务得以继续运行，此时已经发生了优先级翻转现象。

图 17-1 ③：某个时刻 M 任务被唤醒，由于 M 任务的优先级高于 L 任务，M 任务抢占了 CPU 的使用权而开始运行，此时 L 任务尚未执行完，临界资源还没被释放。

图 17-1 ④：M 任务运行结束，归还 CPU 使用权，L 任务继续运行。

图 17-1 ⑤：L 任务运行结束，释放临界资源，H 任务得以对资源进行访问，H 任务开始运行。

在这一过程中，H 任务的等待时间过长，这对系统来说这是致命的，所以这种情况不允许出现，而互斥量就是用来降低优先级翻转产生的危害的。

假如有优先级继承呢？在 H 任务申请该资源时，由于申请不到资源会进入阻塞态，那么系统就会把当前正在使用资源的 L 任务的优先级临时提高到与 H 任务优先级相同，此时 M 任务被唤醒，因为它的优先级比 H 任务低，所以无法打断 L 任务。因为此时 L 任务的优先级被临时提升到同 H 任务，所以当 L 任务使用完该资源，进行释放，那么此时 H 任务优先级最高，将接着抢占 CPU 的使用权，H 任务的阻塞时间仅仅是 L 任务的执行时间，此时优先级的危害降到了最低。这就是优先级继承的优势，具体如图 17-2 所示。

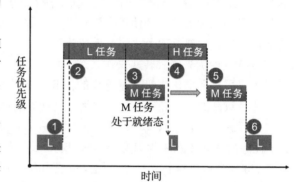

图 17-2 优先级继承

图 17-2 ①：L 任务正在使用某临界资源，H 任务被唤醒，执行 H 任务。但 L 任务并未执行完毕，此时临界资源还未释放。

图 17-2 ②：某个时刻 H 任务也要对该资源进行访问，由于保护机制，H 任务进入阻塞态。此时发生优先级继承，系统将 L 任务的优先级暂时提升到与 H 任务优先级相同，L 任务继续执行。

图 17-2 ③：某个时刻 M 任务被唤醒，由于此时 M 任务的优先级暂时低于 L 任务，所以 M 任务仅在就绪态，无法获得 CPU 使用权。

图 17-2 ④：L 任务运行完毕，H 任务获得对资源的访问权，H 任务从阻塞态变成运行态，此时 L 任务的优先级会变回原来的优先级。

图 17-2 ⑤：当 H 任务运行完毕，M 任务得到 CPU 使用权，开始执行。

图 17-2 ⑥：系统正常运行，按照设定好的优先级运行。

在使用互斥量时一定要注意，在获得互斥量后，请尽快释放互斥量。同时需要注意的是，在任务持有互斥量的这段时间，不得更改任务的优先级。FreeRTOS 的优先级继承机制不能解决优先级翻转问题，只能将这种情况的影响降到最低，在一开始设计硬实时系统时就要避免发生优先级翻转。

17.3　互斥量的应用场景

　　互斥量的适用情况比较单一，因为它是信号量的一种，并且以锁的形式存在。在初始化时，互斥量处于开锁状态，而被任务持有时则立刻转为闭锁状态。互斥量更适用于可能引起优先级翻转的情况。递归互斥量更适用于任务可能多次获取互斥量的情况，这样可以避免同一任务多次递归持有而造成死锁的问题。

　　多任务环境下往往存在多个任务竞争同一临界资源的应用场景，互斥量可用于对临界资源的保护从而实现独占式访问。另外，互斥量可以降低信号量中存在的优先级翻转问题带来的影响。

　　比如有两个任务需要对串口发送数据，其硬件资源只有一个，那么两个任务不能同时发送，否则会导致数据错误。此时就可以用互斥量对串口资源进行保护，当一个任务正在使用串口时，另一个任务无法使用串口，等到一个任务使用串口完毕之后，另外一个任务才能获得串口的使用权。

　　另外需要注意的是互斥量不能在中断服务函数中使用，因为其特有的优先级继承机制只在任务中起作用，在中断的上下文环境中毫无意义。

17.4　互斥量的运作机制

　　多任务环境下会存在多个任务访问同一临界资源的情况，该资源会被任务独占，其他任务在资源被占用的情况下不能对该临界资源进行访问，这时就需要用到 FreeRTOS 的互斥量来进行资源保护。那么互斥量是怎样避免这种冲突的？

　　用互斥量处理不同任务对临界资源的同步访问时，任务要获得互斥量才能进行资源访问。一旦有任务成功获得了互斥量，则互斥量立即变为闭锁状态，此时其他任务会因为获取不到互斥量而不能访问这个资源。任务会根据用户自定义的等待时间进行等待，直到互斥量被持有的任务释放，其他任务才能获取互斥量从而得以访问该临界资源。此时互斥量再次上锁，如此一来就可以确保每个时刻只有一个任务正在访问这个临界资源，保证了临界资源操作的安全性，具体如图 17-3 所示。

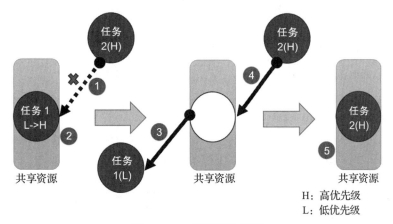

图 17-3　互斥量运作机制

图 17-3 ①：因为互斥量具有优先级继承机制，一般选择使用互斥量对资源进行保护。当采用互斥量保护的资源被占用时，无论是什么优先级的任务，想要使用该资源都会被阻塞。

图 17-3 ②：假如正在使用该资源的任务 1 比阻塞中的任务 2 的优先级还低，那么任务 1 的优先级将被系统临时提升到与高优先级任务 2 相等（任务 1 的优先级从 L 变成 H）。

图 17-3 ③：当任务 1 使用完资源之后，释放互斥量，此时任务 1 的优先级会从 H 变回原来的 L。

图 17-3 ④~⑤：任务 2 此时可以获得互斥量，然后进行资源的访问，当任务 2 访问了资源时，该互斥量的状态又变为闭锁状态，其他任务无法获取互斥量。

17.5　互斥量控制块

互斥量的 API 函数实际上也都是宏，使用现有的队列机制，这些宏定义在 semphr.h 文件中。如果使用互斥量，则需要包含 semphr.h 头文件。FreeRTOS 的互斥量控制块结构体与消息队列结构体是一样的，只不过结构体中某些成员变量代表的含义不同，具体不同之处将详细讲解。先来看看结构体控制块，具体参见代码清单 17-1 中加粗部分。注意，没说明的部分与消息队列一致。

代码清单 17-1　互斥量控制块

```
1 typedef struct QueueDefinition {
2 int8_t *pcHead;
3 int8_t *pcTail;
4 int8_t *pcWriteTo;
5
6 union {
7 int8_t *pcReadFrom;
8         UBaseType_t uxRecursiveCallCount;                    (1)
9     } u;
10
11    List_t xTasksWaitingToSend;
12    List_t xTasksWaitingToReceive;
13
14    volatile UBaseType_t uxMessagesWaiting;                   (2)
15    UBaseType_t uxLength;                                     (3)
16    UBaseType_t uxItemSize;                                   (4)
17
18    volatileint8_t cRxLock;
19    volatileint8_t cTxLock;
20
21 #if( ( configSUPPORT_STATIC_ALLOCATION == 1 )
22     && ( configSUPPORT_DYNAMIC_ALLOCATION == 1 ) )
23     uint8_t ucStaticallyAllocated;
24 #endif
25
26 #if ( configUSE_QUEUE_SETS == 1 )
27     struct QueueDefinition *pxQueueSetContainer;
```

```
28 #endif
29
30 #if ( configUSE_TRACE_FACILITY == 1 )
31          UBaseType_t uxQueueNumber;
32          uint8_t ucQueueType;
33 #endif
34
35      } xQUEUE;
36
37 typedef xQUEUE Queue_t;
```

代码清单 17-1（1）：pcReadFrom 与 uxRecursiveCallCount 是一对互斥变量，使用联合体来确保两个互斥的结构体成员不会同时出现。如果结构体用于消息队列，则 pcReadFrom 指向出队消息空间的最后一个，即读取消息时是从 pcReadFrom 指向的空间读取消息内容；如果结构体用于互斥量，uxRecursiveCallCount 用于计数，记录递归互斥量被"调用"的次数。

代码清单 17-1（2）：如果控制块结构体用于消息队列，则 uxMessagesWaiting 用来记录当前消息队列的消息个数；如果控制块结构体用于互斥量时，这个值表示有效互斥量的个数。此值为 1 时表示互斥量有效，为 0 则表示互斥量无效。

代码清单 17-1（3）：如果控制块结构体用于消息队列，则 uxLength 表示队列的长度，即能存放多少消息；如果控制块结构体用于互斥量时，uxLength 表示最大的信号量可用个数。uxLength 最大为 1，因为信号量要么是有效的，要么是无效的。

代码清单 17-1（4）：如果控制块结构体用于消息队列，则 uxItemSize 表示单个消息的大小；如果控制块结构体用于互斥量时，则无须分配存储空间，为 0 即可。

17.6　互斥量函数

17.6.1　互斥量创建函数 xSemaphoreCreateMutex()

xSemaphoreCreateMutex() 用于创建一个互斥量，并返回一个互斥量句柄。该句柄的原型是一个 void 型的指针，在使用之前必须先由用户定义一个互斥量句柄。要想使用该函数，必须在 FreeRTOSConfig.h 中把宏 configSUPPORT_DYNAMIC_ALLOCATION 定义为 1，即开启动态内存分配。其实该宏在 FreeRTOS.h 中默认定义为 1，即所有 FreeRTOS 的对象在创建时都默认使用动态内存分配方案。同时还需要在 FreeRTOSConfig.h 中把 configUSE_MUTEXES 宏定义打开，表示使用互斥量。xSemaphoreCreateMutex() 函数原型参见代码清单 17-2。

代码清单 17-2　xSemaphoreCreateMutex() 函数原型

```
1 #if( configSUPPORT_DYNAMIC_ALLOCATION == 1 )
2 #define xSemaphoreCreateMutex() xQueueCreateMutex( queueQUEUE_TYPE_MUTEX )
3 #endif
```

从 xSemaphoreCreateMutex() 函数原型可以看出，创建互斥量其实是调用 xQueueCreate-

Mutex() 函数。下面看一看 xQueueCreateMutex() 的源码，具体参见代码清单 17-3。

代码清单 17-3　xQueueCreateMutex() 源码

```
1 #if( ( configUSE_MUTEXES == 1 ) &&                            \
2         ( configSUPPORT_DYNAMIC_ALLOCATION == 1 ) )
3
4 QueueHandle_t xQueueCreateMutex( const uint8_t ucQueueType )
5 {
6     Queue_t *pxNewQueue;
7     const UBaseType_t uxMutexLength =( UBaseType_t ) 1,
8         uxMutexSize = ( UBaseType_t ) 0;
9
10    pxNewQueue = ( Queue_t * ) xQueueGenericCreate(
11                     uxMutexLength,
12                     uxMutexSize,
13                     ucQueueType );                             (1)
14    prvInitialiseMutex( pxNewQueue );                          (2)
15
16    return pxNewQueue;
17 }
```

xQueueCreateMutex() 函数是带条件编译的，只有将宏 configUSE_MUTEXES 定义为 1 时才会编译这个函数。

代码清单 17-3（1）：互斥量的创建也是调用 xQueueGenericCreate() 函数实现的。uxMutex-Length 为 1 表示创建的队列长度为 1，在互斥量中即表示互斥量的最大可用个数。从前文的介绍中可知，互斥量要么开锁（有效），要么闭锁（无效）。同时 uxMutexSize 的值为 0，表示创建的消息空间（队列项）大小为 0。这个所谓的"消息队列"其实并不是用于存储消息的，而是用作互斥量，因为我们无须关注消息的内容是什么，只要知道互斥量是否有效即可。ucQueueType 表示所创建队列的类型，在 queue.h 中有定义，具体参见代码清单 16-4。现在创建的是互斥量，其类型就是 queueQUEUE_TYPE_MUTEX。在前面的章节已经讲解了通用队列创建函数，在此不再赘述。

代码清单 17-3（2）：调用 prvInitialiseMutex() 函数初始化互斥量，函数源码参见代码清单 17-4。

代码清单 17-4　prvInitialiseMutex() 源码

```
1 #define pxMutexHolder                          pcTail          (4)
2 #define uxQueueType                            pcHead
3 #define queueQUEUE_IS_MUTEX                     NULL
4
5 #if( configUSE_MUTEXES == 1 )
6
7 static void prvInitialiseMutex( Queue_t *pxNewQueue )
8 {
9     if ( pxNewQueue != NULL ) {
10        pxNewQueue->pxMutexHolder = NULL;                       (1)
11        pxNewQueue->uxQueueType = queueQUEUE_IS_MUTEX;
```

```
12
13            pxNewQueue->u.uxRecursiveCallCount = 0;                    (2)
14
15            traceCREATE_MUTEX( pxNewQueue );
16
17            ( void ) xQueueGenericSend( pxNewQueue,
18                                        NULL,
19                                        ( TickType_t ) 0U,
20                                        queueSEND_TO_BACK );           (3)
21        } else {
22            traceCREATE_MUTEX_FAILED();
23        }
24 }
25
26 #endif
```

代码清单 17-4（1）：第一次看源码，是不是会奇怪成员变量 pxMutexHolder 和 uxQueue-Type 是哪里来的，明明结构体中没有这两个成员变量。其实，FreeRTOS 为了提升代码的可读性，做了很多优化工作，在代码清单 17-4（4）中可以看到，FreeRTOS 用宏定义的方式重新定义了结构体中的成员变量 pcTail 与 pcHead，更方便阅读。为什么要这样呢？我们知道，pcTail 与 pcHead 用于指向消息存储区域，如果队列用作互斥量，那么我们就无须理会消息存储区域，因为消息存储区域并不存在，但是互斥量有一个很重要的特性，那就是优先级继承机制，所以我们要知道持有互斥量的任务是哪一个。pxMutexHolder 就用于指向持有互斥量的任务控制块，此处初始化为 NULL，表示没有任务持有互斥量。uxQueueType 表示队列的类型，设置为 queueQUEUE_IS_MUTEX（NULL），表示用作互斥量。

代码清单 17-4（2）：如果是递归互斥量，还需要初始化联合体成员变量 u.uxRecursive-CallCount。

代码清单 17-4（3）：调用 xQueueGenericSend() 函数释放互斥量，在创建成功时互斥量默认是有效的。

互斥量创建成功的示意图如图 17-4 所示。

xSemaphoreCreateMutex() 函数的使用是非常简单的，只不过需要用户自定义一个互斥量的控制块指针，使用实例具体参见代码清单 17-5 中加粗部分。

代码清单 17-5 xSemaphoreCreateMutex() 函数实例

```
1 SemaphoreHandle_t MuxSem_Handle;
2
3 void vATask( void * pvParameters )
4 {
5     /* 创建一个互斥量 */
6     MuxSem_Handle= xSemaphoreCreateMutex();
7
8     if (MuxSem_Handle!= NULL ) {
9         /* 互斥量创建成功 */
10    }
11 }
```

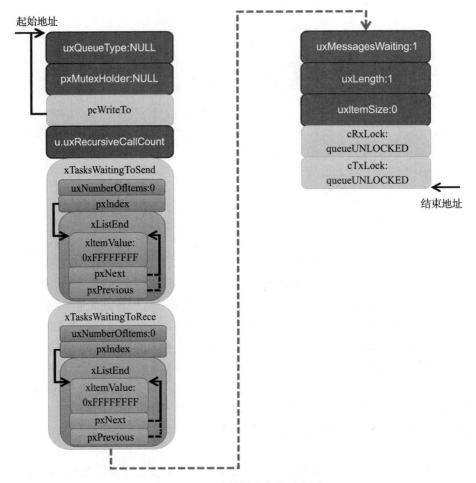

图 17-4　互斥量创建完成示意图

17.6.2　递归互斥量创建函数 xSemaphoreCreateRecursiveMutex()

xSemaphoreCreateRecursiveMutex() 用于创建一个递归互斥量。非递归互斥量用函数 xSemaphoreCreateMutex() 或 xSemaphoreCreateMutexStatic() 创建（我们只讲解动态创建），且只能被同一个任务获取一次，如果同一个任务想再次获取则会失败。递归互斥量则相反，它可以被同一个任务获取很多次，获取多少次就需要释放多少次。递归互斥量与互斥量一样，都实现了优先级继承机制，可以减少优先级翻转情况的发生。

要想使用该函数，必须在 FreeRTOSConfig.h 中把宏 configSUPPORT_DYNAMIC_ALLO-CATION 和 configUSE_RECURSIVE_MUTEXES 均定义为 1。将宏 configSUPPORT_DYNAMIC_ALLOCATION 定义为 1 即表示开启动态内存分配，其实该宏在 FreeRTOS.h 中默认定义为 1，即所有 FreeRTOS 的对象在创建时都默认使用动态内存分配方案。该函数的具体说明如表 17-1 所示。

表 17-1 xSemaphoreCreateRecursiveMutex() 函数说明

函数原型	#if((configSUPPORT_DYNAMIC_ALLOCATION==1) && (configUSE_RECURSIVE_MUTEXES ==1)) #define xSemaphoreCreateRecursiveMutex() xQueueCreateMutex(queueQUEUE_TYPE_RECURSIVE_MUTEX) #endif	
功　　能	创建一个递归互斥量	
参　　数	void	无
返 回 值	如果创建成功，则返回一个递归互斥量句柄，用于访问创建的递归互斥量；如果创建不成功，则返回 NULL	

xSemaphoreCreateRecursiveMutex() 实际调用的函数也是 xQueueCreateMutex() 函数，具体的创建过程不再赘述，可参考 17.6.1 节。下面来看一看如何使用 xSemaphoreCreateRecursive-Mutex() 函数，具体参见代码清单 17-6 中加粗部分。

代码清单 17-6　xSemaphoreCreateRecursiveMutex() 函数实例

```
1 SemaphoreHandle_t xMutex;
2
3 void vATask( void *pvParameters )
4 {
5     /* 创建一个递归互斥量 */
6     xMutex = xSemaphoreCreateRecursiveMutex();
7
8     if ( xMutex != NULL ) {
9         /* 递归互斥量创建成功 */
10    }
11 }
```

17.6.3　互斥量删除函数 vSemaphoreDelete()

互斥量的本质是信号量，直接调用 vSemaphoreDelete() 函数进行删除即可，具体参见 16.6.2 节。

17.6.4　互斥量获取函数 xSemaphoreTake()

我们知道，当互斥量处于开锁状态时，任务才能成功获取互斥量；当任务持有某个互斥量时，其他任务就无法获取这个互斥量，需要等到持有互斥量的任务释放后，其他任务才能获取成功。任务通过互斥量获取函数来获取互斥量的所有权。任务对互斥量的所有权是独占的，任何时刻互斥量只能被一个任务持有。如果互斥量处于开锁状态，那么获取了该互斥量的任务将成功拥有互斥量的使用权；如果互斥量处于闭锁状态，想获取该互斥量的任务将无法获得互斥量，任务将被挂起。在任务被挂起之前，会进行优先级继承，如果当前任务优先级比持有互斥量的任务优先级高，那么将会临时提升持有互斥量任务的优先级。互斥量的获取函数是一个宏定义，实际调用的函数是 xQueueGenericReceive()，具体参见代码清单 17-7。

代码清单 17-7　xSemaphoreTake() 函数原型

```
1 #define xSemaphoreTake( xSemaphore, xBlockTime )
```

```
2               xQueueGenericReceive(( QueueHandle_t ) ( xSemaphore ),    \
3                                    NULL,                                \
4                                    (xBlockTime ),                       \
5                                    pdFALSE )
```

　　xQueueGenericReceive() 函数我们并不陌生，是消息队列获取函数，在使用了互斥量时，这个函数会略有不同，因为互斥量本身存在优先级继承机制，所以在这个函数中会使用宏定义进行编译。如果获取的对象是互斥量，那么这个函数就拥有优先级继承算法；如果获取的对象不是互斥量，就没有优先级继承机制。下面来看一看 xQueueGenericReceive() 函数的源码，具体参见代码清单 17-8 中加粗部分。

代码清单 17-8　xQueueGenericReceive 源码（已删减）

```
1 BaseType_t xQueueGenericReceive( QueueHandle_t xQueue,
2                                  void * const pvBuffer,
3                                  TickType_t xTicksToWait,
4                                  const BaseType_t xJustPeeking )
5 {
6     BaseType_t xEntryTimeSet = pdFALSE;
7     TimeOut_t xTimeOut;
8     int8_t *pcOriginalReadPosition;
9     Queue_t * const pxQueue = ( Queue_t * ) xQueue;
10
11    /* 已删除一些断言 */
12
13    for ( ;; ) {
14        taskENTER_CRITICAL();
15        {
16            const UBaseType_t uxMessagesWaiting = pxQueue->uxMessagesWaiting;
17
18            /* 看看队列中有没有消息 */
19            if ( uxMessagesWaiting > ( UBaseType_t ) 0 ) {
20                /*防止仅仅是读取消息，而不进行消息出队操作 */
21                pcOriginalReadPosition = pxQueue->u.pcReadFrom;
22
23                /* 复制消息到用户指定存放区域 pvBuffer */
24                prvCopyDataFromQueue( pxQueue, pvBuffer );
25
26                if ( xJustPeeking == pdFALSE ) {
27                    /* 读取消息并且消息出队 */
28                    traceQUEUE_RECEIVE( pxQueue );
29
30                    /* 获取了消息，当前消息队列的消息个数需要减 1 */
31                    pxQueue->uxMessagesWaiting = uxMessagesWaiting - 1;
32
33                    /* 如果系统支持使用互斥量 */
34 #if ( configUSE_MUTEXES == 1 )
35                    {
36                        /* 如果队列类型是互斥量 */
37                        if(pxQueue->uxQueueType == queueQUEUE_IS_MUTEX) {
38                            /* 获取当前任务控制块 */                    (1)
```

```
39                           pxQueue->pxMutexHolder =
40                             ( int8_t * )pvTaskIncrementMutexHeldCount();
41                         } else {
42                             mtCOVERAGE_TEST_MARKER();
43                         }
44                     }
45  #endif
46
47                     /* 判断消息队列中是否有等待发送消息的任务 */
48                     if ( listLIST_IS_EMPTY(
49                         &( pxQueue->xTasksWaitingToSend ) ) == pdFALSE) {
50                         /* 将任务从阻塞中恢复 */
51                         if ( xTaskRemoveFromEventList(
52                           &( pxQueue->xTasksWaitingToSend))!= pdFALSE ){
53                             /* 如果被恢复的任务优先级比当前任务高,会进行一次任务切换 */
54                             queueYIELD_IF_USING_PREEMPTION();
55                         } else {
56                             mtCOVERAGE_TEST_MARKER();
57                         }
58                     } else {
59                         mtCOVERAGE_TEST_MARKER();
60                     }
61                 }
62
63             taskEXIT_CRITICAL();
64             return pdPASS;
65         }
66         /* 消息队列中没有消息可读 */
67         else {
68             if ( xTicksToWait == ( TickType_t ) 0 ) {
69                 /* 不等待,直接返回 */
70                 taskEXIT_CRITICAL();
71                 traceQUEUE_RECEIVE_FAILED( pxQueue );
72                 return errQUEUE_EMPTY;
73             } else if ( xEntryTimeSet == pdFALSE ) {
74                 /* 初始化阻塞超时结构体变量,初始化进入
75                 阻塞的时间 xTickCount 和溢出次数 xNumOfOverflows */
76                 vTaskSetTimeOutState( &xTimeOut );
77                 xEntryTimeSet = pdTRUE;
78             } else {
79                 mtCOVERAGE_TEST_MARKER();
80             }
81         }
82     }
83     taskEXIT_CRITICAL();
84
85
86     vTaskSuspendAll();
87     prvLockQueue( pxQueue );
88
89     /* 检查是否已经超过超时时间 */
90     if(xTaskCheckForTimeOut(&xTimeOut, &xTicksToWait) == pdFALSE ) {
91         /* 如果队列还是空的 */
```

```
 92                     if ( prvIsQueueEmpty( pxQueue ) != pdFALSE ) {
 93                         traceBLOCKING_ON_QUEUE_RECEIVE( pxQueue );
 94
 95  /* 如果系统支持使用互斥量 */
 96  #if ( configUSE_MUTEXES == 1 )
 97                     {
 98                         /* 如果队列类型是互斥量 */
 99                         if ( pxQueue->uxQueueType == queueQUEUE_IS_MUTEX ) {
100                             taskENTER_CRITICAL();
101                             {
102                             /* 进行优先级继承 */
103                             vTaskPriorityInherit((void*)pxQueue->pxMutexHolder);(2)
104                             }
105                             taskEXIT_CRITICAL();
106                         } else {
107                             mtCOVERAGE_TEST_MARKER();
108                         }
109                     }
110  #endif
111
112                         /* 将当前任务添加到队列的等待接收列表
113                         以及阻塞延时列表中, 阻塞时间为用户指定的超时时间 xTicksToWait */
114
115                         vTaskPlaceOnEventList(
116                             &( pxQueue->xTasksWaitingToReceive ), xTicksToWait );
117                         prvUnlockQueue( pxQueue );
118                         if ( xTaskResumeAll() == pdFALSE ) {
119                             /* 如果有任务优先级比当前任务高, 会进行一次任务切换 */
120                             portYIELD_WITHIN_API();
121                         } else {
122                             mtCOVERAGE_TEST_MARKER();
123                         }
124                     } else {
125                         /* 如果队列有消息了, 就再试一次获取消息 */
126                         prvUnlockQueue( pxQueue );
127                         ( void ) xTaskResumeAll();
128                     }
129                 } else {
130                     /* 超时时间已过, 退出 */
131                     prvUnlockQueue( pxQueue );
132                     ( void ) xTaskResumeAll();
133
134                     if ( prvIsQueueEmpty( pxQueue ) != pdFALSE ) {
135                         /* 如果队列还是空的, 返回错误代码 errQUEUE_EMPTY */
136                         traceQUEUE_RECEIVE_FAILED( pxQueue );
137                         return errQUEUE_EMPTY;
138                     } else {
139                         mtCOVERAGE_TEST_MARKER();
140                     }
141                 }
142             }
143  }
144  /*-----------------------------------------------------------*/
```

获取互斥量的过程与消息队列差别不大,我们将其简化一下,但有些地方要加以注意。简化后的过程具体如下:

如果互斥量有效,调用获取互斥量函数后,结构体成员变量 uxMessageWaiting 会减 1,然后将队列结构体成员指针 pxMutexHolder 指向任务控制块,表示这个互斥量被哪个任务持有,只有这个任务才拥有互斥量的所有权,并且该任务的控制块结构体成员 uxMutexesHeld 会加 1,表示任务已经获取到互斥量。

如果此时互斥量是无效状态并且用户指定的阻塞时间为 0,则直接返回错误代码 (errQUEUE_EMPTY);而如果用户指定的阻塞超时时间不为 0,则当前任务会因为等待互斥量有效而进入阻塞态,在将任务添加到延时列表之前,会判断当前任务和拥有互斥量的任务哪个优先级更高,如果当前任务优先级高,则拥有互斥量的任务继承当前任务优先级,也就是我们所说的优先级继承机制。

代码清单 17-8(1):如果互斥量是有效的,获取成功后结构体成员变量 pxMutexHolder 指向当前任务控制块。pvTaskIncrementMutexHeldCount() 函数做了两件事,把当前任务控制块的成员变量 uxMutexesHeld 加 1,表示当前任务持有的互斥量数量,然后返回指向当前任务控制块的指针 pxCurrentTCB。

代码清单 17-8(2):如果互斥量是无效的,当前任务是无法获取互斥量的,并且用户指定了阻塞时间,那么在当前任务进入阻塞时,需要进行优先级继承。vTaskPriorityInherit() 函数就是用于进行优先级继承操作,其源码具体参见代码清单 17-9。

代码清单 17-9   vTaskPriorityInherit() 函数源码

```
1 #if ( configUSE_MUTEXES == 1 )
2
3 void vTaskPriorityInherit( TaskHandle_t const pxMutexHolder )
4 {
5     TCB_t * const pxTCB = ( TCB_t * ) pxMutexHolder;                    (1)
6
7
8     if ( pxMutexHolder != NULL ) {
9         /* 判断当前任务与持有互斥量任务的优先级 */
10        if ( pxTCB->uxPriority < pxCurrentTCB->uxPriority ) {          (2)
11            if ( ( listGET_LIST_ITEM_VALUE( &( pxTCB->xEventListItem ) )
12                    & taskEVENT_LIST_ITEM_VALUE_IN_USE ) == 0UL ) {
13                /* 调整互斥持有者等待的事件列表项的优先级 */
14                listSET_LIST_ITEM_VALUE( &( pxTCB->xEventListItem ),
15                        ( TickType_t ) configMAX_PRIORITIES -
16                        ( TickType_t ) pxCurrentTCB->uxPriority );      (3)
17            } else {
18                mtCOVERAGE_TEST_MARKER();
19            }
20
21            /* 如果被提升优先级的任务处于就绪列表中 */
22            if (listIS_CONTAINED_WITHIN(&( pxReadyTasksLists[ pxTCB->uxPriority ] ),
23                            &( pxTCB->xStateListItem ) ) != pdFALSE ) {(4)
24                /* 先将任务从就绪列表中移除 */
```

```
25                if ( uxListRemove( &( pxTCB->xStateListItem ) ) == ( UBaseType_t ) 0 ) {
26                    taskRESET_READY_PRIORITY( pxTCB->uxPriority );              (5)
27                } else {
28                    mtCOVERAGE_TEST_MARKER();
29                }
30                /* 暂时提升持有互斥量任务的优先级，提升到与当前任务优先级一致 */
31                pxTCB->uxPriority = pxCurrentTCB->uxPriority;                    (6)
32
33                /* 再插入就绪列表中 */
34                prvAddTaskToReadyList( pxTCB );                                  (7)
35            } else {
36                /* 如果任务不在就绪列表中，则仅提升任务优先级即可 */
37                pxTCB->uxPriority = pxCurrentTCB->uxPriority;                    (8)
38            }
39
40            traceTASK_PRIORITY_INHERIT( pxTCB, pxCurrentTCB->uxPriority );
41        } else {
42            mtCOVERAGE_TEST_MARKER();
43        }
44    } else {
45        mtCOVERAGE_TEST_MARKER();
46    }
47 }
48
49 #endif/* configUSE_MUTEXES */
50 /*-----------------------------------------------------------*/
```

代码清单 17-9（1）：获取持互斥量的任务控制块。

代码清单 17-9（2）：判断当前任务与持有互斥量任务的优先级，如果当前任务的优先级比持有互斥量任务的优先级高，那么需要进行优先级继承。

代码清单 17-9（3）：如果持有互斥量的任务在等待事件列表中，就调整互斥锁持有者等待的事件列表项的优先级，因为稍后会暂时修改持有互斥量任务的优先级。

代码清单 17-9（4）：如果被提升优先级的任务处于就绪列表中，情况就会复杂一点，因为如果修改了任务的优先级，那么在就绪列表中的任务也要重新排序。

代码清单 17-9（5）：先将任务从就绪列表中移除，待优先级继承完毕，再将任务重新插入就绪列表中。

代码清单 17-9（6）：修改持有互斥量任务的优先级，暂时提升到与当前任务的优先级一致。

代码清单 17-9（7）：调用 prvAddTaskToReadyList() 函数将已经修改的任务优先级重新插入就绪列表，插入就绪列表后会重新按照优先级进行排序。

代码清单 17-9（8）：如果持有互斥量的任务不在就绪列表中，则仅提升任务优先级即可。

至此，获取互斥量的操作就完成了。如果任务获取互斥量成功，那么使用完毕需要立即释放，否则很容易导致其他任务无法获取互斥量，因为互斥量的优先级继承机制只能将优先级危害降低，而不能完全消除。同时还要注意的是，互斥量是不允许在中断中操作的，因为优先级继承机制在中断是无意义的。互斥量获取函数的使用实例具体参见代码清单 17-10 中加粗部分。

代码清单 17-10   xSemaphoreTake() 函数实例

```
 1 static void HighPriority_Task(void* parameter)
 2 {
 3     BaseType_t xReturn = pdTRUE;/* 定义一个创建信息返回值，默认为 pdTRUE */
 4     while (1) {
 5         printf("HighPriority_Task 获取信号量 \n");
 6         // 获取互斥量 MuxSem, 没获取到则一直等待
 7         xReturn = xSemaphoreTake(MuxSem_Handle,      /* 互斥量句柄 */
 8                                  portMAX_DELAY);     /* 等待时间 */
 9         if (pdTRUE == xReturn)
10             printf("HighPriority_Task Running\n");
11         LED1_TOGGLE;
12         // 处理临界资源
13
14         printf("HighPriority_Task 释放信号量 !\r\n");
15
16         xSemaphoreGive( MuxSem_Handle );                // 释放互斥量
17
18         vTaskDelay(1000);
19     }
20 }
```

17.6.5   递归互斥量获取函数 xSemaphoreTakeRecursive()

xSemaphoreTakeRecursive() 是一个用于获取递归互斥量的宏，与互斥量的获取函数一样，xSemaphoreTakeRecursive() 也是一个宏定义，它最终使用现有的队列机制，实际执行的函数是 xQueueTakeMutexRecursive()。互斥量之前必须由 xSemaphoreCreateRecursiveMutex() 函数创建，需要注意的是该函数不能用于获取由函数 xSemaphoreCreateMutex() 创建的互斥量。要想使用该函数，必须在头文件 FreeRTOSConfig.h 中把宏 configUSE_RECURSIVE_MUTEXES 定义为 1。该函数的具体说明如表 17-2 所示。

表 17-2   xSemaphoreTakeRecursive() 函数说明

函数原型	#if(configUSE_RECURSIVE_MUTEXES == 1) #define xSemaphoreTakeRecursive(xMutex, xBlockTime) 　　　　　　xQueueTakeMutexRecursive((xMutex), (xBlockTime)) #endif	
功　　能	获取递归互斥量	
参　　数	xMutex	信号量句柄
	xBlockTime	如果不是持有互斥量的任务去获取无效的互斥量，那么任务将等待用户指定超时时间，单位为 tick（即系统节拍周期）。如果宏 INCLUDE_vTaskSuspend 定义为 1 且形参 xTicksToWait 设置为 portMAX_DELAY，则任务将一直阻塞在该递归互斥量上（即没有超时时间）
返 回 值	在超时之前如果获取成功则返回 pdTRUE，没有获取成功则返回 errQUEUE_EMPTY	

下面来看一看获取递归互斥量的实现过程，具体参见代码清单 17-11。

代码清单 17-11   xQueueTakeMutexRecursive() 源码

```
 1 #if ( configUSE_RECURSIVE_MUTEXES == 1 )
```

```
2
3  BaseType_t xQueueTakeMutexRecursive( QueueHandle_t xMutex,
4                                       TickType_t xTicksToWait )
5  {
6      BaseType_t xReturn;
7      Queue_t * const pxMutex = ( Queue_t * ) xMutex;
8
9      configASSERT( pxMutex );
10
11     traceTAKE_MUTEX_RECURSIVE( pxMutex );
12
13     /* 如果持有互斥量的任务就是当前任务 */
14     if ( pxMutex->pxMutexHolder == ( void * ) xTaskGetCurrentTaskHandle()){(1)
15
16         /* u.uxRecursiveCallCount 自加，表示调用了多少次递归互斥量获取 */
17         ( pxMutex->u.uxRecursiveCallCount )++;
18         xReturn = pdPASS;
19     } else {
20         /* 如果持有递归互斥量的任务不是当前任务，就只能等待递归互斥量被释放 */
21         xReturn = xQueueGenericReceive( pxMutex, NULL, xTicksToWait, pdFALSE );(2)
22
23         if ( xReturn != pdFAIL ) {
24             /* 获取递归互斥量成功，记录递归互斥量的获取次数 */
25             ( pxMutex->u.uxRecursiveCallCount )++;                            (3)
26         } else {
27             traceTAKE_MUTEX_RECURSIVE_FAILED( pxMutex );
28         }
29     }
30
31     return xReturn;
32 }
33
34 #endif
```

代码清单 17-11（1）：判断持有递归互斥量的任务是否为当前要获取的任务，如果是，则只需要将结构体中 u.uxRecursiveCallCount 成员变量自加，表明该任务调用了多少次递归互斥量获取即可，然后返回 pdPASS，这样就无须理会用户指定的超时时间了，效率会很高。

代码清单 17-11（2）：如果不是同一个任务去获取递归互斥量，那么按照互斥量的性质，当递归互斥量有效时才能获取成功。如果此时有任务持有该递归互斥量，那么当前获取递归互斥量的任务就会进入阻塞等待，阻塞超时时间 xTicksToWait 由用户指定，这其实是消息队列的出队操作，前面的章节中已经详细讲解，此处不再赘述。

代码清单 17-11（3）：当任务获取递归互斥量成功时，需要把结构体中 u.uxRecursiveCall-Count 成员变量加 1，记录递归互斥量的获取次数，并且返回获取成功。

递归互斥量可以在一个任务中多次获取，当第一次获取递归互斥量时，队列结构体成员指针 pxMutexHolder 指向获取递归互斥量的任务控制块，当任务再次尝试获取这个递归互斥量时，如果任务就是拥有递归互斥量所有权的任务，那么只需要将记录获取递归次数的成员变量 u.uxRecursiveCallCount 加 1 即可，不需要再操作队列。下面来看 xSemaphoreTake-

Recursive() 函数的使用实例，具体参见代码清单 17-12 中加粗部分。

代码清单 17-12   xSemaphoreTakeRecursive() 函数实例

```
1 SemaphoreHandle_t xMutex = NULL;
2
3 /* 创建信号量的任务 */
4 void vATask( void *pvParameters )
5 {
6     /* 创建一个递归互斥量，保护共享资源 */
7     xMutex = xSemaphoreCreateRecursiveMutex();
8 }
9
10 /* 使用互斥量 */
11 void vAnotherTask( void *pvParameters )
12 {
13     /* 做其他事情 */
14
15     if ( xMutex != NULL ) {
16         /* 尝试获取递归信号量。
17         如果信号量不可用，则等待 10 个 tick */
18         if(xSemaphoreTakeRecursive(xMutex,( TickType_t)10)==pdTRUE ) {
19             /* 获取到递归信号量，可以访问共享资源 */
20             /* 其他功能代码 */
21
22             /* 重复获取递归信号量 */
23             xSemaphoreTakeRecursive( xMutex, ( TickType_t ) 10 );
24             xSemaphoreTakeRecursive( xMutex, ( TickType_t ) 10 );
25
26             /* 释放递归信号量，获取了多少次就要释放多少次 */
27             xSemaphoreGiveRecursive( xMutex );
28             xSemaphoreGiveRecursive( xMutex );
29             xSemaphoreGiveRecursive( xMutex );
30
31             /* 现在递归互斥量可以被其他任务获取 */
32         } else {
33             /* 没能成功获取互斥量，所以不能安全地访问共享资源 */
34         }
35     }
36 }
```

17.6.6 互斥量释放函数 xSemaphoreGive()

任务想要访问某个资源时，需要先获取互斥量，然后进行资源访问，在任务使用完该资源时，必须要及时归还互斥量，这样别的任务才能对资源进行访问。在前面的讲解中，我们知道当互斥量有效时，任务才能获取互斥量，那么是什么函数使得互斥量变得有效呢？FreeRTOS 提供了互斥量释放函数 xSemaphoreGive()，任务可以调用 xSemaphoreGive() 函数释放互斥量。互斥量的释放函数与信号量的释放函数一致，都是调用 xSemaphoreGive() 函数，但是要注意的是，互斥量的释放只能在任务中进行，不允许在中断中释放互斥量。

使用 xSemaphoreGive() 函数时，只有已持有互斥量所有权的任务才能释放它，任务调用

xSemaphoreGive() 函数时会将互斥量变为开锁状态，等待获取该互斥量的任务将被唤醒。如果任务的优先级被互斥量的优先级翻转机制临时提升，那么当互斥量被释放后，任务的优先级将恢复为原本设定的优先级，具体参见代码清单 17-13。

代码清单 17-13　xSemaphoreGive() 函数原型

```
1 #define xSemaphoreGive( xSemaphore )                              \
2         xQueueGenericSend( ( QueueHandle_t ) ( xSemaphore ),      \
3                            NULL,                                  \
4                            semGIVE_BLOCK_TIME,                    \
5                            queueSEND_TO_BACK )
```

我们知道互斥量、信号量的释放就是调用 xQueueGenericSend() 函数，但是对于互斥量的处理还是有一些不同之处，因为互斥量有优先级继承机制，在释放互斥量时需要恢复任务的初始优先级。任务的优先级在 prvCopyDataToQueue() 函数中恢复，该函数在 xQueue-GenericSend() 中调用，源码具体参见代码清单 17-14。

代码清单 17-14　prvCopyDataToQueue() 源码（已删减，只保留互斥量部分）

```
1 #if ( configUSE_MUTEXES == 1 )
2 {
3 if ( pxQueue->uxQueueType == queueQUEUE_IS_MUTEX )
4     {
5         /* 互斥量不再被持有 */
6         xReturn = xTaskPriorityDisinherit( ( void * ) pxQueue->pxMutexHolder );
7         pxQueue->pxMutexHolder = NULL;
8     } else
9     {
10        mtCOVERAGE_TEST_MARKER();
11    }
12 }
13 #endif/* configUSE_MUTEXES */
14
15 pxQueue->uxMessagesWaiting = uxMessagesWaiting + 1;
```

FreeRTOS 的源码往往层层调用，真正恢复任务的优先级函数其实是 xTaskPriorityDisinherit()，而且系统会将结构体的 pxMutexHolder 成员变量指向 NULL，表示暂时没有任务持有该互斥量。对结构体成员 uxMessagesWaiting 加 1 操作就代表了释放互斥量，表示此时互斥量是有效的，其他任务可以来获取。下面看一看 xTaskPriorityDisinherit() 函数的源码，具体参见代码清单 17-15。

代码清单 17-15　xTaskPriorityDisinherit() 源码

```
1 #if ( configUSE_MUTEXES == 1 )
2
3 BaseType_t xTaskPriorityDisinherit( TaskHandle_t const pxMutexHolder )
4 {
5     TCB_t * const pxTCB = ( TCB_t * ) pxMutexHolder;
6     BaseType_t xReturn = pdFALSE;
7
8     if ( pxMutexHolder != NULL ) {                                    (1)
```

```
9            configASSERT( pxTCB == pxCurrentTCB );
10
11           configASSERT( pxTCB->uxMutexesHeld );
12           ( pxTCB->uxMutexesHeld )--;
13
14           /* 判断优先级是否被临时提升 */
15           if ( pxTCB->uxPriority != pxTCB->uxBasePriority ) {          (2)
16               /* 如果任务没有持有其他互斥量 */
17               if ( pxTCB->uxMutexesHeld == ( UBaseType_t ) 0 ) {       (3)
18               /* 将任务从状态列表中删除 */
19           if (uxListRemove(&(pxTCB->xStateListItem ) ) == ( UBaseType_t ) 0 ) {
20                   taskRESET_READY_PRIORITY( pxTCB->uxPriority );       (4)
21                   } else {
22                       mtCOVERAGE_TEST_MARKER();
23                   }
24                   traceTASK_PRIORITY_DISINHERIT( pxTCB, pxTCB->uxBasePriority );
25
26                   /* 在将任务添加到新的就绪列表之前, 恢复任务的初始优先级 */
27                   pxTCB->uxPriority = pxTCB->uxBasePriority;           (5)
28
29                   /* 同时要重置等待事件列表的优先级 */
30           listSET_LIST_ITEM_VALUE( &( pxTCB->xEventListItem ),         (6)
31           ( TickType_t ) configMAX_PRIORITIES -(TickType_t ) pxTCB->uxPriority );
32
33                   /* 将任务重新添加到就绪列表中 */
34                   prvAddTaskToReadyList( pxTCB );                      (7)
35
36                   xReturn = pdTRUE;
37               } else {
38                   mtCOVERAGE_TEST_MARKER();
39               }
40           } else {
41               mtCOVERAGE_TEST_MARKER();
42           }
43       } else {
44           mtCOVERAGE_TEST_MARKER();
45       }
46
47       return xReturn;
48 }
49
50 #endif/* configUSE_MUTEXES */
```

代码清单 17-15（1）：只有当有任务持有互斥量时，才会进行释放互斥量的操作。必须是持有互斥量的任务才允许释放互斥量，其他任务都没有权利去操作被任务持有的互斥量。

代码清单 17-15（2）：判断优先级是否被临时提升，如果没有继承过优先级，那么无须进行（3）～（8）中的操作，可以直接退出。

代码清单 17-15（3）：看这个任务持有多少个互斥量，因为任务可以持有多个互斥量，如果这个互斥量释放了，就恢复初始的优先级，那么其他互斥量的优先级继承机制岂不是不起作用了？当然，这种一个任务持有多个互斥量的情景并不多见，一般情况下都是一个任务持有一个互斥量。

代码清单 17-15（4）：调用 uxListRemove() 函数将任务从状态列表中删除，无论该任务处于什么状态。因为要恢复任务的初始优先级，就必须先将其从状态列表中移除，待任务恢复后再添加到就绪列表中，按优先级进行排序。

代码清单 17-15（5）：在将任务添加到就绪列表之前，恢复任务的初始优先级。

代码清单 17-15（6）：同时要重置等待事件列表的优先级。

代码清单 17-15（7）：将任务重新添加到就绪列表中。

至此，优先级继承恢复就讲解完毕，简单总结一下互斥量释放的过程：

被释放前的互斥量处于无效状态，被释放后互斥量才变得有效，除了结构体成员变量 uxMessageWaiting 加 1 外，还要判断持有互斥量的任务是否有优先级继承，如果有，则要将任务的优先级恢复到初始值。当然，该任务必须在未持有其他互斥量的情况下才能将继承的优先级恢复到初始值，然后判断是否有任务要获取互斥量并且进入阻塞状态，如果有则解除阻塞。最后返回成功信息（pdPASS）。下面看一看互斥量释放函数是如何使用的，具体参见代码清单 17-16 中加粗部分。

代码清单 17-16　xSemaphoreGive() 实例

```
1  SemaphoreHandle_t xSemaphore = NULL;
2
3  void vATask( void *pvParameters )
4  {
5      /* 创建一个互斥量用于保护共享资源 */
6      xSemaphore = xSemaphoreCreateMutex();
7
8      if ( xSemaphore != NULL ) {
9      if ( xSemaphoreGive( xSemaphore ) != pdTRUE ) {
10             /*
11             如果要释放一个互斥量，必须先有第一次的获取 */
12         }
13
14         /* 获取互斥量，不等待 */
15         if ( xSemaphoreTake( xSemaphore, ( TickType_t ) 0 ) ) {
16             /* 获取到互斥量，可以访问共享资源 */
17
18             /* …… 访问共享资源代码 */
19
20             /* 共享资源访问完毕，释放互斥量 */
21             if ( xSemaphoreGive( xSemaphore ) != pdTRUE ) {
22                 /* 互斥量释放失败，这可不是我们希望的 */
23             }
24         }
25     }
26 }
```

17.6.7　递归互斥量释放函数 xSemaphoreGiveRecursive()

xSemaphoreGiveRecursive() 是一个用于释放递归互斥量的宏，其原型参见代码清单 17-17。

要想使用该函数，必须在头文件 FreeRTOSConfig.h 中把宏 configUSE_RECURSIVE_MUTEXES 定义为 1。

代码清单 17-17　xSemaphoreGiveRecursive() 函数原型

```
1 #if( configUSE_RECURSIVE_MUTEXES == 1 )
2
3 #define  xSemaphoreGiveRecursive( xMutex )   \
4          xQueueGiveMutexRecursive( ( xMutex ) )
5
6 #endif
```

xSemaphoreGiveRecursive() 函数用于释放一个递归互斥量。已经获取递归互斥量的任务可以重复获取该递归互斥量。使用 xSemaphoreTakeRecursive() 函数成功获取几次递归互斥量，就要使用 xSemaphoreGiveRecursive() 函数返还几次，在此之前，递归互斥量都处于无效状态，其他任务无法获取该递归互斥量。使用该函数接口时，只有已持有互斥量所有权的任务才能释放它，每释放一次该递归互斥量，它的计数值就减 1。当该互斥量的计数值为 0 时（即持有任务已经释放所有的持有操作），互斥量则变为开锁状态，等待在该互斥量上的任务将被唤醒。如果任务的优先级被互斥量的优先级翻转机制临时提升，那么当互斥量被释放后，任务的优先级将恢复为原本设定的优先级，具体参见代码清单 17-18。

代码清单 17-18　xQueueGiveMutexRecursive() 源码

```
1 #if ( configUSE_RECURSIVE_MUTEXES == 1 )
2
3 BaseType_t xQueueGiveMutexRecursive( QueueHandle_t xMutex )
4 {
5     BaseType_t xReturn;
6     Queue_t * const pxMutex = ( Queue_t * ) xMutex;
7
8     configASSERT( pxMutex );
9     /* 判断任务是否持有这个递归互斥量 */
10    if ( pxMutex->pxMutexHolder == (void *)xTaskGetCurrentTaskHandle()){   (1)
11        traceGIVE_MUTEX_RECURSIVE( pxMutex );
12
13        /* 调用次数的计数值减 1 */
14        ( pxMutex->u.uxRecursiveCallCount )--;                            (2)
15
16        /* 如果计数值减到 0 */
17        if ( pxMutex->u.uxRecursiveCallCount==(UBaseType_t) 0 ){          (3)
18            /* 释放成功 */
19            ( void ) xQueueGenericSend( pxMutex,
20                                        NULL,
21                                        queueMUTEX_GIVE_BLOCK_TIME,
22                                        queueSEND_TO_BACK );              (4)
23        } else {
24            mtCOVERAGE_TEST_MARKER();
25        }
26
27        xReturn = pdPASS;
```

```
28        } else {
29            /* 这个任务不具备释放这个互斥量的权利 */
30            xReturn = pdFAIL;                                          (5)
31
32            traceGIVE_MUTEX_RECURSIVE_FAILED( pxMutex );
33        }
34
35        return xReturn;
36 }
37
38 #endif/* configUSE_RECURSIVE_MUTEXES */
39 /*-----------------------------------------------------------*/
```

代码清单 17-18（1）：判断任务是否持有这个递归互斥量，只有拥有这个递归互斥量所有权的任务才能对其进行释放操作。

代码清单 17-18（2）：每调用一次递归互斥量释放函数，递归互斥量的计数值 u.uxRecursiveCallCount 就会减 1。

代码清单 17-18（3）：如果计数值减到 0，就表明这个递归互斥量已经可以变得有效了。

代码清单 17-18（4）：需要调用一次通用入队函数 xQueueGenericSend() 释放一个递归互斥量，注意，这一步才是让递归互斥量从无效变成有效，同时系统还需要检查一下是否有任务想获取这个递归互斥量，如果有就将其恢复。

代码清单 17-18（5）：这个任务不具备释放这个互斥量的权利，直接返回错误。

互斥量和递归互斥量的最大区别在于，一个递归互斥量可以被已经获取这个递归互斥量的任务重复获取，而不会形成死锁。这个递归调用功能是通过队列结构体成员 u.uxRecursiveCallCount 实现的，此变量用于存储递归调用的次数，每次获取递归互斥量后，这个变量加 1，在释放递归互斥量后，这个变量减 1。只有这个变量减到 0，即释放和获取的次数相等时，互斥量才能变成有效状态，然后才允许使用 xQueueGenericSend() 函数释放一个递归互斥量。xSemaphoreGiveRecursive() 函数使用实例具体参见代码清单 17-19 中加粗部分。

代码清单 17-19   xSemaphoreGiveRecursive() 函数实例

```
1 SemaphoreHandle_t xMutex = NULL;
2
3 void vATask( void *pvParameters )
4 {
5     /* 创建一个递归互斥量用于保护共享资源 */
6     xMutex = xSemaphoreCreateRecursiveMutex();
7 }
8
9 void vAnotherTask( void *pvParameters )
10 {
11     /* 其他功能代码 */
12
13     if ( xMutex != NULL ) {
14         /* 尝试获取递归互斥量
15            如果不可用，则等待 10 个 tick */
```

```
16          if(xSemaphoreTakeRecursive(xMutex,( TickType_t ) 10 )== pdTRUE) {
17              /* 获取到递归信号量，可以访问共享资源 */
18              /* ……其他功能代码 */
19
20              /* 重复获取递归互斥量 */
21              xSemaphoreTakeRecursive( xMutex, ( TickType_t ) 10 );
22              xSemaphoreTakeRecursive( xMutex, ( TickType_t ) 10 );
23
24              /* 释放递归互斥量，获取了多少次就要释放多少次 */
25              xSemaphoreGiveRecursive( xMutex );
26              xSemaphoreGiveRecursive( xMutex );
27              xSemaphoreGiveRecursive( xMutex );
28
29              /* 现在递归互斥量可以被其他任务获取 */
30          } else {
31              /* 没能成功获取互斥量，所以不能安全地访问共享资源 */
32          }
33      }
34  }
```

17.7　互斥量实验

17.7.1　模拟优先级翻转实验

模拟优先级翻转实验是在 FreeRTOS 中创建了三个任务与一个二值信号量，三个任务分别是高优先级任务、中优先级任务和低优先级任务，用于模拟产生优先级翻转。低优先级任务在获取信号量时被中优先级打断，中优先级的任务执行时间较长，因为低优先级还未释放信号量，那么高优先级任务就无法取得信号量继续运行，此时就发生了优先级翻转。任务在运行过程中，使用串口打印出相关信息，具体参见代码清单 17-20 中加粗部分。

代码清单 17-20　模拟优先级翻转实验

```
1  /**
2   ******************************************************************
3   * @file    main.c
4   * @author  fire
5   * @version V1.0
6   * @date    2018-xx-xx
7   * @brief   FreeRTOS V9.0.0 + STM32 模拟优先级翻转
8   ******************************************************************
9   * @attention
10  *
11  * 实验平台：野火 STM32 开发板
12  * 论坛: http:// www.firebbs.cn
13  * 淘宝: https:// fire-stm32.taobao.com
14  *
15  ******************************************************************
16  */
17
18  /*
```

```
19  ****************************************************************
20  *                         包含的头文件
21  ****************************************************************
22  */
23  /* FreeRTOS 头文件 */
24  #include "FreeRTOS.h"
25  #include "task.h"
26  #include "queue.h"
27  #include "semphr.h"
28  /* 开发板硬件bsp 头文件 */
29  #include "bsp_led.h"
30  #include "bsp_usart.h"
31  #include "bsp_key.h"
32  /************************* 任务句柄 ***********************/
33  /*
34   * 任务句柄是一个指针,用于指向一个任务。当任务创建好之后,它就具有一个任务句柄,
35   * 以后我们要想操作这个任务都需要用到这个任务句柄。如果是任务操作自身,那么
36   * 这个句柄可以为 NULL
37   */
38  static TaskHandle_t AppTaskCreate_Handle = NULL;/* 创建任务句柄 */
39  static TaskHandle_t LowPriority_Task_Handle = NULL;/*LowPriority_Task 任务句柄 */
40  static TaskHandle_t MidPriority_Task_Handle = NULL;/* MidPriority_Task 任务句柄 */
41  static TaskHandle_t HighPriority_Task_Handle = NULL;/* HighPriority_Task 任务句柄 */
42  /************************** 内核对象句柄 ***********************/
43  /*
44   * 信号量、消息队列、事件标志组、软件定时器都属于内核对象,要想使用这些内核
45   * 对象,必须先创建,创建成功之后会返回相应的句柄。这实际上就是一个指针,后续我
46   * 们就可以通过这个句柄操作这些内核对象
47   *
48   *
49   * 内核对象可以理解为一种全局的数据结构,通过这些数据结构可以实现任务间的通信、
50   * 任务间的事件同步等功能。这些功能的实现是通过调用内核对象的函数
51   * 来完成的
52   *
53   */
54  SemaphoreHandle_t BinarySem_Handle =NULL;
55
56  /*********************** 全局变量声明 ***************************/
57  /*
58   * 在写应用程序时,可能需要用到一些全局变量
59   */
60
61
62  /********************** 宏定义 *****************************/
63  /*
64   * 在写应用程序时,可能需要用到一些宏定义
65   */
66
67
68  /*
69  ****************************************************************
70  *                         函数声明
71  ****************************************************************
```

```
72  */
73  static void AppTaskCreate(void);/* 用于创建任务 */
74
75  static void LowPriority_Task(void* pvParameters);/* LowPriority_Task 任务实现 */
76  static void MidPriority_Task(void* pvParameters);/* MidPriority_Task 任务实现 */
77  static void HighPriority_Task(void* pvParameters);/* HighPriority_Task 任务实现 */
78
79  static void BSP_Init(void);/* 用于初始化板载相关资源 */
80
81  /**********************************************************
82   * @brief   主函数
83   * @param   无
84   * @retval  无
85   * @note    第 1 步: 开发板硬件初始化
86             第 2 步: 创建 APP 应用任务
87             第 2 步: 启动 FreeRTOS, 开始多任务调度
88   **********************************************************/
89  int main(void)
90  {
91      BaseType_t xReturn = pdPASS;/* 定义一个创建信息返回值, 默认为 pdPASS */
92
93      /* 开发板硬件初始化 */
94      BSP_Init();
95      printf("这是一个 [ 野火 ]-STM32 全系列开发板 -FreeRTOS 优先级翻转实验! \n");
96      /* 创建 AppTaskCreate 任务 */
97      xReturn = xTaskCreate((TaskFunction_t )AppTaskCreate, /* 任务入口函数 */
98                            (const char*     )"AppTaskCreate",/* 任务名称 */
99                            (uint16_t        )512,      /* 任务栈大小 */
100                           (void*           )NULL,     /* 任务入口函数参数 */
101                           (UBaseType_t     )1,        /* 任务的优先级 */
102                           (TaskHandle_t*   )&AppTaskCreate_Handle);/* 任务控制块
                                                                         指针 */
103     /* 启动任务调度 */
104     if (pdPASS == xReturn)
105         vTaskStartScheduler();    /* 启动任务, 开启调度 */
106     else
107         return -1;
108
109     while (1);  /* 正常情况下不会执行到这里 */
110 }
111
112
113 /**********************************************************
114  * @ 函数名: AppTaskCreate
115  * @ 功能说明: 为了方便管理, 所有的任务创建函数都放在这个函数中
116  * @ 参数: 无
117  * @ 返回值: 无
118  **********************************************************/
119 static void AppTaskCreate(void)
120 {
121     BaseType_t xReturn = pdPASS;       /* 定义一个创建信息返回值, 默认为 pdPASS */
122
123     taskENTER_CRITICAL();                          // 进入临界区
```

```
124
125        /* 创建 Test_Queue */
126        BinarySem_Handle = xSemaphoreCreateBinary();
127        if (NULL != BinarySem_Handle)
128            printf("BinarySem_Handle 二值信号量创建成功!\r\n");
129
130        xReturn = xSemaphoreGive( BinarySem_Handle );  // 给出二值信号量
131 //    if( xReturn == pdTRUE )
132 //      printf(" 释放信号量!\r\n");
133
134        /* 创建 LowPriority_Task 任务 */
135        xReturn = xTaskCreate((TaskFunction_t )LowPriority_Task, /* 任务入口函数 */
136                              (const char*    )"LowPriority_Task",/* 任务名称 */
137                              (uint16_t       )512,      /* 任务栈大小 */
138                              (void*          )NULL,     /* 任务入口函数参数 */
139                              (UBaseType_t    )2,        /* 任务的优先级 */
140                              (TaskHandle_t*  )&LowPriority_Task_Handle);
141        if (pdPASS == xReturn)
142            printf(" 创建 LowPriority_Task 任务成功!\r\n");
143
144        /* 创建 MidPriority_Task 任务 */
145        xReturn = xTaskCreate((TaskFunction_t )MidPriority_Task,  /* 任务入口函数 */
146                              (const char*    )"MidPriority_Task",/* 任务名称 */
147                              (uint16_t       )512,      /* 任务栈大小 */
148                              (void*          )NULL,     /* 任务入口函数参数 */
149                              (UBaseType_t    )3,        /* 任务的优先级 */
150                              (TaskHandle_t*)&MidPriority_Task_Handle);/* 任务控制块
                                                                            指针 */
151        if (pdPASS == xReturn)
152            printf(" 创建 MidPriority_Task 任务成功!\n");
153
154        /* 创建 HighPriority_Task 任务 */
155        xReturn = xTaskCreate((TaskFunction_t )HighPriority_Task, /* 任务入口函数 */
156                              (const char*    )"HighPriority_Task", /* 任务名称 */
157                              (uint16_t       )512,             /* 任务栈大小 */
158                              (void*          )NULL,            /* 任务入口函数参数 */
159                              (UBaseType_t    )4,               /* 任务的优先级 */
160                              (TaskHandle_t*  )&HighPriority_Task_Handle);/* 任务控制块
                                                                              指针 */
161        if (pdPASS == xReturn)
162            printf(" 创建 HighPriority_Task 任务成功!\n\n");
163
164        vTaskDelete(AppTaskCreate_Handle);        // 删除 AppTaskCreate 任务
165
166        taskEXIT_CRITICAL();                      // 退出临界区
167 }
168
169
170
171 /*******************************************************************
172  * @ 函数名: LowPriority_Task
173  * @ 功能说明: LowPriority_Task 任务主体
174  * @ 参数: 无
```

```
175    * @ 返回值: 无
176    ****************************************************************/
177   static void LowPriority_Task(void* parameter)
178   {
179       static uint32_t i;
180       BaseType_t xReturn = pdPASS;        /* 定义一个创建信息返回值, 默认为 pdPASS */
181       while (1) {
182           printf("LowPriority_Task 获取信号量 \n");
183           // 获取二值信号量 xSemaphore, 没获取到则一直等待
184           xReturn = xSemaphoreTake(BinarySem_Handle,     /* 二值信号量句柄 */
185                                    portMAX_DELAY);         /* 等待时间 */
186           if ( xReturn == pdTRUE )
187               printf("LowPriority_Task Running\n\n");
188
189           for (i=0; i<2000000; i++) {                // 模拟低优先级任务占用信号量
190               taskYIELD();                            // 发起任务调度
191           }
192
193           printf("LowPriority_Task 释放信号量 !\r\n");
194           xReturn = xSemaphoreGive( BinarySem_Handle ); // 给出二值信号量
195   //      if( xReturn == pdTRUE )
196   //          ;                     /* 什么都不做 */
197
198           LED1_TOGGLE;
199
200           vTaskDelay(500);
201       }
202   }
203
204   /****************************************************************
205    * @ 函数名: MidPriority_Task
206    * @ 功能说明: MidPriority_Task 任务主体
207    * @ 参数: 无
208    * @ 返回值: 无
209    ****************************************************************/
210   static void MidPriority_Task(void *parameter)
211   {
212       while (1) {
213           printf("MidPriority_Task Running\n");
214           vTaskDelay(500);
215       }
216   }
217
218   /****************************************************************
219    * @ 函数名: HighPriority_Task
220    * @ 功能说明: HighPriority_Task 任务主体
221    * @ 参数: 无
222    * @ 返回值: 无
223    ****************************************************************/
224   static void HighPriority_Task(void *parameter)
225   {
226       BaseType_t xReturn = pdTRUE;        /* 定义一个创建信息返回值, 默认为 pdPASS */
227       while (1) {
```

```
228            printf("HighPriority_Task 获取信号量 \n");
229            // 获取二值信号量 xSemaphore，没获取到则一直等待
230            xReturn = xSemaphoreTake(BinarySem_Handle,       /* 二值信号量句柄 */
231                                     portMAX_DELAY);          /* 等待时间 */
232            if (pdTRUE == xReturn)
233                printf("HighPriority_Task Running\n");
234            LED1_TOGGLE;
235            xReturn = xSemaphoreGive( BinarySem_Handle );    // 给出二值信号量
236 //        if( xReturn == pdTRUE )
237 // printf("HighPriority_Task 释放信号量 !\r\n");
238
239            vTaskDelay(500);
240        }
241 }
242
243
244 /*************************************************************************
245  * @ 函数名：BSP_Init
246  * @ 功能说明：板级外设初始化，所有板子上的初始化均可放在这个函数里面
247  * @ 参数：无
248  * @ 返回值：无
249  *************************************************************************/
250 static void BSP_Init(void)
251 {
252     /*
253      * STM32 中断优先级分组为 4，即 4 位都用来表示抢占优先级，范围为 0 ~ 15。
254      * 优先级只需要分组一次即可，以后如果有其他任务需要用到中断，
255      * 则统一用这个优先级分组，千万不要再分组
256      */
257     NVIC_PriorityGroupConfig( NVIC_PriorityGroup_4 );
258
259     /* LED 初始化 */
260     LED_GPIO_Config();
261
262     /* 串口初始化        */
263     USART_Config();
264
265     /* 按键初始化        */
266     Key_GPIO_Config();
267
268 }
269
270 /**********************END OF FILE***************************/
```

17.7.2　互斥量降低优先级翻转危害实验

　　互斥量降低优先级翻转危害实验是基于优先级翻转实验进行修改的，目的是测试互斥量的优先级继承机制是否有效，参见代码清单 17-21。

代码清单 17-21　互斥量降低优先级翻转危害实验

```
1 /**
```

```
2    ********************************************************************
3    * @file    main.c
4    * @author  fire
5    * @version V1.0
6    * @date    2018-xx-xx
7    * @brief   FreeRTOS V9.0.0 + STM32 互斥量同步
8    ********************************************************************
9    * @attention
10   *
11   * 实验平台: 野火 STM32 开发板
12   * 论坛: http:// www.firebbs.cn
13   * 淘宝: https:// fire-stm32.taobao.com
14   *
15   ********************************************************************
16   */
17
18   /*
19   ********************************************************************
20   *                          包含的头文件
21   ********************************************************************
22   */
23   /* FreeRTOS 头文件 */
24   #include "FreeRTOS.h"
25   #include "task.h"
26   #include "queue.h"
27   #include "semphr.h"
28   /* 开发板硬件 bsp 头文件 */
29   #include "bsp_led.h"
30   #include "bsp_usart.h"
31   #include "bsp_key.h"
32   /************************* 任务句柄 *****************************/
33   /*
34   * 任务句柄是一个指针, 用于指向一个任务。当任务创建好之后, 它就具有一个任务句柄,
35   * 以后我们要想操作这个任务, 都需要用到这个任务句柄。如果是任务操作自身, 那么
36   * 这个句柄可以为 NULL
37   */
38   static TaskHandle_t AppTaskCreate_Handle = NULL;/* 创建任务句柄 */
39   static TaskHandle_t LowPriority_Task_Handle = NULL;/* LowPriority_Task 任务句柄 */
40   static TaskHandle_t MidPriority_Task_Handle = NULL;/* MidPriority_Task 任务句柄 */
41   static TaskHandle_t HighPriority_Task_Handle = NULL;/* HighPriority_Task 任务句柄 */
42   /************************* 内核对象句柄 *****************************/
43   /*
44   * 信号量、消息队列、事件标志组、软件定时器都属于内核对象, 要想使用这些内核
45   * 对象, 必须先创建, 创建成功之后会返回相应的句柄。这实际上就是一个指针, 后续我
46   * 们就可以通过这个句柄操作这些内核对象
47   *
48   *
49   * 内核对象可以理解为一种全局的数据结构, 通过这些数据结构可以实现任务间的通信、
50   * 任务间的事件同步等功能。这些功能的实现是通过调用内核对象的函数
51   * 来完成的
52   *
53   */
54   SemaphoreHandle_t MuxSem_Handle =NULL;
```

```
55
56  /************************ 全局变量声明 ****************************/
57  /*
58   * 在写应用程序时，可能需要用到一些全局变量
59   */
60
61
62  /************************* 宏定义 *******************************/
63  /*
64   * 在写应用程序时，可能需要用到一些宏定义
65   */
66
67
68  /*
69  ****************************************************************
70  *                          函数声明
71  ****************************************************************
72  */
73  static void AppTaskCreate(void);/* 用于创建任务 */
74
75  static void LowPriority_Task(void *pvParameters);/* LowPriority_Task 任务实现 */
76  static void MidPriority_Task(void *pvParameters);/* MidPriority_Task 任务实现 */
77  static void HighPriority_Task(void *pvParameters);/* HighPriority_Task 任务实现 */
78
79  static void BSP_Init(void);/* 用于初始化板载相关资源 */
80
81  /****************************************************************
82   * @brief   主函数
83   * @param   无
84   * @retval  无
85   * @note    第 1 步：开发板硬件初始化
86             第 2 步：创建 APP 应用任务
87             第 3 步：启动 FreeRTOS，开始多任务调度
88  ****************************************************************/
89  int main(void)
90  {
91      BaseType_t xReturn = pdPASS;/* 定义一个创建信息返回值，默认为 pdPASS */
92
93      /* 开发板硬件初始化 */
94      BSP_Init();
95      printf(" 这是一个 [ 野火 ]-STM32 全系列开发板 -FreeRTOS 互斥量实验! \n");
96      /* 创建 AppTaskCreate 任务 */
97      xReturn = xTaskCreate((TaskFunction_t )AppTaskCreate, /* 任务入口函数 */
98                            (const char*     )"AppTaskCreate", /* 任务名称 */
99                            (uint16_t        )512,       /* 任务栈大小 */
100                           (void*           )NULL,      /* 任务入口函数参数 */
101                           (UBaseType_t     )1,  /* 任务的优先级 */
102                           (TaskHandle_t*)&AppTaskCreate_Handle);/* 任务控制块指针 */
103     /* 启动任务调度 */
104     if (pdPASS == xReturn)
105         vTaskStartScheduler();                         /* 启动任务, 开启调度 */
106     else
107         return -1;
```

```
108
109     while (1);   /* 正常情况下不会执行到这里 */
110 }
111
112
113 /*************************************************************************
114  * @ 函数名: AppTaskCreate
115  * @ 功能说明: 为了方便管理, 所有的任务创建函数都放在这个函数中
116  * @ 参数: 无
117  * @ 返回值: 无
118  *************************************************************************/
119 static void AppTaskCreate(void)
120 {
121     BaseType_t xReturn = pdPASS;/* 定义一个创建信息返回值, 默认为 pdPASS */
122
123     taskENTER_CRITICAL();                           // 进入临界区
124
125     /* 创建 MuxSem */
126     MuxSem_Handle = xSemaphoreCreateMutex();
127     if (NULL != MuxSem_Handle)
128         printf("MuxSem_Handle 互斥量创建成功!\r\n");
129
130     xReturn = xSemaphoreGive( MuxSem_Handle );      // 给出互斥量
131 //  if( xReturn == pdTRUE )
132 //    printf(" 释放信号量!\r\n");
133
134     /* 创建 LowPriority_Task 任务 */
135     xReturn = xTaskCreate((TaskFunction_t )LowPriority_Task,/* 任务入口函数 */
136                           (const char*   )"LowPriority_Task",/* 任务名称 */
137                           (uint16_t      )512,        /* 任务栈大小 */
138                           (void*         )NULL,       /* 任务入口函数参数 */
139                           (UBaseType_t   )2,          /* 任务的优先级 */
140                           (TaskHandle_t*)&LowPriority_Task_Handle);/* 任务控制块
                                                                指针 */
141     if (pdPASS == xReturn)
142         printf(" 创建 LowPriority_Task 任务成功!\r\n");
143
144     /* 创建 MidPriority_Task 任务 */
145     xReturn = xTaskCreate((TaskFunction_t)MidPriority_Task,  /* 任务入口函数 */
146                           (const char*   )"MidPriority_Task",/* 任务名称 */
147                           (uint16_t      )512,        /* 任务栈大小 */
148                           (void*         )NULL,       /* 任务入口函数参数 */
149                           (UBaseType_t   )3,          /* 任务的优先级 */
150                           (TaskHandle_t* )&MidPriority_Task_Handle);/* 任务控制块
                                                                指针 */
151 if (pdPASS == xReturn)
152         printf(" 创建 MidPriority_Task 任务成功!\n");
153
154     /* 创建 HighPriority_Task 任务 */
155     xReturn = xTaskCreate((TaskFunction_t)HighPriority_Task, /* 任务入口函数 */
156                           (const char*   )"HighPriority_Task",/* 任务名称 */
157                           (uint16_t      )512,        /* 任务栈大小 */
158                           (void*         )NULL,       /* 任务入口函数参数 */
```

```
159                         (UBaseType_t    )4,  /* 任务的优先级 */
160                         (TaskHandle_t* )&HighPriority_Task_Handle);/* 任务控制块
                                                                      指针 */
161     if (pdPASS == xReturn)
162         printf(" 创建 HighPriority_Task 任务成功 !\n\n");
163
164     vTaskDelete(AppTaskCreate_Handle);              // 删除 AppTaskCreate 任务
165
166     taskEXIT_CRITICAL();                           // 退出临界区
167 }
168
169
170
171 /*****************************************************************
172  * @ 函数名: LowPriority_Task
173  * @ 功能说明: LowPriority_Task 任务主体
174  * @ 参数: 无
175  * @ 返回值: 无
176  *****************************************************************/
177 static void LowPriority_Task(void *parameter)
178 {
179     static uint32_t i;
180     BaseType_t xReturn = pdPASS;/* 定义一个创建信息返回值，默认为 pdPASS */
181     while (1) {
182         printf("LowPriority_Task 获取信号量 \n");
183         // 获取互斥量 MuxSem, 没获取到则一直等待
184         xReturn = xSemaphoreTake(MuxSem_Handle,    /* 互斥量句柄 */
185                                  portMAX_DELAY);    /* 等待时间 */
186         if (pdTRUE == xReturn)
187             printf("LowPriority_Task Running\n\n");
188
189         for (i=0; i<2000000; i++) {                // 模拟低优先级任务占用互斥量
190             taskYIELD();                           // 发起任务调度
191         }
192
193         printf("LowPriority_Task 释放信号量 !\r\n");
194         xReturn = xSemaphoreGive( MuxSem_Handle ); // 给出互斥量
195
196         LED1_TOGGLE;
197
198         vTaskDelay(1000);
199     }
200 }
201
202 /*****************************************************************
203  * @ 函数名: MidPriority_Task
204  * @ 功能说明: MidPriority_Task 任务主体
205  * @ 参数: 无
206  * @ 返回值: 无
207  *****************************************************************/
208 static void MidPriority_Task(void *parameter)
209 {
210     while (1) {
```

```
211            printf("MidPriority_Task Running\n");
212            vTaskDelay(1000);
213     }
214 }
215
216 /*******************************************************************
217  * @ 函数名: HighPriority_Task
218  * @ 功能说明: HighPriority_Task 任务主体
219  * @ 参数: 无
220  * @ 返回值: 无
221  *******************************************************************/
222 static void HighPriority_Task(void *parameter)
223 {
224     BaseType_t xReturn = pdTRUE;/* 定义一个创建信息返回值, 默认为 pdPASS */
225     while (1) {
226         printf("HighPriority_Task 获取信号量 \n");
227         // 获取互斥量 MuxSem, 没获取到则一直等待
228         xReturn = xSemaphoreTake(MuxSem_Handle,    /* 互斥量句柄 */
229                                  portMAX_DELAY);   /* 等待时间 */
230         if (pdTRUE == xReturn)
231             printf("HighPriority_Task Running\n");
232         LED1_TOGGLE;
233
234         printf("HighPriority_Task 释放信号量 !\r\n");
235         xReturn = xSemaphoreGive( MuxSem_Handle ); // 给出互斥量
236
237
238         vTaskDelay(1000);
239     }
240 }
241
242
243 /*******************************************************************
244  * @ 函数名: BSP_Init
245  * @ 功能说明:板级外设初始化, 所有板子上的初始化均可放在这个函数中
246  * @ 参数: 无
247  * @ 返回值: 无
248  *******************************************************************/
249 static void BSP_Init(void)
250 {
251     /*
252      * STM32 中断优先级分组为 4, 即 4 位都用来表示抢占优先级, 范围为 0 ~ 15。
253      * 优先级只需要分组一次即可, 以后如果有其他任务需要用到中断,
254      * 则统一用这个优先级分组, 千万不要再分组
255      */
256     NVIC_PriorityGroupConfig( NVIC_PriorityGroup_4 );
257
258     /* LED 初始化 */
259     LED_GPIO_Config();
260
261     /* 串口初始化        */
262     USART_Config();
263
```

```
264    /* 按键初始化        */
265    Key_GPIO_Config();
266
267 }
268
269 /**********************END OF FILE*************************/
```

17.8 实验现象

17.8.1 模拟优先级翻转实验现象

将程序编译好，用 USB 线连接计算机和开发板的 USB 接口（对应丝印为 USB 转串口），用 DAP 仿真器把配套程序下载到野火 STM32 开发板（具体型号根据购买的板子而定，每个型号的板子都有对应的程序），在计算机上打开串口调试助手，然后复位开发板就可以在调试助手中看到串口的打印信息，其中输出了信息表明任务正在运行中，并且可以明确看到高优先级任务在等待低优先级任务运行完毕后才能得到信号量继续运行，具体如图 17-5 所示。

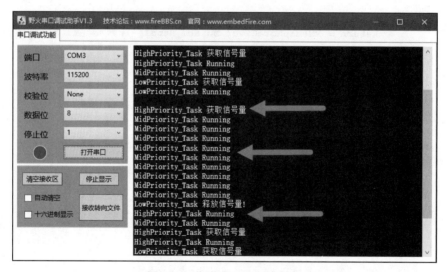

图 17-5 优先级翻转实验现象

17.8.2 互斥量降低优先级翻转危害实验现象

将程序编译好，用 USB 线连接计算机和开发板的 USB 接口（对应丝印为 USB 转串口），用 DAP 仿真器把配套程序下载到野火 STM32 开发板（具体型号根据购买的板子而定，每个型号的板子都有对应的程序），在计算机上打开串口调试助手，然后复位开发板就可以在调试助手中看到串口的打印信息，其中输出了信息表明任务正在运行中，并且可以明确看到在低优先级任务运行时，中优先级任务无法抢占低优先级任务的资源，这是因为互斥量的优先级继承机制，从而最大程度地减小了优先级翻转产生的影响，具体如图 17-6 所示。

图 17-6　互斥量降低优先级翻转危害实验现象

第 18 章
事　件

18.1　事件的基本概念

事件是一种实现任务间通信的机制，主要用于实现多任务间的同步，但事件通信只能是事件类型的通信，无数据传输。与信号量不同的是，事件可以实现一对多、多对多的同步，即一个任务可以等待多个事件的发生：可以是任意一个事件发生时唤醒任务进行事件处理；也可以是几个事件都发生后才唤醒任务进行事件处理。同样，也可以是多个任务同步多个事件。

每一个事件组只需要很少的 RAM 空间来保存其状态。事件组存储在一个 EventBits_t 类型的变量中，该变量在事件组结构体中定义。如果宏 configUSE_16_BIT_TICKS 定义为 1，那么变量 uxEventBits 就是 16 位的，其中有 8 个位用来存储事件组；而如果宏 configUSE_16_BIT_TICKS 定义为 0，那么变量 uxEventBits 就是 32 位的，其中有 24 个位用来存储事件组。在 STM32 中，我们一般将 configUSE_16_BIT_TICKS 定义为 0，那么 uxEventBits 是 32 位的，有 24 个位用来实现事件标志组。每一位代表一个事件，任务通过"逻辑与"或"逻辑或"与一个或多个事件建立关联，形成一个事件组。事件的"逻辑或"也称作独立型同步，指的是任务感兴趣的所有事件任一件发生即可被唤醒；事件"逻辑与"则被称为关联型同步，指的是任务感兴趣的若干事件都发生时才被唤醒，并且事件发生的时间可以不同步。

多任务环境下，任务、中断之间往往需要同步操作，一个事件发生会告知等待中的任务，即形成一个任务与任务、中断与任务间的同步。事件可以提供一对多、多对多的同步操作。一对多同步模型，即一个任务等待多个事件的触发，这种情况是比较常见的；多对多同步模型，即多个任务等待多个事件的触发。

任务可以通过设置事件位来实现事件的触发和等待操作。FreeRTOS 的事件仅用于同步，不提供数据传输功能。

FreeRTOS 提供的事件具有如下特点：

❑ 事件只与任务相关联，事件相互独立，一个 32 位的事件集合（EventBits_t 类型的变量，实际可用与表示事件的只有 24 位）用于标识该任务发生的事件类型，其中每一位表示一种事件类型（0 表示该事件类型未发生，1 表示该事件类型已经发生），一共有 24 种事件类型。

❑ 事件仅用于同步，不提供数据传输功能。

❑ 事件无排队性，即多次向任务设置同一事件（如果任务还未来得及读取），等效于只设置一次。

❑ 允许多个任务对同一事件进行读写操作。

❑ 支持事件等待超时机制。

在 FreeRTOS 事件中，获取每个事件时，用户可以选择感兴趣的事件，并且选择读取事件信息标记。它有 3 个属性，分别是逻辑与、逻辑或以及是否清除标记。当任务等待事件同步时，可以通过任务感兴趣的事件位和事件信息标记来判断当前接收的事件是否满足要求，如果满足，则说明任务等待到对应的事件，系统将唤醒等待的任务；否则，任务会根据用户指定的阻塞超时时间继续等待下去。

18.2 事件的应用场景

FreeRTOS 的事件用于事件类型的通信，无数据传输，也就是说，我们可以用事件来做标志位，判断某些事件是否发生了，然后根据结果进行处理。为什么不直接用变量做标志呢？那样岂不是更有效率？非也，若是在裸机编程中，用全局变量是最有效的方法，但是在操作系统中，使用全局变量就要考虑以下问题了：

❑ 如何对全局变量进行保护？如何处理多任务同时对它进行访问的情况？

❑ 如何让内核对事件进行有效管理？如果使用全局变量，就需要在任务中轮询查看事件是否发送，这会造成 CPU 资源的浪费，此外，用户还需要自己去实现等待超时机制。

所以，在操作系统中最好还是使用系统提供的通信机制，简单、方便、实用。

在某些场合，可能需要多个事件发生后才能进行下一步操作，比如一些危险机器的启动，需要检查各项指标，当指标不达标时就无法启动。但是检查各个指标时，不会立刻检测完毕，所以需要事件来做统一的等待。当所有的事件都完成了，那么机器才允许启动，这只是事件的应用之一。

事件可用于多种场合，能够在一定程度上替代信号量，用于任务与任务间、中断与任务间的同步。一个任务或中断服务例程发送一个事件给事件对象，而后等待的任务被唤醒并对相应的事件进行处理。但是事件与信号量不同的是，事件的发送操作是不可累计的，而信号量的释放动作是可累计的。事件的另外一个特性是，接收任务可等待多种事件，即多个事件对应一个任务或多个任务。同时按照任务等待的参数，可选择是"逻辑或"触发还是"逻辑与"触发。这个特性也是信号量等所不具备的，信号量只能识别单一同步动作，而不能同时等待多个事件的同步。

各个事件可分别发送或一起发送给事件对象，而任务可以等待多个事件，任务仅对感兴趣的事件进行关注。当有它们感兴趣的事件发生并且符合条件时，任务将被唤醒并进行后续的处理动作。

18.3 事件的运作机制

接收事件时，可以根据感兴趣的事件类型接收单个或者多个事件。事件接收成功后，必须使用 xClearOnExit 选项清除已接收的事件类型,否则不会清除已接收的事件,这样就需要用户显式地清除事件位。用户可以自定义通过传入参数 xWaitForAllBits 选择读取模式——是等待所有感兴趣的事件还是等待感兴趣的任意一个事件。

设置事件时,对指定事件写入指定的事件类型,设置事件集合的对应事件位为 1,可以一次同时写多个事件类型,设置事件成功可能会触发任务调度。

清除事件时,根据写入的参数事件句柄和待清除的事件类型,对事件对应位进行清零操作。事件不与任务相关联,事件相互独立,一个 32 位的变量(事件集合,实际用于表示事件的只有 24 位)用于标识该任务发生的事件类型,其中每一位表示一种事件类型(0 表示该事件类型未发生,1 表示该事件类型已经发生),共有 24 种事件类型,具体如图 18-1 所示。

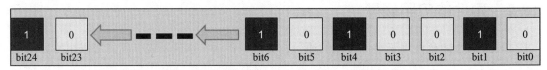

图 18-1　事件集合 set(一个 32 位的变量)

事件唤醒机制,即当任务因为等待某个或者多个事件发生而进入阻塞态,当事件发生时会被唤醒,其过程具体如图 18-2 所示。

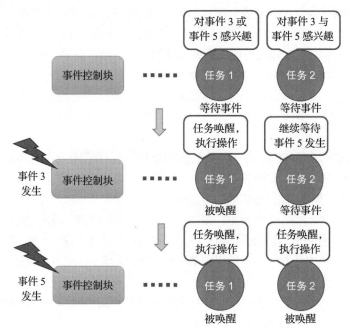

图 18-2　事件唤醒任务示意图

任务 1 对事件 3 或事件 5 感兴趣(逻辑或),当发生其中某一个事件时都会被唤醒,并且执行相应操作。而任务 2 对事件 3 与事件 5 感兴趣(逻辑与),当且仅当事件 3 与事件 5 都发生时,任务 2 才会被唤醒,如果只有其中一个事件发生,那么任务还是会继续等待另一个事件发生。如果在接收事件函数中设置了清除事件位 xClearOnExit，那么当任务唤醒后将把事件 3 和事件 5 的事件标志清零，否则事件标志将依然存在。

18.4 事件控制块

事件标志组存储在一个 EventBits_t 类型的变量中，该变量在事件组结构体中定义，具体参见代码清单 18-1 中加粗部分。如果宏 configUSE_16_BIT_TICKS 定义为 1，那么变量 uxEventBits 就是 16 位的，其中有 8 个位用来存储事件组；如果宏 configUSE_16_BIT_TICKS 定义为 0，那么变量 uxEventBits 就是 32 位的，其中有 24 个位用来存储事件组，每一位代表一个事件的发生与否，利用逻辑或、逻辑与等实现不同事件的不同唤醒处理。在 STM32 中，uxEventBits 是 32 位的，所以有 24 个位用来实现事件组。除了事件标志组变量之外，FreeRTOS 还使用了一个链表来记录等待事件的任务，所有在等待此事件的任务均会被挂载到等待事件列表 xTasksWaitingForBits 中。

代码清单 18-1　事件控制块

```
1 typedefstruct xEventGroupDefinition {
2     EventBits_t uxEventBits;
3     List_t xTasksWaitingForBits;
4
5 #if( configUSE_TRACE_FACILITY == 1 )
6     UBaseType_t uxEventGroupNumber;
7 #endif
8
9 #if( ( configSUPPORT_STATIC_ALLOCATION == 1 ) \
10     && ( configSUPPORT_DYNAMIC_ALLOCATION == 1 ) )
11     uint8_t ucStaticallyAllocated;
12 #endif
13 } EventGroup_t;
```

18.5 事件函数

18.5.1 事件创建函数 xEventGroupCreate()

xEventGroupCreate() 用于创建一个事件组，并返回对应的句柄。要想使用该函数，必须在头文件 FreeRTOSConfig.h 中定义宏 configSUPPORT_DYNAMIC_ALLOCATION 为 1（在 FreeRTOS.h 中默认定义为 1），而且需要把 FreeRTOS/source/event_groups.c 这个 C 文件添加到工程中。

每一个事件组只需要很少的 RAM 空间来保存事件的发生状态。如果使用函数 xEventGroupCreate() 来创建一个事件，那么需要的 RAM 是动态分配的；如果使用函数 xEventGroupCreateStatic() 来创建一个事件，那么需要的 RAM 是静态分配的。我们暂时不讲解静态创建函数 xEventGroupCreateStatic()。

事件创建函数，顾名思义，就是创建一个事件，与其他内核对象一样，都是需要先创建才能使用的资源，FreeRTOS 提供了一个创建事件的函数 xEventGroupCreate()，当创建一个事件时，系统会首先分配事件控制块的内存空间，然后对该事件控制块进行基本的初始化，创建成功则返回事件句柄，创建失败则返回 NULL。所以，在使用创建函数之前，我们需要先定义事件的句柄，事件创建的源码具体参见代码清单 18-2。

代码清单 18-2　xEventGroupCreate() 源码

```
 1 #if( configSUPPORT_DYNAMIC_ALLOCATION == 1 )
 2
 3 EventGroupHandle_t xEventGroupCreate( void )
 4 {
 5     EventGroup_t *pxEventBits;
 6
 7     /* 分配事件控制块的内存 */
 8     pxEventBits = ( EventGroup_t * ) pvPortMalloc( sizeof( EventGroup_t ) );(1)
 9
10     if ( pxEventBits != NULL ) {                                          (2)
11         pxEventBits->uxEventBits = 0;
12         vListInitialise( &( pxEventBits->xTasksWaitingForBits ) );
13
14 #if( configSUPPORT_STATIC_ALLOCATION == 1 )
15         {
16             /*
17             静态分配内存的，此处暂时不用理会
18             */
19             pxEventBits->ucStaticallyAllocated = pdFALSE;
20         }
21 #endif
22
23         traceEVENT_GROUP_CREATE( pxEventBits );
24     } else {
25         traceEVENT_GROUP_CREATE_FAILED();
26     }
27
28     return ( EventGroupHandle_t ) pxEventBits;
29 }
30
31 #endif
```

代码清单 18-2（1）：因为事件标志组是 FreeRTOS 的内部资源，也是需要 RAM 的，所以在创建时，会向系统申请一块内存，大小是事件控制块大小 sizeof(EventGroup_t)。

代码清单 18-2（2）：如果分配内存成功，那么对事件控制块的成员变量进行初始化，事件标志组变量清零。因为现在是创建事件，还没有事件发生，所以事件集合中所有位都为 0，然后调用 vListInitialise() 函数将事件控制块中的等待事件列表进行初始化，该列表用于记录等待在此事件上的任务。

事件创建函数的源码都很简单，其使用更为简单，不过需要我们在使用前定义一个指向事件控制块的指针，也就是常说的事件句柄。当事件创建成功，就可以根据我们定义的事件句柄来调用 FreeRTOS 的其他事件函数进行操作，具体参见代码清单 18-3 中加粗部分。

代码清单 18-3　事件创建函数 xEventGroupCreate() 实例

```
1 static EventGroupHandle_t Event_Handle =NULL;
2
3 /* 创建 Event_Handle */
4 Event_Handle = xEventGroupCreate();
5 if (NULL != Event_Handle)
6     printf("Event_Handle 事件创建成功!\r\n");
7 else
8 /* 创建失败，应是因为内存空间不足 */
```

18.5.2　事件删除函数 vEventGroupDelete()

在很多场合，某些事件是只用一次的，好比在事件应用场景中讲到的危险机器的启动，假如各项指标都达到了，并且机器启动成功了，那么这个事件之后可能就没用了，此时就可以进行销毁了。想要删除事件怎么办？ FreeRTOS 提供了一个删除事件的函数——vEvent-GroupDelete()，使用该函数就能将事件删除。当系统不再使用事件对象时，可以通过删除事件对象控制块来释放系统资源，具体参见代码清单 18-4。

代码清单 18-4　vEventGroupDelete() 源码

```
1 /*-----------------------------------------------------------*/
2 void vEventGroupDelete( EventGroupHandle_t xEventGroup )
3 {
4     EventGroup_t *pxEventBits = ( EventGroup_t * ) xEventGroup;
5     const List_t *pxTasksWaitingForBits = &( pxEventBits->xTasksWaitingForBits );
6
7     vTaskSuspendAll();                                                    (1)
8     {
9         traceEVENT_GROUP_DELETE( xEventGroup );
10        while(listCURRENT_LIST_LENGTH( pxTasksWaitingForBits )>(UBaseType_t )0)(2)
11        {
12            /* 如果有任务阻塞在这个事件上，那么要把事件从等待事件列表中移除 */
13            configASSERT( pxTasksWaitingForBits->xListEnd.pxNext
14                    != ( ListItem_t * ) &( pxTasksWaitingForBits->xListEnd ) );
15
16            ( void ) xTaskRemoveFromUnorderedEventList(
17                pxTasksWaitingForBits->xListEnd.pxNext,
18                eventUNBLOCKED_DUE_TO_BIT_SET );                          (3)
19        }
20 #if( ( configSUPPORT_DYNAMIC_ALLOCATION == 1 ) \
21                    && ( configSUPPORT_STATIC_ALLOCATION == 0 ) )
22        {
23            /* 释放事件的内存 */
24            vPortFree( pxEventBits );                                     (4)
25        }
26
27        /* 已删除静态创建释放内存部分代码 */
28
29 #endif
30    }
31    ( void ) xTaskResumeAll();                                           (5)
```

```
32 }
33 /*------------------------------------------------------------*/
```

代码清单 18-4（1）：挂起调度器，因为接下来的操作不知道需要多长的时间，并且在删除时，不希望其他任务来操作这个事件标志组，所以暂时把调度器挂起，让当前任务占有 CPU。

代码清单 18-4（2）：当有任务被阻塞在事件等待列表中时，就要把任务恢复过来，否则删除了事件后就无法对事件进行读写操作，那么这些任务可能永远等不到事件（因为任务有可能是一直在等待事件发生的），使用 while 循环保证所有的任务都会被恢复。

代码清单 18-4（3）：调用 xTaskRemoveFromUnorderedEventList() 函数将任务从等待事件列表中移除，然后添加到就绪列表中，参与任务调度。当然，因为挂起了调度器，所以在这段时间里，即使是优先级更高的任务被添加到就绪列表，系统也不会进行任务调度，所以也就不会影响当前任务删除事件的操作，这也是为什么需要挂起调度器。但是，使用事件删除函数 vEventGroupDelete() 时需要注意，尽量在没有任务阻塞在这个事件中时进行删除，否则任务无法等到正确的事件，因为删除之后，所有被恢复的任务都只能获得事件的值 0。

代码清单 18-4（4）：释放事件的内存，因为在创建事件时申请了内存，在不使用事件时就把内核还给系统。

代码清单 18-4（5）：恢复调度器，之前的操作是恢复了任务，现在恢复调度器，那么处于就绪态的最高优先级任务将被运行。

vEventGroupDelete() 用于删除由函数 xEventGroupCreate() 创建的事件组，只有被创建成功的事件才能被删除，但是需要注意的是该函数不允许在中断中使用。当事件组被删除之后，阻塞在该事件组上的任务都会被解锁，并向等待事件的任务返回事件组的值 0，其使用是非常简单的，具体参见代码清单 18-5 中加粗部分。

代码清单 18-5　vEventGroupDelete() 函数实例

```
1 static EventGroupHandle_t Event_Handle =NULL;
2
3 /* 创建 Event_Handle */
4 Event_Handle = xEventGroupCreate();
5 if (NULL != Event_Handle)
6 {
7     printf("Event_Handle 事件创建成功 !\r\n");
8
9     /* 创建成功，可以删除 */
10    xEventGroupCreate(Event_Handle);
11 } else
12 /* 创建失败，应为内存空间不足 */
```

18.5.3　事件组置位函数 xEventGroupSetBits()（任务）

xEventGroupSetBits() 用于置位事件组中指定的位，当位被置位之后，阻塞在该位上的任务将会被解锁。使用该函数接口时，通过参数指定的事件标志来设定事件的标志位，然后遍历等待在事件对象上的事件等待列表，判断是否有任务的事件激活要求与当前事件对象标志值匹配,如果有,则唤醒该任务。简单来说,就是设置我们自己定义的事件标志位为 1,并且查看是否有任务在等待这个事件,如果有就唤醒它。

需要注意的是,该函数不允许在中断中使用,xEventGroupSetBits() 的具体说明如表 18-1所示,源码具体参见代码清单 18-6。

表 18-1　xEventGroupSetBits() 函数说明

函 数 原 型	EventBits_t xEventGroupSetBits(EventGroupHandle_t xEventGroup, const EventBits_t uxBitsToSet);	
功　　能	置位事件组中指定的位	
参　　数	xEventGroup	事件句柄
	uxBitsToSet	指定事件中的事件标志位。如果设置 uxBitsToSet 为 0x08,则只置位位 3,如果设置 uxBitsToSet 为 0x09,则位 3 和位 0 都需要置位
返 回 值	返回调用 xEventGroupSetBits() 时事件组中的值	

代码清单 18-6　xEventGroupSetBits() 源码

```
1  /*------------------------------------------------------------*/
2  EventBits_t xEventGroupSetBits( EventGroupHandle_t xEventGroup,
3                                  const EventBits_t uxBitsToSet )
4  {
5      ListItem_t *pxListItem, *pxNext;
6      ListItem_t const *pxListEnd;
7      List_t *pxList;
8      EventBits_t uxBitsToClear = 0, uxBitsWaitedFor, uxControlBits;
9      EventGroup_t *pxEventBits = ( EventGroup_t * ) xEventGroup;
10     BaseType_t xMatchFound = pdFALSE;
11
12     /* 断言,判断事件是否有效 */
13     configASSERT( xEventGroup );
14     /* 断言,判断要设置的事件标志位是否有效 */
15     configASSERT((uxBitsToSet&eventEVENT_BITS_CONTROL_BYTES ) == 0 );    (1)
16
17     pxList = &( pxEventBits->xTasksWaitingForBits );
18     pxListEnd = listGET_END_MARKER( pxList );
19
20     vTaskSuspendAll();                                                   (2)
21     {
22         traceEVENT_GROUP_SET_BITS( xEventGroup, uxBitsToSet );
23
24         pxListItem = listGET_HEAD_ENTRY( pxList );
25
26         /* 设置事件标志位 */
27         pxEventBits->uxEventBits |= uxBitsToSet;                         (3)
28
29         /* 如果设置这个事件标志位可能是某个任务在等待的事件,
30         就遍历等待事件列表中的任务 */
31         while ( pxListItem != pxListEnd ) {                              (4)
32             pxNext = listGET_NEXT( pxListItem );
33             uxBitsWaitedFor = listGET_LIST_ITEM_VALUE( pxListItem );
34             xMatchFound = pdFALSE;
35
```

```
36                    /* 获取要等待事件的标记信息, 是逻辑与还是逻辑或 */
37                    uxControlBits = uxBitsWaitedFor & eventEVENT_BITS_CONTROL_BYTES;(5)
38                    uxBitsWaitedFor &= ~eventEVENT_BITS_CONTROL_BYTES;           (6)
39
40                    /* 如果只需要有一个事件标志位满足即可 */
41                    if ((uxControlBits & eventWAIT_FOR_ALL_BITS ) == ( EventBits_t )0) {(7)
42                        /*  就要判断要等待的事件是否发生 */
43                        if ( ( uxBitsWaitedFor & pxEventBits->uxEventBits )
44                            != ( EventBits_t ) 0) {
45                            xMatchFound = pdTRUE;                                 (8)
46                        } else {
47                            mtCOVERAGE_TEST_MARKER();
48                        }
49                    }
50                    /* 否则就要等所有事件都发生时才能解除阻塞 */
51                    else if ( ( uxBitsWaitedFor & pxEventBits->uxEventBits )
52                            == uxBitsWaitedFor ) {                               (9)
53                        /* 所有事件都发生了 */
54                        xMatchFound = pdTRUE;
55                    } else {                                                     (10)
56                    /* 所有位都应设置, 但并非所有位都得到设置 */
57                    }
58
59                    if ( xMatchFound != pdFALSE ) {                              (11)
60                        /* 找到了, 然后看一下是否需要清除标志位
61                        如果需要, 就记录下需要清除的标志位, 等遍历完队列之后统一处理 */
62                        if ( ( uxControlBits & eventCLEAR_EVENTS_ON_EXIT_BIT )
63                            != ( EventBits_t ) 0) {
64                            uxBitsToClear |= uxBitsWaitedFor;                     (12)
65                        } else {
66                            mtCOVERAGE_TEST_MARKER();
67                        }
68
69                    /*  将满足事件条件的任务从等待列表中移除, 并且添加到就绪列表中 */
70                    ( void ) xTaskRemoveFromUnorderedEventList( pxListItem,
71                    pxEventBits->uxEventBits | eventUNBLOCKED_DUE_TO_BIT_SET ); (13)
72                    }
73
74                    /* 循环遍历事件等待列表, 可能不止一个任务在等待这个事件 */
75                    pxListItem = pxNext;                                         (14)
76                }
77
78            /* 遍历完毕, 清除事件标志位 */
79            pxEventBits->uxEventBits &= ~uxBitsToClear;                          (15)
80        }
81    ( void ) xTaskResumeAll();                                                   (16)
82
83    return pxEventBits->uxEventBits;                                             (17)
84 }
85 /*--------------------------------------------------------------*/
```

代码清单 18-6 (1): 断言, 判断要设置的事件标志位是否有效, 因为一个 32 位的事件

标志组变量只有 24 位是用于设置事件的，而 16 位的事件标志组变量只有 8 位用于设置事件，高 8 位不允许设置事件，有其他用途，具体参见代码清单 18-7。

代码清单 18-7 事件标志组高 8 位的用途

```
 1  #if configUSE_16_BIT_TICKS == 1
 2  #define eventCLEAR_EVENTS_ON_EXIT_BIT      0x0100U
 3  #define eventUNBLOCKED_DUE_TO_BIT_SET      0x0200U
 4  #define eventWAIT_FOR_ALL_BITS            0x0400U
 5  #define eventEVENT_BITS_CONTROL_BYTES     0xff00U
 6  #else
 7  #define eventCLEAR_EVENTS_ON_EXIT_BIT      0x01000000UL
 8  #define eventUNBLOCKED_DUE_TO_BIT_SET      0x02000000UL
 9  #define eventWAIT_FOR_ALL_BITS            0x04000000UL
10  #define eventEVENT_BITS_CONTROL_BYTES     0xff000000UL
11  #endif
```

代码清单 18-6（2）：挂起调度器，因为接下来的操作不知道需要多长的时间，因为需要遍历等待事件列表，并且有可能不止一个任务在等待事件，所以在任务等待的事件得以满足时，任务允许被恢复，但是不允许运行，只有遍历完成时，任务才能被系统调度。在遍历期间，系统也不希望其他任务来操作这个事件标志组，所以暂时把调度器挂起，让当前任务占有 CPU。

代码清单 18-6（3）：根据用户指定的 uxBitsToSet 设置事件标志位。

代码清单 18-6（4）：如果设置这个事件标志位可能是某个任务在等待的事件，就需要遍历等待事件列表中的任务，看看这个事件是否与任务等待的事件匹配。

代码清单 18-6（5）：获取要等待事件的标记信息，是逻辑与还是逻辑或。

代码清单 18-6（6）：获取任务的等待事件。

代码清单 18-6（7）：如果只需要有任意一个事件标志位满足唤醒任务（也就是我们常说的"逻辑或"），那么还需要看看是否有这个事件发生。

代码清单 18-6（8）：判断要等待的事件是否发生，发生了就需要恢复任务，在这里记录一下要恢复的任务。

代码清单 18-6（9）：如果任务等待的事件都要发生时（也是我们常说的"逻辑与"），就需要判断事件标志组中的事件是否都发生，如果是，任务才能从阻塞中恢复，同样也需要标记一下要恢复的任务。

代码清单 18-6（10）：FreeRTOS 中暂时用不到，暂不考虑。

代码清单 18-6（11）：找到能恢复的任务，然后看一下是否需要清除标志位，如果需要，就记录下需要清的标志位，等遍历完队列之后统一处理。注意，在刚找到要清除的事件标志位时不能立即清除，因为后面可能有任务在等待这个事件，只能在遍历任务完成之后才能清除事件标志位。

代码清单 18-6（12）：运用或运算，标记要清除的事件标志位。

代码清单 18-6（13）：将满足事件条件的任务从等待列表中移除，并且添加到就绪列表中。

代码清单 18-6（14）：循环遍历事件等待列表，可能不止一个任务在等待这个事件。

代码清单 18-6（15）：遍历完毕，清除事件标志位。

代码清单 18-6（16）：恢复调度器。之前的操作是恢复了任务，现在恢复调度器，那么处于就绪态的最高优先级任务将被运行。

代码清单 18-6（17）：返回用户设置的事件标志位值。

xEventGroupSetBits() 函数的运用很简单，举个例子，比如我们要记录一个事件的发生，这个事件在事件组中的位置是 bit0，当它还未发生时，事件组 bit0 的值也是 0，当它发生时，向事件组 bit0 中写入这个事件，也就是 0x01，表示事件已经发生。为了便于理解，一般操作我们都是用宏定义 #define EVENT (0x01 << x) 来实现，"<< x"表示写入事件组的 bit x，在使用该函数之前必须先创建事件，具体参见代码清单 18-8 中加粗部分。

代码清单 18-8　xEventGroupSetBits() 函数实例

```
1  #define KEY1_EVENT   (0x01 << 0)      // 设置事件掩码的位 0
2  #define KEY2_EVENT   (0x01 << 1)      // 设置事件掩码的位 1
3
4  static EventGroupHandle_t Event_Handle =NULL;
5
6  /* 创建 Event_Handle */
7  Event_Handle = xEventGroupCreate();
8  if (NULL != Event_Handle)
9      printf("Event_Handle 事件创建成功 !\r\n");
10
11 static void KEY_Task(void* parameter)
12 {
13     /* 任务都是一个无限循环，不能返回 */
14     while (1) {
15         // 如果 KEY1 被按下
16         if ( Key_Scan(KEY1_GPIO_PORT,KEY1_GPIO_PIN) == KEY_ON ) {
17             printf ( "KEY1 被按下 \n" );
18             /* 触发一个事件 1 */
19             xEventGroupSetBits(Event_Handle,KEY1_EVENT);
20         }
21
22         // 如果 KEY2 被按下
23         if ( Key_Scan(KEY2_GPIO_PORT,KEY2_GPIO_PIN) == KEY_ON ) {
24             printf ( "KEY2 被按下 \n" );
25             /* 触发一个事件 2 */
26             xEventGroupSetBits(Event_Handle,KEY2_EVENT);
27         }
28         vTaskDelay(20);                    // 每 20ms 扫描一次
29     }
30 }
```

18.5.4　事件组置位函数 xEventGroupSetBitsFromISR()（中断）

xEventGroupSetBitsFromISR() 是 xEventGroupSetBits() 的中断版本，用于置位事件组中指定的位。置位事件组中的标志位是一个不确定的操作，因为阻塞在事件组的标志位上的任务的个数是不确定的。FreeRTOS 是不允许不确定的操作在中断和临界段中发生的，所以

xEventGroupSetBitsFromISR() 给 FreeRTOS 的守护任务发送一个消息，让置位事件组的操作在守护任务中完成，守护任务是基于调度锁而非临界段的机制来实现的。

需要注意的是，正如前文提到的那样，在中断中事件标志的置位是在守护任务（也叫作软件定时器服务任务）中完成的，因此 FreeRTOS 的守护任务与其他任务一样，都是系统调度器根据其优先级进行任务调度的，但守护任务的优先级必须比任何任务的优先级都高，保证在需要时能立即切换任务从而达到快速处理的目的。因为是在中断中让事件标志位置位，所以其优先级由 FreeRTOSConfig.h 中的宏 configTIMER_TASK_PRIORITY 来定义。

其实 xEventGroupSetBitsFromISR() 函数真正调用的也是 xEventGroupSetBits() 函数，只不过是在守护任务中进行调用的，所以它真正执行的上下文环境依旧是在任务中。

要想使用该函数，必须把 configUSE_TIMERS 和 INCLUDE_xTimerPendFunctionCall 宏在 Free-RTOSConfig.h 中都定义为 1，并且把 FreeRTOS/source/event_groups.c 这个 C 文件添加到工程中编译。

xEventGroupSetBitsFromISR() 函数的具体说明如表 18-2 所示，其使用实例参见代码清单 18-9 中加粗部分。

表 18-2　xEventGroupSetBitsFromISR() 函数说明

函数原型	BaseType_t xEventGroupSetBitsFromISR(EventGroupHandle_t xEventGroup, const EventBits_t uxBitsToSet, BaseType_t *pxHigherPriorityTaskWoken);	
功　能	置位事件组中指定的位，在中断函数中使用	
参　　数	xEventGroup	事件句柄
	uxBitsToSet	指定事件组中的哪些位需要置位。如果设置 uxBitsToSet 为 0x08，则只置位位 3，如果设置 uxBitsToSet 为 0x09，则位 3 和位 0 都需要被置位
	pxHigherPriorityTaskWoken	pxHigherPriorityTaskWoken 在使用之前必须初始化为 pdFALSE。调用 xEventGroupSetBitsFromISR() 会给守护任务发送一个消息，如果守护任务的优先级高于当前被中断的任务的优先级（一般情况下都需要将守护任务的优先级设置为所有任务中最高的优先级），pxHigherPriorityTaskWoken 会被置为 pdTRUE，然后在中断退出前执行一次上下文切换
返　回　值	消息成功发送给守护任务之后则返回 pdTRUE，否则返回 pdFAIL	

代码清单 18-9　xEventGroupSetBitsFromISR() 函数实例

```
 1 #define BIT_0    ( 1 << 0 )
 2 #define BIT_4    ( 1 << 4 )
 3
 4 /* 假定事件组已经被创建 */
 5 EventGroupHandle_t xEventGroup;
 6
 7 /* 中断 ISR */
 8 void anInterruptHandler( void )
 9 {
10     BaseType_t xHigherPriorityTaskWoken, xResult;
11
12     /* xHigherPriorityTaskWoken 在使用之前必须先初始化为 pdFALSE */
13     xHigherPriorityTaskWoken = pdFALSE;
```

```
14
15      /* 置位事件组 xEventGroup 的 BIT_0 和 BIT_4 */
16      xResult = xEventGroupSetBitsFromISR(
17                  xEventGroup,
18                  BIT_0 | BIT_4,
19                  &xHigherPriorityTaskWoken );
20
21      /* 信息是否发送成功 */
22      if ( xResult != pdFAIL ) {
23      /* 如果 xHigherPriorityTaskWoken 的值为 pdTRUE,
24          则进行一次上下文切换 */
25          portYIELD_FROM_ISR( xHigherPriorityTaskWoken );
26      }
27  }
```

18.5.5　等待事件函数 xEventGroupWaitBits()

既然标记了事件的发生，那么如何得知事件究竟有没有发生？FreeRTOS 提供了一个等待指定事件的函数 xEventGroupWaitBits()，通过这个函数，任务可以知道事件标志组中的哪些位上发生了什么事件，然后通过逻辑与、逻辑或等操作对感兴趣的事件进行获取，并且这个函数实现了等待超时机制。当且仅当任务等待的事件发生时，任务才能获取到事件信息。在这段时间中，如果事件一直没发生，该任务将保持阻塞状态以等待事件发生。当其他任务或中断服务程序对其等待的事件设置对应的标志位时，该任务将自动由阻塞态转换为就绪态。当任务等待的时间超过了指定的阻塞时间，即使事件还未发生，任务也会自动从阻塞态转换为就绪态，这体现了操作系统的实时性。如果事件正确获取（等待到），则返回对应的事件标志位，由用户判断再做处理，因为在事件超时的时候也会返回一个不能确定的事件值，所以需要判断任务所等待的事件是否真的发生。

xEventGroupWaitBits() 用于获取事件组中的一个或多个事件发生标志，当要读取的事件标志位没有被置位时，任务将进入阻塞等待状态。要想使用该函数，必须把 FreeRTOS/source/event_groups.c 这个 C 文件添加到工程中。xEventGroupWaitBits() 的具体说明如表 18-3 所示，源码具体参见代码清单 18-10。

表 18-3　xEventGroupWaitBits() 函数说明

函数原型		EventBits_t xEventGroupWaitBits(const EventGroupHandle_t xEventGroup, 　　　　　　　　　　　const EventBits_t uxBitsToWaitFor, 　　　　　　　　　　　const BaseType_t xClearOnExit, 　　　　　　　　　　　const BaseType_t xWaitForAllBits, TickType_t xTicksToWait);
功　能		用于获取任务感兴趣的事件
参　数	xEventGroup	事件句柄
	uxBitsToWaitFor	一个按位或的值，指定需要等待事件组中的哪些位置 1。如果需要等待 bit 0、bit 2，那么将 uxBitsToWaitFor 配置为 0x05(0101b)；如果需要等待 bits 0、bit 1、bit 2，那么将 uxBitsToWaitFor 配置为 0x07(0111b)
	xClearOnExit	❑ pdTRUE：当 xEventGroupWaitBits() 等待到满足任务唤醒的事件时，系统将清除由形参 uxBitsToWaitFor 指定的事件标志位 ❑ pdFALSE：不会清除由形参 uxBitsToWaitFor 指定的事件标志位

（续）

参 数	xWaitForAllBits	❑pdTRUE：当形参 uxBitsToWaitFor 指定的位都置位时，xEventGroupWaitBits() 才满足任务唤醒的条件，这也是"逻辑与"等待事件，并且在没有超时的情况下返回对应的事件标志位的值 ❑pdFALSE：当形参 uxBitsToWaitFor 指定的位有其中任意一个置位时，xEventGroupWaitBits() 即满足任务唤醒的条件，这也是常说的"逻辑或"等待事件，并且在没有超时的情况下返回对应的事件标志位的值
	xTicksToWait	最大超时时间，单位为系统节拍周期，常量 portTICK_PERIOD_MS 用于辅助把时间转换成 MS
返 回 值		返回事件中的哪些事件标志位被置位，返回值很可能并不是用户指定的事件位，需要对返回值进行判断后再处理

代码清单 18-10　xEventGroupWaitBits() 源码

```
1  /*-------------------------------------------------------------*/
2  EventBits_t xEventGroupWaitBits( EventGroupHandle_t xEventGroup,
3                                   const EventBits_t uxBitsToWaitFor,
4                                   const BaseType_t xClearOnExit,
5                                   const BaseType_t xWaitForAllBits,
6                                   TickType_t xTicksToWait )
7  {
8      EventGroup_t *pxEventBits = ( EventGroup_t * ) xEventGroup;
9      EventBits_t uxReturn, uxControlBits = 0;
10     BaseType_t xWaitConditionMet, xAlreadyYielded;
11     BaseType_t xTimeoutOccurred = pdFALSE;
12
13     /* 断言 */
14     configASSERT( xEventGroup );
15     configASSERT( ( uxBitsToWaitFor & eventEVENT_BITS_CONTROL_BYTES ) == 0 );
16     configASSERT( uxBitsToWaitFor != 0 );
17  #if ( ( INCLUDE_xTaskGetSchedulerState == 1 ) || ( configUSE_TIMERS == 1 ) )
18     {
19         configASSERT( !( ( xTaskGetSchedulerState()
20             == taskSCHEDULER_SUSPENDED ) && ( xTicksToWait != 0 ) ) );
21     }
22  #endif
23
24     vTaskSuspendAll();                                                  (1)
25     {
26         const EventBits_t uxCurrentEventBits = pxEventBits->uxEventBits;
27
28         /* 先看一下当前事件中的标志位是否已经满足条件了 */
29         xWaitConditionMet = prvTestWaitCondition( uxCurrentEventBits,
30                             uxBitsToWaitFor,
31                             xWaitForAllBits );                           (2)
32
33         if ( xWaitConditionMet != pdFALSE ) {                           (3)
34         /* 如果满足条件，就可以直接返回。注意，这里返回的是当前事件的所有标志位 */
35             uxReturn = uxCurrentEventBits;
36             xTicksToWait = ( TickType_t ) 0;
37
```

```
38          /* 判断在退出时是否需要清除对应的事件标志位 */
39          if ( xClearOnExit != pdFALSE ) {                           (4)
40              pxEventBits->uxEventBits &= ~uxBitsToWaitFor;
41          } else {
42              mtCOVERAGE_TEST_MARKER();
43          }
44      }
45      /* 不满足条件，并且不等待 */
46      else if ( xTicksToWait == ( TickType_t ) 0 ) {                 (5)
47          /* 同样也是返回当前事件的所有标志位 */
48          uxReturn = uxCurrentEventBits;
49      }
50      /* 如果用户指定了超时时间，则进入等待状态 */
51      else {                                                         (6)
52          /* 保存当前任务的信息标记，以便在恢复任务时对事件进行相应的操作 */
53          if ( xClearOnExit != pdFALSE ) {
54              uxControlBits |= eventCLEAR_EVENTS_ON_EXIT_BIT;
55          } else {
56              mtCOVERAGE_TEST_MARKER();
57          }
58
59          if ( xWaitForAllBits != pdFALSE ) {
60              uxControlBits |= eventWAIT_FOR_ALL_BITS;
61          } else {
62              mtCOVERAGE_TEST_MARKER();
63          }
64
65          /* 当前任务进入事件等待列表中，任务将被阻塞指定时间 xTicksToWait */
66          vTaskPlaceOnUnorderedEventList(
67              &( pxEventBits->xTasksWaitingForBits ),
68              ( uxBitsToWaitFor | uxControlBits ),
69              xTicksToWait );                                        (7)
70
71          uxReturn = 0;
72
73          traceEVENT_GROUP_WAIT_BITS_BLOCK( xEventGroup,
74                                           uxBitsToWaitFor );
75      }
76  }
77  xAlreadyYielded = xTaskResumeAll();                                (8)
78
79  if ( xTicksToWait != ( TickType_t ) 0 ) {
80      if ( xAlreadyYielded == pdFALSE ) {
81          /* 进行一次任务切换 */
82          portYIELD_WITHIN_API();                                    (9)
83      } else {
84          mtCOVERAGE_TEST_MARKER();
85      }
86
87      /* 执行到此处，说明当前的任务已经被重新调度了 */
88
89      uxReturn = uxTaskResetEventItemValue();                        (10)
90
```

```
91              if ( ( uxReturn & eventUNBLOCKED_DUE_TO_BIT_SET )
92                  == ( EventBits_t ) 0 ) {                              (11)
93                  taskENTER_CRITICAL();
94                  {
95                      /* 超时返回时，直接返回当前事件的所有标志位 */
96                      uxReturn = pxEventBits->uxEventBits;
97
98                  /* 再判断一次事件是否发生 */
99                  if ( prvTestWaitCondition(uxReturn,                   (12)
100                                     uxBitsToWaitFor,
101                                     xWaitForAllBits )!= pdFALSE) {
102                     /* 如果事件发生，就清除事件标志位并且返回 */
103                     if ( xClearOnExit != pdFALSE ) {
104                         pxEventBits->uxEventBits &= ~uxBitsToWaitFor;  (13)
105                         } else {
106                             mtCOVERAGE_TEST_MARKER();
107                         }
108                     } else {
109                         mtCOVERAGE_TEST_MARKER();
110                     }
111                 }
112                 taskEXIT_CRITICAL();
113
114                 xTimeoutOccurred = pdFALSE;
115             } else {
116
117             }
118
119             /* 返回事件所有标志位 */
120             uxReturn &= ~eventEVENT_BITS_CONTROL_BYTES;               (14)
121         }
122     traceEVENT_GROUP_WAIT_BITS_END( xEventGroup,
123                                 uxBitsToWaitFor,
124                                 xTimeoutOccurred );
125
126     return uxReturn;
127 }
128 /*-------------------------------------------------------------*/
```

代码清单 18-10（1）：挂起调度器。

代码清单 18-10（2）：先看一下当前事件中的标志位是否已经满足条件。prvTestWait-Condition() 函数用于判断用户等待的事件是否与当前事件标志位一致。

代码清单 18-10（3）：如果满足条件，就可以直接返回。这里返回的是当前事件的所有标志位，所以这是一个不确定的值，需要用户自己判断是否满足要求，然后把用户指定的等待超时时间 xTicksToWait 也重置为 0，这样稍后就能直接退出函数了。

代码清单 18-10（4）：判断在退出时是否需要清除对应的事件标志位。如果 xClearOnExit 为 pdTRUE，则需要清除事件标志位；如果为 pdFALSE，则不需要清除。

代码清单 18-10（5）：当前事件中不满足任务等待的事件，并且用户指定不进行等待，那么可以直接退出，同样也会返回当前事件的所有标志位，所以在使用 xEventGroupWaitBits() 函数时需要对返回值做判断，保证等待到的事件是任务需要的事件。

代码清单 18-10（6）：如果用户指定了超时时间，并且当前事件不满足任务的需求，那么任务将进入等待状态以等待事件的发生。

代码清单 18-10（7）：将当前任务添加到事件等待列表中，任务将被阻塞指定的时间 xTicksToWait，并且这个列表项的值用于保存任务等待事件需求的信息标记，以便在事件标志位置位时对等待事件的任务进行相应的操作。

代码清单 18-10（8）：恢复调度器。

代码清单 18-10（9）：在恢复调度器时，如果有更高优先级的任务恢复了，那么进行一次任务的切换。

代码清单 18-10（10）：程序能执行到此处，说明当前的任务已经被重新调度了，调用 uxTaskResetEventItemValue() 返回并重置 xEventListItem 的值，因为之前事件列表项的值被保存起来了，现在取出来看一看是否有事件发生。

代码清单 18-10（11）：如果仅仅是超时返回，那么系统会直接返回当前事件的所有标志位。

代码清单 18-10（12）：再判断一次事件是否发生。

代码清单 18-10（13）：如果事件发生，就清除事件标志位并且返回。

代码清单 18-10（14）：如果事件未发生，就返回事件所有标志位，然后退出。

下面简单分析一下处理过程：当用户调用这个函数时，系统首先根据用户指定参数和接收选项来判断它要等待的事件是否发生，如果已经发生，则根据参数 xClearOnExit 来决定是否清除事件的相应标志位，并且返回事件标志位的值，但是这个值并不是一个稳定的值，所以在等待到对应事件时，还需要判断事件是否与任务需要的一致；如果事件没有发生，则把任务添加到事件等待列表中，把任务感兴趣的事件标志值和等待选项用列表项的值来表示，直到事件发生或等待时间超时。事件等待函数 xEventGroupWaitBits() 的具体用法参见代码清单 18-11 中加粗部分。

代码清单 18-11   xEventGroupWaitBits() 实例

```
1  static void LED_Task(void* parameter)
2  {
3      EventBits_t r_event;   /* 定义一个事件接收变量 */
4      /* 任务都是一个无限循环，不能返回 */
5      while (1) {
6          /********************************************************
7           * 等待接收事件标志
8           *
9           * 如果 xClearOnExit 设置为 pdTRUE，那么在 xEventGroupWaitBits() 返回之前，
10          * 若满足等待条件 (如果函数返回的原因不是超时)，则在事件组中设置
11          * 的 uxBitsToWaitFor 中的位都将被清除。
12          * 如果 xClearOnExit 设置为 pdFALSE，
13          * 则在调用 xEventGroupWaitBits() 时，不会更改事件组中设置的位。
14          *
15          * 如果将 xWaitForAllBits 设置为 pdTRUE，则当 uxBitsToWaitFor 中
16          * 的所有位都设置或指定的块时间到期时，xEventGroupWaitBits() 才返回。
17          * 如果 xWaitForAllBits 设置为 pdFALSE，则当 uxBitsToWaitFor 中设置的任何
```

```
18          * 一个位置 1 或指定的块时间到期时，xEventGroupWaitBits() 都会返回。
19          * 阻塞时间由 xTicksToWait 参数指定
20          *****************************************************************/
21      r_event = xEventGroupWaitBits(Event_Handle, /* 事件对象句柄 */
22                          KEY1_EVENT|KEY2_EVENT,  /* 接收任务感兴趣的事件 */
23                          pdTRUE,                 /* 退出时清除事件位 */
24                          pdTRUE,                 /* 满足感兴趣的所有事件 */
25                          portMAX_DELAY);         /* 指定超时事件，一直等 */
26
27      if ((r_event & (KEY1_EVENT|KEY2_EVENT)) == (KEY1_EVENT|KEY2_EVENT)) {
28          /* 如果接收完成并且正确 */
29          printf ( "KEY1 与 KEY2 都按下 \n");
30          LED1_TOGGLE;              // LED1           反转
31      } else
32          printf ( " 事件错误! \n");
33      }
34 }
```

18.5.6 清除事件组指定位函数 xEventGroupClearBits() 与 xEventGroupClear-BitsFromISR()

xEventGroupClearBits() 与 xEventGroupClearBitsFromISR() 都用于清除事件组指定的位。如果在获取事件时没有将对应的标志位清除，那么就需要用这两个函数来进行显式清除。xEventGroupClearBits() 函数不能在中断中使用，而是由具有中断保护功能的 xEventGroup-ClearBitsFromISR() 来代替，中断清除事件标志位的操作在守护任务（也叫定时器服务任务）中完成。守护进程的优先级由 FreeRTOSConfig.h 中的宏 configTIMER_TASK_PRIORITY 来定义。要想使用这两个函数，必须把 FreeRTOS/source/event_groups.c 这个 C 文件添加到工程中。xEventGroupClearBits() 与 xEventGroupClearBitsFromISR() 的具体说明如表 18-4 所示，xEventGroupClearBits() 应用举例参见代码清单 18-12 中加粗部分。

表 18-4 xEventGroupClearBits() 与 xEventGroupClearBitsFromISR() 函数说明 *

函数原型	EventBits_t xEventGroupClearBits(EventGroupHandle_t xEventGroup, const EventBits_t uxBitsToClear); BaseType_t xEventGroupClearBitsFromISR(EventGroupHandle_t xEventGroup, const EventBits_t uxBitsToClear);	
功能	清除事件组中指定的位	
参数	xEventGroup	事件句柄
	uxBitsToClear	指定事件组中的哪个位需要清除。如设置 uxBitsToSet 为 0x08，则只清除位 3；如果设置 uxBitsToSet 为 0x09，则位 3 和位 0 都需要清除
返 回 值	在还没有清除指定位之前事件的值	

*由于这两个函数的源码过于简单，此处就不再讲解。

代码清单 18-12 xEventGroupClearBits() 函数实例

```
1 #define BIT_0 ( 1 << 0 )
2 #define BIT_4 ( 1 << 4 )
```

```
 3
 4  void aFunction( EventGroupHandle_t xEventGroup )
 5  {
 6      EventBits_t uxBits;
 7
 8      /* 清除事件组的位 0 和位 4  */
 9      uxBits = xEventGroupClearBits(
10                  xEventGroup,
11                  BIT_0 | BIT_4 );
12
13      if ( ( uxBits & ( BIT_0 | BIT_4 ) ) == ( BIT_0 | BIT_4 ) ) {
14          /* 在调用 xEventGroupClearBits() 之前，位 0 和位 4 都置位，
15          但现在被清除了 */
16      } else if ( ( uxBits & BIT_0 ) != 0 ) {
17          /* 在调用 xEventGroupClearBits() 之前，位 0 已经置位
18          但现在被清除了 */
19      } else if ( ( uxBits & BIT_4 ) != 0 ) {
20          /* 在调用 xEventGroupClearBits() 之前，位 4 已经置位
21          但现在被清除了 */
22      } else {
23          /* 在调用 xEventGroupClearBits() 之前，位 0 和位 4 都来被置位 */
24      }
25  }
```

18.6 事件实验

事件标志组实验是在 FreeRTOS 中创建两个任务，一个是设置事件任务，另一个是等待事件任务，两个任务独立运行，设置事件任务通过检测按键的按下情况设置不同的事件标志位，等待事件任务则获取这两个事件标志位，并且判断两个事件是否都发生，如果是则输出相应信息，LED 进行翻转。等待事件任务的等待时间是 portMAX_DELAY，一直在等待事件的发生，等待到事件之后清除对应的事件标志位，具体参见代码清单 18-13 中加粗部分。

代码清单 18-13　事件实验

```
 1  /**
 2  ******************************************************************
 3  * @file    main.c
 4  * @author  fire
 5  * @version V1.0
 6  * @date    2018-xx-xx
 7  * @brief   FreeRTOS V9.0.0 + STM32 事件
 8  ******************************************************************
 9  * @attention
10  *
11  * 实验平台: 野火 STM32 全系列开发板
12  * 论坛: http:// www.firebbs.cn
13  * 淘宝: https:// fire-stm32.taobao.com
14  *
15  ******************************************************************
16  */
```

```
17
18  /*
19  *************************************************************************
20  *                          包含的头文件
21  *************************************************************************
22  */
23  /* FreeRTOS 头文件 */
24  #include "FreeRTOS.h"
25  #include "task.h"
26  #include "event_groups.h"
27  /* 开发板硬件 bsp 头文件 */
28  #include "bsp_led.h"
29  #include "bsp_usart.h"
30  #include "bsp_key.h"
31  /************************** 任务句柄 ***************************/
32  /*
33  * 任务句柄是一个指针，用于指向一个任务。当任务创建好之后，它就具有一个任务句柄，
34  * 以后我们要想操作这个任务，都需要用到这个任务句柄。如果是任务操作自身，那么
35  * 这个句柄可以为 NULL
36  */
37  static TaskHandle_t AppTaskCreate_Handle = NULL;/* 创建任务句柄 */
38  static TaskHandle_t LED_Task_Handle = NULL;/* LED_Task 任务句柄 */
39  static TaskHandle_t KEY_Task_Handle = NULL;/* KEY_Task 任务句柄 */
40
41  /************************** 内核对象句柄 ***************************/
42  /*
43  * 信号量、消息队列、事件标志组、软件定时器都属于内核对象，要想使用这些内核
44  * 对象，必须先创建，创建成功之后会返回相应的句柄。这实际上就是一个指针，后续我
45  * 们就可以通过这个句柄操作这些内核对象
46  *
47  *
48  * 内核对象可以理解为一种全局的数据结构，通过这些数据结构可以实现任务间的通信、
49  * 任务间的事件同步等功能。这些功能的实现是通过调用内核对象的函数
50  * 来完成的
51  *
52  */
53  static EventGroupHandle_t Event_Handle =NULL;
54
55  /************************** 全局变量声明 ***************************/
56  /*
57  * 在写应用程序时，可能需要用到一些全局变量
58  */
59
60
61  /************************** 宏定义 ***************************/
62  /*
63  * 在写应用程序时，可能需要用到一些宏定义
64  */
65  #define KEY1_EVENT   (0x01 << 0)// 设置事件掩码的位 0
66  #define KEY2_EVENT   (0x01 << 1)// 设置事件掩码的位 1
67
68  /*
69  *************************************************************************
```

```
70  *                              函数声明
71  **************************************************************************
72  */
73  static void AppTaskCreate(void);/* 用于创建任务 */
74
75  static void LED_Task(void* pvParameters);/* LED_Task 任务实现 */
76  static void KEY_Task(void* pvParameters);/* KEY_Task 任务实现 */
77
78  static void BSP_Init(void);/* 用于初始化板载相关资源 */
79
80  /***********************************************************
81   * @brief  主函数
82   * @param  无
83   * @retval 无
84   * @note   第 1 步：开发板硬件初始化
85            第 2 步：创建 APP 应用任务
86            第 3 步：启动 FreeRTOS，开始多任务调度
87   ***********************************************************/
88  int main(void)
89  {
90      BaseType_t xReturn = pdPASS;/* 定义一个创建信息返回值，默认为 pdPASS */
91
92      /* 开发板硬件初始化 */
93      BSP_Init();
94      printf(" 这是一个 [ 野火 ]-STM32 全系列开发板 -FreeRTOS 事件标志位实验！ \n");
95      /* 创建 AppTaskCreate 任务 */
96      xReturn = xTaskCreate((TaskFunction_t )AppTaskCreate, /* 任务入口函数 */
97                            (const char*    )"AppTaskCreate",/* 任务名称 */
98                            (uint16_t       )512,        /* 任务栈大小 */
99                            (void*          )NULL,       /* 任务入口函数参数 */
100                           (UBaseType_t    )1,          /* 任务的优先级 */
101                           (TaskHandle_t*  )&AppTaskCreate_Handle);/* 任务控制块指针 */
102     /* 启动任务调度 */
103     if (pdPASS == xReturn)
104         vTaskStartScheduler();                       /* 启动任务，开启调度 */
105     else
106         return -1;
107
108     while (1);                                        /* 正常情况下不会执行到这里 */
109 }
110
111
112 /**************************************************************
113  * @ 函数名：AppTaskCreate
114  * @ 功能说明：为了方便管理，所有的任务创建函数都放在这个函数中
115  * @ 参数：无
116  * @ 返回值：无
117  **************************************************************/
118 static void AppTaskCreate(void)
119 {
120     BaseType_t xReturn = pdPASS;/* 定义一个创建信息返回值，默认为 pdPASS */
121
122     taskENTER_CRITICAL();              // 进入临界区
```

```
123
124        /* 创建 Event_Handle */
125        Event_Handle = xEventGroupCreate();
126        if (NULL != Event_Handle)
127            printf("Event_Handle 事件创建成功!\r\n");
128
129        /* 创建 LED_Task 任务 */
130        xReturn = xTaskCreate((TaskFunction_t)LED_Task,        /* 任务入口函数 */
131                              (const char*  )"LED_Task",       /* 任务名称 */
132                              (uint16_t     )512,              /* 任务栈大小 */
133                              (void*        )NULL,             /* 任务入口函数参数 */
134                              (UBaseType_t  )2,                /* 任务的优先级 */
135                              (TaskHandle_t* )&LED_Task_Handle);/* 任务控制块指针 */
136        if (pdPASS == xReturn)
137            printf(" 创建 LED_Task 任务成功!\r\n");
138
139        /* 创建 KEY_Task 任务 */
140        xReturn = xTaskCreate((TaskFunction_t)KEY_Task,        /* 任务入口函数 */
141                              (const char*  )"KEY_Task",       /* 任务名称 */
142                              (uint16_t     )512,        /* 任务栈大小 */
143                              (void*        )NULL,        /* 任务入口函数参数 */
144                              (UBaseType_t  )3,                /* 任务的优先级 */
145                              (TaskHandle_t* )&KEY_Task_Handle);/* 任务控制块指针 */
146        if (pdPASS == xReturn)
147            printf(" 创建 KEY_Task 任务成功!\n");
148
149        vTaskDelete(AppTaskCreate_Handle);        // 删除 AppTaskCreate 任务
150
151        taskEXIT_CRITICAL();                      // 退出临界区
152 }
153
154
155
156 /*******************************************************************
157  * @ 函数名: LED_Task
158  * @ 功能说明: LED_Task 任务主体
159  * @ 参数: 无
160  * @ 返回值: 无
161  *******************************************************************/
162 static void LED_Task(void* parameter)
163 {
164     EventBits_t r_event;   /* 定义一个事件接收变量 */
165     /* 任务都是一个无限循环,不能返回 */
166     while (1) {
167         /*******************************************************
168          * 等待接收事件标志
169          *
170          * 如果 xClearOnExit 设置为 pdTRUE,那么在 xEventGroupWaitBits() 返回之前,
171          * 若满足等待条件(如果函数返回的原因不是超时),则在事件组中设置
172          * 的 uxBitsToWaitFor 中的位都将被清除。
173          * 如果 xClearOnExit 设置为 pdFALSE,
174          * 则在调用 xEventGroupWaitBits() 时,不会更改事件组中设置的位。
175          *
```

```
176          * 如果 xWaitForAllBits 设置为 pdTRUE，则当 uxBitsToWaitFor 中
177          * 的所有位都设置或指定的块时间到期时，xEventGroupWaitBits() 才返回。
178          * 如果 xWaitForAllBits 设置为 pdFALSE，则设置 uxBitsToWaitFor 中设置的任何
179          * 一个位置 1 或指定的块时间到期时，xEventGroupWaitBits() 都会返回。
180          * 阻塞时间由 xTicksToWait 参数指定
181          *****************************************************************/
182         r_event = xEventGroupWaitBits(Event_Handle,/* 事件对象句柄 */
183                             KEY1_EVENT|KEY2_EVENT, /* 接收任务感兴趣的事件 */
184                             pdTRUE,               /* 退出时清除事件位 */
185                             pdTRUE,               /* 满足感兴趣的所有事件 */
186                             portMAX_DELAY);        /* 指定超时事件，一直等 */
187
188         if ((r_event & (KEY1_EVENT|KEY2_EVENT)) == (KEY1_EVENT|KEY2_EVENT)) {
189             /* 如果接收完成并且正确 */
190             printf ( "KEY1 与 KEY2 都按下 \n");
191             LED1_TOGGLE;         // LED1        反转
192         } else
193             printf ( "事件错误! \n");
194     }
195 }
196
197 /***************************************************************************
198  * @ 函数名: KEY_Task
199  * @ 功能说明: KEY_Task 任务主体
200  * @ 参数: 无
201  * @ 返回值: 无
202  ***************************************************************************/
203 static void KEY_Task(void* parameter)
204 {
205     * 任务都是一个无限循环，不能返回 */
206     while (1) {// 如果 KEY1 被按下
207         if ( Key_Scan(KEY1_GPIO_PORT,KEY1_GPIO_PIN) == KEY_ON ) {
208             printf ( "KEY1 被按下 \n" );
209             /* 触发一个事件 1 */
210             xEventGroupSetBits(Event_Handle,KEY1_EVENT);
211         }
212         // 如果 KEY2 被按下
213         if ( Key_Scan(KEY2_GPIO_PORT,KEY2_GPIO_PIN) == KEY_ON ) {
214             printf ( "KEY2 被按下 \n" );
215             /* 触发一个事件 2 */
216             xEventGroupSetBits(Event_Handle,KEY2_EVENT);
217         }
218         vTaskDelay(20);         // 每 20ms 扫描一次
219     }
220 }
221
222 /***************************************************************************
223  * @ 函数名: BSP_Init
224  * @ 功能说明: 板级外设初始化，所有板子上的初始化均可放在这个函数中
225  * @ 参数: 无
226  * @ 返回值: 无
227  ***************************************************************************/
228 static void BSP_Init(void)
```

```
229 {
230     /*
231      * STM32 中断优先级分组为 4，即 4bit 都用来表示抢占优先级，范围为 0 ～ 15
232      * 优先级分组只需要进行一次即可，以后如果有其他任务需要用到中断，
233      * 则统一用这个优先级分组，千万不要再分组
234      */
235     NVIC_PriorityGroupConfig( NVIC_PriorityGroup_4 );
236
237     /* LED 初始化 */
238     LED_GPIO_Config();
239
240     /* 串口初始化 */
241     USART_Config();
242
243     /* 按键初始化 */
244     Key_GPIO_Config();
245
246 }
247
248 /***************************END OF FILE***************************/
```

18.7   实验现象

将程序编译好，用 USB 线连接计算机和开发板的 USB 接口（对应丝印为 USB 转串口），用 DAP 仿真器把配套程序下载到野火 STM32 开发板（具体型号根据购买的板子而定，每个型号的板子都有对应的程序），在计算机上打开串口调试助手，然后复位开发板就可以在调试助手中看到串口的打印信息。按下开发板的 KEY1 按键发送事件 1，按下 KEY2 按键发送事件 2，我们按下 KEY1 与 KEY2 试一试，在串口调试助手中可以看到运行结果，并且当事件 1 与事件 2 都发生时，开发板的 LED 会进行翻转，具体如图 18-3 所示。

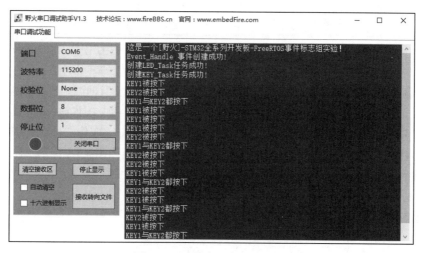

图 18-3   事件标志组实验现象

第 19 章
软件定时器

19.1 软件定时器的基本概念

定时器，是指从指定的时刻开始，经过一段指定的时间后触发一个超时事件，用户可以自定义定时器的周期与频率。类似生活中的闹钟，我们可以设置闹钟什么时候响，还能设置响的次数，是响一次还是每天都响。

定时器有硬件定时器和软件定时器之分：

硬件定时器是芯片本身提供定时功能，一般是由外部晶振为芯片提供输入时钟，芯片向软件模块提供一组配置寄存器，接受控制输入，到达设定时间值后，芯片中断控制器产生时钟中断。硬件定时器的精度一般很高，可以达到纳秒级别，并且是中断触发方式。

软件定时器是由操作系统提供的一类系统接口，它构建在硬件定时器的基础之上，使系统能够提供不受硬件定时器资源限制的定时器服务。软件定时器实现的功能与硬件定时器是类似的。

使用硬件定时器时，每次在定时时间到达之后就会自动触发一个中断，用户在中断中处理信息；而使用软件定时器时，需要用户在创建软件定时器时指定时间到达后要调用的函数（也称超时函数 / 回调函数，为了统一，下文均用回调函数描述），在回调函数中处理信息。

注意：软件定时器回调函数的上下文是任务，后文提及的定时器均为软件定时器。

软件定时器在创建之后，当经过设定的时钟计数值后会触发用户定义的回调函数。定时精度与系统时钟的周期有关。一般系统利用 SysTick 作为软件定时器的基础时钟，软件定时器的回调函数类似硬件的中断服务函数，所以回调函数也要快进快出，而且回调函数中不能有任何阻塞任务运行的情况（软件定时器回调函数的上下文环境是任务），比如 vTaskDelay() 以及其他能阻塞任务运行的函数。两次触发回调函数的时间间隔 xTimerPeriodInTicks 叫作定时器的定时周期。

FreeRTOS 提供了软件定时器功能，软件定时器的使用相当于扩展了定时器的数量，允许创建更多的定时业务。FreeRTOS 软件定时器功能上支持：

❏ 裁剪，可通过宏关闭软件定时器功能。

❏ 软件定时器创建。

❏ 软件定时器启动。

❏ 软件定时器停止。

❑软件定时器复位。

❑软件定时器删除。

FreeRTOS 提供的软件定时器支持单次模式和周期模式，单次模式和周期模式的定时时间到之后都会调用软件定时器的回调函数，用户可以在回调函数中加入要执行的工程代码。

❑单次模式：当用户创建并启动了定时器后，定时时间到了，只执行一次回调函数之后就将该定时器删除，不再重新执行。

❑周期模式：该模式下，定时器会按照设置的定时时间循环执行回调函数，直到用户将定时器删除，具体如图 19-1 所示。

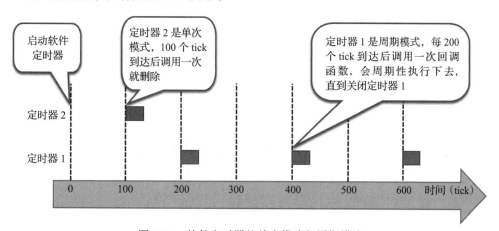

图 19-1　软件定时器的单次模式与周期模式

FreeRTOS 通过一个 prvTimerTask 任务（也叫作守护任务（Daemon））管理软件定时器，它是在启动调度器时自动创建的，以满足用户定时需求。prvTimerTask 任务会在其执行期间检查用户启动的时间周期溢出的定时器，并调用其回调函数。只有设置 FreeRTOSConfig.h 中的宏定义 configUSE_TIMERS 为 1，将相关代码编译进来，才能正常使用软件定时器相关功能。

19.2　软件定时器的应用场景

在很多应用中，我们需要用到一些定时器任务，硬件定时器受硬件的限制，数量上不足以满足用户的实际需求，无法提供更多的定时器，那么可以采用软件定时器来完成，由软件定时器任务代替硬件定时器任务。但需要注意的是，软件定时器的精度是无法和硬件定时器相比的，因为在软件定时器的定时过程中极有可能被其他中断所打断，这是由于软件定时器的执行上下文环境是任务。所以，软件定时器更适用于对时间精度要求不高的任务，或一些辅助型的任务。

19.3　软件定时器的精度

在操作系统中，通常软件定时器以系统节拍周期为计时单位。系统节拍是系统的心跳节拍，表示系统时钟的频率，类似人的心跳 1s 能跳动多少下。系统节拍配置为 configTICK_

RATE_HZ，该宏在 FreeRTOSConfig.h 中有定义，默认是 1000。那么系统的时钟节拍周期就为 1ms（1s 跳动 1000 下，每一下时长就为 1ms）。软件定时器的所定时数值必须是这个节拍周期的整数倍，例如节拍周期是 10ms，那么上层软件定时器定时数值只能是 10ms、20ms、100ms 等，而不能取值为 15ms。由于节拍定义了系统中定时器能够分辨的精确度，系统可以根据实际 CPU 的处理能力和实时性需求设置合适的数值，系统节拍周期的值越小，精度越高，但是系统开销也将越大，因为这代表在 1s 中系统进入时钟中断的次数也就越多。

19.4 软件定时器的运作机制

软件定时器是可选的系统资源，在创建定时器时会分配一块内存空间。当用户创建并启动一个软件定时器时，FreeRTOS 会根据当前系统时间及用户设置的定时确定该定时器唤醒时间，并将该定时器控制块挂入软件定时器列表。FreeRTOS 中采用两个定时器列表维护软件定时器，pxCurrentTimerList 与 pxOverflowTimerList 是列表指针，在初始化时分别指向 xActiveTimerList1 与 xActiveTimerList2，具体参见代码清单 19-1。

代码清单 19-1　软件定时器用到的列表

```
1 PRIVILEGED_DATA static List_t xActiveTimerList1;
2 PRIVILEGED_DATA static List_t xActiveTimerList2;
3 PRIVILEGED_DATA static List_t *pxCurrentTimerList;
4 PRIVILEGED_DATA static List_t *pxOverflowTimerList;
```

❑ pxCurrentTimerList：系统新创建并激活的定时器都会以超时时间升序的方式插入 pxCurrentTimerList 列表中。系统在定时器任务中扫描 pxCurrentTimerList 中的第一个定时器，看是否已超时，若已经超时，则调用软件定时器回调函数，否则将定时器任务挂起，因为定时时间是升序插入软件定时器列表的，如果列表中第一个定时器的定时时间都还没到，那后面的定时器定时时间自然没到。

❑ pxOverflowTimerList：此列表是在软件定时器溢出时使用，作用与 pxCurrentTimerList 一致。

FreeRTOS 的软件定时器还采用消息队列进行通信，利用"定时器命令队列"向软件定时器任务发送一些命令，任务接收到命令就会去处理命令对应的程序，比如启动定时器、停止定时器等。假如定时器任务处于阻塞状态，我们又需要马上再添加一个软件定时器，就可采用这种消息队列命令的方式进行添加，这样才能唤醒处于等待状态的定时器任务，并且在任务中将新添加的软件定时器添加到软件定时器列表中。所以，在定时器启动函数中，FreeRTOS 采用队列的方式发送一个消息给软件定时器任务，任务被唤醒从而执行接收到的命令。

例如，系统当前时间 xTimeNow 的值为 0，注意，xTimeNow 其实是一个局部变量，是根据 xTaskGetTickCount() 函数获取的，实际上 xTimeNow 的值就是全局变量 xTickCount 的值，后文都采用 xTimeNow 表示当前系统时间。在当前系统中已经创建并启动了一个定时器 Timer1；系统继续运行，当系统的时间 xTimeNow 为 20 时，用户创建并且启动一个定时时间为 100 的定时器 Timer2，此时 Timer2 的溢出时间 xTicksToWait 就为定时时间 + 系统当前时间（100 + 20 = 120），然后将 Timer2 按 xTicksToWait 升序插入软件定时器列表中；假设当前系统时间 xTimeNow 为 40 时，用户创建并且启动了一个定时时间为 50 的定时器 Timer3，那么此时 Timer3 的溢出时间 xTicksToWait 就为 40 + 50 = 90，同样按照 xTicksToWait 的数值升序插入软件定时器列表中，在定时器链表中插入定时器的过程具体如图 19-2 所示。同理，创建并且启动位于已有的两个定时器中间的定时器也是一样的，如图 19-3 所示。

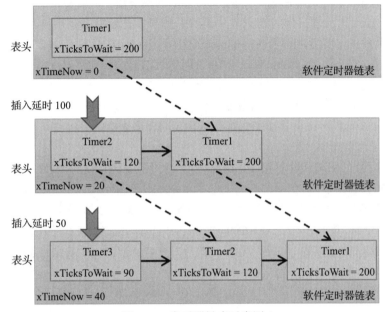

图 19-2　定时器链表示意图 1

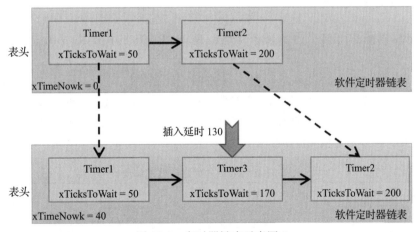

图 19-3　定时器链表示意图 2

那么系统如何处理软件定时器列表？系统在不断运行，而 xTimeNow（xTickCount）随着 SysTick 的触发一直在增长（每一次硬件定时器中断来临，xTimeNow 变量会加 1），在软件定时器任务运行时会获取下一个要唤醒的定时器，比较当前系统时间 xTimeNow 是否大于或等于下一个定时器唤醒时间 xTicksToWait，若大于则表示已经超时，定时器任务将会调用对应定时器的回调函数，否则将软件定时器任务挂起，直至下一个要唤醒的软件定时器时间到来或者接收到命令消息。下面以图 19-3 为例，讲解软件定时器调用回调函数的过程，在创建 Timer1 并且启动后，假如系统经过了 50 个 tick，xTimeNow 从 0 增长到 50，与 Timer1 的 xTicksToWait 值相等，这时会触发与 Timer1 对应的回调函数，从而转到回调函数中执行用户代码，同时将 Timer1 从软件定时器列表中删除。如果软件定时器是周期性的，那么系统会根据 Timer1 的下一次唤醒时间重新将 Timer1 添加到软件定时器列表中，按照 xTicksToWait 的升序进行排列。同理，在 xTimeNow = 40 时创建的 Timer3，在经过 130 个 tick 后（此时系统时间 xTimeNow 是 40，130 个 tick 就是系统时间 xTimeNow 为 170 时），与 Timer3 定时器对应的回调函数会被触发，接着将 Timer3 从软件定时器列表中删除，如果是周期性的定时器，还会按照 xTicksToWait 升序重新添加到软件定时器列表中。

使用软件定时器时要注意以下几点：

☐ 软件定时器的回调函数中应快进快出，不允许使用任何可能引软件定时器任务挂起或者阻塞的 API 接口，在回调函数中也不允许出现死循环。

☐ 软件定时器使用了系统的一个队列和一个任务资源，软件定时器任务的优先级默认为 configTIMER_TASK_PRIORITY，为了更好地响应，该任务的优先级应设置为所有任务中最高的。

☐ 创建单次软件定时器，该定时器超时执行完回调函数后，系统会自动删除该软件定时器，并回收资源。

☐ 定时器任务的栈大小默认为 configTIMER_TASK_STACK_DEPTH 个字节。

19.5　软件定时器控制块

软件定时器虽然不属于内核资源，但也是 FreeRTOS 的核心组成部分，是一个可以裁剪的功能模块，同样在系统中由一个控制块管理其相关信息。软件定时器的控制块包含已经创建的软件定时器基本信息，在使用定时器前，我们需要通过 xTimerCreate()/ xTimerCreateStatic() 函数创建一个软件定时器，在函数中，FreeRTOS 将向系统管理的内存申请一块软件定时器控制块大小的内存用于保存定时器的信息。下面来看一看软件定时器控制块的成员变量，具体参见代码清单 19-2。

代码清单 19-2　软件定时器控制块

```
1 typedef struct tmrTimerControl {
2     const char                          *pcTimerName;            (1)
3     ListItem_t                          xTimerListItem;          (2)
4     TickType_t                          xTimerPeriodInTicks;     (3)
5     UBaseType_t                         uxAutoReload;            (4)
6     void                                *pvTimerID;              (5)
7     TimerCallbackFunction_t   pxCallbackFunction;               (6)
8 #if( configUSE_TRACE_FACILITY == 1 )
```

```
 9      UBaseType_t                         uxTimerNumber;
10 #endif
11
12 #if( ( configSUPPORT_STATIC_ALLOCATION == 1 )\
13                && ( configSUPPORT_DYNAMIC_ALLOCATION == 1 ) )
14     uint8_t                 ucStaticallyAllocated;                      (7)
15 #endif
16 } xTIMER;
17
18 typedef xTIMER Timer_t;
```

代码清单 19-2（1）：软件定时器名字，这个名字一般用于调试，RTOS 使用定时器是通过其句柄，而不是其名字。

代码清单 19-2（2）：软件定时器列表项，用于插入定时器列表。

代码清单 19-2（3）：软件定时器的周期，单位为系统节拍周期（即 tick），pdMS_TO_TICKS() 可以把时间单位从 ms 转换为系统节拍周期。

代码清单 19-2（4）：软件定时器是否自动重置，如果该值为 pdFALSE，那么创建的软件定时器工作模式是单次模式，否则为周期模式。

代码清单 19-2（5）：软件定时器 ID，数字形式。该 ID 典型的用法是当一个回调函数分配给一个或者多个软件定时器时，在回调函数中根据 ID 号来处理不同的软件定时器。

代码清单 19-2（6）：软件定时器的回调函数，当定时时间到达时就会调用这个函数。

代码清单 19-2（7）：标记定时器使用的内存，删除时判断是否需要释放内存。

19.6　软件定时器函数

软件定时器的功能是在定时器任务（或者叫作定时器守护任务）中实现的。软件定时器的很多 API 函数通过一个名为"定时器命令队列"的队列来给定时器守护任务发送命令。该定时器命令队列由 RTOS 内核提供，且应用程序不能够直接访问，其消息队列的长度由宏 configTIMER_QUEUE_LENGTH 定义。下面讲解一些常用的软件定时器函数。

19.6.1　软件定时器创建函数

软件定时器与 FreeRTOS 内核其他资源一样，需要创建才允许使用。FreeRTOS 提供了两种创建方式，一种是动态创建软件定时器函数 xTimerCreate()，另一种是静态创建函数 xTimerCreateStatic()，因为创建过程基本相同，所以这里只讲解动态创建方式。

xTimerCreate() 用于创建一个软件定时器，并返回一个句柄。要想使用该函数，必须在头文件 FreeRTOSConfig.h 中把宏 configUSE_TIMERS 和 configSUPPORT_DYNAMIC_ALLOCATION 均定义为 1(configSUPPORT_DYNAMIC_ALLOCATION 在 FreeRTOS.h 中默认定义为 1)，并且需要把 FreeRTOS/source/times.c 这个 C 文件添加到工程中。

每一个软件定时器只需要很少的 RAM 空间来保存其状态。如果使用函数 xTimeCreate() 来创建一个软件定时器，那么需要的 RAM 是动态分配的；如果使用函数 xTimeCreateStatic()

来创建一个软件定时器，那么需要的 RAM 是静态分配的。

软件定时器在创建成功后是处于休眠状态的，可以使用 xTimerStart()、xTimerReset()、xTimerStartFromISR()、xTimerResetFromISR()、xTimerChangePeriod() 和 xTimerChangePeriod-FromISR() 函数将其状态转换为活跃态。

xTimerCreate() 函数源码具体参见代码清单 19-3。

代码清单 19-3　xTimerCreate() 源码

```
1  #if( configSUPPORT_DYNAMIC_ALLOCATION == 1 )
2
3  TimerHandle_t xTimerCreate(const char * const pcTimerName,          (1)
4                             const TickType_t xTimerPeriodInTicks,     (2)
5                             const UBaseType_t uxAutoReload,           (3)
6                             void * const pvTimerID,                   (4)
7                             TimerCallbackFunction_t pxCallbackFunction )  (5)
8  {
9      Timer_t *pxNewTimer;
10
11     /* 为这个软件定时器申请一块内存 */
12     pxNewTimer = ( Timer_t * ) pvPortMalloc( sizeof( Timer_t ) );    (6)
13
14     if ( pxNewTimer != NULL ) {
15             /* 内存申请成功，开始初始化软件定时器 */
16             prvInitialiseNewTimer( pcTimerName,
17                                    xTimerPeriodInTicks,
18                                    uxAutoReload,
19                                    pvTimerID,
20                                    pxCallbackFunction,
21                                    pxNewTimer );                       (7)
22
23 #if( configSUPPORT_STATIC_ALLOCATION == 1 )
24         {
25                 pxNewTimer->ucStaticallyAllocated = pdFALSE;
26         }
27 #endif
28     }
29
30     return pxNewTimer;
31 }
```

代码清单 19-3（1）：软件定时器名字，文本形式，仅用于调试，FreeRTOS 使用定时器是通过其句柄，而不是其名字。

代码清单 19-3（2）：软件定时器的周期，单位为系统节拍周期（即 tick）。使用 pdMS_TO_TICKS() 可以把时间单位从 ms 转换为系统节拍周期。如果软件定时器的周期为 100 个 tick，那么只需要简单地设置 xTimerPeriod 的值为 100 即可。如果软件定时器的周期为 500ms，那么 xTimerPeriod 应设置为 pdMS_TO_TICKS(500)。只有当 configTICK_RATE_HZ 配置成小于或者等于 1000Hz 时，宏 pdMS_TO_TICKS() 才可用。

代码清单 19-3（3）：如果 uxAutoReload 设置为 pdTRUE，那么软件定时器的工作模式就是周期模式，一直会以用户指定的 xTimerPeriod 周期去执行回调函数。如果 uxAutoReload 设置为 pdFALSE，那么软件定时器在用户指定的 xTimerPeriod 周期下运行一次后就进入休眠态。

代码清单 19-3（4）：软件定时器 ID，数字形式。该 ID 典型的用法是当一个回调函数分配给一个或者多个软件定时器时，在回调函数中根据 ID 号来处理不同的软件定时器。

代码清单 19-3（5）：软件定时器的回调函数，当定时时间到达时就会调用这个函数，该函数需要用户自己实现。

代码清单 19-3（6）：为这个软件定时器申请一块内存，大小为软件定时器控制块大小，用于保存该定时器的基本信息。

代码清单 19-3（7）：调用 prvInitialiseNewTimer() 函数初始化一个新的软件定时器，该函数的源码具体参见代码清单 19-4。

代码清单 19-4　prvInitialiseNewTimer() 源码

```
1 static void prvInitialiseNewTimer(const char * const pcTimerName,
2                                    const TickType_t xTimerPeriodInTicks,
3                                    const UBaseType_t uxAutoReload,
4                                    void * const pvTimerID,
5                                    TimerCallbackFunction_t pxCallbackFunction,
6                                    Timer_t *pxNewTimer )
7 {
8     /* 断言，判断定时器的周期是否大于 0 */
9     configASSERT( ( xTimerPeriodInTicks > 0 ) );                          (1)
10
11    if ( pxNewTimer != NULL ) {
12        /* 初始化软件定时器列表与创建软件定时器消息队列 */
13        prvCheckForValidListAndQueue();                                   (2)
14
15        /* 初始化软件定时信息，这些信息保存在软件定时器控制块中 */        (3)
16        pxNewTimer->pcTimerName = pcTimerName;
17        pxNewTimer->xTimerPeriodInTicks = xTimerPeriodInTicks;
18        pxNewTimer->uxAutoReload = uxAutoReload;
19        pxNewTimer->pvTimerID = pvTimerID;
20        pxNewTimer->pxCallbackFunction = pxCallbackFunction;
21        vListInitialiseItem( &( pxNewTimer->xTimerListItem ) );           (4)
22        traceTIMER_CREATE( pxNewTimer );
23    }
24 }
```

代码清单 19-4（1）：断言，判断软件定时器的周期是否大于 0，否则其他任务无法执行，因为系统会一直执行软件定时器回调函数。

代码清单 19-4（2）：在 prvCheckForValidListAndQueue() 函数中，系统将初始化软件定时器列表并创建软件定时器消息队列（也叫作 “定时器命令队列”），因为在使用软件定时器时，用户是无法直接控制软件定时器的，必须通过 “定时器命令队列” 向软件定时器发送一个命令，软件定时器任务被唤醒就去执行对应的命令操作。

代码清单 19-4（3）：初始化软件定时器基本信息，如定时器名称、回调周期、定时器 ID 与定时器回调函数等，这些信息保存在软件定时器控制块中，在操作软件定时器时，就需要用到这些信息。

代码清单 19-4（4）：初始化定时器列表项。

软件定时器的创建很简单，用户根据需求指定相关信息即可，下面来看一看 xTimerCreate()
函数使用实例，具体参见代码清单 19-5 中加粗部分。

代码清单 19-5　xTimerCreate() 实例

```
 1 static TimerHandle_t Swtmr1_Handle =NULL;    /* 软件定时器句柄 */
 2 static TimerHandle_t Swtmr2_Handle =NULL;    /* 软件定时器句柄 */
 3 /* 周期模式的软件定时器 1，定时器周期为 1000(tick)*/
 4 Swtmr1_Handle=xTimerCreate((const char*)"AutoReloadTimer",
 5                            (TickType_t)1000,    /* 定时器周期 1000(tick) */
 6                            (UBaseType_t)pdTRUE,/* 周期模式 */
 7                            (void* )1,/* 为每个定时器分配一个索引的唯一 ID */
 8                            (TimerCallbackFunction_t)Swtmr1_Callback); /* 回调函数 */
 9 if (Swtmr1_Handle != NULL)
10 {
11     /********************************************************************
12      * xTicksToWait:如果在调用 xTimerStart() 时队列已满，则以 tick 为单位指定调用任务应保持
13      * 在 Blocked（阻塞）状态，以等待 start 命令成功发送到 timer 命令队列的时间。
14      * 如果在启动调度程序之前调用 xTimerStart()，则忽略 xTicksToWait。此处设置等待时间为 0
15      ********************************************************************/
16     xTimerStart(Swtmr1_Handle,0);    // 开启周期定时器
17 }
18
19 /* 单次模式的软件定时器 2，定时器周期为 5000(tick)*/
20 Swtmr2_Handle=xTimerCreate((const char*)"OneShotTimer",
21                            (TickType_t)5000,/* 定时器周期 5000(tick) */
22                            (UBaseType_t)pdFALSE,/* 单次模式 */
23                            (void*)2, /* 为每个定时器分配一个索引的唯一 ID */
24                            (TimerCallbackFunction_t)Swtmr2_Callback);
25 if (Swtmr2_Handle != NULL)
26 {
27     xTimerStart(Swtmr2_Handle,0);    // 开启单次定时器
28 }
29
30 static void Swtmr1_Callback(void* parameter)
31 {
32     /* 软件定时器的回调函数，用户自己实现 */
33 }
34
35 static void Swtmr2_Callback(void* parameter)
36 {
37     /* 软件定时器的回调函数，用户自己实现 */
38 }
```

19.6.2　软件定时器启动函数

1. xTimerStart()

认真阅读 19.6.1 节 xTimerCreate() 函数使用实例的读者应该可以发现，这个软件定时器
启动函数 xTimerStart() 在上面的实例中用到过，前文中已经说明软件定时器在创建完成时是

处于休眠状态的，需要用 FreeRTOS 的相关函数将软件定时器激活，xTimerStart() 函数就可以让处于休眠状态的定时器开始工作。

我们知道，在系统开始运行时，会自动创建一个软件定时器任务（prvTimerTask），在这个任务中，如果暂时没有运行中的定时器，那么任务会进入阻塞态等待命令，而我们的启动函数就是通过"定时器命令队列"向定时器任务发送一个启动命令，定时器任务获得命令就解除阻塞，然后执行启动软件定时器命令。下面来看一看 xTimerStart() 是如何让定时器工作的，其原型具体参见代码清单 19-6。

代码清单 19-6　xTimerStart() 函数原型

```
1 #define xTimerStart( xTimer, xTicksToWait )                      \
2              xTimerGenericCommand( ( xTimer ),                   \      (1)
3                                    tmrCOMMAND_START,             \      (2)
4                                    ( xTaskGetTickCount() ),      \      (3)
5                                    NULL,                         \      (4)
6                                    ( xTicksToWait ) )                   (5)
```

代码清单 19-6（1）：要操作的软件定时器句柄。

代码清单 19-6（2）：tmrCOMMAND_START 是软件定时器启动命令，因为现在是要启动软件定时器，该命令在 timers.h 中有定义。xCommandID 参数可以指定多个命令，软件定时器操作支持的命令具体参见代码清单 19-7。

代码清单 19-7　软件定时器支持的命令

```
 1 #define tmrCOMMAND_EXECUTE_CALLBACK_FROM_ISR      ( ( BaseType_t ) -2 )
 2 #define tmrCOMMAND_EXECUTE_CALLBACK               ( ( BaseType_t ) -1 )
 3 #define tmrCOMMAND_START_DONT_TRACE               ( ( BaseType_t ) 0 )
 4 #define tmrCOMMAND_START                          ( ( BaseType_t ) 1 )
 5 #define tmrCOMMAND_RESET                          ( ( BaseType_t ) 2 )
 6 #define tmrCOMMAND_STOP                           ( ( BaseType_t ) 3 )
 7 #define tmrCOMMAND_CHANGE_PERIOD                  ( ( BaseType_t ) 4 )
 8 #define tmrCOMMAND_DELETE                         ( ( BaseType_t ) 5 )
 9
10 #define tmrFIRST_FROM_ISR_COMMAND                 ( ( BaseType_t ) 6 )
11 #define tmrCOMMAND_START_FROM_ISR                 ( ( BaseType_t ) 6 )
12 #define tmrCOMMAND_RESET_FROM_ISR                 ( ( BaseType_t ) 7 )
13 #define tmrCOMMAND_STOP_FROM_ISR                  ( ( BaseType_t ) 8 )
14 #define tmrCOMMAND_CHANGE_PERIOD_FROM_ISR         ( ( BaseType_t ) 9 )
```

代码清单 19-6（3）：获取当前系统时间。

代码清单 19-6（4）：pxHigherPriorityTaskWoken 为 NULL，该参数在中断中发送命令时才起作用。

代码清单 19-6（5）：用户指定超时阻塞时间，单位为系统节拍周期（即 tick）。如果该值不为 0，则调用 xTimerStart() 的任务将被锁定在阻塞态，阻塞时间为用户指定的时间，直到指定的时间过去后，系统才会将启动软件定时器的命令发送出去。如果在 FreeRTOS 调度器开启之前调用 xTimerStart()，形参将不起作用。

　　xTimerStart() 函数只是一个宏定义，真正起作用的是 xTimerGenericCommand() 函数，其源码参见代码清单 19-8。

代码清单 19-8　xTimerGenericCommand() 源码

```
1  BaseType_t xTimerGenericCommand( TimerHandle_t xTimer,
2                                   const BaseType_t xCommandID,
3                                   const TickType_t xOptionalValue,
4                                   BaseType_t * const pxHigherPriorityTaskWoken,
5                                   const TickType_t xTicksToWait )
6  {
7      BaseType_t xReturn = pdFAIL;
8      DaemonTaskMessage_t xMessage;
9
10     configASSERT( xTimer );
11
12     /* 发送命令给定时器任务 */
13     if ( xTimerQueue != NULL ) {                                            (1)
14         /* 要发送的命令信息，包含命令、命令的数值(比如可以表示当前系统时间、要修改的定时
               器周期等)
15
16      以及要处理的软件定时器句柄 */
17         xMessage.xMessageID = xCommandID;                                   (2)
18         xMessage.u.xTimerParameters.xMessageValue = xOptionalValue;
19         xMessage.u.xTimerParameters.pxTimer = ( Timer_t * ) xTimer;
20
21         /* 命令是在任务中发出的 */
22         if ( xCommandID < tmrFIRST_FROM_ISR_COMMAND ) {                     (3)
23             /* 如果调度器已经运行了，就根据用户指定的超时时间发送 */
24             if ( xTaskGetSchedulerState() == taskSCHEDULER_RUNNING ) {
25                 xReturn = xQueueSendToBack( xTimerQueue,
26                                             &xMessage,
27                                             xTicksToWait );                 (4)
28             } else {
29                 /* 如果调度器还未运行，发送即可，不需要阻塞 */
30                 xReturn = xQueueSendToBack( xTimerQueue,
31                                             &xMessage,
32                                             tmrNO_DELAY );                  (5)
33             }
34         }
35         /* 命令是在中断中发出的 */
36         else {
37             /* 调用从中断向消息队列发送消息的函数 */
38             xReturn = xQueueSendToBackFromISR( xTimerQueue,                 (6)
39                                                &xMessage,
40                                                pxHigherPriorityTaskWoken );
41         }
42
43         traceTIMER_COMMAND_SEND( xTimer,
44                                  xCommandID,
45                                  xOptionalValue,
46                                  xReturn );
47     } else {
```

```
48              mtCOVERAGE_TEST_MARKER();
49          }
50
51      return xReturn;
52 }
```

代码清单 19-8（1）：系统打算通过"定时器命令队列"发送命令给定时器任务，需要先判断一下"定时器命令队列"是否存在，队列存在时才允许发送命令。

代码清单 19-8（2）：要发送的命令基本信息，包括命令、命令的数值（比如可以表示当前系统时间、要修改的定时器周期等）以及要处理的软件定时器句柄等。

代码清单 19-8（3）：根据用户指定的 xCommandID 参数，判断命令是在哪个上下文环境中发出的，如果是在任务中发出的，则执行（4）、（5）中代码，否则执行（6）。

代码清单 19-8（4）：如果系统调度器已经运行了，则根据用户指定超时时间向"定时器命令队列"发送命令。

代码清单 19-8（5）：如果调度器还未运行，用户指定的超时时间是无效的，发送即可，不需要阻塞，tmrNO_DELAY 的值为 0。

代码清单 19-8（6）：命令是在中断中发出的，调用从中断向消息队列发送消息的函数 xQueueSendToBackFromISR() 即可。

软件定时器启动函数的使用很简单，在创建一个软件定时器后，就可以调用该函数启动定时器了，具体参见代码清单 19-5。

2. xTimerStartFromISR()

除了任务启动软件定时器之外，还有在中断中启动软件定时器的函数 xTimerStartFromISR()。xTimerStartFromISR() 是函数 xTimerStart() 的中断版本，用于启动一个由函数 xTimerCreate()/xTimerCreateStatic() 创建的软件定时器。该函数的具体说明如表 19-1 所示，使用实例具体参见代码清单 19-9。

表 19-1　xTimerStartFromISR() 函数说明

函数原型	#define xTimerStartFromISR(xTimer, pxHigherPriorityTaskWoken) 　　　xTimerGenericCommand((xTimer), tmrCOMMAND_START_FROM_ISR, 　　　(xTaskGetTickCountFromISR()), 　　　(pxHigherPriorityTaskWoken), 0U)	
功　能	在中断中启动一个软件定时器	
形　参	xTimer	软件定时器句柄
	pxHigherPriorityTaskWoken	定时器守护任务的大部分时间都在阻塞态等待定时器命令队列的命令。调用函数 xTimerStartFromISR() 将会向定时器的命令队列发送一个启动命令，这很可能会将定时器任务从阻塞态移除。如果调用函数 xTimerStartFromISR() 让定时器任务脱离阻塞态，且定时器守护任务的优先级大于或者等于当前被中断的任务的优先级，那么 pxHigherPriorityTaskWoken 的值会在函数 xTimerStartFromISR() 内部设置为 pdTRUE，然后在中断退出之前执行一次上下文切换
返 回 值	如果启动命令无法成功地发送到定时器命令队列，则返回 pdFALSE，成功发送则返回 pdPASS。软件定时器成功发送的命令是否真正被执行也要依据定时器守护任务的优先级，其优先级由宏 configTIMER_TASK_PRIORITY 定义	

代码清单 19-9 xTimerStartFromISR() 函数实例

```
1  /* 这个方案假定软件定时器 xBacklightTimer 已经创建，
2  定时周期为 5s，执行次数为一次，即定时时间到了之后
3  就进入休眠态。
4  程序说明：当按键按下，打开液晶背光，启动软件定时器，
5  5s 时间到，关掉液晶背光 */
6
7  /* 软件定时器回调函数 */
8  void vBacklightTimerCallback( TimerHandle_t pxTimer )
9  {
10     /* 关掉液晶背光 */
11     vSetBacklightState( BACKLIGHT_OFF );
12  }
13
14
15  /* 按键中断服务程序 */
16  void vKeyPressEventInterruptHandler( void )
17  {
18     BaseType_t xHigherPriorityTaskWoken = pdFALSE;
19
20     /* 确保液晶背光已经打开 */
21     vSetBacklightState( BACKLIGHT_ON );
22
23     /* 启动软件定时器 */
24     if ( xTimerStartFromISR( xBacklightTimer,
25                              &xHigherPriorityTaskWoken ) != pdPASS ) {
26         /* 软件定时器开启命令没有成功执行 */
27     }
28
29     /* ...执行其他的按键相关的功能代码 */
30
31     if ( xHigherPriorityTaskWoken != pdFALSE ) {
32         /* 执行上下文切换 */
33     }
34  }
```

19.6.3 软件定时器停止函数

1. xTimerStop()

xTimerStop() 用于停止一个已经启动的软件定时器，该函数的实现也是通过"定时器命令队列"发送一个停止命令给软件定时器任务，从而唤醒软件定时器任务去将定时器停止。要想使用函数 xTimerStop()，必须在头文件 FreeRTOSConfig.h 中把宏 configUSE_TIMERS 定义为 1。该函数的具体说明如表 19-2 所示。

表 19-2 xTimerStop() 函数说明

函 数 原 型	BaseType_t xTimerStop(TimerHandle_t xTimer, TickType_t xBlockTime);	
功　　能	停止一个软件定时器，让其进入休眠态	
形　　参	xTimer	软件定时器句柄

（续）

形　参	xBlockTime	用户指定超时时间，单位为系统节拍周期（即 tick）。如果在 FreeRTOS 调度器开启之前调用 xTimerStop()，形参将不起作用
返 回 值		如果启动命令在超时时间之前无法成功地发送到定时器命令队列，则返回 pdFALSE，成功发送则返回 pdPASS。软件定时器成功发送的命令是否真正被执行也要参考定时器守护任务的优先级，其优先级由宏 configTIMER_TASK_PRIORITY 定义

软件定时器停止函数的使用实例很简单，在使用该函数前请确认定时器已经开启，具体参见代码清单 19-10 中加粗部分。

代码清单 19-10　xTimerStop() 实例

```
1  static TimerHandle_t Swtmr1_Handle =NULL;    /* 软件定时器句柄 */
2
3  /* 周期模式的软件定时器1, 定时器周期为1000(tick)*/
4  Swtmr1_Handle=xTimerCreate((const char*      )"AutoReloadTimer",
5                             (TickType_t )1000, /* 定时器周期 1000(tick) */
6                             (UBaseType_t )pdTRUE,/* 周期模式 */
7                             (void*)1,/* 为每个定时器分配一个索引的唯一 ID */
8                             (TimerCallbackFunction_t)Swtmr1_Callback); /* 回调函数 */
9  if (Swtmr1_Handle != NULL)
10 {
11     /*********************************************************
12      * xTicksToWait:如果在调用 xTimerStart() 时队列已满，则以 tick 为单位指定调用任务，
          应保持
13      * 在 Blocked（阻塞）状态以等待 start 命令成功发送到 timer 命令队列的时间。
14      * 如果在启动调度程序之前调用 xTimerStart()，则忽略 xTicksToWait。在这里设置等待时间
          为 0
15      *********************************************************/
16     xTimerStart(Swtmr1_Handle,0);    // 开启周期定时器
17 }
18
19 static void test_task(void* parameter)
20 {
21 while (1) {
22 /* 用户自己实现任务代码 */
23         xTimerStop(Swtmr1_Handle,0); // 停止定时器
24     }
25
26 }
```

2. xTimerStopFromISR()

xTimerStopFromISR() 是函数 xTimerStop() 的中断版本，用于停止一个正在运行的软件定时器，让其进入休眠态，实现过程也是通过"定时器命令队列"向软件定时器任务发送停止命令。该函数的具体说明如表 19-3 所示，应用举例参见代码清单 19-11 中加粗部分。

表 19-3　xTimerStopFromISR() 函数说明

函数原型	BaseType_t xTimerStopFromISR(TimerHandle_t xTimer, 　　　　　　　　　　　BaseType_t *pxHigherPriorityTaskWoken);
功　能	在中断中停止一个软件定时器，使其进入休眠态

（续）

形　参	xTimer	软件定时器句柄
	pxHigherPriorityTaskWoken	定时器守护任务大部分时间都在阻塞态等待定时器命令队列的指令。调用函数 xTimerStopFromISR() 将会往定时器的命令队列发送一个停止命令，这很有可能将定时器任务从阻塞态移除。如果调用函数 xTimer-StopFromISR() 让定时器任务脱离阻塞态，且定时器守护任务的优先级大于或者等于当前被中断的任务的优先级，那么 pxHigherPriorityTask-Woken 的值会在函数 xTimerStopFromISR() 内部设置为 pdTRUE，然后在中断退出之前执行一次上下文切换
返回值		如果停止命令在超时时间之前无法成功地发送到定时器命令队列则返回 pdFALSE，成功发送则返回 pdPASS。软件定时器成功发送的命令是否真正,被执行还要参考定时器守护任务的优先级，其优先级由宏 configTIMER_TASK_PRIORITY 定义

代码清单 19-11　xTimerStopFromISR() 函数应用举例

```
1 /* 这个方案假定软件定时器 xTimer 已经创建且启动。
2 当中断发生时，停止软件定时器 */
3
4 /* 停止软件定时器的中断服务函数 */
5 void vAnExampleInterruptServiceRoutine( void )
6 {
7     BaseType_t xHigherPriorityTaskWoken = pdFALSE;
8
9     if (xTimerStopFromISR(xTimer,&xHigherPriorityTaskWoken)!=pdPASS ) {
10         /* 软件定时器停止命令没有成功执行 */
11     }
12
13
14     if ( xHigherPriorityTaskWoken != pdFALSE ) {
15         /* 执行上下文切换 */
16     }
17 }
```

19.6.4　软件定时器任务

我们知道，软件定时器回调函数运行的上下文环境是任务，那么软件定时器任务的作用是什么？如何创建软件定时器？下面就来一步步分析软件定时器的工作过程。

软件定时器任务是在系统开始调度（vTaskStartScheduler() 函数）时就创建的，前提是将宏定义 configUSE_TIMERS 开启，具体参见代码清单 19-12 中加粗部分，在 xTimerCreate-TimerTask() 函数中就是创建了一个软件定时器任务，与创建任务一样，支持动态与静态创建，我们暂时只考虑动态创建即可，具体参见代码清单 19-13 中加粗部分。

代码清单 19-12　在 vTaskStartScheduler() 函数中创建定时器函数（已删减）

```
1 void vTaskStartScheduler( void )
2 {
3 #if ( configUSE_TIMERS == 1 )
4     {
5         if ( xReturn == pdPASS )
```

```
 6          {
 7              xReturn = xTimerCreateTimerTask();
 8          } else
 9          {
10              mtCOVERAGE_TEST_MARKER();
11          }
12      }
13 #endif/* configUSE_TIMERS */
14
15 }
```

代码清单 19-13　xTimerCreateTimerTask() 源码

```
 1 BaseType_t xTimerCreateTimerTask( void )
 2 {
 3     BaseType_t xReturn = pdFAIL;
 4
 5     prvCheckForValidListAndQueue();
 6
 7     if ( xTimerQueue != NULL ) {
 8 #if( configSUPPORT_STATIC_ALLOCATION == 1 )  /* 静态创建任务 */
 9         {
10             StaticTask_t *pxTimerTaskTCBBuffer = NULL;
11             StackType_t *pxTimerTaskStackBuffer = NULL;
12             uint32_t ulTimerTaskStackSize;
13
14             vApplicationGetTimerTaskMemory( &pxTimerTaskTCBBuffer,
15             &pxTimerTaskStackBuffer,
16             &ulTimerTaskStackSize );
17             xTimerTaskHandle = xTaskCreateStatic(prvTimerTask,
18                             "Tmr Svc",
19                             ulTimerTaskStackSize,
20                             NULL,
21             ( ( UBaseType_t ) configTIMER_TASK_PRIORITY ) | portPRIVILEGE_BIT,
22                             pxTimerTaskStackBuffer,
23                             pxTimerTaskTCBBuffer );
24
25             if ( xTimerTaskHandle != NULL )
26             {
27                 xReturn = pdPASS;
28             }
29         }
30 #else          /* 动态创建任务 */
31         {
32             xReturn = xTaskCreate(prvTimerTask,
33                             "Tmr Svc",
34                             configTIMER_TASK_STACK_DEPTH,
35                             NULL,
36             ( ( UBaseType_t ) configTIMER_TASK_PRIORITY ) | portPRIVILEGE_BIT,
37                             &xTimerTaskHandle );                        (1)
38         }
39 #endif
40     } else {
```

```
41              mtCOVERAGE_TEST_MARKER();
42      }
43
44      configASSERT( xReturn );
45      return xReturn;
46 }
```

代码清单 19-13（1）：系统调用 xTaskCreate() 函数创建了一个软件定时器任务，任务的
入口函数是 prvTimerTask()，任务的优先级是 configTIMER_TASK_PRIORITY，我们看一看
软件定时器任务函数 prvTimerTask() 中实现了哪些操作，具体参见代码清单 19-14。

代码清单 19-14　prvTimerTask() 源码（已删减）

```
1 static void prvTimerTask( void *pvParameters )
2 {
3      TickType_t xNextExpireTime;
4      BaseType_t xListWasEmpty;
5
6      ( void ) pvParameters;
7
8      for ( ;; ) {
9          /* 获取下一个要到期的软件定时器的时间 */
10         xNextExpireTime = prvGetNextExpireTime( &xListWasEmpty );        (1)
11
12         /* 处理定时器或者将任务阻塞到下一个到期的软件定时器时间 */
13         prvProcessTimerOrBlockTask( xNextExpireTime, xListWasEmpty );    (2)
14
15         /* 读取"定时器命令队列"，处理相应命令 */
16         prvProcessReceivedCommands();                                    (3)
17     }
18 }
```

软件定时器任务的处理很简单，如果当前有软件定时器在运行，那么它大部分时间都在
等待定时器到期时间的到来，或者在等待对软件定时器操作的命令，而如果没有软件定时器
在运行，那么定时器任务的绝大部分时间都在阻塞中等待定时器的操作命令。

代码清单 19-14（1）：获取下一个要到期的软件定时器的时间，因为软件定时器是由定
时器列表维护的，并且按照到期的时间进行升序排列，只需要获取软件定时器列表中的第一
个定时器到期时间，这个到期时间就是下一个要到期的时间。

代码清单 19-14（2）：处理定时器或者将任务阻塞到下一个到期的软件定时器时间，因为
系统时间节拍随着系统的运行可能会溢出，那么就需要处理溢出的情况，如果没有溢出，那么
就等待下一个定时器到期时间的到来。该函数每次调用都会记录节拍值，下一次调用，通过比
较相邻两次调用的值判断节拍计数器是否溢出过。当节拍计数器溢出时，需要处理掉当前定时
器列表上的定时器（因为这条定时器列表上的定时器都已经溢出了），然后切换定时器列表。

软件定时器是一个任务，在下一个定时器到来之前的这段时间，系统要把任务状态转换
为阻塞态，让其他的任务能正常运行，这样就使得系统的资源能充分利用。prvProcessTimer-
OrBlockTask() 的源码具体参见代码清单 19-15。

代码清单 19-15　prvProcessTimerOrBlockTask() 源码

```
1  static void prvProcessTimerOrBlockTask( const TickType_t xNextExpireTime,
2                                          BaseType_t xListWasEmpty )
3  {
4      TickType_t xTimeNow;
5      BaseType_t xTimerListsWereSwitched;
6
7      vTaskSuspendAll();                                                      (1)
8      {
9          // 获取当前系统时间节拍并判断系统节拍计数是否溢出
10         // 如果是，则处理当前列表上的定时器，并切换定时器列表
11         xTimeNow = prvSampleTimeNow( &xTimerListsWereSwitched );            (2)
12
13         // 系统节拍计数器没有溢出
14         if ( xTimerListsWereSwitched == pdFALSE ) {                        (3)
15                 // 判断是否有定时器到期，
16                 // 定时器列表非空并且定时器的时间已比当前时间小，说明定时器到期了
17                 if ((xListWasEmpty == pdFALSE )&&(xNextExpireTime <=xTime
                       Now)){                                                  (4)
18             // 恢复调度器
19             ( void ) xTaskResumeAll();
20             // 执行相应定时器的回调函数
21             // 对于需要自动重载的定时器，更新下一次溢出时间，插回列表
22             prvProcessExpiredTimer( xNextExpireTime, xTimeNow );
23         } else {
24             // 当前定时器列表中没有定时器
25             if ( xListWasEmpty != pdFALSE ) {                              (5)
26                 // 发生这种情况可能是因为系统节拍计数器溢出了，
27                 // 定时器被添加到溢出列表中，所以判断定时器溢出列表上是否有定时器
28                 xListWasEmpty = listLIST_IS_EMPTY( pxOverflowTimerList );
29             }
30
31             // 定时器定时时间还没到，将当前任务挂起，
32             // 直到定时器到期才唤醒或者在收到命令时唤醒
33             vQueueWaitForMessageRestricted( xTimerQueue,
34                                 ( xNextExpireTime - xTimeNow ),
35                                 xListWasEmpty );                           (6)
36
37             // 恢复调度器
38             if ( xTaskResumeAll() == pdFALSE ) {
39                 // 进行任务切换
40                 portYIELD_WITHIN_API();                                    (7)
41             } else {
42                 mtCOVERAGE_TEST_MARKER();
43             }
44         }
45     } else {
46         ( void ) xTaskResumeAll();
47     }
48     }
49 }
```

代码清单 19-15（1）：挂起调度器。接下来会对定时器列表进行操作，系统不希望别的任

务来操作定时器列表，所以暂时让定时器任务独享 CPU 使用权，在此期间不进行任务切换。

代码清单 19-15（2）：获取当前系统时间节拍并判断系统节拍计数是否溢出，如果已经溢出了，那么就处理当前列表上的定时器，并切换定时器列表，prvSampleTimeNow() 函数中就实现了这些功能，其源码具体参见代码清单 19-16。

代码清单 19-16　prvSampleTimeNow() 源码

```
 1 static TickType_t prvSampleTimeNow( BaseType_t * const pxTimerListsWereSwitched )
 2 {
 3     TickType_t xTimeNow;
 4     // 定义一个静态变量记录上一次调用时系统时间节拍值
 5     PRIVILEGED_DATA static TickType_t xLastTime = ( TickType_t ) 0U;      (1)
 6
 7     // 获取当前系统时间节拍
 8     xTimeNow = xTaskGetTickCount();                                       (2)
 9
10     // 判断是否溢出了,
11     // 当前系统时间节拍比上一次调用时间节拍的值小, 这种情况是溢出的情况
12     if ( xTimeNow < xLastTime ) {                                         (3)
13         // 发生溢出, 处理当前定时器列表上所有定时器并切换定时器列表
14         prvSwitchTimerLists();
15         *pxTimerListsWereSwitched = pdTRUE;
16     } else {
17         *pxTimerListsWereSwitched = pdFALSE;
18     }
19     // 更新本次系统时间节拍
20     xLastTime = xTimeNow;                                                 (4)
21
22     return xTimeNow;                                                      (5)
23 }
```

代码清单 19-16（1）：定义一个静态变量，记录上一次调用时系统时间节拍的值。

代码清单 19-16（2）：获取当前系统时间节拍值。

代码清单 19-16（3）：判断是系统节拍计数器是否溢出了，当前系统时间节拍比上一次调用时间节拍的值小，这种情况是溢出的情况。而如果发生了溢出，系统就要处理当前定时器列表上所有定时器，并将当前定时器列表中的定时器切换到定时器溢出列表中（因为软件定时器由两个列表维护），并且标记一下定时器列表已经切换了，pxTimerListsWereSwitched 的值等于 pdTRUE。

代码清单 19-16（4）：更新本次系统时间节拍的值。

代码清单 19-16（5）：返回当前系统时间节拍。

回到代码清单 19-15：

代码清单 19-15（3）：如果系统节拍计数器没有溢出。

代码清单 19-15（4）：判断是否有定时器到期，是否可以触发回调函数，如果定时器列表非空并且定时器的时间值已比当前时间值小，说明定时器到期了，系统可调用恢复调度器，并且执行相应到期的定时器回调函数，对于需要自动重载的定时器，更新下一次溢出时间，然后插回定时器列表中，这些操作均在 prvProcessExpiredTimer() 函数中执行。

代码清单 19-15（5）：定时器没有到期，看一看当前定时器列表中没有定时器，如果没

有，那么发生这种情况可能是因为系统节拍计数器溢出了，定时器被添加到溢出列表中，所以判断一下定时器溢出列表上是否有定时器。

代码清单 19-15（6）：定时器定时时间还没到，将当前的定时器任务阻塞，直到定时器到期才唤醒或者收到命令时唤醒。FreeRTOS 采用获取"定时器命令队列"的命令的方式阻塞当前任务，阻塞时间为下一个定时器到期时间节拍减去当前系统时间节拍，因为获取消息队列时，没有消息会将任务阻塞，时间由用户指定，这样既不会错过定时器的到期时间，也不会错过操作定时器的命令。

代码清单 19-15（7）：恢复调度器，看一下是否有任务需要切换，如果有则进行任务切换。

以上就是软件定时器任务中的 prvProcessTimerOrBlockTask() 函数的执行代码，这样看来，软件定时器任务大多数时间都处于阻塞状态，而且一般在 FreeRTOS 中，软件定时器任务一般设置为所有任务中最高的优先级，这样一来，定时器的时间一到，就会马上到定时器任务中执行对应的回调函数。

再回到代码清单 19-14：

代码清单 19-14（3）：读取"定时器命令队列"，处理相应命令，前面我们已经讲解过定时器的函数是通过发送命令去控制定时器的，而定时器任务就需要有一个接收命令并且处理的函数。prvProcessReceivedCommands() 的源码具体参见代码清单 19-17。

代码清单 19-17　prvProcessReceivedCommands() 源码（已删减）

```
1  static void prvProcessReceivedCommands( void )
2  {
3      DaemonTaskMessage_t xMessage;
4      Timer_t *pxTimer;
5      BaseType_t xTimerListsWereSwitched, xResult;
6      TickType_t xTimeNow;
7
8      while ( xQueueReceive( xTimerQueue, &xMessage, tmrNO_DELAY ) != pdFAIL ) {
9          /* 判断定时器命令是否有效 */
10         if ( xMessage.xMessageID >= ( BaseType_t ) 0 ) {
11
12             /* 获取定时器消息，获取命令指定处理的定时器 */
13             pxTimer = xMessage.u.xTimerParameters.pxTimer;
14
15             if ( listIS_CONTAINED_WITHIN( NULL,
16                                 &( pxTimer->xTimerListItem ) ) == pdFALSE ) {
17                 /* 如果定时器在列表中，先将定时器移除 */
18                 ( void ) uxListRemove( &( pxTimer->xTimerListItem ) );
19             } else {
20                 mtCOVERAGE_TEST_MARKER();
21             }
22
23             traceTIMER_COMMAND_RECEIVED( pxTimer,
24                             xMessage.xMessageID,
25                             xMessage.u.xTimerParameters.xMessageValue );
26
27             // 判断节拍计数器是否溢出过，如果有就处理并切换定时器列表，
28             // 因为下面的操作中可能有新定时器项插入要确保定时器列表对应
```

```
29                   xTimeNow = prvSampleTimeNow( &xTimerListsWereSwitched );
30
31                   switch ( xMessage.xMessageID ) {
32                   case tmrCOMMAND_START :
33                   case tmrCOMMAND_START_FROM_ISR :
34                   case tmrCOMMAND_RESET :
35                   case tmrCOMMAND_RESET_FROM_ISR :
36                   case tmrCOMMAND_START_DONT_TRACE :
37                           // 以上的命令都是让定时器启动
38                           // 求出定时器到期时间并插入定时器列表中
39                           if ( prvInsertTimerInActiveList( pxTimer,
40                                       xMessage.u.xTimerParameters.xMessageValue
41                                       + pxTimer->xTimerPeriodInTicks,
42                                       xTimeNow,
43                                       xMessage.u.xTimerParameters.xMessageValue )
44                                       != pdFALSE ) {
45                               // 该定时器已经溢出，立刻执行其回调函数
46                               pxTimer->pxCallbackFunction( ( TimerHandle_t ) pxTimer );
47                               traceTIMER_EXPIRED( pxTimer );
48
49                               // 如果定时器是重载定时器，就重新启动
50                               if ( pxTimer->uxAutoReload == ( UBaseType_t ) pdTRUE ) {
51                                   xResult = xTimerGenericCommand( pxTimer,
52                                           tmrCOMMAND_START_DONT_TRACE,
53                                           xMessage.u.xTimerParameters.xMessageValue
54                                           + pxTimer->xTimerPeriodInTicks,
55                                           NULL,
56                                           tmrNO_DELAY );
57                                   configASSERT( xResult );
58                                   ( void ) xResult;
59                               } else {
60                                   mtCOVERAGE_TEST_MARKER();
61                               }
62                           } else {
63                               mtCOVERAGE_TEST_MARKER();
64                           }
65                           break;
66
67                   case tmrCOMMAND_STOP :
68                   case tmrCOMMAND_STOP_FROM_ISR :
69                           // 如果命令是停止定时器，则将定时器移除，
70                           // 在开始时已经从定时器列表中移除，
71                           // 此处就不需要进行其他操作
72                           break;
73
74                   case tmrCOMMAND_CHANGE_PERIOD :
75                   case tmrCOMMAND_CHANGE_PERIOD_FROM_ISR :
76                           // 更新定时器配置
77                           pxTimer->xTimerPeriodInTicks
78                               = xMessage.u.xTimerParameters.xMessageValue;
79                           configASSERT( ( pxTimer->xTimerPeriodInTicks > 0 ) );
80
81                           // 插入到定时器列表，也重新启动了定时器
82                           ( void ) prvInsertTimerInActiveList( pxTimer,
```

```
83                               ( xTimeNow + pxTimer->xTimerPeriodInTicks ),
84                               xTimeNow,
85                               xTimeNow );
86 break;
87
88              case tmrCOMMAND_DELETE :
89                  // 删除定时器
90                  // 判断定时器内存是否需要释放 (动态的释放)
91 #if( ( configSUPPORT_DYNAMIC_ALLOCATION == 1 )\
92      && ( configSUPPORT_STATIC_ALLOCATION == 0 ) )
93                  {
94                      /* 动态释放内存 */
95                      vPortFree( pxTimer );
96                  }
97                  break;
98
99              default  :
100                     /* 正常情况下不会执行到这里 */
101                     break;
102             }
103         }
104     }
105 }
```

其实处理这些软件出于定时器的命令是很简单的，当任务获取到命令消息时，会先移除对应的定时器，无论基于什么原因，然后根据命令处理对应定时器的操作即可，具体可参见代码清单 19-17 中的源码注释。

19.6.5 软件定时器删除函数

xTimerDelete() 函数用于删除一个已经被创建成功的软件定时器，删除之后就无法使用该定时器，并且定时器相应的资源也会被系统回收释放。要想使用 xTimerDelete() 函数，必须在头文件 FreeRTOSConfig.h 中把宏 configUSE_TIMERS 定义为 1。该函数的具体说明如表 19-4 所示。

表 19-4 xTimerDelete() 函数说明

函 数 原 型	#define xTimerDelete(xTimer, xTicksToWait) 　　　　xTimerGenericCommand((xTimer), 　　　　　　　　　　tmrCOMMAND_DELETE, 　　　　　　　　　　0U, NULL, (xTicksToWait))	
功　　能	删除一个已经被创建成功的软件定时器	
形　　参	xTimer	软件定时器句柄
	xBlockTime	用户指定的超时时间，单位为系统节拍周期（即 tick），如果在 FreeRTOS 调度器开启之前调用 xTimerDelete()，该形参将不起作用
返 回 值	如果删除命令在超时时间到来之前无法成功地发送到定时器命令队列，则返回 pdFALSE，成功发送则返回 pdPASS	

从软件定时器删除函数 xTimerDelete() 的原型可以看出，删除一个软件定时器要在软件

定时器任务中进行，调用 xTimerDelete() 将删除软件定时器的命令发送给软件定时器任务，软件定时器任务在接收到删除的命令之后就进行删除操作，该函数的使用方法很简单，具体参见代码清单 19-18 中加粗部分。

代码清单 19-18   xTimerDelete() 实例

```
1  static TimerHandle_t Swtmr1_Handle =NULL;    /* 软件定时器句柄 */
2
3  /* 周期模式的软件定时器 1，定时器周期为 1000(tick)*/
4  Swtmr1_Handle=xTimerCreate((const char*       )"AutoReloadTimer",
5                             (TickType_t )1000, /* 定时器周期 1000(tick) */
6                             (UBaseType_t)pdTRUE,/* 周期模式 */
7                             (void*       )1,       /* 为每个定时器分配一个索引的唯一 ID */
8                             (TimerCallbackFunction_t)Swtmr1_Callback); /* 回调函数 */
9  if (Swtmr1_Handle != NULL)
10 {
11     /*******************************************************
12     * xTicksToWait:如果在调用 xTimerStart() 时队列已满，则以 tick 为单位指定调用任务应保持
13     * 在 Blocked（阻塞）状态，以等待 start 命令成功发送到 timer 命令队列的时间。
14     * 如果在启动调度程序之前调用 xTimerStart()，则忽略 xTicksToWait。此处设置等待时间为 0
15     *******************************************************/
16     xTimerStart(Swtmr1_Handle,0);                // 开启周期定时器
17 }
18
19 static void test_task(void* parameter)
20 {
21     while (1) {
22         /* 用户自己实现任务代码 */
23         xTimerDelete(Swtmr1_Handle,0);           // 删除软件定时器
24     }
25 }
```

19.7   软件定时器实验

软件定时器实验是在 FreeRTOS 中创建两个软件定时器，其中一个软件定时器是单次模式，5000 个 tick 调用一次回调函数，另一个软件定时器是周期模式，1000 个 tick 调用一次回调函数，在回调函数中输出相关信息，具体参见代码清单 19-19 中加粗部分。

代码清单 19-19   软件定时器实验

```
1  /**
2   ************************************************************
3   * @file    main.c
4   * @author  fire
5   * @version V1.0
6   * @date    2018-xx-xx
7   * @brief   FreeRTOS V9.0.0 + STM32 软件定时器
8   ************************************************************
9   * @attention
10  *
```

```
11    * 实验平台：野火 STM32 开发板
12    * 论坛：http:// www.firebbs.cn
13    * 淘宝：https:// fire-stm32.taobao.com
14    *
15    **********************************************************************
16    */
17
18 /*
19 **********************************************************************
20  *                          包含的头文件
21 **********************************************************************
22  */
23 /* FreeRTOS 头文件 */
24 #include "FreeRTOS.h"
25 #include "task.h"
26 #include "event_groups.h"
27 /* 开发板硬件bsp头文件 */
28 #include "bsp_led.h"
29 #include "bsp_usart.h"
30 #include "bsp_key.h"
31 /********************** 任务句柄 *****************************/
32 /*
33  * 任务句柄是一个指针，用于指向一个任务。当任务创建好之后，它就具有一个任务句柄，
34  * 以后我们要想操作这个任务，都需要用到这个任务句柄。如果是任务操作自身，那么
35  * 这个句柄可以为 NULL
36  */
37 static TaskHandle_t AppTaskCreate_Handle = NULL;/* 创建任务句柄 */
38
39 /********************** 内核对象句柄 *****************************/
40 /*
41  * 信号量、消息队列、事件标志组、软件定时器都属于内核对象，要想使用这些内核
42  * 对象，必须先创建，创建成功之后会返回相应的句柄。这实际上就是一个指针，后续我
43  * 们就可以通过这个句柄操作这些内核对象
44  *
45  *
46  * 内核对象可以理解为一种全局的数据结构，通过这些数据结构可以实现任务间的通信.
47  * 任务间的事件同步等功能。这些功能的实现是通过调用内核对象的函数
48  * 来完成的
49  *
50  */
51 static TimerHandle_t Swtmr1_Handle =NULL;     /* 软件定时器句柄 */
52 static TimerHandle_t Swtmr2_Handle =NULL;     /* 软件定时器句柄 */
53 /********************** 全局变量声明 *****************************/
54 /*
55  * 在写应用程序时，可能需要用到一些全局变量
56  */
57 static uint32_t TmrCb_Count1 = 0; /* 记录软件定时器1回调函数执行次数 */
58 static uint32_t TmrCb_Count2 = 0; /* 记录软件定时器2回调函数执行次数 */
59
60 /********************** 宏定义 *****************************/
61 /*
62  * 在写应用程序时，可能需要用到一些宏定义
63  */
64
```

```
65  /*
66  *******************************************************************
67  *                              函数声明
68  *******************************************************************
69  */
70  static void AppTaskCreate(void);      /* 用于创建任务 */
71
72  static void Swtmr1_Callback(void *parameter);
73  static void Swtmr2_Callback(void *parameter);
74
75  static void BSP_Init(void);           /* 用于初始化板载相关资源 */
76
77  /*******************************************************************
78   * @brief   主函数
79   * @param   无
80   * @retval  无
81   * @note    第1步：开发板硬件初始化
82             第2步：创建 APP 应用任务
83             第3步：启动 FreeRTOS，开始多任务调度
84   *******************************************************************/
85  int main(void)
86  {
87      BaseType_t xReturn = pdPASS;      /* 定义一个创建信息返回值，默认为 pdPASS */
88
89      /* 开发板硬件初始化 */
90      BSP_Init();
91
92      printf("这是一个 [野火]-STM32 全系列开发板 -FreeRTOS 软件定时器实验! \n");
93
94      /* 创建 AppTaskCreate 任务 */
95      xReturn = xTaskCreate((TaskFunction_t )AppTaskCreate, /* 任务入口函数 */
96                            (const char*    )"AppTaskCreate",/* 任务名称 */
97                            (uint16_t       )512,       /* 任务栈大小 */
98                            (void*          )NULL,      /* 任务入口函数参数 */
99                            (UBaseType_t    )1,         /* 任务的优先级 */
100                           (TaskHandle_t*)&AppTaskCreate_Handle);/* 任务控制块指针 */
101     /* 启动任务调度 */
102     if (pdPASS == xReturn)
103         vTaskStartScheduler();                       /* 启动任务，开启调度 */
104     else
105         return -1;
106
107     while (1);   /* 正常情况下不会执行到这里 */
108 }
109
110
111 /*******************************************************************
112  * @ 函数名: AppTaskCreate
113  * @ 功能说明: 为了方便管理，所有的任务创建函数都放在这个函数中
114  * @ 参数: 无
115  * @ 返回值: 无
116  *******************************************************************/
117 static void AppTaskCreate(void)
118 {
```

```
119        taskENTER_CRITICAL();                        // 进入临界区
120
121      /****************************************************************
122       * 创建软件周期定时器
123       * 函数原型
124       * TimerHandle_t xTimerCreate(const char * const pcTimerName,
125                              const TickType_t xTimerPeriodInTicks,
126                              const UBaseType_t uxAutoReload,
127                              void * const pvTimerID,
128                              TimerCallbackFunction_t pxCallbackFunction )
129       * @uxAutoReload : pdTRUE 为周期模式, pdFALSE 为单次模式
130      * 单次定时器, 周期 (1000 个时钟节拍), 周期模式
131       ****************************************************************/
132     Swtmr1_Handle=xTimerCreate((const char*)"AutoReloadTimer",
133                              (TickType_t)1000,     /* 定时器周期 1000(tick) */
134                              (UBaseType_t)pdTRUE,/* 周期模式 */
135                              (void*)1,/* 为每个定时器分配一个索引的唯一 ID */
136                              (TimerCallbackFunction_t)Swtmr1_Callback);
137        if (Swtmr1_Handle != NULL) {
138 /****************************************************************
139        * xTicksToWait:如果在调用 xTimerStart() 时队列已满, 则以 tick 为单位指定调用任务
               应保持
140        * 在 Blocked (阻塞) 状态, 以等待 start 命令成功发送到 timer 命令队列的时间。
141        * 如果在启动调度程序之前调用 xTimerStart(), 则忽略 xTicksToWait。此处设置等待时
               间为 0
142        ****************************************************************/
143
144          xTimerStart(Swtmr1_Handle,0);           // 开启周期定时器
145        }
146 /****************************************************************
147        * 创建软件周期定时器
148        * 函数原型
149        * TimerHandle_t xTimerCreate(const char * const pcTimerName,
150                              const TickType_t xTimerPeriodInTicks,
151                              const UBaseType_t uxAutoReload,
152                              void * const pvTimerID,
153                              TimerCallbackFunction_t pxCallbackFunction )
154        * @uxAutoReload : pdTRUE 为周期模式, pdFALSE 为单次模式
155       * 单次定时器, 周期 (5000 个时钟节拍), 单次模式
156        ****************************************************************/
157      Swtmr2_Handle=xTimerCreate((const char*)"OneShotTimer",
158                              (TickType_t)5000,/* 定时器周期 5000 (tick) */
159                              (UBaseType_t)pdFALSE,/* 单次模式 */
160                              (void*)2,/* 为每个定时器分配一个索引的唯一 ID */
161                              (TimerCallbackFunction_t)Swtmr2_Callback);
162      if (Swtmr2_Handle != NULL) {
163      /****************************************************************
164      * xTicksToWait:如果在调用 xTimerStart() 时队列已满, 则以 tick 为单位指定调用任务应保持
165      * 在 Blocked (阻塞) 状态, 以等待 start 命令成功发送到 timer 命令队列的时间。
166      * 如果在启动调度程序之前调用 xTimerStart(), 则忽略 xTicksToWait。此处设置等待时间为 0
167      ****************************************************************/
168          xTimerStart(Swtmr2_Handle,0);           // 开启周期定时器
169      }
170
```

```
171        vTaskDelete(AppTaskCreate_Handle);         // 删除 AppTaskCreate 任务
172
173        taskEXIT_CRITICAL();                       // 退出临界区
174  }
175
176  /***********************************************************************
177   * @ 函数名：Swtmr1_Callback
178   * @ 功能说明：软件定时器 1 回调函数，打印回调函数信息和当前系统时间
179   *            软件定时器中不要调用阻塞函数，也不要进行死循环，应快进快出
180   * @ 参数：无
181   * @ 返回值：无
182   **********************************************************/
183  static void Swtmr1_Callback(void *parameter)
184  {
185      TickType_t tick_num1;
186
187      TmrCb_Count1++;                              /* 每回调一次加 1 */
188
189      tick_num1 = xTaskGetTickCount();          /* 获取滴答定时器的计数值 */
190
191      LED1_TOGGLE;
192
193      printf("Swtmr1_Callback 函数执行 %d 次 \n", TmrCb_Count1);
194      printf(" 滴答定时器数值 =%d\n", tick_num1);
195  }
196
197  /***********************************************************************
198   * @ 函数名：Swtmr2_Callback
199   * @ 功能说明：软件定时器 2 回调函数，打印回调函数信息和当前系统时间
200   *            软件定时器中不要调用阻塞函数，也不要进行死循环，应快进快出
201   * @ 参数：无
202   * @ 返回值：无
203   **********************************************************/
204  static void Swtmr2_Callback(void* parameter)
205  {
206      TickType_t tick_num2;
207
208      TmrCb_Count2++;                              /* 每回调一次加 1 */
209
210      tick_num2 = xTaskGetTickCount();          /* 获取滴答定时器的计数值 */
211
212      printf("Swtmr2_Callback 函数执行 %d 次 \n", TmrCb_Count2);
213      printf(" 滴答定时器数值 =%d\n", tick_num2);
214  }
215
216
217  /***********************************************************************
218   * @ 函数名：BSP_Init
219   * @ 功能说明：板级外设初始化，所有板子上的初始化均可放在这个函数中
220   * @ 参数：无
221   * @ 返回值：无
222   **********************************************************/
223  static void BSP_Init(void)
224  {
```

```
225        /*
226         * STM32 中断优先级分组为 4，即 4 位都用来表示抢占优先级，范围为 0 ~ 15
227         * 优先级只需要分组一次即可，以后如果有其他任务需要用到中断，
228         * 都统一用这个优先级分组，千万不要再分组
229         */
230        NVIC_PriorityGroupConfig( NVIC_PriorityGroup_4 );
231
232        /* LED 初始化 */
233        LED_GPIO_Config();
234
235        /* 串口初始化        */
236        USART_Config();
237
238        /* 按键初始化        */
239        Key_GPIO_Config();
240
241 }
242
243 /***************************END OF FILE***************************/
```

19.8 实验现象

将程序编译好，用 USB 线连接计算机和开发板的 USB 接口（对应丝印为 USB 转串口），用 DAP 仿真器把配套程序下载到野火 STM32 开发板（具体型号根据购买的板子而定，每个型号的板子都有对应的程序），在计算机上打开串口调试助手，然后复位开发板就可以在调试助手中看到串口的打印信息。在串口调试助手中可以看到运行结果：每 1000 个 tick 时，软件定时器就会触发一次回调函数，当 5000 个 tick 到来时，触发软件定时器单次模式的回调函数，之后便不会再次调用，具体如图 19-4 所示。

图 19-4　软件定时器实验现象

第 20 章
任 务 通 知

20.1 任务通知的基本概念

FreeRTOS 从 V8.2.0 版本开始提供任务通知功能，每个任务都有一个 32 位的通知值，在大多数情况下，任务通知可以替代二值信号量、计数信号量、事件组，也可以替代长度为 1 的队列（可以保存一个 32 位整数或指针值）。

相对于以前使用 FreeRTOS 内核通信的资源时必须创建队列、二进制信号量、计数信号量或事件组的情况，使用任务通知显然更灵活。按照 FreeRTOS 官方的说法，使用任务通知比通过信号量等 ICP 通信方式解除阻塞的任务速度要快 45%，并且更加省 RAM 内存空间（使用 GCC 编译器，-o2 优化级别），任务通知的使用无须创建队列。要想使用任务通知，必须将 FreeRTOSConfig.h 中的宏定义 configUSE_TASK_NOTIFICATIONS 设置为 1。其实 FreeRTOS 默认是为 1 的，所以任务通知是默认可用的。

FreeRTOS 提供以下几种方式发送通知给任务：

❑ 发送通知给任务，如果有通知未读，则不覆盖通知值。

❑ 发送通知给任务，直接覆盖通知值。

❑ 发送通知给任务，设置通知值的一个或者多个位，可以当作事件组来使用。

❑ 发送通知给任务，递增通知值，可以当作计数信号量使用。

通过对以上任务通知方式的合理使用，可以在一定场合下替代 FreeRTOS 的信号量、队列、事件组等。

当然，凡事都有利弊，消息通知虽然处理更快，RAM 开销更小，但也有以下限制：

❑ 只能有一个任务接收通知消息，因为必须指定接收通知的任务。

❑ 只有等待通知的任务可以被阻塞，发送通知的任务在任何情况下都不会因为发送失败
    而进入阻塞态。

20.2 任务通知的运作机制

任务通知属于任务附带的资源，所以在任务被创建时，任务通知也被初始化，我们知道在使用队列、信号量前，必须先创建队列和信号量，目的是创建队列数据结构，比如使用

xQueueCreate() 函数创建队列，用 xSemaphoreCreateBinary() 函数创建二值信号量等。再来看任务通知，由于任务通知的数据结构包含在任务控制块中，只要任务存在，任务通知数据结构就已经创建完毕，可以直接使用，所以使用时很方便。

　　任务通知可以在任务中向指定任务发送通知，也可以在中断中向指定任务发送通知。FreeRTOS 的每个任务都有一个 32 位的通知值，任务控制块中的成员变量 ulNotifiedValue 就是这个通知值。只有在任务中可以等待通知，而不允许在中断中等待通知。如果任务在等待的通知暂时无效，任务会根据用户指定的阻塞超时时间进入阻塞状态，我们可以将等待通知的任务看作消费者；其他任务和中断可以向等待通知的任务发送通知，发送通知的任务和中断服务函数可以看作生产者，当其他任务或者中断向这个任务发送任务通知，且任务获得通知以后，该任务就会从阻塞态中解除，这与 FreeRTOS 中内核的其他通信机制一致。

20.3　任务通知的数据结构

　　任务通知是任务控制块的资源，也可算作任务控制块中的成员变量，包含在任务控制块中，具体参见代码清单 20-1 中加粗部分。

代码清单 20-1　任务控制块中的任务通知成员变量

```
1 typedef struct tskTaskControlBlock {
2     volatile StackType_t      *pxTopOfStack;
3
4 #if ( portUSING_MPU_WRAPPERS == 1 )
5     xMPU_SETTINGS      xMPUSettings;
6 #endif
7
8     ListItem_t               xStateListItem;
9     ListItem_t               xEventListItem;
10    UBaseType_t                  uxPriority;
11    StackType_t              *pxStack;
12    char                     pcTaskName[ configMAX_TASK_NAME_LEN ];
13
14 #if ( portSTACK_GROWTH > 0 )
15    StackType_t              *pxEndOfStack;
16 #endif
17
18 #if ( portCRITICAL_NESTING_IN_TCB == 1 )
19    UBaseType_t              uxCriticalNesting;
20 #endif
21
22 #if ( configUSE_TRACE_FACILITY == 1 )
23    UBaseType_t              uxTCBNumber;
24    UBaseType_t              uxTaskNumber;
25 #endif
26
27 #if ( configUSE_MUTEXES == 1 )
28    UBaseType_t              uxBasePriority;
29    UBaseType_t              uxMutexesHeld;
```

```
30 #endif
31
32 #if ( configUSE_APPLICATION_TASK_TAG == 1 )
33     TaskHookFunction_t pxTaskTag;
34 #endif
35
36 #if( configNUM_THREAD_LOCAL_STORAGE_POINTERS > 0 )
37     void *pvThreadLocalStoragePointers[ configNUM_THREAD_LOCAL_STORAGE_POINTERS ];
38 #endif
39
40 #if( configGENERATE_RUN_TIME_STATS == 1 )
41     uint32_t          ulRunTimeCounter;
42 #endif
43
44 #if ( configUSE_NEWLIB_REENTRANT == 1 )
45     struct      _reent xNewLib_reent;
46 #endif
47
48 #if( configUSE_TASK_NOTIFICATIONS == 1 )
49     volatile uint32_t ulNotifiedValue;                                      (1)
50     volatile uint8_t ucNotifyState;                                         (2)
51 #endif
52
53 #if( tskSTATIC_AND_DYNAMIC_ALLOCATION_POSSIBLE != 0 )
54     uint8_t   ucStaticallyAllocated;
55 #endif
56
57 #if ( INCLUDE_xTaskAbortDelay == 1 )
58     uint8_t ucDelayAborted;
59 #endif
60
61 } tskTCB;
62
63 typedef tskTCB TCB_t;
```

代码清单 20-1（1）：任务通知的值，可以保存一个 32 位整数或指针值。

代码清单 20-1（2）：任务通知状态，用于标识任务是否在等待通知。

20.4　任务通知函数

20.4.1　发送任务通知函数

我们先看一下发送通知 API 函数。这类函数比较多，有 6 个，但仔细分析会发现它们只能完成 3 种操作，每种操作有 2 个 API 函数，分别为带中断保护版本和不带中断保护版本。FreeRTOS 将 API 细分为 2 种版本是为了节省中断服务程序处理时间，提升性能。通过前面通信机制的学习，相信大家都了解了 FreeRTOS 的风格，这里的任务通知发送函数也是利用宏定义来进行扩展的，所有的函数都是一个宏定义，在任务中发送任务通知的函数均是调用 xTaskGenericNotify() 函数发送通知。xTaskGenericNotify() 的源码具体参见代码清单 20-2。

代码清单 20-2　xTaskGenericNotify() 源码

```
1  #if( configUSE_TASK_NOTIFICATIONS == 1 )
2
3  BaseType_t xTaskGenericNotify( TaskHandle_t xTaskToNotify,              (1)
4                                 uint32_t ulValue,                        (2)
5                                 eNotifyAction eAction,                   (3)
6                                 uint32_t *pulPreviousNotificationValue ) (4)
7  {
8      TCB_t * pxTCB;
9      BaseType_t xReturn = pdPASS;
10     uint8_t ucOriginalNotifyState;
11
12     configASSERT( xTaskToNotify );
13     pxTCB = ( TCB_t * ) xTaskToNotify;
14
15     taskENTER_CRITICAL();
16     {
17         if ( pulPreviousNotificationValue != NULL ) {
18             /* 回传未被更新的任务通知值 */
19             *pulPreviousNotificationValue = pxTCB->ulNotifiedValue;    (5)
20         }
21
22         /* 获取任务通知的状态，看任务是否在等待通知，方便在发送通知后恢复任务 */
23         ucOriginalNotifyState = pxTCB->ucNotifyState;                  (6)
24
25         /* 不管状态是怎么样的，现在发送通知，任务通知状态就要设置为收到任务通知 */
26         pxTCB->ucNotifyState = taskNOTIFICATION_RECEIVED;              (7)
27
28     /* 指定更新任务通知的方式 */
29     switch ( eAction ) {                                               (8)
30
31     /* 通知值按位与 ulValue 进行或运算。
32     使用这种方法可以在某些场景下代替事件组，但执行速度更快 */
33     case eSetBits      :                                               (9)
34             pxTCB->ulNotifiedValue |= ulValue;
35             break;
36
37     /* 被通知任务的通知值增加1，这种发送通知方式下，参数 ulValue 未使用 */
38     case eIncrement:                                                   (10)
39             ( pxTCB->ulNotifiedValue )++;
40             break;
41
42     /* 将被通知任务的通知值设置为 ulValue。无论任务是否还有通知，
43     都覆盖当前任务通知值。使用这种方法，
44     可以在某些场景下代替 xQueueoverwrite() 函数，但执行速度更快 */
45     case eSetValueWithOverwrite:                                       (11)
46             pxTCB->ulNotifiedValue = ulValue;
47             break;
48
49     /*  如果被通知任务当前没有通知，则被通知任务的通知值设置为 ulValue；
50     在某些场景下替代长度为 1 的 xQueuesend()，但执行速度更快 */
51     case eSetValueWithoutOverwrite :                                   (12)
52             if ( ucOriginalNotifyState != taskNOTIFICATION_RECEIVED ) {
```

```
53                      pxTCB->ulNotifiedValue = ulValue;
54                  } else {
55                      /* 如果被通知任务还没取走上一个通知，本次发送通知，
56                         任务又接收到了一个通知，则丢弃这次的通知值，
57                         在这种情况下，函数调用失败并返回 pdFAIL*/
58                      xReturn = pdFAIL;                              (13)
59                  }
60                  break;
61
62              /* 发送通知但不更新通知值，这意味着参数 ulValue 未使用。 */
63              case eNoAction:                                       (14)
64              break;
65              }
66
67              traceTASK_NOTIFY();
68
69              /* 如果被通知任务由于等待任务通知而挂起 */
70              if ( ucOriginalNotifyState == taskWAITING_NOTIFICATION ) {  (15)
71                  /* 唤醒任务，将任务从阻塞列表中移除，添加到就绪列表中 */
72                  ( void ) uxListRemove( &( pxTCB->xStateListItem ) );
73                  prvAddTaskToReadyList( pxTCB );
74
75                  // 刚刚唤醒的任务优先级比当前任务高
76                  if ( pxTCB->uxPriority > pxCurrentTCB->uxPriority ) {   (16)
77                      // 任务切换
78                      taskYIELD_IF_USING_PREEMPTION();
79                  } else {
80                      mtCOVERAGE_TEST_MARKER();
81                  }
82              } else {
83                  mtCOVERAGE_TEST_MARKER();
84              }
85          }
86      taskEXIT_CRITICAL();
87
88      return xReturn;
89  }
90
91  #endif
```

代码清单 20-2（1）：被通知的任务句柄，指定通知的任务。

代码清单 20-2（2）：发送的通知值。

代码清单 20-2（3）：枚举类型，指明更新通知值的方式。

代码清单 20-2（4）：任务原本的通知值返回。

代码清单 20-2（5）：回传任务原本的任务通知值，保存在 pulPreviousNotificationValue 中。

代码清单 20-2（6）：获取任务通知的状态，看任务是否在等待通知，以便在发送通知后恢复任务。

代码清单 20-2（7）：不管该任务的通知状态是怎样的，现在调用发送通知函数，任务通知状态就要设置为收到任务通知，因为发送通知是肯定能被收到的。

代码清单 20-2（8）：指定更新任务通知的方式。

代码清单 20-2（9）：通知值与原本的通知值按位或，使用这种方法可以在某些场景下代替事件组，执行速度更快。

代码清单 20-2（10）：被通知任务的通知值增加 1，采用这种发送通知的方式时，参数 ulValue 的值未使用，在某些场景中可以代替信号量通信，并且执行速度更快。

代码清单 20-2（11）：将被通知任务的通知值设置为 ulValue，无论任务是否还有通知，都覆盖当前任务通知值。这种方法是覆盖写入，使用这种方法，可以在某些场景下代替 xQueueoverwrite() 函数，执行速度更快。

代码清单 20-2（12）：如果被通知任务当前没有通知，则被通知任务的通知值设置为 ulValue；在某些场景下替代队列长度为 1 的 xQueuesend()，并且执行速度更快。

代码清单 20-2（13）：如果被通知任务还没取走上一个通知，本次发送通知，任务又接收到了一个通知，则这次的通知值将被丢弃，在这种情况下，函数调用失败并返回 pdFALSE。

代码清单 20-2（14）：发送通知但不更新通知值，这意味着参数 ulValue 未使用。

代码清单 20-2（15）：如果被通知的任务由于等待任务通知而挂起，系统将唤醒任务，将任务从阻塞列表中移除，添加到就绪列表中。

代码清单 20-2（16）：如果刚刚唤醒的任务优先级比当前任务高，就进行一次任务切换。

xTaskGenericNotify() 函数是一个通用的任务通知发送函数，在任务中发送通知的 API 函数，如 xTaskNotifyGive()、xTaskNotify()、xTaskNotifyAndQuery()，都是以 xTaskGenericNotify() 为原型的，只不过指定的发生方式不同而已。

1. xTaskNotifyGive()

xTaskNotifyGive() 是一个宏，宏展开是调用函数 xTaskNotify((xTaskToNotify), (0), eIncrement)，即向一个任务发送通知，并将对方的任务通知值加 1。该函数可以作为二值信号量和计数信号量的一种轻量型的实现，速度更快。在这种情况下，对象任务在等待任务通知时应该使用函数 ulTaskNotifyTake() 而不是 xTaskNotifyWait()。xTaskNotifyGive() 不能在中断中使用，而是使用具有中断保护功能的 vTaskNotifyGiveFromISR() 来代替。该函数的具体说明如表 20-1 所示，应用举例参见代码清单 20-3 中加粗部分。

表 20-1 xTaskNotifyGive() 函数说明

函数原型	#define xTaskNotifyGive(xTaskToNotify) xTaskGenericNotify((xTaskToNotify), (0), eIncrement, NULL)	
功　　能	用于在任务中向指定任务发送任务通知，并更新对方的任务通知值（加 1 操作）	
参　　数	xTaskToNotify	接收通知的任务句柄，并其自身的任务通知值加 1
返 回 值	总是返回 pdPASS	

代码清单 20-3　xTaskNotifyGive() 函数实例

```
1 /* 函数声明 */
2 static void prvTask1( void *pvParameters );
```

```
 3  static void prvTask2( void *pvParameters );
 4
 5  /* 定义任务句柄 */
 6  static TaskHandle_t xTask1 = NULL, xTask2 = NULL;
 7
 8  /* 主函数：创建两个任务，然后开始任务调度 */
 9  void main( void )
10  {
11      xTaskCreate(prvTask1, "Task1", 200, NULL, tskIDLE_PRIORITY, &xTask1);
12      xTaskCreate(prvTask2, "Task2", 200, NULL, tskIDLE_PRIORITY, &xTask2);
13      vTaskStartScheduler();
14  }
15  /*--------------------------------------------------------------*/
16
17  static void prvTask1( void *pvParameters )
18  {
19      for ( ;; ) {
20          /* 向 prvTask2() 发送一个任务通知，让其退出阻塞状态 */
21          xTaskNotifyGive( xTask2 );
22
23          /* 阻塞在 prvTask2() 的任务通知上
24          如果没有收到通知，则一直等待 */
25          ulTaskNotifyTake( pdTRUE, portMAX_DELAY );
26      }
27  }
28  /*--------------------------------------------------------------*/
29
30  static void prvTask2( void *pvParameters )
31  {
32      for ( ;; ) {
33          /* 阻塞在 prvTask1() 的任务通知上
34          如果没有收到通知，则一直等待 */
35          ulTaskNotifyTake( pdTRUE, portMAX_DELAY );
36
37          /* 向 prvTask1() 发送一个任务通知，让其退出阻塞状态 */
38          xTaskNotifyGive( xTask1 );
39      }
40  }
```

2. vTaskNotifyGiveFromISR()

vTaskNotifyGiveFromISR() 是 vTaskNotifyGive() 的中断保护版本。用于在中断中向指定任务发送任务通知，并更新对方的任务通知值（加 1 操作），在某些场景中可以替代信号量操作，因为这两个通知都是不带有通知值的。该函数的具体说明如表 20-2 所示：

表 20-2   vTaskNotifyGiveFromISR() 函数说明

函 数 原 型	void vTaskNotifyGiveFromISR(TaskHandle_t xTaskToNotify, BaseType_t *pxHigherPriorityTaskWoken);	
功　　能	用于在中断中向一个任务发送任务通知，并更新对方的任务通知值（加 1 操作）	
参　　数	xTaskToNotify	接收通知的任务句柄，并让其自身的任务通知值加 1

（续）

参　数	pxHigherPriorityTaskWoken	*pxHigherPriorityTaskWoken 在使用之前必须先初始化为 pdFALSE。当调用该函数发送一个任务通知时，目标任务接收到通知后将从阻塞态变为就绪态，并且如果其优先级比当前运行的任务的优先级高，那么 *pxHigherPriorityTaskWoken 会被设置为 pdTRUE，然后在中断退出前执行一次上下文切换，去执行刚刚被唤醒的中断优先级较高的任务。pxHigherPriorityTaskWoken 是一个可选的参数，可以设置为 NULL
返 回 值	无	

　　从上面的函数说明我们大概知道了 vTaskNotifyGiveFromISR() 函数的作用，每次调用该函数都会增加任务的通知值，任务通过检查接收函数返回值是否大于 0，判断是否获取到了通知，任务通知值初始化为 0，则对应为信号量无效（如果与信号量对比）。当中断调用 vTaskNotifyGiveFromISR() 通知函数给任务时，任务的通知值增加，使其大于 0，其表示的通知值变为有效，任务获取有效的通知值后将会被恢复。那么该函数是如何实现的呢？下面一起来看一看 vTaskNotifyGiveFromISR() 函数的源码及实例，具体参见代码清单 20-4 及代码清单 20-5。

代码清单 20-4　vTaskNotifyGiveFromISR() 源码

```
1 #if( configUSE_TASK_NOTIFICATIONS == 1 )
2
3 void vTaskNotifyGiveFromISR( TaskHandle_t xTaskToNotify,
4                              BaseType_t *pxHigherPriorityTaskWoken )
5 {
6     TCB_t * pxTCB;
7     uint8_t ucOriginalNotifyState;
8     UBaseType_t uxSavedInterruptStatus;
9
10    configASSERT( xTaskToNotify );
11
12    portASSERT_IF_INTERRUPT_PRIORITY_INVALID();
13
14    pxTCB = ( TCB_t * ) xTaskToNotify;
15
16    // 进入中断
17    uxSavedInterruptStatus = portSET_INTERRUPT_MASK_FROM_ISR();
18    {
19        // 保存任务通知的原始状态，
20        // 看任务是否在等待通知，以便在发送通知后恢复任务
21        ucOriginalNotifyState = pxTCB->ucNotifyState;              (1)
22
23        /* 不管状态是怎样的，现在发送通知，任务将收到通知 */
24        pxTCB->ucNotifyState = taskNOTIFICATION_RECEIVED;          (2)
25
26        /* 通知值自加，类似于信号量的释放 */
27        ( pxTCB->ulNotifiedValue )++;                              (3)
28
29        traceTASK_NOTIFY_GIVE_FROM_ISR();
30
31        /* 如果任务在阻塞等待通知 */
```

```
32              if ( ucOriginalNotifyState == taskWAITING_NOTIFICATION )        {(4)
33                  // 如果任务调度器正在运行
34                  if ( uxSchedulerSuspended == ( UBaseType_t ) pdFALSE ) {
35                      /* 唤醒任务，将任务从阻塞列表中移除，添加到就绪列表中 */
36                      ( void ) uxListRemove( &( pxTCB->xStateListItem ) );        (5)
37                      prvAddTaskToReadyList( pxTCB );
38                  } else {
39                      /* 调度器处于挂起状态，中断依然正常发生，但是不能直接操作就绪列表
40                         将任务加入到就绪挂起列表，任务调度恢复后会移动到就绪列表 */
41                      vListInsertEnd( &( xPendingReadyList ),
42                                      &( pxTCB->xEventListItem ) );               (6)
43                  }
44
45                  /* 如果刚刚唤醒的任务优先级比当前任务高，
46                     则设置上下文切换标识，等退出函数后手动切换上下文，
47                     或者在系统节拍中断服务程序中自动切换上下文 */
48                  if ( pxTCB->uxPriority > pxCurrentTCB->uxPriority )             {(7)
49                      //
50                      /* 设置返回参数，表示需要任务切换。在退出中断前进行任务切换 */
51                      if ( pxHigherPriorityTaskWoken != NULL ) {
52                          *pxHigherPriorityTaskWoken = pdTRUE;                     (8)
53                      } else {
54                          /* 设置自动切换标志 */
55                          xYieldPending = pdTRUE;                                  (9)
56                      }
57                  } else {
58                      mtCOVERAGE_TEST_MARKER();
59                  }
60              }
61          }
62      portCLEAR_INTERRUPT_MASK_FROM_ISR( uxSavedInterruptStatus );
63  }
64
65  #endif
```

代码清单 20-4（1）：保存任务通知的原始状态，看任务是否处于等待通知的阻塞态，以便在中断发送通知完成后恢复任务。

代码清单 20-4（2）：不管状态是怎样的，现在发送通知，任务将收到通知。

代码清单 20-4（3）：通知值自加，类似于信号量的释放操作。

代码清单 20-4（4）：任务在阻塞等待通知，并且系统调度器处于运行状态。

代码清单 20-4（5）：满足（4）中条件，将唤醒任务，并将任务从阻塞列表中移除，添加到就绪列表中。

代码清单 20-4（6）：调度器处于挂起状态，中断依然正常发生，但是不能直接操作就绪列表，将任务加入到就绪挂起列表，任务调度恢复后会移动到就绪列表中。

代码清单 20-4（7）：如果刚刚唤醒的任务优先级比当前任务高，则设置上下文切换标识，等退出函数后手动切换上下文，或者在系统节拍中断服务程序中自动切换上下文。

代码清单 20-4（8）：设置返回参数，表示需要任务切换。在退出中断前进行任务切换。

代码清单 20-4 (9): 如果未设置返回参数, 则应设置自动切换标志。

代码清单 20-5　vTaskNotifyGiveFromISR() 函数实例

```
1  static TaskHandle_t xTaskToNotify = NULL;
2
3  /* 外设驱动的数据传输函数 */
4  void StartTransmission( uint8_t *pcData, size_t xDataLength )
5  {
6      /* 此时 xTaskToNotify 应为 NULL, 因为发送并没有进行。
7      如果有必要, 对外设的访问可以用互斥量来保护 */
8      configASSERT( xTaskToNotify == NULL );
9
10     /* 获取调用函数 StartTransmission() 的任务句柄 */
11     xTaskToNotify = xTaskGetCurrentTaskHandle();
12
13     /* 开始传输, 当数据传输完成时产生一个中断 */
14     vStartTransmit( pcData, xDatalength );
15 }
16 /*-----------------------------------------------------------*/
17 /* 数据传输完成中断 */
18 void vTransmitEndISR( void )
19 {
20     BaseType_t xHigherPriorityTaskWoken = pdFALSE;
21
22     /* 此时, xTaskToNotify 不应该为 NULL, 因为数据传输已经开始 */
23     configASSERT( xTaskToNotify != NULL );
24
25     /* 通知任务传输已经完成 */
26     vTaskNotifyGiveFromISR( xTaskToNotify, &xHigherPriorityTaskWoken );
27
28     /* 传输已经完成, 所以没有任务需要通知 */
29     xTaskToNotify = NULL;
30
31     /* 如果为 pdTRUE, 则进行一次上下文切换 */
32     portYIELD_FROM_ISR( xHigherPriorityTaskWoken );
33 }
34 /*-----------------------------------------------------------*/
35 /* 任务: 启动数据传输, 然后进入阻塞态, 直到数据传输完成 */
36 void vAFunctionCalledFromATask( uint8_t ucDataToTransmit,
37 size_t xDataLength )
38 {
39     uint32_t ulNotificationValue;
40     const TickType_t xMaxBlockTime = pdMS_TO_TICKS( 200 );
41
42     /* 调用上面的函数 StartTransmission() 启动传输 */
43     StartTransmission( ucDataToTransmit, xDataLength );
44
45     /* 等待传输完成 */
46     ulNotificationValue = ulTaskNotifyTake( pdFALSE, xMaxBlockTime );
47
48     /* 当传输完成时, 会产生一个中断
49     在中断服务函数中调用 vTaskNotifyGiveFromISR() 向启动数据
50     传输的任务发送一个任务通知, 并将对象任务的任务通知值加 1。
```

```
51      任务通知值在任务创建时是初始化为 0 的，当接收到任务后就变成 1 */
52      if ( ulNotificationValue == 1 ) {
53          /* 传输按预期完成 */
54      } else {
55          /* 调用函数 ulTaskNotifyTake() 超时 */
56      }
57 }
```

3. xTaskNotify()

FreeRTOS 中每个任务都有一个 32 位的变量用于实现任务通知，在任务创建时初始化为 0。这个 32 位的通知值在任务控制块（TCB）中定义，具体参见代码清单 20-6。xTaskNotify() 用于在任务中直接向另外一个任务发送一个事件，接收到该任务通知的任务有可能解锁。如果想使用任务通知来实现二值信号量和计数信号量，那么应该使用更加简单的函数 xTask-NotifyGive()，而不是使用 xTaskNotify()。xTaskNotify() 函数在发送任务通知时会指定一个通知值，并且用户可以指定通知值发送的方式。

代码清单 20-6　任务通知在任务控制块中的定义

```
1 #if( configUSE_TASK_NOTIFICATIONS == 1 )
2 volatileuint32_t ulNotifiedValue;
3 volatileuint8_t ucNotifyState;
4 #endif
```

该函数不能在中断中使用，而是使用具有中断保护功能的函数 xTaskNotifyFromISR()。xTask-Notify() 函数的具体说明如表 20-3 所示，应用举例参见代码清单 20-7。

表 20-3　xTaskNotify() 函数说明

函 数 原 型	BaseType_t xTaskNotify(TaskHandle_t xTaskToNotify, uint32_t ulValue, eNotifyAction eAction);	
功　　能	向指定的任务发送一个任务通知，带有通知值并且用户可以指定通知值的发送方式	
参　　数	xTaskToNotify	需要接收通知的任务句柄
	ulValue	用于更新接收任务通知的任务通知值，具体如何更新由形参 eAction 决定
	eAction	任务通知值的更新方式，具体如表 20-4 所示
返 回 值	参数 eAction 为 eSetValueWithoutOverwrite 时，如果被通知任务还没取走上一个通知，又接收到了一个通知，则这次通知值未能更新并返回 pdFALSE，而其他情况均返回 pdPASS	

表 20-4　任务通知值的状态

eAction 取值	含　　义
eNoAction	对象任务接收任务通知，但是任务自身的任务通知值不更新，即形参 ulValue 没有用
eSetBits	对象任务接收任务通知，同时任务自身的任务通知值与 ulValue 按位或。如果 ulValue 设置为 0x01，那么任务的通知值的位 0 将被置为 1。同样地，如果 ulValue 设置为 0x04，那么任务的通知值的位 2 将被置为 1 在这种方式下，任务通知可以看作事件标志的一种轻量型的实现，速度更快
eIncrement	对象任务接收任务通知，任务自身的任务通知值加 1，即形参 ulValue 没有用。这时调用 xTaskNotify() 等同于调用 xTaskNotifyGive()

（续）

eAction 取值	含　义
eSetValueWithOverwrite	对象任务接收任务通知，且任务自身的任务通知值会无条件的被设置为 ulValue 在这种方式下，任务通知可以看作函数 xQueueOverwrite() 的一种轻量型的实现，速度更快
eSetValueWithoutOverwrite	对象任务接收任务通知，且对象任务没有通知值，那么通知值就会被设置为 ulValue 对象任务接收任务通知，但是上一次接收到的通知值并没有取走，那么本次的通知值将不会更新，同时函数返回 pdFALSE 在这种方式下，任务通知可以看作函数 xQueueSend() 应用在队列深度为 1 的队列上的一种轻量型实现，速度更快

代码清单 20-7　xTaskNotify() 函数实例

```
1  /* 设置任务 xTask1Handle 的任务通知值的位 8 为 1*/
2  xTaskNotify( xTask1Handle, ( 1UL << 8UL ), eSetBits );
3
4  /* 向任务 xTask2Handle 发送一个任务通知，
5  有可能会解除该任务的阻塞状态，但是并不会更新该任务自身的任务通知值 */
6  xTaskNotify( xTask2Handle, 0, eNoAction );
7
8
9  /* 向任务 xTask3Handle 发送一个任务通知，
10 并把该任务自身的任务通知值更新为 0x50，
11 即使在该任务的上一次的任务通知还没有读取的情况下
12 依然覆盖写 */
13 xTaskNotify( xTask3Handle, 0x50, eSetValueWithOverwrite );
14
15 /* 向任务 xTask4Handle 发送一个任务通知，
16 并把该任务自身的任务通知值更新为 0xfff，
17 但是并不会覆盖该任务之前接收到的任务通知值 */
18 if(xTaskNotify(xTask4Handle,0xfff,eSetValueWithoutOverwrite)==pdPASS )
19 {
20     /* 任务 xTask4Handle 的任务通知值已经更新 */
21 } else
22 {
23     /* 任务 xTask4Handle 的任务通知值没有更新
24     即上一次的通知值还没有被取走 */
25 }
```

4. xTaskNotifyFromISR()

xTaskNotifyFromISR() 是 xTaskNotify() 的中断保护版本，真正起作用的函数是中断发送任务通知通用函数 xTaskGenericNotifyFromISR()，而 xTaskNotifyFromISR() 是一个宏定义，其原型具体参见代码清单 20-8，用于在中断中向指定的任务发送一个任务通知，该任务通知带有通知值，并且用户可以指定通知的发送方式，不返回上一个任务的通知值。函数的具体说明如表 20-5 所示。

代码清单 20-8　xTaskNotifyFromISR() 函数原型

```
1 #define xTaskNotifyFromISR( xTaskToNotify,        \
2                 ulValue,                           \
3                 eAction,                           \
```

```
4                       pxHigherPriorityTaskWoken )                        \
5          xTaskGenericNotifyFromISR( ( xTaskToNotify ),                   \
6                                     ( ulValue ),                         \
7                                     ( eAction ),                         \
8                                        NULL,                             \
9                                     ( pxHigherPriorityTaskWoken ) )
```

表 20-5　xTaskNotifyFromISR() 函数说明

函 数 原 型	BaseType_t xTaskNotifyFromISR(TaskHandle_t xTaskToNotify, uint32_t ulValue, eNotifyAction eAction, BaseType_t *pxHigherPriorityTaskWoken);	
功　　能	在中断中向指定的任务发送一个任务通知	
参　　数	xTaskToNotify	指定接收通知的任务句柄
	ulValue	用于更新接收任务通知的任务通知值，具体如何更新，由形参 eAction 决定
	eAction	任务通知值的状态，具体如表 20-4 所示
	pxHigherPriorityTaskWoken	*pxHigherPriorityTaskWoken 在使用之前必须先初始化为 pdFALSE。当调用该函数发送一个任务通知时，目标任务接收到通知后将从阻塞态变为就绪态，并且如果其优先级比当前运行的任务的优先级高，那么 *pxHigherPriorityTaskWoken 会被设置为 pdTRUE，然后在中断退出前执行一次上下文切换，去执行刚刚被唤醒的中断优先级较高的任务。pxHigher-PriorityTaskWoken 是一个可选的参数，可以设置为 NULL
返　回　值	参数 eAction 为 eSetValueWithoutOverwrite 时，如果被通知任务还没取走上一个通知，又接收到了一个通知，则这次通知值未能更新并返回 pdFALSE，其他情况均返回 pdPASS	

5. 中断中发送任务通知通用函数 xTaskGenericNotifyFromISR()

　　xTaskGenericNotifyFromISR() 是一个在中断中发送任务通知的通用函数，xTaskNotify-FromISR()、xTaskNotifyAndQueryFromISR() 等函数都是以此函数为基础，采用宏定义的方式实现。xTaskGenericNotifyFromISR() 的源码具体参见代码清单 20-9。

代码清单 20-9　xTaskGenericNotifyFromISR() 源码

```
 1  #if( configUSE_TASK_NOTIFICATIONS == 1 )
 2
 3  BaseType_t xTaskGenericNotifyFromISR( TaskHandle_t xTaskToNotify,            (1)
 4                              uint32_t ulValue,                               (2)
 5                              eNotifyAction eAction,                          (3)
 6                              uint32_t *pulPreviousNotificationValue,         (4)
 7                              BaseType_t *pxHigherPriorityTaskWoken )         (5)
 8  {
 9      TCB_t * pxTCB;
10      uint8_t ucOriginalNotifyState;
11      BaseType_t xReturn = pdPASS;
12      UBaseType_t uxSavedInterruptStatus;
13
14      configASSERT( xTaskToNotify );
15
16      portASSERT_IF_INTERRUPT_PRIORITY_INVALID();
17
```

```
18      pxTCB = ( TCB_t * ) xTaskToNotify;
19
20      /* 进入中断临界区 */
21      uxSavedInterruptStatus = portSET_INTERRUPT_MASK_FROM_ISR();            (6)
22      {
23          if ( pulPreviousNotificationValue != NULL ) {
24          /* 回传未被更新的任务通知值 */
25              *pulPreviousNotificationValue = pxTCB->ulNotifiedValue;        (7)
26          }
27
28          // 保存任务通知的原始状态,
29          // 看任务是否在等待通知, 以便在发送通知后恢复任务
30          ucOriginalNotifyState = pxTCB->ucNotifyState;                      (8)
31
32          /* 不管状态是怎么样的, 现在发送通知, 任务将收到通知 */
33          pxTCB->ucNotifyState = taskNOTIFICATION_RECEIVED;                  (9)
34
35          /* 指定更新任务通知的方式 */
36          switch ( eAction ) {                                              (10)
37          /* 通知值按位与 ulValue 进行或运算
38          使用这种方法可以在某些场景下代替事件组, 但执行速度更快 */
39          case eSetBits:                                                    (11)
40              pxTCB->ulNotifiedValue |= ulValue;
41              break;
42
43          /* 被通知任务的通知值增加 1, 这种发送通知的方式下, 参数 ulValue 未使用,
44          在某些场景下可以代替信号量, 执行速度更快 */
45          case eIncrement:                                                  (12)
46              ( pxTCB->ulNotifiedValue )++;
47              break;
48
49          /* 将被通知任务的通知值设置为 ulValue。无论任务是否还有通知,
50          都覆盖当前任务通知值。使用这种方法,
51          可以在某些场景下代替 xQueueoverwrite() 函数, 但执行速度更快 */
52          case eSetValueWithOverwrite:                                      (13)
53              pxTCB->ulNotifiedValue = ulValue;
54              break;
55
56          // 采用不覆盖发送任务通知的方式
57          case eSetValueWithoutOverwrite :                                  (14)
58              /*   如果被通知任务当前没有通知, 则被通知任务的通知值设置为 ulValue;
59              在某些场景下替代长度为 1 的 xQueuesend(), 但速度更快 */
60              if ( ucOriginalNotifyState != taskNOTIFICATION_RECEIVED ) {
61                  pxTCB->ulNotifiedValue = ulValue;
62              } else {
63                  /* 如果被通知任务还没取走上一个通知, 本次发送通知,
64                  任务又接收到了一个通知, 则这次通知值被丢弃,
65                  在这种情况下, 函数调用失败并返回 pdFAIL*/
66                  xReturn = pdFAIL;                                         (15)
67              }
68              break;
69
70          case eNoAction :
71              /*   退出 */
```

```
72                    break;
73                }
74
75            traceTASK_NOTIFY_FROM_ISR();
76
77            /* 如果任务在等待通知并且处于阻塞态 */
78            if ( ucOriginalNotifyState == taskWAITING_NOTIFICATION )        (16)
79                // 如果任务调度器在运行状态，则表示可用操作就绪级列表
80                if ( uxSchedulerSuspended == ( UBaseType_t ) pdFALSE ) {
81                    /* 唤醒任务，将任务从阻塞列表中移除，添加到就绪列表中 */
82                    ( void ) uxListRemove( &( pxTCB->xStateListItem ) );
83                    prvAddTaskToReadyList( pxTCB );                         (17)
84                } else {
85                    /* 调度器处于挂起状态，中断依然正常发生，但是不能直接操作就绪列表
86                       将任务加入就绪挂起列表，任务调度恢复后会移动到就绪列表 */
87                    vListInsertEnd( &( xPendingReadyList ),
88                        &( pxTCB->xEventListItem ) );                       (18)
89                }
90                /* 如果刚刚唤醒的任务优先级比当前任务高，
91                   则设置上下文切换标识，等退出函数后手动切换上下文，
92                   或者自动切换上下文 */
93                if ( pxTCB->uxPriority > pxCurrentTCB->uxPriority ) {       (19)
94
95                    if ( pxHigherPriorityTaskWoken != NULL ) {
96                        /* 设置返回参数，表示需要切换任务，在退出中断前进行任务切换 */
97                        *pxHigherPriorityTaskWoken = pdTRUE;                (20)
98                    } else {
99                        /* 设置自动切换标志，等高优先级任务释放 CPU 使用权 */
100                       xYieldPending = pdTRUE;                             (21)
101                   }
102               } else {
103                   mtCOVERAGE_TEST_MARKER();
104               }
105           }
106       }
107       /* 离开中断临界区 */
108       portCLEAR_INTERRUPT_MASK_FROM_ISR( uxSavedInterruptStatus );        (22)
109
110       return xReturn;
111 }
112
113 #endif
```

代码清单 20-9（1）：指定接收通知的任务句柄。

代码清单 20-9（2）：用于更新接收任务通知值，具体如何更新由形参 eAction 决定。

代码清单 20-9（3）：任务通知值更新方式。

代码清单 20-9（4）：用于保存上一个任务通知值。

代码清单 20-9（5）：*pxHigherPriorityTaskWoken 在使用之前必须先初始化为 pdFALSE。当调用该函数发送一个任务通知时，目标任务接收到通知后将从阻塞态变为就绪态，并且如果其优先级比当前运行的任务的优先级高，那么 *pxHigherPriorityTaskWoken 会被设置为

pdTRUE，然后在中断退出前执行一次上下文切换，去执行刚刚被唤醒的中断优先级较高的任务。pxHigherPriorityTaskWoken 是一个可选的参数，可以设置为 NULL。

代码清单 20-9（6）：进入中断临界区。

代码清单 20-9（7）：如果 pulPreviousNotificationValue 参数不为空，就需要返回上一次的任务通知值。

代码清单 20-9（8）：保存任务通知的原始状态，看任务是否在等待通知，以便在发送通知后恢复任务。

代码清单 20-9（9）：不管当前任务通知的状态是怎样的，现在调用发送通知函数。任务通知肯定是发送到指定任务，那么任务通知的状态就设置为收到任务通知。

代码清单 20-9（10）：指定更新任务通知的方式。

代码清单 20-9（11）：通知值与原本的通知值按位或，使用这种方法可以在某些场景下代替事件组，执行速度更快。

代码清单 20-9（12）：被通知任务的通知值增加 1，采用这种发送通知的方式时，参数 ulValue 的值未使用，在某些场景下可以代替信号量通信，并且执行速度更快。

代码清单 20-9（13）：将被通知任务的通知值设置为 ulValue，无论任务是否还有通知，都覆盖当前任务通知值。这种方法是覆盖写入，使用这种方法，可以在某些场景下代替 xQueueoverwrite() 函数，执行速度更快。

代码清单 20-9（14）：采用不覆盖发送任务通知的方式，如果被通知任务当前没有通知，则被通知任务的通知值设置为 ulValue；在某些场景下替代队列长度为 1 的 xQueuesend()，并且执行速度更快。

代码清单 20-9（15）：如果被通知任务还没取走上一个通知，本次发送通知，任务又接收到了一个通知，则这次通知值将被丢弃，在这种情况下，函数调用失败并返回 pdFAIL。

代码清单 20-9（16）：任务在等待通知并且处于阻塞态。

代码清单 20-9（17）：如果任务调度器在运行状态，表示可用操作就绪级列表。那么系统将唤醒任务，将任务从阻塞列表中移除，添加到就绪列表中。

代码清单 20-9（18）：如果调度器处于挂起状态，中断依然正常发生，但是不能直接操作就绪列表，系统会将任务加入就绪挂起列表，任务调度恢复后会将在该列表的任务移动到就绪列表中。

代码清单 20-9（19）：如果刚刚唤醒的任务优先级比当前任务高，则设置上下文切换标识，等退出函数后手动切换上下文，或者按照任务优先级自动切换上下文。

代码清单 20-9（20）：设置返回参数，表示需要任务切换，在退出中断前进行任务切换。

代码清单 20-9（21）：设置自动切换标志，等高优先级任务释放 CPU 使用权。

代码清单 20-9（22）：离开中断临界区。

xTaskNotifyFromISR() 函数的使用很简单，具体参见代码清单 20-10 中加粗部分。

代码清单 20-10　xTaskNotifyFromISR() 实例

```
1 /* 中断：向一个任务发送任务通知，并根据不同的中断将目标任务的
2 任务通知值的相应位置 1 */
3 void vANInterruptHandler( void )
```

```
 4 {
 5     BaseType_t xHigherPriorityTaskWoken;
 6     uint32_t ulStatusRegister;
 7
 8     /* 读取中断状态寄存器，判断到来的是哪个中断。
 9     这里假设了 Rx 中断、Tx 中断和缓冲区溢出中断 */
10     ulStatusRegister = ulReadPeripheralInterruptStatus();
11
12     /* 清除中断标志位 */
13     vClearPeripheralInterruptStatus( ulStatusRegister );
14
15     /* xHigherPriorityTaskWoken 在使用之前必须初始化为 pdFALSE
16     如果调用函数 xTaskNotifyFromISR() 解锁了接收该通知的任务，
17     而且该任务的优先级比当前运行的任务的优先级高，那么
18     xHigherPriorityTaskWoken 就会自动被设置为 pdTRUE*/
19     xHigherPriorityTaskWoken = pdFALSE;
20
21     /* 向任务 xHandlingTask 发送任务通知，并将其任务通知值
22     与 ulStatusRegister 的值相或，这样可以不改变任务通知其他位的值 */
23     xTaskNotifyFromISR( xHandlingTask,
24                         ulStatusRegister,
25                         eSetBits,
26                         &xHigherPriorityTaskWoken );
27
28     /* 如果 xHigherPriorityTaskWoken 的值为 pdTRUE,
29     则执行一次上下文切换 */
30     portYIELD_FROM_ISR( xHigherPriorityTaskWoken );
31 }
32 /* ------------------------------------------------------------ */
33
34
35 /* 任务: 等待任务通知，然后处理相关的操作 */
36 void vHandlingTask( void *pvParameters )
37 {
38     uint32_t ulInterruptStatus;
39
40     for ( ;; ) {
41         /* 等待任务通知，无限期阻塞（没有超时，所以没有必要检查函数返回值）*/
42         xTaskNotifyWait( 0x00,        /* 在进入时不清除通知值的任何位 */
43                         ULONG_MAX, /* 在退出时复位通知值为 0 */
44                         &ulNotifiedValue, /* 任务通知值传递到变量
45                                 ulNotifiedValue 中 */
46                         portMAX_DELAY );  /* 无限期等待 */
47
48         /* 根据任务通知值中各个位的值处理事件 */
49         if ( ( ulInterruptStatus & 0x01 ) != 0x00 ) {
50             /* Rx 中断 */
51             prvProcessRxInterrupt();
52         }
53
54         if ( ( ulInterruptStatus & 0x02 ) != 0x00 ) {
55             /* Tx 中断 */
56             prvProcessTxInterrupt();
57         }
```

```
58
59              if ( ( ulInterruptStatus & 0x04 ) != 0x00 ) {
60                  /* 缓冲区溢出中断 */
61                  prvClearBufferOverrun();
62              }
63      }
64 }
```

6. xTaskNotifyAndQuery()

xTaskNotifyAndQuery() 与 xTaskNotify() 很像，都是调用通用的任务通知发送函数 xTask-GenericNotify() 来实现通知的发送，不同的是多了一个附加的参数 pulPreviousNotifyValue 用于回传接收任务的上一个通知值，函数原型具体参见代码清单 20-11。xTaskNotifyAndQuery() 函数不能用在中断中，而是必须使用带中断保护功能的 xTaskNotifyAndQueryFromISR() 来代替。该函数的具体说明如表 20-6 所示，应用举例参见代码清单 20-12 中加粗部分。

代码清单 20-11　xTaskNotifyAndQuery() 函数原型

```
1 #define xTaskNotifyAndQuery( xTaskToNotify,                      \
2                               ulValue,                            \
3                               eAction,                            \
4                               pulPreviousNotifyValue )            \
5        xTaskGenericNotify( ( xTaskToNotify ),                     \
6                            ( ulValue ),                           \
7                            ( eAction ),                           \
8                            ( pulPreviousNotifyValue ) )
```

表 20-6　xTaskNotifyAndQuery() 函数说明

函 数 原 型	BaseType_t xTaskNotifyAndQuery(TaskHandle_t xTaskToNotify, uint32_t ulValue, eNotifyActioneAction, uint32_t *pulPreviousNotifyValue);	
功　　能	向指定的任务发送一个任务通知，并返回对象任务的上一个通知值	
参　　数	xTaskToNotify	需要接收通知的任务句柄
	ulValue	用于更新接收任务通知的任务通知值，具体如何更新由形参 eAction 决定
	eAction	任务通知值更新方式，具体如表 20-4 所示
	pulPreviousNotifyValue	对象任务的上一个任务通知值，如果为 NULL，则不需要回传，这时就等价于函数 xTaskNotify()
返　回　值	参数 eAction 为 eSetValueWithoutOverwrite 时，如果被通知任务还未取走上一个通知，又接收到了一个通知，则这次通知值未能更新并返回 pdFALSE，其他情况均返回 pdPASS	

代码清单 20-12　xTaskNotifyAndQuery() 函数实例

```
1 uint32_t ulPreviousValue;
2
3 /* 设置对象任务 xTask1Handle 的任务通知值的位 8 为 1,
4 在更新位 8 的值之前把任务通知值回传并存储在变量 ulPreviousValue 中 */
5 xTaskNotifyAndQuery( xTask1Handle, ( 1UL << 8UL ), eSetBits, &ulPreviousValue );
6
7
8 /* 向对象任务 xTask2Handle 发送一个任务通知，有可能解除对象任务的阻塞状态,
```

```
 9 但是不更新对象任务的通知值,并将对象任务的通知值存储在变量 ulPreviousValue 中 */
10 xTaskNotifyAndQuery( xTask2Handle, 0, eNoAction, &ulPreviousValue );
11
12 /* 覆盖式设置对象任务的任务通知值为 0x50,
13 且对象任务的任务通知值不用回传,则最后一个形参设置为 NULL */
14 xTaskNotifyAndQuery( xTask3Handle, 0x50, eSetValueWithOverwrite,  NULL );
15
16 /* 设置对象任务的任务通知值为 0xffff,但是并不会覆盖对象任务通过
17 xTaskNotifyWait() 和 ulTaskNotifyTake() 这两个函数获取到的已经存在
18 的任务通知值。对象任务的前一个任务通知值存储在变量 ulPreviousValue 中 */
19 if ( xTaskNotifyAndQuery( xTask4Handle,
20                           0xffff,
21                           eSetValueWithoutOverwrite,
22                           &ulPreviousValue ) == pdPASS )
23 {
24 /* 任务通知值已经更新 */
25 } else
26 {
27     /* 任务通知值没有更新 */
28 }
```

7. xTaskNotifyAndQueryFromISR()

xTaskNotifyAndQueryFromISR() 是 xTaskNotifyAndQuery() 的中断版本,用于向指定的任务发送一个任务通知,并返回对象任务的上一个通知值。该函数也是一个宏定义,真正实现发送通知的是 xTaskGenericNotifyFromISR()。xTaskNotifyAndQueryFromISR() 函数说明如表 20-7 所示,使用实例具体参见代码清单 20-13。

表 20-7　xTaskNotifyAndQueryFromISR() 函数说明

函数原型	BaseType_t xTaskNotifyAndQueryFromISR(TaskHandle_t xTaskToNotify, uint32_t ulValue, eNotifyAction eAction, uint32_t *pulPreviousNotifyValue, BaseType_t *pxHigherPriorityTaskWoken);	
功　能	在中断中向指定的任务发送一个任务通知,并返回对象任务的上一个通知值	
参　数	xTaskToNotify	需要接收通知的任务句柄
	ulValue	用于更新接收任务通知的任务通知值,具体如何更新由形参 eAction 决定
	eAction	任务通知值的状态,具体如表 20-4 所示
	pulPreviousNotifyValue	对象任务的上一个任务通知值。如果为 NULL,则不需要回传
	pxHigherPriorityTaskWoken	*pxHigherPriorityTaskWoken 在使用之前必须先初始化为 pdFALSE。当调用该函数发送一个任务通知时,目标任务接收到通知后将从阻塞态变为就绪态,并且如果其优先级比当前运行的任务的优先级高,那么 *pxHigherPriorityTaskWoken 会被设置为 pdTRUE,然后在中断退出前执行一次上下文切换,去执行刚刚被唤醒的中断优先级较高的任务。pxHigherPriorityTaskWoken 是一个可选的参数,可以设置为 NULL
返 回 值	参数 eAction 为 eSetValueWithoutOverwrite 时,如果被通知任务还未取走上一个通知,又接收到了一个通知,则这次通知值未能更新并返回 pdFALSE,其他情况均返回 pdPASS	

代码清单 20-13　xTaskNotifyAndQueryFromISR() 函数实例

```
1 void vAnISR( void )
2 {
3 /* xHigherPriorityTaskWoken 在使用之前必须设置为 pdFALSE */
4     BaseType_t xHigherPriorityTaskWoken = pdFALSE.
5                                        uint32_t ulPreviousValue;
6
7     /* 设置目标任务 xTask1Handle 的任务通知值的位 8 为 1
8     在任务通知值的位 8 被更新之前，把上一次的值存储在变量 ulPreviousValue 中 */
9     xTaskNotifyAndQueryFromISR( xTask1Handle,
10                                 ( 1UL << 8UL ),
11                                 eSetBits,
12                                 &ulPreviousValue,
13                                 &xHigherPriorityTaskWoken );
14
15     /* 如果任务 xTask1Handle 阻塞在任务通知上，那么现在已经被解锁进入就绪态。
16     如果其优先级比当前正在运行的任务的优先级高，则 xHigherPriorityTaskWoken
17     会被设置为 pdTRUE，然后在中断退出前执行一次上下文切换，在中断退出后则去执行这个被唤醒的
        高优先级的任务 */
18
19     portYIELD_FROM_ISR( xHigherPriorityTaskWoken );
20 }
```

20.4.2　获取任务通知函数

既然 FreeRTOS 中有多个发送任务的函数，那么任务如何获取通知呢？任务通知在某些场景中可以替代信号量、消息队列、事件等。获取任务通知函数只能用在任务中，没有带中断保护版本，因此只有两个 API 函数：ulTaskNotifyTake() 和 xTaskNotifyWait ()。前者是为代替二值信号量和计数信号量而专门设计的，它和发送通知 API 函数 xTaskNotifyGive()、vTaskNotifyGiveFromISR() 配合使用；后者是全功能版的等待通知函数，可以根据不同的参数实现轻量级二值信号量、计数信号量、事件组和长度为 1 的队列。

所有的获取任务通知 API 函数都带有指定阻塞超时时间参数，当任务因为等待通知而进入阻塞时，用来指定任务的阻塞时间，这些超时机制与 FreeRTOS 的消息队列、信号量、事件等的超时机制一致。

1. ulTaskNotifyTake()

ulTaskNotifyTake() 作为二值信号量和计数信号量的一种轻量级实现，速度更快。如果在 FreeRTOS 中使用函数 xSemaphoreTake() 来获取信号量，这个时候则可以尝试使用函数 ulTaskNotifyTake() 来代替。

对于这个函数，任务通知值为 0，对应信号量无效；如果任务将设置了阻塞等待，任务将被阻塞挂起。当其他任务或中断发送了通知值使其不为 0 后，通知变为有效，等待通知的任务将获取到通知，并且在退出时根据用户传递的第一个参数 xClearCountOnExit 选择清零通知值或者执行减 1 操作。

ulTaskNotifyTake() 在退出时处理任务的通知值时有两种方法，一种是在函数退出时将通知值清零，这种方法适用于实现二值信号量；另外一种是在函数退出时将通知值减 1，这种

方法适用于实现计数信号量。

当一个任务使用其自身的任务通知值作为二值信号量或者计数信号量时，其他任务应该使用函数 xTaskNotifyGive() 或者 xTaskNotify((xTaskToNotify), (0), eIncrement) 来向其发送信号量。如果是在中断中，则应该使用它们的中断版本函数。该函数的具体说明如表 20-8 所示。

表 20-8　ulTaskNotifyTake() 函数说明

函数原型	uint32_t ulTaskNotifyTake(BaseType_t xClearCountOnExit, TickType_t xTicksToWait);	
功　　能	用于获取一个任务通知，如获取二值信号量、计数信号量类型的任务通知	
参　　数	xClearCountOnExit	设置为 pdFALSE 时，函数 xTaskNotifyTake() 退出前，将任务的通知值减 1，可以用来实现计数信号量；设置为 pdTRUE 时，函数 ulTaskNotifyTake() 退出前，将任务通知值清零，可以用来实现二值信号量
	xTicksToWait	超时时间，单位为系统节拍周期。宏 pdMS_TO_TICKS 用于将毫秒转化为系统节拍数
返　回　值	在任务通知值减 1 或者清零之前，返回任务的当前通知值	

下面一起来看一看 ulTaskNotifyTake() 源码的实现过程，其实也是很简单的，具体参见代码清单 20-14。

代码清单 20-14　ulTaskNotifyTake() 源码

```
1 #if( configUSE_TASK_NOTIFICATIONS == 1 )
2
3 uint32_t ulTaskNotifyTake( BaseType_t xClearCountOnExit,
4                            TickType_t xTicksToWait )
5 {
6     uint32_t ulReturn;
7
8     taskENTER_CRITICAL();              // 进入中断临界区
9     {
10        // 如果通知值为 0，阻塞任务
11        // 默认初始化通知值为 0，说明没有未读通知
12        if ( pxCurrentTCB->ulNotifiedValue == 0UL ) {              (1)
13            /* 标记任务状态：等待消息通知 */
14            pxCurrentTCB->ucNotifyState = taskWAITING_NOTIFICATION;
15
16            // 用户指定超时时间了，那就进入等待状态
17            if ( xTicksToWait > ( TickType_t ) 0 ) {              (2)
18                // 根据用户指定的超时时间将任务添加到延时列表
19                prvAddCurrentTaskToDelayedList( xTicksToWait, pdTRUE );
20                traceTASK_NOTIFY_TAKE_BLOCK();
21
22                // 切换任务
23                portYIELD_WITHIN_API();
24            } else {
25                mtCOVERAGE_TEST_MARKER();
26            }
27        } else {
28            mtCOVERAGE_TEST_MARKER();
```

```
29              }
30          }
31      taskEXIT_CRITICAL();
32          // 执行到这里，说明其他任务或中断向这个任务发送了通知，或者任务阻塞超时，现在继续处理
33      taskENTER_CRITICAL();                                                        (3)
34      {
35          // 获取任务通知值
36          traceTASK_NOTIFY_TAKE();
37          ulReturn = pxCurrentTCB->ulNotifiedValue;
38
39          // 看任务通知是否有效，有效则返回
40          if ( ulReturn != 0UL ) {                                                 (4)
41              // 是否需要清除通知
42              if ( xClearCountOnExit != pdFALSE ) {                                (5)
43                  pxCurrentTCB->ulNotifiedValue = 0UL;
44              } else {
45                  // 不清除，则减 1
46                  pxCurrentTCB->ulNotifiedValue = ulReturn - 1;                    (6)
47              }
48          } else {
49              mtCOVERAGE_TEST_MARKER();
50          }
51
52          // 恢复任务通知状态变量
53          pxCurrentTCB->ucNotifyState = taskNOT_WAITING_NOTIFICATION;              (7)
54      }
55      taskEXIT_CRITICAL();
56
57      return ulReturn;
58  }
59
60  #endif
```

代码清单 20-14（1）：进入临界区，先看任务通知值是否有效，有效才能获取，无效则根据指定超时时间等待，标记一下任务状态，表示任务在等待通知。任务通知在任务初始化时是默认为无效的。

代码清单 20-14（2）：用户指定超时时间了，那就进入等待状态，根据用户指定超时时间将任务添加到延时列表，然后切换任务，触发 PendSV 中断，等到退出临界区时立即执行任务切换。

代码清单 20-14（3）：进入临界区。程序能执行到这里，说明其他任务或中断向这个任务发送了一个任务通知，或者任务本身的阻塞超时时间到了，现在无论有没有任务通知，都要继续处理。

代码清单 20-14（4）：先获取任务通知值，因为现在并不知道任务通知是否有效，所以还是要再判断一下任务通知是否有效，有效则返回通知值，无效则退出，并且返回 0，代表无效的任务通知值。

代码清单 20-14（5）：如果任务通知有效，则在调用函数前判断一下是否要清除任务通知，根据用户指定的参数 xClearCountOnExit 处理，设置为 pdFALSE 时，函数 ulTaskNotify-Take() 退出前，将任务的通知值减 1，可以用来实现计数信号量；设置为 pdTRUE 时，函数

ulTaskNotifyTake() 退出前，将任务通知值清零，可以用来实现二值信号量。

代码清单 20-14（6）：不清除，那么将任务通知值减 1。

代码清单 20-14（7）：恢复任务通知状态。

与获取二值信号量和获取计数信号量的函数相比，ulTaskNotifyTake() 函数少了很多调用子函数开销、判断、事件列表处理、队列上锁与解锁处理等操作，因此 ulTaskNotifyTake() 函数效率较高。ulTaskNotifyTake() 函数的使用实例可参见代码清单 20-15。

代码清单 20-15　ulTaskNotifyTake() 函数实例

```
1  /* 中断服务程序：向一个任务发送任务通知 */
2  void vANInterruptHandler( void )
3  {
4      BaseType_t xHigherPriorityTaskWoken;
5
6      /* 清除中断 */
7      prvClearInterruptSource();
8
9      /* xHigherPriorityTaskWoken 在使用之前必须设置为 pdFALSE
10     如果调用 vTaskNotifyGiveFromISR()，将会解除 vHandlingTask 任务的阻塞状态，
11     并且 vHandlingTask 任务的优先级高于当前处于运行状态的任务，
12     则 xHigherPriorityTaskWoken 将会自动设置为 pdTRUE */
13     xHigherPriorityTaskWoken = pdFALSE;
14
15     /* 发送任务通知，并解锁阻塞在该任务通知下的任务 */
16     vTaskNotifyGiveFromISR( xHandlingTask, &xHigherPriorityTaskWoken );
17
18     /* 如果被解锁的任务优先级比当前运行的任务优先级高
19     则在中断退出前执行一次上下文切换，在中断退出后执行
20     刚刚被唤醒的优先级更高的任务 */
21     portYIELD_FROM_ISR( xHigherPriorityTaskWoken );
22 }
23 /*-----------------------------------------------------------*/
24 /* 任务：阻塞在一个任务通知上 */
25 void vHandlingTask( void *pvParameters )
26 {
27     BaseType_t xEvent;
28
29     for ( ;; ) {
30         /* 一直阻塞（没有时间限制，所以没有必要检测函数的返回值）
31         这里 RTOS 的任务通知值被用作二值信号量，所以在函数退出
32         时，任务通知值要被清零。要注意的是，真正的应用程序不应该
33         无限期的阻塞 */
34         ulTaskNotifyTake( pdTRUE,  /* 在退出前清零任务通知值 */
35                           portMAX_DELAY ); /* 无限阻塞 */
36
37         /* RTOS 任务通知被当作二值信号量使用
38         当处理完所有的事情后继续等待下一个任务通知 */
39         do {
40             xEvent = xQueryPeripheral();
41
42             if ( xEvent != NO_MORE_EVENTS ) {
```

```
43                      vProcessPeripheralEvent( xEvent );
44          }
45
46      } while ( xEvent != NO_MORE_EVENTS );
47  }
48 }
```

2. xTaskNotifyWait()

xTaskNotifyWait() 函数用于实现全功能版的等待任务通知，根据用户指定的参数的不同，可以灵活地用于实现轻量级的消息队列、二值信号量、计数信号量和事件组功能，并带有超时等待。函数的具体说明如表 20-9 所示，函数实现源码具体参见代码清单 20-16。

表 20-9　xTaskNotifyWait() 函数说明

函数原型	BaseType_t xTaskNotifyWait(uint32_t ulBitsToClearOnEntry, uint32_t ulBitsToClearOnExit, uint32_t *pulNotificationValue, TickType_t xTicksToWait);	
功　　能	用于等待一个任务通知，并带有超时等待	
参　　数	ulBitsToClearOnEntry	ulBitsToClearOnEntry 表示在使用通知之前，将任务通知值的哪些位清零，实现过程就是将任务的通知值与参数 ulBitsToClearOnEntry 的按位取反值进行按位与操作　　如果 ulBitsToClearOnEntry 设置为 0x01，那么在函数进入前，任务通知值的位 1 会被清零，其他位保持不变。如果 ulBitsToClearOnEntry 设置为 0xFFFFFFFF(ULONG_MAX)，那么在进入函数前，任务通知值的所有位都会被清零，表示清零任务通知值
参　　数	ulBitsToClearOnExit	ulBitsToClearOnExit 表示在函数 xTaskNotifyWait() 退出前，决定任务接收到的通知值的哪些位会被清零，实现过程就是将任务的通知值与参数 ulBitsToClearOnExit 的按位取反值进行按位与操作。在清零前，接收到的任务通知值会先被保存到形参 *pulNotificationValue 中　　如果 ulBitsToClearOnExit 设置为 0x03，那么在函数退出前，接收到的任务通知值的位 0 和位 1 会被清零，其他位保持不变。如果 ulBitsToClearOnExit 设置为 0xFFFFFFFF(ULONG_MAX)，那么在退出函数前接收到的任务通知值的所有位都会被清零，表示退出时清零任务通知值
参　　数	pulNotificationValue	用于保存接收到的任务通知值。如果接收到的任务通知不需要使用，则设置为 NULL 即可。这个通知值在参数 ulBitsToClearOnExit 起作用前将通知值复制到 *pulNotificationValue 中
参　　数	xTicksToWait	等待超时时间，单位为系统节拍周期。宏 pdMS_TO_TICKS 用于将单位毫秒转化为系统节拍数
返 回 值	如果获取任务通知成功则返回 pdTRUE，失败则返回 pdFALSE	

代码清单 20-16　xTaskNotifyWait() 源码

```
1 #if( configUSE_TASK_NOTIFICATIONS == 1 )
2
3 BaseType_t xTaskNotifyWait( uint32_t ulBitsToClearOnEntry,
4                             uint32_t ulBitsToClearOnExit,
5                             uint32_t *pulNotificationValue,
6                             TickType_t xTicksToWait )
7 {
```

```
 8      BaseType_t xReturn;
 9
10      /* 进入临界段 */
11      taskENTER_CRITICAL();                                                    (1)
12      {
13          /* 只有任务当前没有收到任务通知时, 才会将任务阻塞 */                      (2)
14          if ( pxCurrentTCB->ucNotifyState != taskNOTIFICATION_RECEIVED ) {
15              /* 使用任务通知值之前, 根据用户指定参数 ulBitsToClearOnEntryClear
16              将通知值的某些或全部位清零 */
17              pxCurrentTCB->ulNotifiedValue &= ~ulBitsToClearOnEntry;           (3)
18
19              /* 设置任务状态标识: 等待通知 */
20              pxCurrentTCB->ucNotifyState = taskWAITING_NOTIFICATION;
21
22              /* 挂起任务等待通知或者进入阻塞态 */
23              if ( xTicksToWait > ( TickType_t ) 0 ) {                          (4)
24                  /* 根据用户指定的超时时间将任务添加到延时列表 */
25                  prvAddCurrentTaskToDelayedList( xTicksToWait, pdTRUE );
26                  traceTASK_NOTIFY_WAIT_BLOCK();
27
28                  /* 任务切换 */
29                  portYIELD_WITHIN_API();                                       (5)
30              } else {
31                  mtCOVERAGE_TEST_MARKER();
32              }
33          } else {
34              mtCOVERAGE_TEST_MARKER();
35          }
36      }
37      taskEXIT_CRITICAL();
38
39      /* 程序能执行到这里, 说明其他任务或中断向这个任务发送了通知或者任务阻塞超时,
40      现在继续处理 */
41
42      taskENTER_CRITICAL();                                                    (6)
43      {
44          traceTASK_NOTIFY_WAIT();
45
46          if ( pulNotificationValue != NULL ) {                                (7)
47              /* 返回当前通知值, 通过指针参数传递 */
48              *pulNotificationValue = pxCurrentTCB->ulNotifiedValue;
49          }
50
51          /* 判断是否是因为任务阻塞超时, 因为如果有
52          任务发送了通知, 任务通知状态将会改变 */
53          if ( pxCurrentTCB->ucNotifyState == taskWAITING_NOTIFICATION ) {
54              /* 没有收到任务通知, 是阻塞超时 */
55              xReturn = pdFALSE;                                                (8)
56          } else {
57              /* 收到任务值, 先将参数 ulBitsToClearOnExit 取反后与通知值位做按位与运算,
58              在退出函数前, 将通知值的某些或者全部位清零 */
59              pxCurrentTCB->ulNotifiedValue &= ~ulBitsToClearOnExit;
60              xReturn = pdTRUE;                                                 (9)
```

```
61          }
62
63          // 重新设置任务通知状态
64          pxCurrentTCB->ucNotifyState = taskNOT_WAITING_NOTIFICATION;        (10)
65      }
66      taskEXIT_CRITICAL();
67
68      return xReturn;
69 }
70 #endif
```

代码清单 20-16（1）：进入临界段。因为下面的操作可能会对任务的状态列表进行操作，系统不希望被打扰。

代码清单 20-16（2）：只有任务当前没有收到任务通知时，才会将任务阻塞。先看任务通知是否有效，如果无效，则将任务阻塞。

代码清单 20-16（3）：使用任务通知值之前，根据用户指定参数 ulBitsToClearOnEntry-Clear 将通知值的某些或全部位清零，然后设置任务状态标识，表示当前任务在等待通知。

代码清单 20-16（4）：如果用户指定了阻塞超时时间，那么系统将挂起任务等待通知或进入阻塞态，根据用户指定的超时时间将任务添加到延时列表。

代码清单 20-16（5）：进行任务切换。触发 PendSV 悬挂中断，在退出临界区时，进行任务切换。

代码清单 20-16（6）：程序能执行到这里，说明其他任务或中断向这个任务发送了通知或者任务阻塞超时，任务从阻塞态变成运行态，现在继续处理。

代码清单 20-16（7）：返回当前通知值，通过指针参数传递。

代码清单 20-16（8）：判断是否因为任务阻塞超时才退出阻塞的，还是因为其他任务或中断发送了任务通知导致任务被恢复。为什么简单判断一下任务状态就可以明确原因？因为如果有任务发送了通知，任务通知状态会改变，而阻塞退出时，任务通知状态不会改变。现在看来，是阻塞超时时间到来才恢复运行的，并没有接收到任何通知，那么返回 pdFALSE。

代码清单 20-16（9）：收到任务值，先将参数 ulBitsToClearOnExit 取反后与通知值位做按位与运算，在退出函数前，将通知值的某些或者全部位清零。

代码清单 20-16（10）：重新设置任务通知状态。

纵观整个任务通知的实现，不难发现它比消息队列、信号量、事件的实现方式要简单很多。它可以实现轻量级的消息队列、二值信号量、计数信号量和事件组，并且使用更方便、更节省 RAM、更高效。xTaskNotifyWait() 函数的使用很简单，具体参见代码清单 20-17。

至此，任务通知的函数基本讲解完成，但是有必要说明一下，任务通知并不能完全代替队列、二值信号量、计数信号量和事件组，使用时需要用户按需处理。此外，再次注意任务通知的局限性：

❑ 只能有一个任务接收通知事件。

❑ 接收通知的任务可以因为等待通知而进入阻塞状态，但是发送通知的任务即便不能立即完成发送，也不能进入阻塞状态。

代码清单 20-17　xTaskNotifyWait() 函数实例

```
1  /* 这个任务展示使用任务通知值的位来传递不同的事件
2  这在某些情况下可以代替事件标志组 */
3  void vAnEventProcessingTask( void *pvParameters )
4  {
5      uint32_t ulNotifiedValue;
6
7      for ( ;; ) {
8          /* 等待任务通知，无限期阻塞（没有超时，所以没有必要检查函数返回值）。
9          这个任务的任务通知值的位由标志事件发生的任务或者中断来设置 */
10         xTaskNotifyWait( 0x00,          /* 在进入时不清除通知值的任何位 */
11                          ULONG_MAX,     /* 在退出时复位通知值为 0 */
12                          &ulNotifiedValue, /* 任务通知值传递到变量
13                                  ulNotifiedValue 中 */
14                          portMAX_DELAY );   /* 无限期等待 */
15
16
17         /* 根据任务通知值中各个位的值处理事件 */
18         if ( ( ulNotifiedValue & 0x01 ) != 0 ) {
19             /* 位 0 被置 1 */
20             prvProcessBit0Event();
21         }
22
23         if ( ( ulNotifiedValue & 0x02 ) != 0 ) {
24             /* 位 1 被置 1 */
25             prvProcessBit1Event();
26         }
27
28         if ( ( ulNotifiedValue & 0x04 ) != 0 ) {
29             /* 位 2 被置 1 */
30             prvProcessBit2Event();
31         }
32
33         /* …… */
34     }
35 }
```

20.5　任务通知实验

20.5.1　任务通知代替消息队列

任务通知代替消息队列是在 FreeRTOS 中创建了三个任务，其中两个任务用于接收任务通知，另一个任务用于发送任务通知。三个任务独立运行，发送消息任务是通过检测按键的按下情况来发送消息通知的，另外两个任务则获取消息通知。在任务通知中没有可用的通知之前就一直等待消息，一旦获取到消息通知，就把消息打印在串口调试助手里，具体参见代码清单 20-18 中加粗部分。

代码清单 20-18　任务通知代替消息队列

```
1  /*
```

```
 2  ****************************************************************
 3  *                         包含的头文件
 4  ****************************************************************
 5  */
 6  /* FreeRTOS 头文件 */
 7  #include "FreeRTOS.h"
 8  #include "task.h"
 9  /* 开发板硬件 bsp 头文件 */
10  #include "bsp_led.h"
11  #include "bsp_usart.h"
12  #include "bsp_key.h"
13  #include "limits.h"
14  /********************** 任务句柄 ********************************/
15  /*
16   * 任务句柄是一个指针，用于指向一个任务。当任务创建好之后，它就具有一个任务句柄。
17   * 以后我们要想操作这个任务，都需要用到这个任务句柄。如果是任务操作自身，那么
18   * 这个句柄可以为 NULL
19   */
20  static TaskHandle_t AppTaskCreate_Handle = NULL;/* 创建任务句柄 */
21  static TaskHandle_t Receive1_Task_Handle = NULL;/*Receive1_Task 任务句柄 */
22  static TaskHandle_t Receive2_Task_Handle = NULL;/*Receive2_Task 任务句柄 */
23  static TaskHandle_t Send_Task_Handle = NULL;    /* Send_Task 任务句柄 */
24
25  /********************** 内核对象句柄 ****************************/
26  /*
27   * 信号量、消息队列、事件标志组、软件定时器都属于内核对象，要想使用这些内核
28   * 对象，必须先创建，创建成功之后会返回相应的句柄。这实际上是一个指针，后续
29   * 可以通过这个句柄操作内核对象
30   *
31   *
32   * 内核对象可以理解为一种全局的数据结构，通过这些数据结构可以实现任务间的通信、
33   * 任务间的事件同步等功能。这些功能的实现我们是通过调用内核对象的函数
34   * 来完成的
35   *
36   */
37
38
39  /********************** 全局变量声明 ****************************/
40  /*
41   * 在写应用程序时，可能需要用到一些全局变量
42   */
43
44
45  /********************** 宏定义 *********************************/
46  /*
47   * 在写应用程序时，可能需要用到一些宏定义
48   */
49  #define   USE_CHAR   0/* 测试字符串时配置为 1 ，测试变量时配置为 0  */
50
51  /*
52  ****************************************************************
53  *                         函数声明
54  ****************************************************************
55  */
```

```
56 static void AppTaskCreate(void);/* 用于创建任务 */
57
58 static void Receive1_Task(void *pvParameters);/* Receive1_Task 任务实现 */
59 static void Receive2_Task(void *pvParameters);/* Receive2_Task 任务实现 */
60
61 static void Send_Task(void *pvParameters);    /* Send_Task 任务实现 */
62
63 static void BSP_Init(void);/* 用于初始化板载相关资源 */
64
65 /********************************************************************
66  * @brief  主函数
67  * @param  无
68  * @retval 无
69  * @note   第 1 步: 开发板硬件初始化
70                第 2 步: 创建 APP 应用任务
71                第 3 步: 启动 FreeRTOS,开始多任务调度
72  ********************************************************************/
73 int main(void)
74 {
75     BaseType_t xReturn = pdPASS;/* 定义一个创建信息返回值,默认为 pdPASS */
76
77     /* 开发板硬件初始化 */
78     BSP_Init();
79     printf(" 这是一个 [ 野火 ]-STM32 全系列开发板 -FreeRTOS 任务通知代替消息队列实验! \n");
80     printf(" 按下 KEY1 或者 KEY2 进行任务消息通知发送 \n");
81     /* 创建 AppTaskCreate 任务 */
82     xReturn = xTaskCreate((TaskFunction_t )AppTaskCreate,  /* 任务入口函数 */
83                           (const char*     )"AppTaskCreate",/* 任务名称 */
84                           (uint16_t        )512,   /* 任务栈大小 */
85                           (void*           )NULL, /* 任务入口函数参数 */
86                           (UBaseType_t     )1,      /* 任务的优先级 */
87                    (TaskHandle_t* )&AppTaskCreate_Handle);  /* 任务控制块指针 */
88     /* 启动任务调度 */
89     if (pdPASS == xReturn)
90         vTaskStartScheduler();       /* 启动任务,开启调度 */
91     else
92         return -1;
93
94     while (1);                          /* 正常情况不会执行到这里 */
95 }
96
97
98 /********************************************************************
99  * @ 函数名: AppTaskCreate
100 * @ 功能说明: 为了方便管理,所有的任务创建函数都放在这个函数中
101 * @ 参数: 无
102 * @ 返回值: 无
103 ********************************************************************/
104 static void AppTaskCreate(void)
105 {
106     BaseType_t xReturn = pdPASS;/* 定义一个创建信息返回值,默认为 pdPASS */
107
108     taskENTER_CRITICAL();                        // 进入临界区
109
```

```
110        /* 创建 Receive1_Task 任务 */
111        xReturn = xTaskCreate((TaskFunction_t )Receive1_Task,  /* 任务入口函数 */
112                              (const char*    )"Receive1_Task",/* 任务名称 */
113                              (uint16_t       )512,      /* 任务栈大小 */
114                              (void*          )NULL,   /* 任务入口函数参数 */
115                              (UBaseType_t    )2,       /* 任务的优先级 */
116                              (TaskHandle_t*)&Receive1_Task_Handle);/*任务控制块指
                                   针 */
117        if (pdPASS == xReturn)
118            printf(" 创建 Receive1_Task 任务成功 !\r\n");
119
120        /* 创建 Receive2_Task 任务 */
121        xReturn = xTaskCreate((TaskFunction_t )Receive2_Task,  /* 任务入口函数 */
122                              (const char*    )"Receive2_Task",/* 任务名称 */
123                              (uint16_t       )512,      /* 任务栈大小 */
124                              (void*          )NULL,   /* 任务入口函数参数 */
125                              (UBaseType_t    )3,       /* 任务的优先级 */
126                              (TaskHandle_t*)&Receive2_Task_Handle);/*任务控制块指
                                   针 */
127        if (pdPASS == xReturn)
128            printf(" 创建 Receive2_Task 任务成功 !\r\n");
129
130        /* 创建 Send_Task 任务 */
131        xReturn = xTaskCreate((TaskFunction_t )Send_Task,  /* 任务入口函数 */
132                              (const char*    )"Send_Task",/* 任务名称 */
133                              (uint16_t       )512,  /* 任务栈大小 */
134                              (void*          )NULL, /* 任务入口函数参数 */
135                              (UBaseType_t    )4,    /* 任务的优先级 */
136                              (TaskHandle_t*  )&Send_Task_Handle);/* 任务控制块指针 */
137        if (pdPASS == xReturn)
138            printf(" 创建 Send_Task 任务成功 !\n\n");
139
140        vTaskDelete(AppTaskCreate_Handle);        // 删除 AppTaskCreate 任务
141
142        taskEXIT_CRITICAL();                      // 退出临界区
143   }
144
145
146
147   /***************************************************************
148    * @ 函数名: Receive_Task
149    * @ 功能说明: Receive_Task 任务主体
150    * @ 参数: 无
151    * @ 返回值: 无
152    ***************************************************************/
153   static void Receive1_Task(void* parameter)
154   {
155       BaseType_t xReturn = pdTRUE;/* 定义一个创建信息返回值，默认为 pdPASS */
156   #if USE_CHAR
157       char *r_char;
158   #else
159       uint32_t r_num;
160   #endif
161       while (1) {
```

```
162              // 获取任务通知，没获取到则一直等待
163              xReturn=xTaskNotifyWait(0x0,                          // 进入函数时不清除任
                                                                        // 务的位
164                                       ULONG_MAX,                    // 退出函数时清除所有
                                                                        // 的位
165 #if USE_CHAR
166                                       (uint32_t *)&r_char,          // 保存任务通知值
167 #else
168                                       &r_num,                       // 保存任务通知值
169 #endif
170                                       portMAX_DELAY);               // 阻塞时间
171          if ( pdTRUE == xReturn )
172 #if USE_CHAR
173              printf("Receive1_Task 任务通知为 %s\n",r_char);
174 #else
175              printf("Receive1_Task 任务通知为 %d\n",r_num);
176 #endif
177
178
179          LED1_TOGGLE;
180      }
181 }
182
183 /*********************************************************************
184  * @ 函数名: Receive_Task
185  * @ 功能说明: Receive_Task 任务主体
186  * @ 参数: 无
187  * @ 返回值: 无
188  *********************************************************************/
189 static void Receive2_Task(void *parameter)
190 {
191     BaseType_t xReturn = pdTRUE;/* 定义一个创建信息返回值，默认为 pdPASS */
192 #if USE_CHAR
193     char *r_char;
194 #else
195     uint32_t r_num;
196 #endif
197     while (1) {
198 // 获取任务通知，没获取到则一直等待
199         xReturn=xTaskNotifyWait(0x0,                          // 进入函数时不清除任
                                                                    // 务的位
200                                   ULONG_MAX,                    // 退出函数时清除所有
                                                                    // 的位
201 #if USE_CHAR
202                                   (uint32_t *)&r_char,          // 保存任务通知值
203 #else
204                                   &r_num,                       // 保存任务通知值
205 #endif
206                                   portMAX_DELAY);               // 阻塞时间
207              if ( pdTRUE == xReturn )
208 #if USE_CHAR
209              printf("Receive2_Task 任务通知为 %s\n",r_char);
210 #else
211              printf("Receive2_Task 任务通知为 %d\n",r_num);
```

```
212 #endif
213          LED2_TOGGLE;
214      }
215 }
216
217 /************************************************************
218  * @ 函数名: Send_Task
219  * @ 功能说明: Send_Task 任务主体
220  * @ 参数: 无
221  * @ 返回值: 无
222  ***********************************************************/
223 static void Send_Task(void *parameter)
224 {
225     BaseType_t xReturn = pdPASS;/* 定义一个创建信息返回值，默认为 pdPASS */
226 #if USE_CHAR
227     char test_str1[] = "this is a mail test 1";/* 消息 test1 */
228     char test_str2[] = "this is a mail test 2";/* 消息 test2 */
229 #else
230     uint32_t send1 = 1;
231     uint32_t send2 = 2;
232 #endif
233
234
235
236     while (1) {
237         /* KEY1 被按下 */
238         if ( Key_Scan(KEY1_GPIO_PORT,KEY1_GPIO_PIN) == KEY_ON ) {
239
240             xReturn = xTaskNotify( Receive1_Task_Handle, /* 任务句柄 */
241 #if USE_CHAR
242                                   (uint32_t)&test_str1, /* 发送的数据，最大为 4 字节 */
243 #else
244                                   send1, /* 发送的数据，最大为 4 字节 */
245 #endif
246                                   eSetValueWithOverwrite );/* 覆盖当前通知 */
247
248             if ( xReturn == pdPASS )
249                 printf("Receive1_Task_Handle 任务通知消息发送成功 !\r\n");
250         }
251         /* KEY2 被按下 */
252         if ( Key_Scan(KEY2_GPIO_PORT,KEY2_GPIO_PIN) == KEY_ON ) {
253             xReturn = xTaskNotify( Receive2_Task_Handle, /* 任务句柄 */
254 #if USE_CHAR
255                                   (uint32_t)&test_str2, /* 发送的数据，最大为
                                      4 字节 */
256 #else
257                                   send2, /* 发送的数据，最大为 4 字节 */
258 #endif
259                                   eSetValueWithOverwrite ); /* 覆盖当前通知 */
260             /* 此函数只会返回 pdPASS */
261             if ( xReturn == pdPASS )
262                 printf("Receive2_Task_Handle 任务通知消息发送成功 !\r\n");
263         }
264         vTaskDelay(20);
```

```
265        }
266 }
267 /******************************************************************
268  * @ 函数名：BSP_Init
269  * @ 功能说明：板级外设初始化，所有板子上的初始化均可放在这个函数中
270  * @ 参数：无
271  * @ 返回值：无
272  ******************************************************************/
273 static void BSP_Init(void)
274 {
275     /*
276      * STM32 中断优先级分组为 4，即 4 位都用来表示抢占优先级，范围为 0 ~ 15。
277      * 优先级只需要分组一次即可，以后如果有其他任务需要用到中断，
278      * 都统一用这个优先级分组，千万不要再分组
279      */
280     NVIC_PriorityGroupConfig( NVIC_PriorityGroup_4 );
281
282     /* LED 初始化 */
283     LED_GPIO_Config();
284
285     /* 串口初始化       */
286     USART_Config();
287
288     /* 按键初始化       */
289     Key_GPIO_Config();
290
291 }
292
293/***************************END OF FILE****************************/
```

20.5.2　任务通知代替二值信号量

任务通知代替二值信号量是在 FreeRTOS 中创建了三个任务，其中两个任务用于接收任务通知，另一个任务用于发送任务通知。三个任务独立运行，发送通知任务是通过检测按键的按下情况来发送通知，另两个任务获取通知，在任务通知中没有可用的通知之前就一直等待任务通知，获取到通知以后就将通知值清零，这样是为了代替二值信号量。任务同步成功则继续执行，然后在串口调试助手中将运行信息打印出来，具体参见代码清单 20-19 中加粗部分。

代码清单 20-19　任务通知代替二值信号量

```
1 /**
2  ******************************************************************
3  * @file     main.c
4  * @author   fire
5  * @version  V1.0
6  * @date     2018-xx-xx
7  * @brief    FreeRTOS V9.0.0  + STM32 二值信号量同步
8  ******************************************************************
9  * @attention
10 *
11 * 实验平台：野火 STM32 开发板
```

```
12   * 论坛: http:// www.firebbs.cn
13   * 淘宝: https:// fire-stm32.taobao.com
14   *
15   ************************************************************************
16   */
17
18  /*
19   ************************************************************************
20   *                         包含的头文件
21   ************************************************************************
22   */
23  /* FreeRTOS 头文件 */
24  #include "FreeRTOS.h"
25  #include "task.h"
26  /* 开发板硬件 bsp 头文件 */
27  #include "bsp_led.h"
28  #include "bsp_usart.h"
29  #include "bsp_key.h"
30  /************************** 任务句柄 ****************************/
31  /*
32   * 任务句柄是一个指针, 用于指向一个任务。当任务创建好之后, 它就具有一个任务句柄,
33   * 以后我们要想操作这个任务, 都需要用到这个任务句柄。如果是任务操作自身, 那么
34   * 这个句柄可以为 NULL
35   */
36  static TaskHandle_t AppTaskCreate_Handle = NULL;/* 创建任务句柄 */
37  static TaskHandle_t Receive1_Task_Handle = NULL;/*Receive1_Task 任务句柄 */
38  static TaskHandle_t Receive2_Task_Handle = NULL;/*Receive2_Task 任务句柄 */
39  static TaskHandle_t Send_Task_Handle = NULL;    /* Send_Task 任务句柄 */
40
41  /************************** 内核对象句柄 ****************************/
42  /*
43   * 信号量、消息队列、事件标志组、软件定时器都属于内核对象, 要使用这些内核
44   * 对象, 必须先创建, 创建成功之后会返回相应的句柄。这实际上就是一个指针, 后续我
45   * 们就可以通过这个句柄操作这些内核对象。
46   *
47   *
48   * 内核对象可以理解为一种全局的数据结构, 通过这些数据结构可以实现任务间的通信、
49   * 任务间的事件同步等功能。这些功能的实现是通过调用内核对象的函数
50   * 来完成的
51   *
52   */
53
54
55  /************************** 全局变量声明 ****************************/
56  /*
57   * 在写应用程序时, 可能需要用到一些全局变量
58   */
59
60
61  /************************** 宏定义 ****************************/
62  /*
63   * 在写应用程序时, 可能需要用到一些宏定义
64   */
65
```

```
66
67 /*
68 *************************************************************
69 *                          函数声明
70 *************************************************************
71 */
72 static void AppTaskCreate(void);/* 用于创建任务 */
73
74 static void Receive1_Task(void *pvParameters);/* Receive1_Task 任务实现 */
75 static void Receive2_Task(void *pvParameters);/* Receive2_Task 任务实现 */
76
77 static void Send_Task(void *pvParameters);      /* Send_Task 任务实现 */
78
79 static void BSP_Init(void);/* 用于初始化板载相关资源 */
80
81 /*************************************************************
82  * @brief   主函数
83  * @param   无
84  * @retval  无
85  * @note    第 1 步：开发板硬件初始化
86           第 2 步：创建 APP 应用任务
87           第 3 步：启动 FreeRTOS，开始多任务调度
88  *************************************************************/
89 int main(void)
90 {
91     BaseType_t xReturn = pdPASS;/* 定义一个创建信息返回值，默认为 pdPASS */
92
93     /* 开发板硬件初始化 */
94     BSP_Init();
95     printf(" 这是一个 [ 野火 ]-STM32 全系列开发板 -FreeRTOS 任务通知代替二值信号量实验！ \n");
96     printf(" 按下 KEY1 或者 KEY2 进行任务与任务间的同步 \n");
97     /* 创建 AppTaskCreate 任务 */
98     xReturn = xTaskCreate((TaskFunction_t )AppTaskCreate,  /* 任务入口函数 */
99                           (const char*    )"AppTaskCreate",/* 任务名称 */
100                          (uint16_t       )512,  /* 任务栈大小 */
101                          (void*          )NULL, /* 任务入口函数参数 */
102                          (UBaseType_t    )1,    /* 任务的优先级 */
103                          (TaskHandle_t*)&AppTaskCreate_Handle);/* 任务控制块
                                指针 */
104     /* 启动任务调度 */
105     if (pdPASS == xReturn)
106         vTaskStartScheduler();   /* 启动任务，开启调度 */
107     else
108         return -1;
109
110     while (1);   /* 正常情况下不会执行到这里 */
111 }
112
113
114 /*************************************************************
115  * @ 函数名：AppTaskCreate
116  * @ 功能说明：为了方便管理，所有的任务创建函数都放在这个函数中
117  * @ 参数：无
118  * @ 返回值：无
```

```
119    ********************************************************************/
120 static void AppTaskCreate(void)
121 {
122     BaseType_t xReturn = pdPASS;/* 定义一个创建信息返回值，默认为 pdPASS */
123
124     taskENTER_CRITICAL();                    // 进入临界区
125
126     /* 创建 Receive1_Task 任务 */
127     xReturn = xTaskCreate((TaskFunction_t )Receive1_Task,  /* 任务入口函数 */
128                           (const char*     )"Receive1_Task",/* 任务名称 */
129                           (uint16_t        )512,     /* 任务栈大小 */
130                           (void*           )NULL,    /* 任务入口函数参数 */
131                           (UBaseType_t     )2,       /* 任务的优先级 */
132                           (TaskHandle_t*   )&Receive1_Task_Handle);/*任务控制块
                                                              指针 */
133     if (pdPASS == xReturn)
134         printf(" 创建 Receive1_Task 任务成功 !\r\n");
135
136     /* 创建 Receive2_Task 任务 */
137     xReturn = xTaskCreate((TaskFunction_t )Receive2_Task,  /* 任务入口函数 */
138                           (const char*     )"Receive2_Task",/* 任务名称 */
139                           (uint16_t        )512,     /* 任务栈大小 */
140                           (void*           )NULL,    /* 任务入口函数参数 */
141                           (UBaseType_t     )3,       /* 任务的优先级 */
142                           (TaskHandle_t*)&Receive2_Task_Handle);/* 任务控制块
                                                              指针 */
143     if (pdPASS == xReturn)
144         printf(" 创建 Receive2_Task 任务成功 !\r\n");
145
146     /* 创建 Send_Task 任务 */
147     xReturn = xTaskCreate((TaskFunction_t )Send_Task,  /* 任务入口函数 */
148                           (const char*     )"Send_Task",/* 任务名称 */
149                           (uint16_t        )512,   /* 任务栈大小 */
150                           (void*           )NULL,/* 任务入口函数参数 */
151                           (UBaseType_t     )4,    /* 任务的优先级 */
152                           (TaskHandle_t*   )&Send_Task_Handle);/* 任务控制块指针 */
153     if (pdPASS == xReturn)
154         printf(" 创建 Send_Task 任务成功 !\n\n");
155
156     vTaskDelete(AppTaskCreate_Handle);       // 删除 AppTaskCreate 任务
157
158     taskEXIT_CRITICAL();                      // 退出临界区
159 }
160
161
162
163 /*******************************************************************
164  * @ 函数名: Receive_Task
165  * @ 功能说明: Receive_Task 任务主体
166  * @ 参数: 无
167  * @ 返回值: 无
168  ********************************************************************/
169 static void Receive1_Task(void *parameter)
170 {
```

```
171        while (1) {
172            /* uint32_t ulTaskNotifyTake(BaseType_t xClearCountOnExit,TickType_
                   tTicksToWait );
173             * xClearCountOnExit 为 pdTRUE,表示在退出函数时任务通知值清零,类似二值信号量; 为
174             * pdFALSE,表示在退出函数 ulTaskNotifyTake() 时任务通知值减 1,类似计数型信号量
175             */
176            // 获取任务通知 ,没获取到则一直等待
177            ulTaskNotifyTake(pdTRUE,portMAX_DELAY);
178
179            printf("Receive1_Task 任务通知获取成功 !\n\n");
180
181            LED1_TOGGLE;
182        }
183 }
184
185 /*************************************************************************
186  * @ 函数名: Receive_Task
187  * @ 功能说明: Receive_Task 任务主体
188  * @ 参数:无
189  * @ 返回值:无
190  ************************************************************************/
191 static void Receive2_Task(void *parameter)
192 {
193        while (1) {
194 /*uint32_t ulTaskNotifyTake(BaseType_t xClearCountOnExit,TickType_txTicksToWait );
195             * xClearCountOnExit 为 pdTRUE,表示在退出函数时任务通知值清零,类似二值信号量;
196             * 为 pdFALSE,表示在退出函数 ulTaskNotifyTake() 时任务通知值减 1,类似计数型信号量
197             */
198            // 获取任务通知,没获取到则一直等待
199            ulTaskNotifyTake(pdTRUE,portMAX_DELAY);
200
201            printf("Receive2_Task 任务通知获取成功 !\n\n");
202
203            LED2_TOGGLE;
204        }
205 }
206
207 /*************************************************************************
208  * @ 函数名: Send_Task
209  * @ 功能说明: Send_Task 任务主体
210  * @ 参数:无
211  * @ 返回值:无
212  ************************************************************************/
213 static void Send_Task(void *parameter)
214 {
215     BaseType_t xReturn = pdPASS;/* 定义一个创建信息返回值,默认为 pdPASS */
216     while (1) {
217         /* KEY1 被按下 */
218         if ( Key_Scan(KEY1_GPIO_PORT,KEY1_GPIO_PIN) == KEY_ON ) {
219             /* 原型:BaseType_t xTaskNotifyGive( TaskHandle_t xTaskToNotify ); */
220             xReturn = xTaskNotifyGive(Receive1_Task_Handle);
221             /* 此函数只会返回 pdPASS */
222             if ( xReturn == pdTRUE )
223                 printf("Receive1_Task_Handle 任务通知发送成功 !\r\n");
```

```
224            }
225            /* KEY2 被按下 */
226            if ( Key_Scan(KEY2_GPIO_PORT,KEY2_GPIO_PIN) == KEY_ON ) {
227                xReturn = xTaskNotifyGive(Receive2_Task_Handle);
228                /* 此函数只会返回 pdPASS */
229                if ( xReturn == pdPASS )
230                    printf("Receive2_Task_Handle 任务通知发送成功!\r\n");
231            }
232            vTaskDelay(20);
233        }
234 }
235 /****************************************************************
236  * @ 函数名: BSP_Init
237  * @ 功能说明: 板级外设初始化,所有板子上的初始化均可放在这个函数中
238  * @ 参数: 无
239  * @ 返回值: 无
240  ****************************************************************/
241 static void BSP_Init(void)
242 {
243     /*
244      * STM32 中断优先级分组为 4,即 4 位都用来表示抢占优先级,范围为 0 ~ 15
245      * 优先级只需要分组一次即可,以后如果有其他任务需要用到中断,
246      * 都统一用这个优先级分组,千万不要再分组
247      */
248     NVIC_PriorityGroupConfig( NVIC_PriorityGroup_4 );
249
250     /* LED 初始化 */
251     LED_GPIO_Config();
252
253     /* 串口初始化       */
254     USART_Config();
255
256     /* 按键初始化       */
257     Key_GPIO_Config();
258
259 }
260
261 /***************************END OF FILE***************************/
```

20.5.3　任务通知代替计数信号量

任务通知代替计数信号量是基于计数型信号量实验修改而来,模拟停车场工作运行,并且在 FreeRTOS 中创建了两个任务:一个是获取任务通知,一个是发送任务通知,两个任务独立运行,获取通知的任务是通过按下 KEY1 按键获取,模拟停车场停车操作,其等待时间是 0;发送通知的任务则是通过检测 KEY2 按键按下进行通知的发送,模拟停车场取车操作,并且在串口调试助手中输出相应信息,实验源码具体参见代码清单 20-20 中加粗部分。

代码清单 20-20　任务通知代替计数信号量

```
1 /**
2   *****************************************************************
```

```
3    * @file     main.c
4    * @author   fire
5    * @version  V1.0
6    * @date     2018-xx-xx
7    * @brief    FreeRTOS V9.0.0 + STM32 计数信号量
8    ******************************************************************
9    * @attention
10   *
11   * 实验平台：野火 STM32 开发板
12   * 论坛：http:// www.firebbs.cn
13   * 淘宝：https:// fire-stm32.taobao.com
14   *
15   ******************************************************************
16   */
17
18  /*
19  ******************************************************************
20  *                          包含的头文件
21  ******************************************************************
22  */
23  /* FreeRTOS 头文件 */
24  #include "FreeRTOS.h"
25  #include "task.h"
26  #include "queue.h"
27  #include "semphr.h"
28  /* 开发板硬件 bsp 头文件 */
29  #include "bsp_led.h"
30  #include "bsp_usart.h"
31  #include "bsp_key.h"
32  /*********************** 任务句柄 ***************************/
33  /*
34   * 任务句柄是一个指针，用于指向一个任务。当任务创建好之后，就具有一个任务句柄。
35   * 以后我们要想操作这个任务，都需要用到这个任务句柄。如果是任务操作自身，那么
36   * 这个句柄可以为 NULL
37   */
38  static TaskHandle_t AppTaskCreate_Handle = NULL;/* 创建任务句柄 */
39  static TaskHandle_t Take_Task_Handle = NULL;/* Take_Task 任务句柄 */
40  static TaskHandle_t Give_Task_Handle = NULL;/* Give_Task 任务句柄 */
41
42  /*********************** 内核对象句柄 ***************************/
43  /*
44   * 信号量、消息队列、事件标志组、软件定时器都属于内核对象，要想使用这些内核
45   * 对象，必须先创建，创建成功之后会返回相应的句柄。这实际上就是一个指针，后续我
46   * 们就可以通过这个句柄操作内核对象
47   *
48   *
49   * 内核对象可以理解为一种全局的数据结构，通过这些数据结构可以实现任务间的通信、
50   * 任务间的事件同步等功能。这些功能的实现是通过调用内核对象的函数
51   * 来完成的
52   *
53   */
54  SemaphoreHandle_t CountSem_Handle =NULL;
55
56  /*********************** 全局变量声明 ***************************/
```

```
57  /*
58   * 在写应用程序时，可能需要用到一些全局变量
59   */
60
61
62  /*************************** 宏定义 ****************************/
63  /*
64   * 在写应用程序时，可能需要用到一些宏定义
65   */
66
67
68  /*
69   ***********************************************************
70   *                        函数声明
71   ***********************************************************
72   */
73  static void AppTaskCreate(void);/* 用于创建任务 */
74
75  static void Take_Task(void *pvParameters);/* Take_Task 任务实现 */
76  static void Give_Task(void *pvParameters);/* Give_Task 任务实现 */
77
78  static void BSP_Init(void);/* 用于初始化板载相关资源 */
79
80  /***********************************************************
81   * @brief   主函数
82   * @param   无
83   * @retval  无
84   * @note    第 1 步：开发板硬件初始化
85              第 2 步：创建 APP 应用任务
86              第 3 步：启动 FreeRTOS，开始多任务调度
87   ***********************************************************/
88  int main(void)
89  {
90      BaseType_t xReturn = pdPASS;/* 定义一个创建信息返回值，默认为 pdPASS */
91
92      /* 开发板硬件初始化 */
93      BSP_Init();
94
95      printf("这是一个 [ 野火 ]-STM32 全系列开发板 -FreeRTOS 任务通知代替计数信号量实验！ \n");
96      printf("车位默认值为 0 个，按下 KEY1 申请车位，按下 KEY2 释放车位！ \n\n");
97
98      /* 创建 AppTaskCreate 任务 */
99      xReturn = xTaskCreate((TaskFunction_t )AppTaskCreate,  /* 任务入口函数 */
100                            (const char*     )"AppTaskCreate",/* 任务名称 */
101                            (uint16_t        )512,  /* 任务栈大小 */
102                            (void*           )NULL, /* 任务入口函数参数 */
103                            (UBaseType_t     )1,    /* 任务的优先级 */
104                            (TaskHandle_t* )&AppTaskCreate_Handle); /*任务控制块
                                指针 */
105     /* 启动任务调度 */
106     if (pdPASS == xReturn)
107         vTaskStartScheduler();   /* 启动任务，开启调度 */
108     else
109         return -1;
```

```
110
111      while (1);   /* 正常情况下不会执行到这里 */
112 }
113
114
115 /******************************************************************
116  * @ 函数名: AppTaskCreate
117  * @ 功能说明: 为了方便管理, 所有的任务创建函数都放在这个函数中
118  * @ 参数: 无
119  * @ 返回值: 无
120  ******************************************************************/
121 static void AppTaskCreate(void)
122 {
123      BaseType_t xReturn = pdPASS;/* 定义一个创建信息返回值, 默认为 pdPASS */
124
125      taskENTER_CRITICAL();              // 进入临界区
126
127      /* 创建 Take_Task 任务 */
128      xReturn = xTaskCreate((TaskFunction_t )Take_Task,  /* 任务入口函数 */
129                            (const char*    )"Take_Task",/* 任务名称 */
130                            (uint16_t       )512,    /* 任务栈大小 */
131                            (void*          )NULL,   /* 任务入口函数参数 */
132                            (UBaseType_t    )2,      /* 任务的优先级 */
133                            (TaskHandle_t*  )&Take_Task_Handle);/* 任务控制块指针 */
134      if (pdPASS == xReturn)
135          printf(" 创建 Take_Task 任务成功!\r\n");
136
137      /* 创建 Give_Task 任务 */
138      xReturn = xTaskCreate((TaskFunction_t )Give_Task,  /* 任务入口函数 */
139                            (const char*    )"Give_Task",/* 任务名称 */
140                            (uint16_t       )512,   /* 任务栈大小 */
141                            (void*          )NULL,  /* 任务入口函数参数 */
142                            (UBaseType_t    )3,      /* 任务的优先级 */
143                            (TaskHandle_t*  )&Give_Task_Handle); /* 任务控制块指
                              针 */
144      if (pdPASS == xReturn)
145          printf(" 创建 Give_Task 任务成功!\n\n");
146
147      vTaskDelete(AppTaskCreate_Handle);      // 删除 AppTaskCreate 任务
148
149      taskEXIT_CRITICAL();                    // 退出临界区
150 }
151
152
153
154 /******************************************************************
155  * @ 函数名: Take_Task
156  * @ 功能说明: Take_Task 任务主体
157  * @ 参数: 无
158  * @ 返回值: 无
159  ******************************************************************/
160 static void Take_Task(void *parameter)
161 {
```

```
162        uint32_t take_num = pdTRUE;/* 定义一个创建信息返回值，默认为 pdPASS */
163        /* 任务都是一个无限循环，不能返回 */
164        while (1) {
165            // 如果 KEY1 被按下
166            if ( Key_Scan(KEY1_GPIO_PORT,KEY1_GPIO_PIN) == KEY_ON ) {
167 /*uint32_t ulTaskNotifyTake(BaseType_t xClearCountOnExit,TickType_t xTicksToWait );
168                * xClearCountOnExit 为 pdTRUE，表示在退出函数时任务通知值清零，类似二值
                   * 信号量；为 pdFALSE，表示在退出函数 ulTaskNotifyTake() 时任务通知值减 1,
169                * 类似计数型信号量
170                */
171                // 获取任务通知 , 没获取到则不等待
172                take_num=ulTaskNotifyTake(pdFALSE,0);//
173                if (take_num > 0)
174                    printf( "KEY1 被按下，成功申请到停车位。当前车位为 %d\n", take_num- 1);
175                    else
176                    printf( "KEY1 被按下，车位已经没有了。按 KEY2 释放车位 \n" );
177            }
178            vTaskDelay(20);                         // 每 20ms 扫描一次
179        }
180 }
181
182 /***********************************************************************
183  * @ 函数名：Give_Task
184  * @ 功能说明：Give_Task 任务主体
185  * @ 参数：无
186  * @ 返回值：无
187  **********************************************************************/
188 static void Give_Task(void *parameter)
189 {
190     BaseType_t xReturn = pdPASS;/* 定义一个创建信息返回值，默认为 pdPASS */
191     /* 任务都是一个无限循环，不能返回 */
192     while (1) {
193         // 如果 KEY2 被按下
194         if ( Key_Scan(KEY2_GPIO_PORT,KEY2_GPIO_PIN) == KEY_ON ) {
195
196             /* 释放一个任务通知 */
197             xTaskNotifyGive(Take_Task_Handle);      // 发送任务通知
198             /* 此函数只会返回 pdPASS */
199             if ( pdPASS == xReturn )
200                 printf( "KEY2 被按下，释放 1 个停车位。\n" );
201         }
202         vTaskDelay(20);                         // 每 20ms 扫描一次
203     }
204 }
205 /***********************************************************************
206  * @ 函数名：BSP_Init
207  * @ 功能说明：板级外设初始化，所有板子上的初始化均可放在这个函数中
208  * @ 参数：无
209  * @ 返回值：无
210  **********************************************************************/
211 static void BSP_Init(void)
212 {
213     /*
```

```
214         * STM32 中断优先级分组为 4，即 4 位都用来表示抢占优先级，范围为 0 ~ 15。
215         * 优先级只需要分组一次即可，以后如果有其他的任务需要用到中断，
216         * 都统一用这个优先级分组，千万不要再分组
217        */
218        NVIC_PriorityGroupConfig( NVIC_PriorityGroup_4 );
219
220        /* LED 初始化 */
221        LED_GPIO_Config();
222
223        /* 串口初始化 */
224        USART_Config();
225
226        /* 按键初始化 */
227        Key_GPIO_Config();
228
229 }
230
231 /******************************END OF FILE******************************/
```

20.5.4　任务通知代替事件组

任务通知代替事件组实验是在事件标志组实验的基础上进行修改，实验任务通知替代事件实现事件类型的通信，该实验是在 FreeRTOS 中创建了两个任务，一个是发送事件通知任务，一个是等待事件通知任务，两个任务独立运行。发送事件通知任务通过检测按键的按下情况设置不同的通知值位，等待事件通知任务则获取这些任务通知值，并且根据通知值判断两个事件是否都发生，如果是则输出相应信息，LED 进行翻转。等待事件通知任务的时间是portMAX_DELAY，一直在等待事件通知的发生，等待获取到事件之后清除对应的任务通知值的位，具体参见代码清单 20-21 中加粗部分。

代码清单 20-21　任务通知代替事件组

```
1 /**
2  *******************************************************************
3  * @file     main.c
4  * @author   fire
5  * @version  V1.0
6  * @date     2018-xx-xx
7  * @brief    FreeRTOS V9.0.0 + STM32 任务通知替代事件组
8  *******************************************************************
9  * @attention
10 *
11 * 实验平台：野火 STM32 开发板
12 * 论坛: http:// www.firebbs.cn
13 * 淘宝: https:// fire-stm32.taobao.com
14 *
15 *******************************************************************
16 */
17
18 /*
19 *******************************************************************
```

```
20  *                                    包含的头文件
21  ***************************************************************
22  */
23  /* FreeRTOS 头文件 */
24  #include "FreeRTOS.h"
25  #include "task.h"
26  #include "event_groups.h"
27  /* 开发板硬件 bsp 头文件 */
28  #include "bsp_led.h"
29  #include "bsp_usart.h"
30  #include "bsp_key.h"
31  #include "limits.h"
32  /*********************** 任务句柄 ***********************/
33  /*
34   * 任务句柄是一个指针，用于指向一个任务。当任务创建好之后，它就具有一个任务句柄，
35   * 以后我们要想操作这个任务，都需要用到这个任务句柄。如果是任务操作自身，那么
36   * 这个句柄可以为 NULL
37   */
38  static TaskHandle_t AppTaskCreate_Handle = NULL;/* 创建任务句柄 */
39  static TaskHandle_t LED_Task_Handle = NULL;      /* LED_Task 任务句柄 */
40  static TaskHandle_t KEY_Task_Handle = NULL;      /* KEY_Task 任务句柄 */
41
42  /********************** 内核对象句柄 **************************/
43  /*
44   * 信号量、消息队列、事件标志组、软件定时器都属于内核对象，要想使用这些内核
45   * 对象，必须先创建，创建成功之后会返回相应的句柄。这实际上就是一个指针，后续我
46   * 们就可以通过这个句柄操作内核对象
47   *
48   *
49   * 内核对象可以理解为一种全局的数据结构，通过这些数据结构可以实现任务间的通信、
50   * 任务间的事件同步等功能。这些功能的实现是通过调用内核对象的函数
51   * 来完成的
52   *
53   */
54  static EventGroupHandle_t Event_Handle =NULL;
55
56  /********************** 全局变量声明 ***************************/
57  /*
58   * 在写应用程序时，可能需要用到一些全局变量
59   */
60
61
62  /********************** 宏定义 ***************************/
63  /*
64   * 在写应用程序时，可能需要用到一些宏定义
65   */
66  #define KEY1_EVENT   (0x01 << 0)        // 设置事件掩码的位 0
67  #define KEY2_EVENT   (0x01 << 1)        // 设置事件掩码的位 1
68
69  /*
70  ***************************************************************
71  *                              函数声明
72  ***************************************************************
73  */
```

```
74  static void AppTaskCreate(void);          /* 用于创建任务 */
75
76  static void LED_Task(void* pvParameters);/* LED_Task 任务实现 */
77  static void KEY_Task(void* pvParameters);/* KEY_Task 任务实现 */
78
79  static void BSP_Init(void);               /* 用于初始化板载相关资源 */
80
81  /***********************************************************************
82   * @brief   主函数
83   * @param   无
84   * @retval  无
85   * @note    第 1 步: 开发板硬件初始化
86                第 2 步: 创建 APP 应用任务
87                第 3 步: 启动 FreeRTOS, 开始多任务调度
88   ***********************************************************************/
89  int main(void)
90  {
91      BaseType_t xReturn = pdPASS;/* 定义一个创建信息返回值, 默认为 pdPASS */
92
93      /* 开发板硬件初始化 */
94      BSP_Init();
95      printf(" 这是一个 [ 野火 ]-STM32 全系列开发板 -FreeRTOS 任务通知代替事件组实验! \n");
96      printf(" 按下 KEY1|KEY2 发送任务事件通知! \n");
97      /* 创建 AppTaskCreate 任务 */
98      xReturn = xTaskCreate((TaskFunction_t )AppTaskCreate,  /* 任务入口函数 */
99                            (const char*    )"AppTaskCreate",/* 任务名称 */
100                           (uint16_t       )512,   /* 任务栈大小 */
101                           (void*          )NULL, /* 任务入口函数参数 */
102                           (UBaseType_t    )1,     /* 任务的优先级 */
103                  (TaskHandle_t*)&AppTaskCreate_Handle);/* 任务控制块指针 */
104     /* 启动任务调度 */
105     if (pdPASS == xReturn)
106         vTaskStartScheduler();    /* 启动任务, 开启调度 */
107     else
108         return -1;
109
110     while (1);  /* 正常情况下不会执行到这里 */
111 }
112
113
114 /***********************************************************************
115  * @ 函数名: AppTaskCreate
116  * @ 功能说明: 为了方便管理, 所有的任务创建函数都放在这个函数中
117  * @ 参数: 无
118  * @ 返回值: 无
119  ***********************************************************************/
120 static void AppTaskCreate(void)
121 {
122     BaseType_t xReturn = pdPASS;/* 定义一个创建信息返回值, 默认为 pdPASS */
123
124     taskENTER_CRITICAL();                        // 进入临界区
125
126     /* 创建 Event_Handle */
127     Event_Handle = xEventGroupCreate();
```

```
128  if (NULL != Event_Handle)
129        printf("Event_Handle 事件创建成功 !\r\n");
130
131      /* 创建 LED_Task 任务 */
132      xReturn = xTaskCreate((TaskFunction_t )LED_Task,   /* 任务入口函数 */
133                            (const char*     )"LED_Task",/* 任务名称 */
134                            (uint16_t        )512,       /* 任务栈大小 */
135                            (void*           )NULL,      /* 任务入口函数参数 */
136                            (UBaseType_t     )2,         /* 任务的优先级 */
137                            (TaskHandle_t*   )&LED_Task_Handle);/* 任务控制块指针 */
138      if (pdPASS == xReturn)
139          printf(" 创建 LED_Task 任务成功 !\r\n");
140
141      /* 创建 KEY_Task 任务 */
142      xReturn = xTaskCreate((TaskFunction_t )KEY_Task,   /* 任务入口函数 */
143                            (const char*     )"KEY_Task",/* 任务名称 */
144                            (uint16_t        )512,       /* 任务栈大小 */
145                            (void*           )NULL,      /* 任务入口函数参数 */
146                            (UBaseType_t     )3,         /* 任务的优先级 */
147                            (TaskHandle_t*   )&KEY_Task_Handle);/* 任务控制块指针 */
148      if (pdPASS == xReturn)
149          printf(" 创建 KEY_Task 任务成功 !\n");
150
151      vTaskDelete(AppTaskCreate_Handle);        // 删除 AppTaskCreate 任务
152
153      taskEXIT_CRITICAL();                      // 退出临界区
154  }
155
156
157
158  /************************************************************************
159   * @ 函数名: LED_Task
160   * @ 功能说明: LED_Task 任务主体
161   * @ 参数: 无
162   * @ 返回值: 无
163   ***********************************************************************/
164  static void LED_Task(void *parameter)
165  {
166      uint32_t r_event = 0;     /* 定义一个事件接收变量 */
167      uint32_t last_event = 0;/* 定义一个保存事件的变量 */
168      BaseType_t xReturn = pdTRUE;/* 定义一个创建信息返回值, 默认为 pdPASS */
169      /* 任务都是一个无限循环, 不能返回 */
170      while (1) {
171          /* BaseType_t xTaskNotifyWait(uint32_t ulBitsToClearOnEntry,
172                                         uint32_t ulBitsToClearOnExit,
173                                         uint32_t *pulNotificationValue,
174                                         TickType_t xTicksToWait );
175           * ulBitsToClearOnEntry: 当没有接收到任务通知时, 将任务通知值与此参数的取
176           * 反值进行按位与运算, 当此参数为 0xffffff 或者 ULONG_MAX 时就会将任务通知值清零。
177           * ulBitsToClearOnExit: 如果接收到了任务通知, 在做完相应的处理并退出函数之前, 将
178           * 任务通知值与此参数的取反值进行按位与运算, 当此参数为 0xffffff 或者 ULONG MAX 时
179           * 就会将任务通知值清零。
180           * pulNotificationValue: 此参数用来保存任务通知值。
181           * xTick ToWait: 阻塞时间。
```

```
182            *
183            * 返回值: 为 pdTRUE, 表示获取到了任务通知; 为 pdFALSE, 表示任务通知获取失败
184            */
185           // 获取任务通知 , 没获取到则一直等待
186           xReturn = xTaskNotifyWait(0x0,                      // 进入函数时不清除任务位
187                                     ULONG_MAX,                 // 退出函数时清除所有的 bitR
188                                     &r_event,                  // 保存任务通知值
189                                     portMAX_DELAY);            // 阻塞时间
190           if ( pdTRUE == xReturn ) {
191               last_event |= r_event;
192               /* 如果接收完成并且正确 */
193               if (last_event == (KEY1_EVENT|KEY2_EVENT)) {
194                   last_event = 0;              /* 上一次的事件清零 */
195                   printf ( "KEY1 与 KEY2 都按下 \n");
196                   LED1_TOGGLE;                 // LED1  翻转
197               } else/* 否则更新事件 */
198                   last_event = r_event;     /* 更新上一次触发的事件 */
199           }
200
201       }
202   }
203
204   /********************************************************************
205    * @ 函数名: KEY_Task
206    * @ 功能说明: KEY_Task 任务主体
207    * @ 参数: 无
208    * @ 返回值: 无
209    ********************************************************************/
210   static void KEY_Task(void *parameter)
211   {
212       /* 任务都是一个无限循环, 不能返回 */
213       while (1) {
214           if ( Key_Scan(KEY1_GPIO_PORT,KEY1_GPIO_PIN) == KEY_ON ) {
215               printf ( "KEY1 被按下 \n" );
216               /* 原型:BaseType_t xTaskNotify( TaskHandle_t xTaskToNotify,
217                                               uint32_t ulValue,
218                                               eNotifyAction eAction );
219                * eNoAction = 0, 通知任务而不更新其通知值。
220                * eSetBits, 设置任务通知值中的位。
221                * eIncrement, 增加任务的通知值。
222                * eSetvaluewithoverwrite, 覆盖当前通知。
223                * eSetValueWithoutoverwrite, 不覆盖当前通知。
224                *
225                * pdFAIL: 当参数 eAction 设置为 eSetValueWithoutOverwrite 时,
226                * 如果任务通知值没有更新成功, 则返回 pdFAIL。
227                * pdPASS: eAction 设置为其他选项时统一返回 pdPASS
228                */
229               /* 触发一个事件 1 */
230               xTaskNotify((TaskHandle_t)LED_Task_Handle, // 接收任务通知的任务句柄
231                           (uint32_t)KEY1_EVENT,          // 要触发的事件
232                           (eNotifyAction)eSetBits);      // 设置任务通知值中的位
233
234       }
235
```

```
236            if ( Key_Scan(KEY2_GPIO_PORT,KEY2_GPIO_PIN) == KEY_ON ) {
237                printf ( "KEY2 被按下 \n" );
238            /* 触发一个事件 2 */
239                xTaskNotify((TaskHandle_t      )LED_Task_Handle,
                                                   // 接收任务通知的任务句柄
240                            (uint32_t      )KEY2_EVENT,    // 要触发的事件
241                            (eNotifyAction)eSetBits);  // 设置任务通知值中的位
242            }
243            vTaskDelay(20);                        // 每 20ms 扫描一次
244        }
245 }
246
247 /*******************************************************************
248  * @ 函数名: BSP_Init
249  * @ 功能说明: 板级外设初始化, 所有板子上的初始化均可放在这个函数中
250  * @ 参数: 无
251  * @ 返回值: 无
252  *******************************************************************/
253 static void BSP_Init(void)
254 {
255    /*
256     * STM32 中断优先级分组为 4, 即 4 位都用来表示抢占优先级, 范围为 0 ~ 15。
257     * 优先级只需要分组一次即可, 以后如果有其他任务需要用到中断,
258     * 都统一用这个优先级分组, 千万不要再分组
259     */
260    NVIC_PriorityGroupConfig( NVIC_PriorityGroup_4 );
261
262    /* LED 初始化 */
263    LED_GPIO_Config();
264
265    /* 串口初始化      */
266    USART_Config();
267
268    /* 按键初始化      */
269    Key_GPIO_Config();
270
271 }
272
273 /***************************END OF FILE***************************/
```

20.6　实验现象

20.6.1　任务通知代替消息队列实验现象

将程序编译好, 用 USB 线连接计算机和开发板的 USB 接口 (对应丝印为 USB 转串口), 用 DAP 仿真器把配套程序下载到野火 STM32 开发板 (具体型号根据购买的板子而定, 每个型号的板子都有对应的程序), 在计算机上打开串口调试助手, 然后复位开发板就可以在调试助手中看到串口的打印信息, 按下开发板的 KEY1 按键发送消息 1, 按下 KEY2 按键发送消息 2; 我们按下 KEY1 试一试, 在串口调试助手中可以看到接收到消息 1, 再按下 KEY2 试一试, 在串口调试助手中可以看到接收到消息 2, 具体如图 20-1 所示。

图 20-1   任务通知代替消息队列实验现象

20.6.2   任务通知代替二值信号量实验现象

将程序编译好，按 20.6.1 节所示方法安装设备，在计算机上打开串口调试助手，然后复位开发板就可以在调试助手中看到串口的打印信息，它里面输出了信息，表明任务正在运行中，我们按下开发板的按键，串口打印任务运行的信息，表明两个任务同步成功，具体如图 20-2 所示。

图 20-2   任务通知代替二值信号量实验现象

20.6.3   任务通知代替计数信号量实验现象

将程序编译好，按 20.6.1 节所示方法安装设备，在计算机上打开串口调试助手，然后复位开发板就可以在调试助手中看到串口的打印信息，按下开发板的 KEY1 按键获取信号量模拟停车，按下 KEY2 按键释放信号量模拟取车，因为是使用任务通知代替信号量，所以任务通知值默认为 0，表示当前车位为 0；我们按下 KEY1 与 KEY2 试一试，在串口调试助手中可以看到运行结果，具体如图 20-3 所示。

图 20-3 任务通知代替计数信号量实验现象

20.6.4 任务通知代替事件组实验现象

将程序编译好，按 20.6.1 节所示方法安装设备，在计算机上打开串口调试助手，然后复位开发板就可以在调试助手中看到串口的打印信息，按下开发板的 KEY1 按键发送事件通知 1，按下 KEY2 按键发送事件通知 2；我们按下 KEY1 与 KEY2 试一试，在串口调试助手中可以看到运行结果，并且当事件 1 与事件 2 都发生时，开发板的 LED 会进行翻转，具体如图 20-4 所示。

图 20-4 任务通知代替事件组实验现象

第 21 章
内存管理

21.1 内存管理的基本概念

在计算机系统中，变量、中间数据一般存放在系统存储空间中，只有在实际使用时才将它们从存储空间调入中央处理器内部进行运算。通常存储空间可以分为两种：内部存储空间和外部存储空间。内部存储空间访问速度比较快，能够按照变量地址随机地访问，也就是我们通常所说的 RAM（随机存储器），或计算机的内存；而外部存储空间内所保存的内容相对来说比较固定，即使掉电后数据也不会丢失，可以把它理解为计算机的硬盘。在这一章中我们主要讨论内部存储空间（RAM）的管理——内存管理。

FreeRTOS 操作系统将内核与内存管理分开实现，操作系统内核仅规定了必要的内存管理函数原型，而不关心这些内存管理函数是如何实现的，所以在 FreeRTOS 中提供了多种内存分配算法（分配策略），但是上层接口（API）却是统一的。这样做可以增加系统的灵活性：用户可以选择对自己更有利的内存管理策略，在不同的应用场合使用不同的内存分配策略。

在嵌入式程序设计中，内存分配应该根据所设计系统的特点来决定是选择使用动态内存分配算法还是静态内存分配算法，一些可靠性要求非常高的系统应选择使用静态分配，而普通的业务系统可以使用动态分配来提高内存使用效率。静态分配可以保证设备的可靠性，但是需要考虑内存上限，内存使用效率低，而动态分配则相反。

FreeRTOS 内存管理模块管理用于系统中的内存资源，是操作系统的核心模块之一，主要用于内存的初始化、分配以及释放。

很多读者会有疑问，为什么不直接使用 C 标准库中的内存管理函数呢？在计算机中我们可以用 malloc() 和 free() 函数动态地分配内存和释放内存，但是在嵌入式实时操作系统中，调用 malloc() 和 free() 却是危险的，原因有以下几点：

❏ 这些函数在小型嵌入式系统中并不总是可用的，小型嵌入式设备中的 RAM 不足。
❏ 它们的实现可能需要占用相当大的一块代码空间。
❏ 它们几乎都不是安全的。
❏ 它们并不是确定的，每次调用这些函数执行的时间可能都不一样。
❏ 它们有可能产生碎片。
❏ 这两个函数会使链接器配置得更复杂。

❑ 如果允许堆空间的生长方向覆盖其他变量占据的内存，那么它们会成为 debug 的灾难。

在一般的实时嵌入式系统中，由于实时性的要求，很少使用虚拟内存机制。所有的内存都需要用户参与分配，直接操作物理内存。所分配的内存不能超过系统的物理内存，所有的系统栈都由用户自己管理。

同时，在嵌入式实时操作系统中，对内存的分配时间要求更为苛刻，分配内存的时间必须是确定的。一般内存管理算法是根据需要存储的数据的长度在内存中寻找一个与这段数据相适应的空闲内存块，然后将数据存储在里面。而寻找这样一个空闲内存块所耗费的时间是不确定的，因此对于实时系统来说，这就是不可接受的，实时系统必须保证内存块的分配过程在可预测的确定时间内完成，否则实时任务对外部事件的响应也将变得不可确定。

而在嵌入式系统中，内存是十分有限且十分珍贵的，用掉一块就少一块，而在分配中随着内存不断被分配和释放，整个系统内存区域会产生越来越多的碎片，因为在使用过程中申请了一些内存，其中一些释放了，导致内存空间中存在一些小的内存块，它们的地址不连续，不能作为一整块大内存分配出去，所以一定会在某个时间段，系统已经无法分配到合适的内存了，导致系统瘫痪。其实系统中是还有内存的，但是因为小块内存的地址不连续，导致无法分配成功，所以我们需要一个优良的内存分配算法来避免这种情况的出现。

不同的嵌入式系统具有不同的内存配置和时间要求，所以单一内存分配算法只可能适合部分应用程序。因此，FreeRTOS 将内存分配作为可移植层面（相对于基本的内核代码部分而言），FreeRTOS 有针对性地提供了不同的内存分配管理算法，这使得应用于不同场景的设备可以选择适合自身的内存算法。

FreeRTOS 对内存管理做了很多事情，FreeRTOS 的 V9.0.0 版本提供了 5 种内存管理算法，分别是 heap_1.c、heap_2.c、heap_3.c、heap_4.c、heap_5.c，源文件存放于 FreeRTOS\Source\portable\MemMang 路径下，在使用时选择其中一个添加到我们的工程中即可。

FreeRTOS 的内存管理模块通过对内存的申请、释放操作来管理用户和系统对内存的使用，使内存的利用率和使用效率达到最优，同时最大限度地解决系统可能产生的内存碎片问题。

21.2　内存管理的应用场景

首先，在使用内存分配前，必须明白自己在做什么，这样做与采用其他的方法有什么不同，特别是会产生哪些负面影响，在自己的产品面前，应当选择哪种分配策略。

内存管理的主要工作是动态划分并管理用户分配好的内存区间，主要在用户需要使用大小不等的内存块的场景中使用。当用户需要分配内存时，可以通过操作系统的内存申请函数获取指定大小的内存块，一旦使用完毕，将通过动态内存释放函数归还所占用内存，使之可以重复使用（heap_1.c 的内存管理除外）。

例如，我们需要定义一个 float 型数组 floatArr[]，但是在使用数组时，总有一个问题困扰着我们：数组应该有多大？在很多情况下很难确定要使用多大的数组，可能为了避免发生错误，需要把数组定义得足够大。即使知道要利用的空间大小，但是如果因为某种特殊原因，对空间的利用有增加或者减少，那么此时又必须重新去修改程序，扩大数组的存储范围。这种分配固定大小的内存分配方法称为静态内存分配。这种方法存在比较严重的缺陷，即在大多数情况下会浪费大量的内存空间，而在少数情况下，当定义的数组不够大时，可能引起下标越界错误，甚至导致严重后果。

我们用动态内存分配就可以解决上面的问题。动态内存分配就是指在程序执行的过程中动态地分配或者回收存储空间的分配内存的方法。动态内存分配不像数组等静态内存分配方法那样需要预先分配存储空间，而是由系统根据程序的需要即时分配，且分配的大小就是程序要求的大小。

21.3   内存管理方案详解

FreeRTOS 规定了内存管理的函数接口（具体参见代码清单 21-1），但是不管其内部的内存管理方案是怎样实现的，所以，FreeRTOS 可以提供多个内存管理方案，下面一起看一看各个内存管理方案的区别。

代码清单 21-1   FreeRTOS 规定的内存管理函数接口

```
1 void *pvPortMalloc( size_t xSize );                        // 内存申请函数
2 void vPortFree( void *pv );                                // 内存释放函数
3 void vPortInitialiseBlocks( void );                        // 初始化内存堆函数
4 size_t xPortGetFreeHeapSize( void );                       // 获取当前未分配的内存堆大小
5 size_t xPortGetMinimumEverFreeHeapSize( void );            // 获取未分配的内存堆历史最小值
```

FreeRTOS 提供的内存管理都是从内存堆中分配内存的。从前面学习的过程中我们也知道，创建任务、消息队列、事件等操作都将使用到分配内存的函数，这是系统中默认使用内存管理函数从内存堆中分配内存给系统核心组件。

对于 heap_1.c、heap_2.c 和 heap_4.c 这 3 种内存管理方案，内存堆实际上是一个很大的数组，定义为 static uint8_t ucHeap[configTOTAL_HEAP_SIZE]，而宏定义 configTOTAL_HEAP_SIZE 则表示系统管理内存大小，单位为字，在 FreeRTOSConfig.h 中由用户设定。

对于 heap_3.c 这种内存管理方案，它封装了 C 标准库中的 malloc() 和 free() 函数，封装后的 malloc() 和 free() 函数具备保护机制，可以安全地在嵌入式系统中执行。因此，用户需要通过编译器或者启动文件设置堆空间。

heap_5.c 方案允许用户使用多个非连续内存堆空间，每个内存堆的起始地址和大小由用户定义。这种应用占用的内存还是很大的，比如做图形显示、GUI 等，可能芯片内部的 RAM 是不够用户使用的，需要用到外部 SDRAM，此时这种内存管理方案则比较适用。

21.3.1   heap_1.c

heap_1.c 管理方案是 FreeRTOS 提供的所有内存管理方案中最简单的一个，它只能申请内存而不能进行内存释放，并且申请内存的时间是一个常量，这对于要求安全的嵌入式设备来说是最好的，因为不允许内存释放，就不会产生内存碎片而导致系统崩溃。但是 heap_1.c 管理方案也有缺点，那就是内存利用率不高，某段内存只能用于内存申请的地方，即使该内存只使用一次，也无法让系统回收、重新利用。

实际上，大多数嵌入式系统并不会经常动态申请与释放内存，一般都是在系统完成时就一直使用下去，永不删除，所以这个内存管理方案实现简洁、安全可靠，使用得非常广泛。

heap1.c 方案具有以下特点：

1）用于从不删除任务、队列、信号量、互斥量等的应用程序（实际上大多数使用 Free-RTOS 的应用程序都符合这个条件）。

2）函数的执行时间是确定的，并且不会产生内存碎片。

heap_1.c 管理方案使用两个静态变量对系统管理的内存进行跟踪内存分配，具体参见代码清单 21-2。

代码清单 21-2　heap_1.c 静态变量

```
1 static size_t xNextFreeByte = ( size_t ) 0;
2 static uint8_t *pucAlignedHeap = NULL;
```

变量 xNextFreeByte 用来定位下一个空闲的内存堆位置。真正的运作过程是记录已经被分配的内存大小，在每次申请内存成功后，都会增加申请内存的字节数目。因为内存堆实际上是一个大数组，我们只需要知道已分配内存的大小，就可以用它作为偏移量找到未分配内存的起始地址。

静态变量 pucAlignedHeap 是一个指向对齐后的内存堆的起始地址，我们使用一个数组作为堆内存，但是数组的起始地址并不一定是对齐的内存地址，所以我们需要得到 FreeRTOS 管理的内存空间对齐后的起始地址，并且保存在静态变量 pucAlignedHeap 中。为什么要对齐？这是因为大多数硬件访问内存对齐的数据速度会更快。为了提高性能，FreeRTOS 会进行对齐操作，不同硬件架构的内存对齐操作可能不一样，对于 Cortex-M3 架构，进行 8 字节对齐。

下面一起来看一看 heap_1.c 方案中内存管理相关函数的实现过程。

1. 内存申请函数 pvPortMalloc()

内存申请函数用于申请一块用户指定大小的内存空间，当系统管理的内存空间满足用户需要的大小时，就能申请成功，并且返回内存空间的起始地址。内存申请函数源码具体参见代码清单 21-3。

代码清单 21-3　pvPortMalloc() 源码（heap_1.c）

```
 1 void *pvPortMalloc( size_t xWantedSize )
 2 {
 3 void *pvReturn = NULL;
 4 static uint8_t *pucAlignedHeap = NULL;
 5
 6 /* 如果申请内存不是 1 字节对齐,
 7 则把要申请的内存大小 (xWantedSize) 按照要求对齐 */
 8 #if( portBYTE_ALIGNMENT != 1 )                                            (1)
 9     {
10 if ( xWantedSize & portBYTE_ALIGNMENT_MASK ) {
11             xWantedSize += ( portBYTE_ALIGNMENT -
12                         ( xWantedSize & portBYTE_ALIGNMENT_MASK ) );
13         }
```

```
14        }
15 #endif
16
17     // 挂起调度器
18     vTaskSuspendAll();                                            (2)
19     {
20         if ( pucAlignedHeap == NULL ) {                           (3)
21                 /* 第一次使用，确保内存堆起始位置正确对齐，
22                 系统需要保证 pucAlignedHeap 也是按照指定内存要求对齐的，
23                 由此可知，初始化 pucAlignedHeap 时并不是一定等于 &ucHeap[0] 的，
24                 而是会根据字节对齐的要求，在 &ucHeap[0] 和 &ucHeap[portBYTE_ALIGNMENT]
                之间取值 */
25         pucAlignedHeap = ( uint8_t * ) ( ( ( portPOINTER_SIZE_TYPE )
26             &ucHeap[ portBYTE_ALIGNMENT ] ) & ( ~( ( portPOINTER_SIZE_TYPE )
27             portBYTE_ALIGNMENT_MASK ) ) );
28         }
29
30         /* 边界检测，如果已经使用的内存空间 + 新申请的内存大小 < 系统能够提供的内存大小，
31             那么就从数组中取一块 */
32         if ( ( ( xNextFreeByte + xWantedSize ) < configADJUSTED_HEAP_SIZE ) &&
33             ( ( xNextFreeByte + xWantedSize ) > xNextFreeByte ))          ((4)
34             /* 获取申请的内存空间起始地址并且保存在返回值中 */
35             pvReturn = pucAlignedHeap + xNextFreeByte;                (5)
36             // 更新索引
37             xNextFreeByte += xWantedSize;
38         }
39
40         traceMALLOC( pvReturn, xWantedSize );
41     }
42     // 恢复调度器运行
43     ( void ) xTaskResumeAll();                                       (6)
44
45 #if( configUSE_MALLOC_FAILED_HOOK == 1 )
46     {
47         if ( pvReturn == NULL ) {                                    (7)
48             externvoid vApplicationMallocFailedHook( void );
49             vApplicationMallocFailedHook();
50         }
51     }
52 #endif
53
54     // 返回申请成功的内存起始地址
55     return pvReturn;                                                  (8)
56 }
```

代码清单 21-3（1）：如果系统要求内存对齐的字节不是按 1 字节对齐，那么就把要申请的内存大小 xWantedSize 按照要求对齐。举个例子，如果系统设置按 8 字节对齐，我们本来想要申请的内存大小 xWantedSize 是 30 个字节，与 portBYTE_ALIGNMENT_MASK 相与的结果是 2，这代表我们申请的内存与系统设定的对齐不一致，为了使内存统一对齐，系统会再多分配 2 个字节，也就是 32 个字节。实际上我们可能用不到后面 2 个字节，因为这里只申请了 30 个字节。

代码清单 21-3（2）：系统调用了 vTaskSuspendAll() 函数挂起调度器，保证申请内存任务安全，避免分配时被切换任务导致出错，因为内存申请是不可重入的（使用了静态变量）。

代码清单 21-3（3）：如果内存申请函数是第一次使用，那必须保证堆内存起始地址 pucAlignedHeap 也是按照指定内存对齐要求进行对齐，由此可知，初始化 pucAlignedHeap 时并不是一定等于 &ucHeap[0] 的，而是会根据字节对齐的要求，在 &ucHeap[0] 和 &ucHeap[portBYTE_ALIGNMENT] 之间取值。

代码清单 21-3（4）：在申请内存时进行边界检测，如果已经使用的内存空间加上新申请的内存大小小于系统能够提供的内存大小，则表示目前有足够的可用内存空间，那么系统就从管理的内存中取一块分配给用户，configADJUSTED_HEAP_SIZE 是一个宏定义，表示系统真正管理的内存大小。

代码清单 21-3（5）：获取申请的内存空间起始地址并且保存在返回值中，更新索引，记录目前申请了多少内存，在下一次调用时进行偏移。

代码清单 21-3（6）：恢复调度器。

代码清单 21-3（7）：如果内存分配不成功，最可能的原因是内存堆空间不够用了。如果用户启用了内存申请失败钩子函数这个宏定义，那么在内存申请失败时会调用 vApplicationMalloc-FailedHook() 钩子函数，这个钩子函数由用户实现，通常可以输出内存申请失败的相关提示。

代码清单 21-3（8）：返回申请成功的内存起始地址或者 NULL。

在使用内存申请函数之前，需要将管理的内存进行初始化，并将变量 pucAlignedHeap 指向内存域第一个地址对齐处，因为系统管理的内存其实是一个大数组，而编译器为这个数组分配的起始地址是随机的，不一定符合系统的对齐要求，这时要进行内存地址对齐操作。比如数组 ucHeap 的地址从 0x20000123 处开始，系统按照 8 字节对齐，则对齐后系统管理的内存示意图如图 21-1 所示。

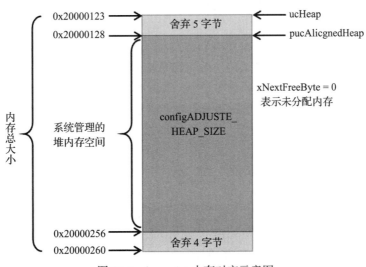

图 21-1　heap_1.c 内存对齐示意图

在内存对齐完成后，用户想要申请一个 30 字节大小的内存，那么按照系统对齐的要求，会申请到 32 个字节大小的内存空间，即使我们只需要 30 字节的内存。申请完成的示意图如图 21-2 所示。

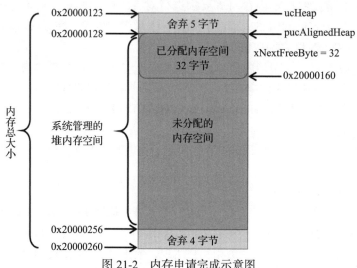

图 21-2　内存申请完成示意图

2. 其他函数

其实 heap_1.c 方案中还有其他函数，但作用不大，此处简要介绍。vPortFree() 函数此处未起作用，因为 heap_1.c 采用的内存管理算法中不支持释放内存。vPortInitialiseBlocks() 仅仅将静态局部变量 xNextFreeByte 设置为 0，表示内存没有被申请。xPortGetFreeHeapSize() 则是获取当前未分配的内存堆大小，这个函数通常用于检查我们设置的内存堆是否合理，通过这个函数可以估计出最坏情况下需要多大的内存堆，以便合理地节省内存资源。

21.3.2　heap_2.c

heap_2.c 方案与 heap_1.c 方案采用的内存管理算法不一样，采用一种最佳匹配算法，比如我们申请 100 字节的内存，而可申请内存中有 3 块大小为 200 字节、500 字节和 1000 字节的内存块，按照算法的最佳匹配，这时系统会把 200 字节大小的内存块进行分割并返回申请内存的起始地址，剩余的内存则插回链表留待下次申请。heap_2.c 方案支持释放申请的内存，但是它不能把相邻的两个小的内存块合成一个大的内存块，对于每次申请内存大小都比较固定的情况，采用这个方式是没有问题的，而对于每次申请的内存大小并不是固定的情况，则会造成内存碎片。后面要讲解的 heap_4.c 方案采用的内存管理算法能解决内存碎片的问题，可以把这些释放的相邻的小内存块合并成一个大内存块。

同样地，分配内存时需要的总的内存堆空间由文件 FreeRTOSConfig.h 中的宏 configTOTAL_HEAP_SIZE 配置，单位为字。通过调用函数 xPortGetFreeHeapSize()，我们可以知道还剩下多少内存没有使用，但是并不包括内存碎片，这样一来我们可以实时地调整和优化 configTOTAL_

HEAP_SIZE 的大小。

heap_2.c 方案具有以下特点：

1）可以用于那些反复删除任务、队列、信号量等内核对象且不担心内存碎片的应用程序。

2）如果我们的应用程序中的队列、任务、信号量等的顺序不可预测，也有可能导致内存碎片。

3）具有不确定性，但是效率比标准 C 库中的 malloc() 函数高得多。

4）不能用于内存分配和释放是随机大小的应用程序。

heap_2.c 方案与 heap_1.c 方案在内存堆初始化时的操作都是一样的，在内存中开辟了一个静态数组作为堆的空间，大小由用户定义，然后进行字节对齐处理。

heap_2.c 方案采用链表的数据结构记录空闲内存块，将所有的空闲内存块组成一个空闲内存块链表，FreeRTOS 采用两个 BlockLink_t 类型的局部静态变量 xStart、xEnd 来标识空闲内存块链表的起始位置与结束位置，空闲内存块链表结构体具体参见代码清单 21-4。

代码清单 21-4 空闲链表结构体

```
1 typedef struct A_BLOCK_LINK {
2     struct A_BLOCK_LINK *pxNextFreeBlock;
3     size_t xBlockSize;
4 } BlockLink_t;
```

pxNextFreeBlock 成员变量是指向下一个空闲内存块的指针。

xBlockSize 用于记录申请的内存块的大小，包括链表结构体大小。

1. 内存申请函数 pvPortMalloc()

heap_2.c 内存管理方案采用最佳匹配算法管理内存，系统会先从内存块空闲链表头开始进行遍历，查找符合用户申请大小的内存块（内存块空闲链表按内存块大小升序排列，所以最先返回的块一定最符合申请内存的大小，所谓的最匹配算法就是这个意思）。当找到内存块时，返回该内存块偏移 heapSTRUCT_SIZE 个字节后的地址，因为在每块内存块前面预留的节点是用于记录内存块的信息，不需要也不允许用户操作这部分内存。

在申请内存成功的同时，系统还会判断当前这块内存是否有剩余（大于一个链表节点所需内存空间），这就表示剩下的内存块还是能存放内容的，也要将其利用起来。如果有剩余的内存空间，系统会将内存块进行分割，在剩余的内存块头部添加一个内存节点，并且完善该空闲内存块的信息，然后将其按内存块大小插入内存块空闲链表中，供下次分配使用，其中 prvInsertBlockIntoFreeList() 函数的作用就是把节点按大小插入链表中。下面一起看一看源码是如何实现的，具体参见代码清单 21-5。

代码清单 21-5 pvPortMalloc() 源码（heap_2.c）

```
1 void *pvPortMalloc( size_t xWantedSize )
2 {
3     BlockLink_t *pxBlock, *pxPreviousBlock, *pxNewBlockLink;
4     static BaseType_t xHeapHasBeenInitialised = pdFALSE;
5     void *pvReturn = NULL;
```

```
 6
 7        /* 挂起调度器 */
 8        vTaskSuspendAll();                                                       (1)
 9        {
10            /* 如果是第一次调用内存分配函数，则先初始化内存堆 */
11            if ( xHeapHasBeenInitialised == pdFALSE ) {                          (2)
12                prvHeapInit();
13                xHeapHasBeenInitialised = pdTRUE;
14            }
15
16
17            if ( xWantedSize > 0 ) {
18                   /* 调整要分配的内存值，需要增加链表结构体所占的内存空间。
19                   heapSTRUCT_SIZE 表示链表结构体节点经过内存对齐后的内存大小，
20                   因为空余内存的头部要放一个 BlockLink_t 类型的节点来管理，
21                   因此这里需要人为地扩充申请的内存大小 */
22                xWantedSize += heapSTRUCT_SIZE;                                   (3)
23
24                /* 需要申请的内存大小与系统要求对齐的字节数不匹配，需要进行内存对齐 */
25                if ( ( xWantedSize & portBYTE_ALIGNMENT_MASK ) != 0 ) {
26                    xWantedSize += ( portBYTE_ALIGNMENT -
27                            ( xWantedSize & portBYTE_ALIGNMENT_MASK ) );          (4)
28                }
29            }
30
31            // 如果当前的空闲内存足够满足用户申请的内存大小，则进行内存申请操作
32            if ( ( xWantedSize > 0 ) && ( xWantedSize < configADJUSTED_HEAP_SIZE ) ) {
33                /* 从空余内存链表的头部开始查找，如果该空闲内存的大小大于 xWantedSize，
34                就从这块内存中抠出一部分内存返回，剩余的内存生成新的 BlockLink_t 插入链表中 */
35
36                pxPreviousBlock = &xStart;                                        (5)
37                pxBlock = xStart.pxNextFreeBlock;
38                // 从链表头部开始查找大小符合条件的空闲内存
39                while ( ( pxBlock->xBlockSize < xWantedSize )
40                        && ( pxBlock->pxNextFreeBlock != NULL ) ) {               (6)
41                    pxPreviousBlock = pxBlock;
42                    pxBlock = pxBlock->pxNextFreeBlock;
43                }
44
45                /* 如果搜索到链表尾 xEnd，则说明没有找到合适的空闲内存块，否则进行下一步处理 */
46
47                if ( pxBlock != &xEnd ) {                                         (7)
48                    /* 能执行到这里，说明已经找到合适的内存块了，找到内存块，就
49                    返回内存块地址。注意，这里返回的是内存块 +
50                    内存块链表结构体空间的偏移地址，因为内存块头部需要有一个空闲链表节点
51                    */
52                    pvReturn = ( void * ) ( ( ( uint8_t * ) pxPreviousBlock->
53                            pxNextFreeBlock ) + heapSTRUCT_SIZE );                (8)
54
55                    /* 因为这个内存块被用户使用了，所以需要从空闲内存块链表中移除 */
56                    pxPreviousBlock->pxNextFreeBlock = pxBlock->pxNextFreeBlock; (9)
57
58                    /* 再看看这个内存块的内存空间够不够多，能不能分成两个，
```

```
59                        申请的内存块就给用户，剩下的内存就留出来，
60                        放到空闲内存块链表中用于下一次内存块申请 */
61             if (( pxBlock->xBlockSize - xWantedSize)>heapMINIMUM_BLOCK_SIZE ) {(10)
62                    /* 去除分配出去的内存，在剩余内存块的起始位置放置一个链表节点 */
63                    pxNewBlockLink = ( void * ) ( ( ( uint8_t * ) pxBlock )
64                                                 + xWantedSize );           (11)
65
66                    /* 通过计算得到剩余的内存大小，并且赋值给剩余内存块链表节点中
67                      的 xBlockSize 成员变量，方便下一次的内存查找 */
68             pxNewBlockLink->xBlockSize = pxBlock->xBlockSize - xWantedSize;
69                                                                            (12)
                      pxBlock->xBlockSize = xWantedSize;                    (13)
70
71                    /* 将被切割而产生的新空闲内存块添加到空闲链表中 */
72                    prvInsertBlockIntoFreeList( ( pxNewBlockLink ) );       (14)
73                }
74
75                xFreeBytesRemaining -= pxBlock->xBlockSize;
76            }
77        }
78
79        traceMALLOC( pvReturn, xWantedSize );
80    }
81    ( void ) xTaskResumeAll();                                            (15)
82
83 #if( configUSE_MALLOC_FAILED_HOOK == 1 )
84    {
85        if ( pvReturn == NULL ) {
86            externvoid vApplicationMallocFailedHook( void );
87            vApplicationMallocFailedHook();                               (16)
88        }
89    }
90 #endif
91
92    return pvReturn;                                                      (17)
93 }
```

代码清单 21-5（1）：系统调用了 vTaskSuspendAll() 函数挂起调度器，保证申请内存任务安全，避免分配时被切任务导致出错，因为内存申请是不可重入的（使用了静态变量）。

代码清单 21-5（2）：如果是第一次调用内存分配函数，则先调用 prvHeapInit() 函数初始化内存堆，该函数源码具体参见代码清单 21-6。

代码清单 21-6　prvHeapInit() 源码

```
1 static void prvHeapInit( void )
2 {
3     BlockLink_t *pxFirstFreeBlock;
4     uint8_t *pucAlignedHeap;
5
6     /* 保证 pucAlignedHeap 也是按照指定内存要求对齐的 */
7     pucAlignedHeap = ( uint8_t * ) ( ( ( portPOINTER_SIZE_TYPE )
8        &ucHeap[ portBYTE_ALIGNMENT ] ) & ( ~( ( portPOINTER_SIZE_TYPE )
```

```
9                    portBYTE_ALIGNMENT_MASK ) ) );                        (1)
10
11      /* 空闲内存链表头部初始化 */
12
13      xStart.pxNextFreeBlock = ( void * ) pucAlignedHeap;                  (2)
14      xStart.xBlockSize = ( size_t ) 0;
15
16      /* 空闲内存链表尾部初始化 */
17      xEnd.xBlockSize = configADJUSTED_HEAP_SIZE;                          (3)
18      xEnd.pxNextFreeBlock = NULL;
19
20      /* 将 pxFirstFreeBlock 放入空闲链表中, 因为空闲内存块链表除了要有头部与尾部,
21         还需要有真正可用的内存, 而第一块可用的内存就是 pxFirstFreeBlock,
22         pxFirstFreeBlock 的大小是系统管理的内存大小 configADJUSTED_HEAP_SIZE */
23      pxFirstFreeBlock = ( void * ) pucAlignedHeap;                        (4)
24      pxFirstFreeBlock->xBlockSize = configADJUSTED_HEAP_SIZE;
25      pxFirstFreeBlock->pxNextFreeBlock = &xEnd;
26  }
```

代码清单 21-6（1）：按照内存管理的要求，所有归 FreeRTOS 管理的内存堆都需要按指定的内存对齐字节数对齐，这里当然也不例外，要保证 pucAlignedHeap 也是按照指定内存要求对齐的。

代码清单 21-6（2）：空闲内存链表头部初始化，空闲内存块头部是一个索引，用于查找能用的内存块，所以 xStart 的 pxNextFreeBlock 成员变量指向对齐后的内存起始地址 pucAlignedHeap，并且空闲内存块链表的头部是没有可用的内存空间的，所以 xStart 的 xBlockSize 成员变量的值为 0。

代码清单 21-6（3）：同理，初始化空闲内存链表尾部节点，尾部只是一个标记，当遍历空闲链表到此处时，表示已经没有可用的内存块了，所以 xEnd 的 pxNextFreeBlock 成员变量为 NULL，并且空闲内存块链表头部与尾部都是不可用的，至于 xEnd 的 xBlockSize 成员变量的值是什么并不重要，但是为了方便排序，FreeRTOS 给其赋值为 configADJUSTED_HEAP_SIZE，这就是管理内存最大的值了，所以，无论当前内存块的内存为多大，在初始化完成之后，空闲内存块链表会按内存块大小进行升序排列。

代码清单 21-6（4）：将 pxFirstFreeBlock 放入空闲链表中，因为空闲内存块链表除了要有头部与尾部，还需要有真正可用的内存，而第一块可用的内存就是 pxFirstFreeBlock。内存块的起始地址就是对齐后的起始地址 pucAlignedHeap，内存块的大小是系统管理的内存大小 configADJUSTED_HEAP_SIZE，并且在内存块链表中的下一个指向就是尾部节点 xEnd。

至此，空闲内存块的初始化分析完成，将内存块以链表的形式管理，初始化完成示意图如图 21-3 所示。

回到代码清单 21-5：

代码清单 21-5（3）：在申请内存时，需要调整要分配的内存值，必须增加链表结构体所占的内存空间，heapSTRUCT_SIZE 表示链表结构体节点经过内存对齐后的内存大小，因为每一块被申请出去的内存块的头部都要放一个 BlockLink_t 类型的节点来管理，因此这里需要人为地扩充一下申请的内存大小。

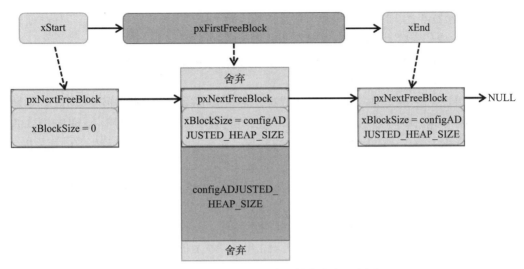

图 21-3 空闲内存块链表初始化完成示意图

代码清单 21-5（4）：需要申请的内存大小与系统要求对齐的字节数不匹配，需要进行内存对齐。

代码清单 21-5（5）：如果当前的空闲内存足够满足用户申请的内存大小，就进行内存申请操作。如何从空闲内存块链表中申请内存？系统会从空闲内存块链表的头部开始查找，如果该空闲内存块的大小大于用户想要申请的内存大小 xWantedSize，那么就从这块内存中分离出一部分用户需要的内存大小，剩余的内存则生成新的内存块插入空闲内存块链表中。想要进行空闲内存块链表的遍历，就需要找到起始节点 xStart，然后根据其指向的下一个空闲内存块开始查找。

代码清单 21-5（6）：从空闲内存块链表头部开始查找大小符合条件的空闲内存，直到满足用户要求或者遍历完链表才退出循环。

代码清单 21-5（7）：如果搜索到链表尾 xEnd，说明没有找到合适的空闲内存块，否则进行下一步处理。

代码清单 21-5（8）：能执行到这里，说明已经找到合适的内存块了，找到内存块，就返回内存块地址。注意，这里返回的是内存块起始地址加上内存块链表结构体空间的偏移地址，因为内存块头部需要有一个节点用于保存内存相关信息。

代码清单 21-5（9）：因为这个内存块被用户使用了，所以需要从空闲内存块链表中移除。

代码清单 21-5（10）：分配到内存后，系统还要再看看这个内存块的内存空间够不够多，能不能分成两个，申请的内存块分给用户，剩下的内存则留出来，放到空闲内存块链表中用于下一次内存块申请，这样就能节约内存。

代码清单 21-5（11）：去除分配出去的内存，在剩余内存块的起始位置放置一个链表节点，用来记录该空闲内存块的信息。

代码清单 21-5（12）：通过计算得到剩余的内存大小，并且赋值给剩余内存块链表节点中的 xBlockSize 成员变量，方便下一次的内存查找。

代码清单 21-5（13）：执行（12）中操作的同时，也对当前申请的内存进行保存信息处理，节点中的成员变量 xBlockSize 的值为当前申请的内存大小。

代码清单 21-5（14）：将被切割而产生的新空闲内存块添加到空闲链表中。

代码清单 21-5（15）：恢复调度器运行。

代码清单 21-5（16）：如果内存分配不成功，最可能的原因是内存堆空间不够用了。如果用户启用了内存申请失败钩子函数这个宏定义，那么在内存申请失败时会调用 vApplicationMalloc-FailedHook() 钩子函数，这个钩子函数由用户实现，通常可以输出内存申请失败的相关提示。

代码清单 21-5（17）：返回申请成功的内存起始地址或者 NULL。

随着内存申请，越来越多的内存块脱离空闲内存链表，但链表仍是以 xStart 节点开头，以 xEnd 节点结尾，空闲内存块链表根据空闲内存块的大小进行排序。每当用户申请一次内存时，系统都要分配一个 BlockLink_t 类型的结构体空间，用于保存申请的内存块信息，并且每个内存块在申请成功后会脱离空闲内存块链表，申请两次后的内存示意图如图 21-4 所示。

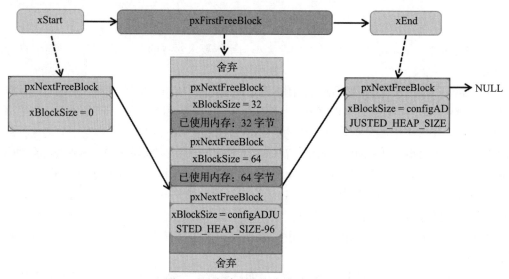

图 21-4　申请两次内存成功示意图

2. 内存释放函数 vPortFree()

分配内存的过程很简单，释放内存的过程更简单，只需要向内存释放函数中传入要释放的内存地址，系统便会自动向前索引到对应链表节点，并且取出这块内存块的信息，将这个节点插入空闲内存块链表中，将这个内存块归还给系统。下面来看一看 vPortFree() 的源码，具体参见代码清单 21-7。

代码清单 21-7　vPortFree() 源码（heap_2.c）

```
1 void vPortFree( void *pv )
2 {
3     uint8_t *puc = ( uint8_t * ) pv;
4     BlockLink_t *pxLink;
```

```
 5
 6      if ( pv != NULL ) {
 7      /* 根据要释放的内存块找到对应的链表节点 */
 8          puc -= heapSTRUCT_SIZE;                                          (1)
 9
10          pxLink = ( void * ) puc;
11
12          vTaskSuspendAll();                                              (2)
13          {
14              /* 将要释放的内存块添加到空闲链表 */
15              prvInsertBlockIntoFreeList( ( ( BlockLink_t * ) pxLink ) );
16              /* 更新一下当前未分配的内存大小 */
17              xFreeBytesRemaining += pxLink->xBlockSize;                   (3)
18              traceFREE( pv, pxLink->xBlockSize );
19          }
20          ( void ) xTaskResumeAll();                                      (4)
21      }
22 }
```

代码清单 21-7（1）：根据要释放的内存块进行地址偏移，找到对应的链表节点。

代码清单 21-7（2）：挂起调度器，内存的操作都需要挂起调度器。

代码清单 21-7（3）：将要释放的内存块添加到空闲链表，prvInsertBlockIntoFreeList 是一个宏定义，就是对链表的简单操作，将释放的内存块按内存大小插入空闲内存块链表中，然后系统更新一下表示未分配内存大小的变量 xFreeBytesRemaining。释放内存完成之后的示意图如图 21-5 和图 21-6 所示。

代码清单 21-7（4）：恢复调度器。

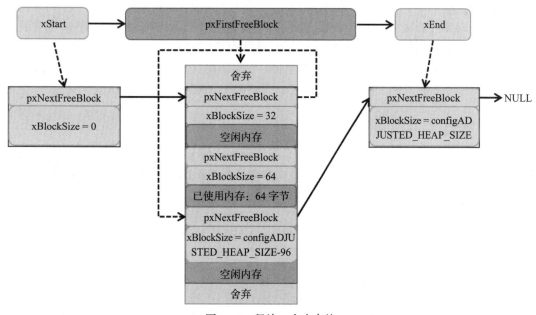

图 21-5　释放一个内存块

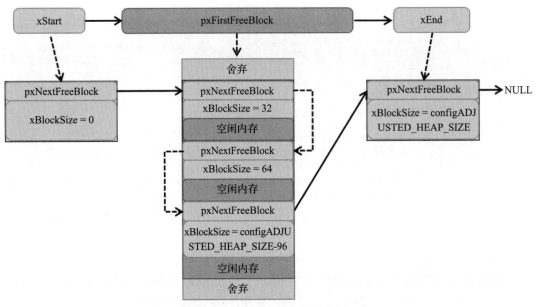

图 21-6 内存释放完成示意图

从内存的申请与释放来看，heap_2.c 方案采用的内存管理算法虽然高效，但仍有缺陷，由于在释放内存时不会将相邻的内存块合并，所以这可能造成内存碎片。当然，并不是说这种内存管理算法不好，只不过对使用的条件要求比较苛刻，要求用户每次创建或释放的任务、队列等必须大小相同，如果分配或释放的内存是随机的，则不可以用这种内存管理策略；如果申请和释放的顺序不可预料，那也很危险。举个例子，假设用户先申请 128 字节内存，然后释放，此时系统释放的 128 字节内存可以被重复利用；如果用户再接着申请 64 字节的内存，那么一个本来 128 字节的大块就会被分为两个 64 字节的小块。如果这种情况经常发生，就会导致每个空闲块可能都很小，最终在申请一个大块时就会因为没有合适的空闲内存块而申请失败，这并不是因为总的空闲内存不足，而是无法申请到连续可用的大块内存。

21.3.3 heap_3.c

heap_3.c 方案只是简单地封装了标准 C 库中的 malloc() 和 free() 函数，并且能满足常用的编译器。重新封装后的 malloc() 和 free() 函数具有保护功能，采用的封装方式是操作内存前挂起调度器，完成后再恢复调度器。

heap_3.c 方案具有以下特点：

1）需要链接器设置一个堆，malloc() 和 free() 函数由编译器提供。

2）具有不确定性。

3）很可能增大 RTOS 内核的代码大小。

要注意的是，在使用 heap_3.c 方案时，FreeRTOSConfig.h 文件中的 configTOTAL_HEAP_SIZE 宏定义不起作用。在 STM32 系列的工程中，这个由编译器定义的堆都在启动文件中设置，单位为字节，我们以 STM32F10x 系列为例，具体如图 21-7 所示，其他系列与此类似。

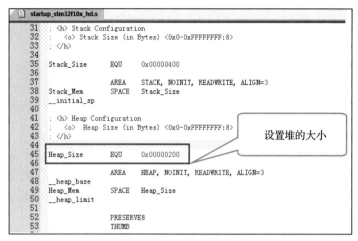

图 21-7　设置堆的大小

heap_3.c 方案中的内存申请与释放相关函数源码过于简单，就不再讲述，源码具体参见代码清单 21-8 与代码清单 21-9。

代码清单 21-8　pvPortMalloc() 源码（heap_3.c）

```
1 void *pvPortMalloc( size_t xWantedSize )
2 {
3 void *pvReturn;
4
5     vTaskSuspendAll();
6     {
7         pvReturn = malloc( xWantedSize );
8         traceMALLOC( pvReturn, xWantedSize );
9     }
10    ( void ) xTaskResumeAll();
11
12 #if( configUSE_MALLOC_FAILED_HOOK == 1 )
13    {
14        if ( pvReturn == NULL ) {
15            externvoid vApplicationMallocFailedHook( void );
16            vApplicationMallocFailedHook();
17        }
18    }
19 #endif
20
21    return pvReturn;
22 }
```

代码清单 21-9　vPortFree() 源码（heap_3.c）

```
1 void vPortFree( void *pv )
2 {
```

```
3       if ( pv ) {
4           vTaskSuspendAll();
5           {
6               free( pv );
7               traceFREE( pv, 0 );
8           }
9           ( void ) xTaskResumeAll();
10      }
11 }
```

21.3.4　heap_4.c

heap_4.c 方案与 heap_2.c 方案一样,都采用最佳匹配算法来实现动态的内存分配,但是不一样的是 heap_4.c 方案还包含了一种合并算法,能把相邻的空闲内存块合并成一个更大的块,这样可以减少内存碎片。heap_4.c 方案适用于移植层中可以直接使用 pvPortMalloc() 和 vPortFree() 函数来分配和释放内存的代码。

内存分配时需要的总的堆空间由文件 FreeRTOSConfig.h 中的宏 configTOTAL_HEAP_SIZE 配置,单位为字。通过调用函数 xPortGetFreeHeapSize() 我们可以知道还剩下多少内存没有使用,但是并不包括内存碎片。这样一来我们可以实时调整和优化 configTOTAL_HEAP_SIZE 的大小。

heap_4.c 方案的空闲内存块也是以单链表的形式连接起来的,BlockLink_t 类型的局部静态变量 xStart 表示链表头,但 heap_4.c 内存管理方案的链表尾部则保存在内存堆空间最后的位置,并使用 BlockLink_t 指针类型局部静态变量 pxEnd 指向这个区域(而 heap_2.c 内存管理方案则使用 BlockLink_t 类型的静态变量 xEnd 表示链表尾)。

heap_4.c 内存管理方案的空闲块链表不是以内存块大小进行排序的,而是以内存块起始地址大小排序,内存地址小的在前,地址大的在后,因为 heap_4.c 方案还有一个内存合并算法,在释放内存时,假如相邻的两个空闲内存块在地址上是连续的,那么就可以合并为一个内存块,这也是为了适应合并算法而做出的改变。

heap_4.c 方案具有以下特点:

1)可用于重复删除任务、队列、信号量、互斥量等的应用程序。

2)可用于分配和释放随机字节内存的应用程序,但并不像 heap2.c 那样产生严重的内存碎片。

3)具有不确定性,但是效率比标准 C 库中的 malloc() 函数高得多。

1. 内存申请函数 pvPortMalloc()

heap_4.c 方案的内存申请函数与 heap_2.c 方案的内存申请函数大同小异,同样是从链表头 xStart 开始遍历查找合适的内存块,如果某个空闲内存块的大小能容纳用户要申请的内存,则从这块内存中取出用户需要的内存大小返回给用户,剩下的内存块组成一个新的空闲块,按照空闲内存块起始地址大小顺序插入空闲块链表中,内存地址小的在前,内存地址大的在后。在插入空闲内存块链表的过程中,系统还会执行合并算法将地址相邻的内存块进行合并:系统会判断一下这两个空闲内存块是否连续,如果连续,则合并为一个大的空闲内存块。

合并算法是 heap_4.c 内存管理方案和 heap_2.c 内存管理方案最大的不同之处，这样一来，由此产生的内存碎片就会大大减少，内存管理方案适用性就很强，能用于随机申请和释放内存的应用中，灵活性得到很大提高。heap_4.c 的内存申请源码具体参见代码清单 21-10。

代码清单 21-10　pvPortMalloc() 源码（heap_4.c）

```
 1 void *pvPortMalloc( size_t xWantedSize )
 2 {
 3     BlockLink_t *pxBlock, *pxPreviousBlock, *pxNewBlockLink;
 4     void *pvReturn = NULL;
 5
 6     vTaskSuspendAll();
 7     {
 8     /* 如果是第一次调用内存分配函数，先初始化内存堆 */
 9     if ( pxEnd == NULL ) {
10             prvHeapInit();                                              (1)
11         } else {
12             mtCOVERAGE_TEST_MARKER();
13         }
14
15         /* 这里对 xWantedSize 的大小有要求，需要最高位为 0。
16         因为后面 BlockLink_t 结构体中的 xBlockSize 的最高位需要使用
17         这个成员的最高位来标识这个块是否空闲，因此要申请的块大小不能使用这个位
18         */
19         if ( ( xWantedSize & xBlockAllocatedBit ) == 0 ) {             (2)
20             /* 调整要分配的内存值，需要增加链表结构体所占的内存空间
21             heapSTRUCT_SIZE 表示链表结构体节点经过内存对齐后的内存大小
22             因为空余内存的头部要放一个 BlockLink_t 类型的节点来管理，
23             因此这里需要人为地扩充申请的内存大小 */
24 if ( xWantedSize > 0 ) {
25             xWantedSize += xHeapStructSize;
26
27             /* 需要申请的内存大小与系统要求对齐的字节数不匹配，需要进行内存对齐 */
28             if ( ( xWantedSize & portBYTE_ALIGNMENT_MASK ) != 0x00 ) {
29                 xWantedSize += ( portBYTE_ALIGNMENT - ( xWantedSize &
30                 portBYTE_ALIGNMENT_MASK ) );
31             } else {
32                 mtCOVERAGE_TEST_MARKER();
33             }
34         } else {
35             mtCOVERAGE_TEST_MARKER();
36         }
37
38         // 如果当前的空闲内存足够满足用户申请的内存大小，就进行内存申请操作
39         if ( ( xWantedSize > 0 ) && ( xWantedSize <= xFreeBytesRemaining ) ) {
40             /* 从空余内存链表的头部开始找，如果该空余内存的大小大于 xWantedSize，
41             就从这块内存中抠出一部分内存返回，剩余的内存生成新的 BlockLink_t 插入链表中
42             */
43             pxPreviousBlock = &xStart;
44             pxBlock = xStart.pxNextFreeBlock;
45             // 从链表头部开始查找大小符合条件的空余内存
46             while ( ( pxBlock->xBlockSize < xWantedSize )
```

```
47                         && ( pxBlock->pxNextFreeBlock != NULL ) ) {
48                     pxPreviousBlock = pxBlock;
49                     pxBlock = pxBlock->pxNextFreeBlock;
50                 }
51
52                 /*
53             如果搜索到链表尾 xEnd，说明没有找到合适的空闲内存块，否则进行下一步处理
54                 */
55             if ( pxBlock != pxEnd ) {
56                     /* 能执行到这里，说明已经找到合适的内存块了。找到内存块，就
57                     返回内存块地址。注意，这里返回的是内存块 +
58                     内存块链表结构体空间的偏移地址，因为内存块头部需要有一个空闲
59                     链表节点 */
60                     pvReturn = ( void * ) ( ( ( uint8_t * ) pxPreviousBlock->
61                         pxNextFreeBlock ) + xHeapStructSize );
62
63                     // * 因为这个内存块被用户使用了，所以需要从空闲内存块链表中移除 */
64                     pxPreviousBlock->pxNextFreeBlock = pxBlock->pxNextFreeBlock;
65
66                     /* 再看看这个内存块的内存空间是否足够，能否分成两个，
67                     申请的内存块分给用户，剩下的内存就留出来，
68                     放到空闲内存块链表中用于下一次内存块申请 */
69     if((pxBlock->xBlockSize - xWantedSize ) > heapMINIMUM_BLOCK_SIZE ) {
70                     /* 去除分配出去的内存，在剩余内存块的起始位置放置一个链表节点 */
71         pxNewBlockLink = ( void * ) ( ( ( uint8_t * ) pxBlock ) +
72                                         xWantedSize );
73
74                     configASSERT( ( ( ( size_t ) pxNewBlockLink )
75                         & portBYTE_ALIGNMENT_MASK ) == 0 );
76
77                     /* 通过计算得到剩余的内存大小，并且赋值给剩余内存块链表节点中
78                     的 xBlockSize 成员变量，方便下一次的内存查找 */
79                     pxNewBlockLink->xBlockSize = pxBlock->xBlockSize -
80                     xWantedSize;
80                     pxBlock->xBlockSize = xWantedSize;
81
82                     /* 将被切割而产生的新空闲内存块添加到空闲链表中 */
83                     prvInsertBlockIntoFreeList( pxNewBlockLink );      (3)
84             } else {
85                 mtCOVERAGE_TEST_MARKER();
86             }
87
88                 // 更新剩余内存总大小
89                 xFreeBytesRemaining -= pxBlock->xBlockSize;
90
91                 // 如果当前内存大小小于历史最小记录，则更新历史最小内存记录
92                 if ( xFreeBytesRemaining < xMinimumEverFreeBytesRemaining) {
93                 xMinimumEverFreeBytesRemaining = xFreeBytesRemaining; (4)
94             } else {
95                 mtCOVERAGE_TEST_MARKER();
96             }
97
98                 /* 注意，这里的 xBlockSize 的最高位被设置为 1，标记内存已经被申请使用 */
```

```
99                        pxBlock->xBlockSize |= xBlockAllocatedBit;              (5)
100                        pxBlock->pxNextFreeBlock = NULL;
101                    } else {
102                        mtCOVERAGE_TEST_MARKER();
103                    }
104                } else {
105                    mtCOVERAGE_TEST_MARKER();
106                }
107            } else {
108                mtCOVERAGE_TEST_MARKER();
109            }
110
111            traceMALLOC( pvReturn, xWantedSize );
112        }
113        ( void ) xTaskResumeAll();
114
115    #if( configUSE_MALLOC_FAILED_HOOK == 1 )
116        {
117            if ( pvReturn == NULL ) {
118                extern void vApplicationMallocFailedHook( void );
119                vApplicationMallocFailedHook();
120            } else {
121                mtCOVERAGE_TEST_MARKER();
122            }
123        }
124    #endif
125
126        return pvReturn;
127    }
```

在读懂源码之前，我们先记住下面这几个变量的含义：

❑ xFreeBytesRemaining：表示当前系统中未分配的内存堆大小。

❑ xMinimumEverFreeBytesRemaining：表示未分配内存堆空间历史最小的内存值。只有记录未分配内存堆的最小值，才能知道最坏情况下内存堆的使用情况。

❑ xBlockAllocatedBit：这个变量在内存堆初始化时被初始化，将其能表示的数值的最高位置1。比如对于32位系统，这个变量被初始化为 0x80000000（最高位为1）。heap_4.c 内存管理方案使用 xBlockAllocatedBit 来标识一个内存块是否已经被分配使用了（是否为空闲内存块）。如果内存块已经被分配出去，则该内存块上的链表节点的成员变量 xBlockSize 会与这个变量进行按位或（即 xBlockSize 最高位置1），而在释放一个内存块时，则会把 xBlockSize 的最高位清零，表示内存块是空闲的。

由于 heap_4.c 中的内存申请函数与 heap_2.c 中的内存申请函数大同小异，在这里主要讲解一下不同之处。

代码清单 21-10（1）：内存堆初始化是不一样的，源码具体参见代码清单 21-11。

代码清单 21-11　prvHeapInit() 源码

```
1 static void prvHeapInit( void )
2 {
```

```
3        BlockLink_t *pxFirstFreeBlock;
4        uint8_t *pucAlignedHeap;
5        size_t uxAddress;
6        size_t xTotalHeapSize = configTOTAL_HEAP_SIZE;
7
8        /* 进行内存对齐操作 */
9        uxAddress = ( size_t ) ucHeap;                                              (1)
10
11       if ( ( uxAddress & portBYTE_ALIGNMENT_MASK ) != 0 ) {
12           uxAddress += ( portBYTE_ALIGNMENT - 1 );
13           uxAddress &= ~( ( size_t ) portBYTE_ALIGNMENT_MASK );
14           // xTotalHeapSize 表示系统管理的总内存大小
15           xTotalHeapSize -= uxAddress - ( size_t ) ucHeap;
16       }                                                                          (2)
17
18       pucAlignedHeap = ( uint8_t * ) uxAddress;
19
20       // 初始化链表头部
21       xStart.pxNextFreeBlock = ( void * ) pucAlignedHeap;                        (3)
22       xStart.xBlockSize = ( size_t ) 0;
23
24  /* 初始化 pxEnd，计算 pxEnd 的位置，它的值为内存尾部向前偏移一个
25        BlockLink_t 结构体大小，偏移出来的这个 BlockLink_t 就是 pxEnd */
26       uxAddress = ( ( size_t ) pucAlignedHeap ) + xTotalHeapSize;               (4)
27       uxAddress -= xHeapStructSize;
28       uxAddress &= ~( ( size_t ) portBYTE_ALIGNMENT_MASK );
29       pxEnd = ( void * ) uxAddress;
30       pxEnd->xBlockSize = 0;
31       pxEnd->pxNextFreeBlock = NULL;
32
33       /* 和 heap_2.c 中的初始化类似，将当前所有内存插入空闲内存块链表中。
34       不同的是链表的尾部不是静态的，而是放在了内存的最后 */
35       pxFirstFreeBlock = ( void * ) pucAlignedHeap;                             (5)
36       pxFirstFreeBlock->xBlockSize = uxAddress - ( size_t ) pxFirstFreeBlock;
37       pxFirstFreeBlock->pxNextFreeBlock = pxEnd;
38
39       /*  更新统计变量 */
40       xMinimumEverFreeBytesRemaining = pxFirstFreeBlock->xBlockSize;            (6)
41       xFreeBytesRemaining = pxFirstFreeBlock->xBlockSize;
42
43       /* 这个 xBlockAllocatedBit 比较特殊，这里被设置为最高位为 1，其余位为 0 的
44       一个 size_t 大小的值，这样任意一个 size_t 大小的值和 xBlockAllocatedBit
45       进行按位与操作，如果该值最高位为 1，那么结果为 1，否则结果为 0。
46       FreeRTOS 利用这种特性标记一个内存块是否空闲 */
47       xBlockAllocatedBit = ( ( size_t ) 1 ) << (
48                          ( sizeof( size_t ) * heapBITS_PER_BYTE ) - 1 );        (7)
49  }
```

代码清单 21-11（1）（2）：按照内存管理的要求，所有归 FreeRTOS 管理的内存堆都需要按照指定的内存对齐字节数对齐，这里当然也不例外，保证 pucAlignedHeap 也是按照指定内存要求对齐的。

代码清单 21-11（3）：空闲内存链表头部初始化，作用与 heap_2.c 方案一样，xStart 的

pxNextFreeBlock 成员变量指向对齐后的内存起始地址 pucAlignedHeap，xStart 的 xBlockSize
成员变量的值为 0。

代码清单 21-11（4）：同理，初始化空闲内存链表尾部节点，计算 pxEnd 的位置，它
的值为内存尾部向前偏移一个 BlockLink_t 结构体大小，偏移出来的这个 BlockLink_t 就是
pxEnd。尾部只是一个标记，当遍历空闲链表到这里时，表示已经没有可用的内存块了，所
以 pxEnd 的 pxNextFreeBlock 成员变量为 NULL。与 heap_2.c 方案不同的是，链表的尾部节
点不是静态的，而是放在了内存的最后。

代码清单 21-11（5）：将 pxFirstFreeBlock 放入空闲链表中，因为空闲内存块链表除了要
有头部与尾部，还需要有真正可用的内存，而第一块可用的内存就是 pxFirstFreeBlock，内存
块的起始地址就是对齐后的起始地址 pucAlignedHeap，内存块的大小是系统管理的内存大小
configADJUSTED_HEAP_SIZE，并且在内存块链表中的下一个指向就是尾部节点 pxEnd。

代码清单 21-11（6）：更新统计变量。

代码清单 21-11（7）：这个 xBlockAllocatedBit 比较特殊，这里被设置为最高位为 1，其
余为 0 的一个 size_t 大小的值，这样，任意一个 size_t 大小的值和 xBlockAllocatedBit 进行按
位与操作，如果该值最高位为 1，那么结果为 1，否则结果为 0。FreeRTOS 利用这种特性标
记一个内存块是否空闲。

heap_4.c 内存初始化完成示意图具体如图 21-8 所示。

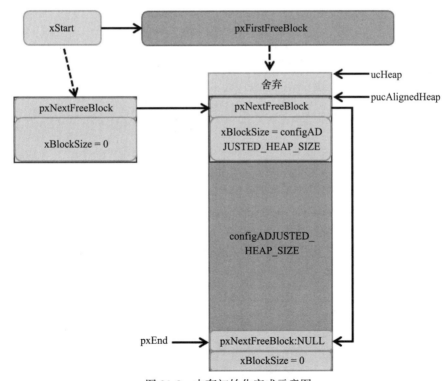

图 21-8　内存初始化完成示意图

回到代码清单 21-10:

代码清单 21-10 (2): 这里对 xWantedSize 的大小有要求, 需要最高位为 0。因为后面 BlockLink_t 结构体中的 xBlockSize 的最高位需要使用这个成员的最高位来标识该块是否空闲, 因此要求申请的块大小不能使用这个位。

代码清单 21-10 (3): 将被切割而产生的新空闲内存块添加到空闲链表中, 这与 heap_2.c 方案中不一样, 此处插入空闲内存块链表时, 会通过合并算法将可以合并成大内存块的相邻内存块进行合并, 源码具体参见代码清单 21-12。

代码清单 21-12　prvInsertBlockIntoFreeList() 源码

```
1  static void prvInsertBlockIntoFreeList( BlockLink_t *pxBlockToInsert )
2  {
3      BlockLink_t *pxIterator;
4      uint8_t *puc;
5
6      /* 首先找到和 pxBlockToInsert 相邻的前一个空闲内存 */
7      for ( pxIterator = &xStart;
8            pxIterator->pxNextFreeBlock < pxBlockToInsert;
9            pxIterator = pxIterator->pxNextFreeBlock ) {                          (1)
10
11     }
12
13
14
15     puc = ( uint8_t * ) pxIterator;
16
17     /* 如果前一个内存的尾部恰好是 pxBlockToInsert 的头部,
18     则代表这两个内存是连续的, 可以合并 */
19     if ( ( puc + pxIterator->xBlockSize ) == ( uint8_t * ) pxBlockToInsert ) { (2)
20         /* 将 pxBlockToInsert 合并入 pxIterator 中 */
21         pxIterator->xBlockSize += pxBlockToInsert->xBlockSize;
22         pxBlockToInsert = pxIterator;                                          (3)
23     } else {
24         mtCOVERAGE_TEST_MARKER();
25     }
26
27     /* 判断 pxBlockToInsert 是否和后面的空闲内存相邻 */
28     puc = ( uint8_t * ) pxBlockToInsert;
29     if ( ( puc + pxBlockToInsert->xBlockSize ) ==
30          ( uint8_t * ) pxIterator->pxNextFreeBlock ) {                         (4)
31         /* 与之相邻的下一个内存块不是链表尾节点 */
32         if ( pxIterator->pxNextFreeBlock != pxEnd ) {                          (5)
33             /* 将后面的内存并入 pxBlockToInsert,
34             并用 pxBlockToInsert 代替该内存在链表中的位置 */
35             pxBlockToInsert->xBlockSize +=
36                 pxIterator->pxNextFreeBlock->xBlockSize;
37
38             pxBlockToInsert->pxNextFreeBlock =
39                 pxIterator->pxNextFreeBlock->pxNextFreeBlock;
40         } else {
```

```
41                    pxBlockToInsert->pxNextFreeBlock = pxEnd;                    (6)
42              }
43        } else {
44            // 后面不相邻，那么只能插入链表了
45            pxBlockToInsert->pxNextFreeBlock = pxIterator->pxNextFreeBlock;    (7)
46        }
47
48        /* 判断前面是否已经合并了，如果合并了，就不用再更新链表了 */
49        if ( pxIterator != pxBlockToInsert ) {
50            pxIterator->pxNextFreeBlock = pxBlockToInsert;                      (8)
51        } else {
52            mtCOVERAGE_TEST_MARKER();
53        }
54 }
```

代码清单 21-12（1）：首先找到和 pxBlockToInsert 相邻的前一个空闲内存，找到之后就会退出 for 循环。

代码清单 21-12（2）：循环结束后，如果前一个内存块的尾部地址恰好是 pxBlockToInsert 的头部地址，则代表这两个内存块是连续的，可以合并，那么就把 pxBlockToInsert 合并到该内存块中。

代码清单 21-12（3）：将 pxBlockToInsert 合并入 pxIterator 中。pxIterator 的大小就是其本身大小再加上 pxBlockToInsert 的大小。

代码清单 21-12（4）：同理，再判断 pxBlockToInsert 是否和后面的空闲内存相邻，如果 pxBlockToInsert 的尾部地址是下一个内存块的头部地址，则说明这两个内存块是连续的，可以合并。

代码清单 21-12（5）：判断 pxBlockToInsert 的下一个内存块是否是尾部节点 pxEnd，这是因为尾部节点就是放在系统管理的内存块最后的地址上，而 xStart 不是，所以这里要判断一下。如果不是 pxEnd，并且连续，那么就将后面的内存并入 pxBlockToInsert，并用 pxBlockToInsert 代替该内存在链表中的位置。pxBlockToInsert 的大小就是其本身大小再加上下一个内存块的大小。

代码清单 21-12（6）：如果 pxBlockToInsert 的下一个内存块是 pxEnd，那就不能合并，将内存块节点的成员变量 pxNextFreeBlock 指向 pxEnd。

代码清单 21-12（7）：如果 pxBlockToInsert 与后面的内存块不相邻，那么只能插入链表。

代码清单 21-12（8）：判断前面是否已经合并了，如果合并了，就不用再更新链表，否则更新与前一个内存块的链表连接关系。

其实，这个合并的算法常用于释放内存的合并，申请内存时能合并的早已合并，因为申请内存是从一个空闲内存块前面分割，分割后产生的内存块都是一整块的，基本不会进行合并，申请内存常见的情况具体如图 21-9 所示。

再回到代码清单 21-10：

代码清单 21-10（4）：如果当前内存的大小小于历史最小记录，则更新历史最小内存记录。

代码清单 21-10（5）：注意，这里 xBlockSize 的最高位被设置为 1，标记内存已经被申请使用，xBlockAllocatedBit 在内存初始化时就被初始化了。

内存申请函数其实很简单，在申请 3 次内存完成之后的示意图具体如图 21-10 所示。

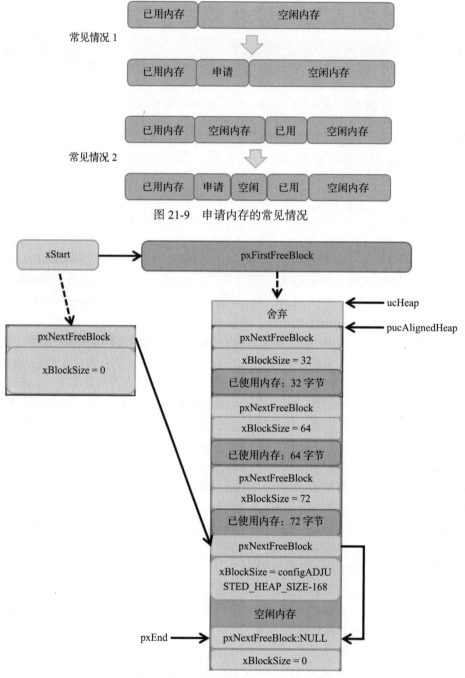

图 21-9 申请内存的常见情况

图 21-10 申请 3 次内存完成的示意图

2. 内存释放函数 vPortFree()

heap_4.c 内存管理方案的内存释放函数 vPortFree() 也比较简单,根据传入要释放的内存块地址，偏移之后找到链表节点，然后将这个内存块插入空闲内存块链表中，在内存块插入的过程中会执行合并算法，这个在内存申请中已经讲过了（而且合并算法多用于释放内存）。最后是将这个内存块标志为"空闲"（内存块节点的 xBlockSize 成员变量最高位清零），再更新未分配的内存堆大小即可。下面来看一看 vPortFree() 的源码实现过程，具体参见代码清单 21-13。

代码清单 21-13　vPortFree() 源码（heap_4.c）

```
1  void vPortFree( void *pv )
2  {
3      uint8_t *puc = ( uint8_t * ) pv;
4      BlockLink_t *pxLink;
5
6      if ( pv != NULL ) {
7          /* 偏移得到节点地址 */
8          puc -= xHeapStructSize;                                          (1)
9
10         pxLink = ( void * ) puc;
11
12         /* 断言 */
13         configASSERT( ( pxLink->xBlockSize & xBlockAllocatedBit ) != 0 );
14         configASSERT( pxLink->pxNextFreeBlock == NULL );
15
16         /* 判断一下内存块是否已经是被分配使用的，如果是就释放该内存块 */
17         if ( ( pxLink->xBlockSize & xBlockAllocatedBit ) != 0 )          ((2)
18             if ( pxLink->pxNextFreeBlock == NULL ) {
19                 /* 将内存块标识为空闲 */
20                 pxLink->xBlockSize &= ~xBlockAllocatedBit;               (3)
21
22                 vTaskSuspendAll();
23                 {
24                     /* 更新系统当前空闲内存的大小，添加到内存块空闲链表中 */
25                     xFreeBytesRemaining += pxLink->xBlockSize;           (4)
26                     traceFREE( pv, pxLink->xBlockSize );
27                     prvInsertBlockIntoFreeList( ( ( BlockLink_t * ) pxLink ) );(5)
28                 }
29                 ( void ) xTaskResumeAll();
30             } else {
31                 mtCOVERAGE_TEST_MARKER();
32             }
33         } else {
34             mtCOVERAGE_TEST_MARKER();
35         }
36     }
37 }
```

代码清单 21-13（1）：根据要释放的内存块进行地址偏移，找到对应的链表节点。

代码清单 21-13（2）：判断内存块是否已经是被分配使用的，如果是就释放该内存块。已经分配使用的内存块在其对应节点的成员变量 xBlockSize 中最高位为 1。

代码清单 21-13（3）：将内存块标识为空闲，将节点的成员变量 xBlockSize 最高位清零。

代码清单 21-13（4）：更新系统当前空闲内存的大小。

代码清单 21-13 (5): 调用 prvInsertBlockIntoFreeList() 函数将释放的内存块添加到空闲内存块链表中。在此过程中,如果内存块可以合并,就会进行内存块合并,否则插入空闲内存块链表 (按内存地址排序)。

按照内存释放的过程,当我们释放一个内存时,如果与它相邻的内存块都不是空闲的,那么该内存块并不会合并,只会被添加到空闲内存块链表中,其过程示意图具体如图 21-11 所示。而如果在某个时间段释放了另一个内存块,发现该内存块前面有一个空闲内存块与它在地址上是连续的,那么这两个内存块会合并成一个大的内存块,并插入空闲内存块链表中,其过程示意图具体如图 21-12 所示。

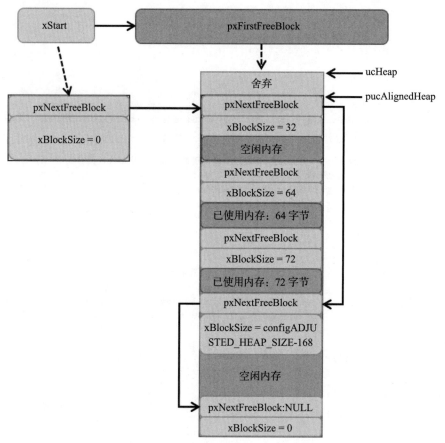

图 21-11 释放一个内存块 (无法合并)

21.3.5 heap_5.c

heap_5.c 方案在实现动态内存分配时与 heap_4.c 方案一样,采用最佳匹配算法和合并算法,并且允许内存堆跨越多个非连续的内存区,也就是允许在不连续的内存堆中实现内存分配。比如用户在片内 RAM 中定义一个内存堆,还可以在外部 SDRAM 中再定义一个或多个内存堆,这些内存都归系统管理。

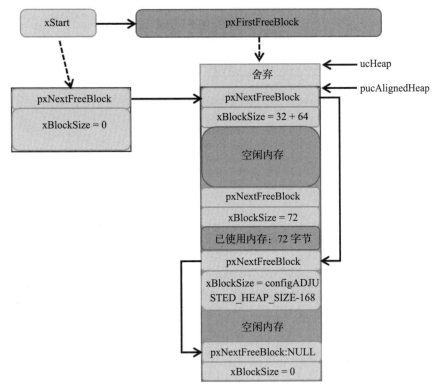

图 21-12   释放一个内存块（可以合并）

heap_5.c 方案通过调用 vPortDefineHeapRegions() 函数来实现系统管理的内存初始化，在内存初始化未完成前不允许使用内存分配和释放函数。如创建 FreeRTOS 对象（任务、队列、信号量等）时会隐式地调用 pvPortMalloc() 函数，因此必须注意，使用 heap_5.c 内存管理方案创建任何对象前，要先调用 vPortDefineHeapRegions() 函数将内存初始化。

vPortDefineHeapRegions() 函数只有一个形参，该形参是一个 HeapRegion_t 类型的结构体数组。HeapRegion_t 类型结构体在 portable.h 中定义，具体参见代码清单 21-14。

代码清单 21-14   HeapRegion_t 结构体定义

```
1 typedef struct HeapRegion {
2     /* 用于内存堆的内存块起始地址 */
3     uint8_t *pucStartAddress;
4
5     /* 内存块大小 */
6     size_t xSizeInBytes;
7 } HeapRegion_t;
```

用户需要指定每个内存堆区域的起始地址和内存堆大小，将它们放在一个 HeapRegion_t 结构体类型数组中，这个数组必须用一个 NULL 指针和 0 作为结尾，起始地址必须从小到大排列。假设我们为内存堆分配两个内存块，第一个内存块大小为 0x10000 字节，起始地址为 0x80000000；第二个内存块大小为 0xa0000 字节，起始地址为 0x90000000，vPortDefine-
HeapRegions() 函数的使用实例具体参见代码清单 21-15。

代码清单 21-15　vPortDefineHeapRegions() 函数实例

```
1  /* 在内存中为内存堆分配两个内存块。
2  第 1 个内存块大小为 0x10000 字节，起始地址为 0x80000000，
3  第 2 个内存块大小为 0xa0000 字节，起始地址为 0x90000000。
4  起始地址为 0x80000000 的内存块的起始地址更低，因此放到了数组的第 1 个位置 */
5  const HeapRegion_t xHeapRegions[] = {
6      { ( uint8_t * ) 0x80000000UL, 0x10000 },
7      { ( uint8_t * ) 0x90000000UL, 0xa0000 },
8      { NULL, 0 } /* 数组结尾 */
9  };
10
11 /* 向函数 vPortDefineHeapRegions() 传递形参 */
12 vPortDefineHeapRegions( xHeapRegions );
```

　　用户定义好内存堆数组后，需要调用 vPortDefineHeapRegions() 函数初始化这些内存堆，
系统会以一个空闲内存块链表的数据结构记录这些空闲内存，链表以 xStart 节点作为起始地
址，以 pxEnd 节点作为结束地址。在 heap_5.c 中，vPortDefineHeapRegions() 函数对内存的
初始化内存申请与释放函数与 heap_4.c 方案中一样，此处不再赘述。以上面的内存堆数组为
例，初始化完成后的内存堆示意图具体如图 21-13 所示。

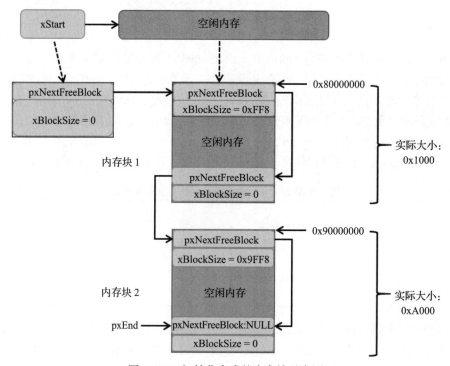

图 21-13　初始化完成的内存堆示意图

21.4　内存管理实验

内存管理实验使用 heap_4.c 方案进行内存管理测试，创建了两个任务，分别是 LED 任务与内存管理测试任务。内存管理测试任务通过检测按键是否按下来申请内存或释放内存，当申请内存成功时，就向该内存写入一些数据，如当前系统的时间等信息，并且通过串口输出相关信息；LED 任务是将 LED 翻转，表示系统处于运行状态。在不需要使用内存时，注意及时释放该段内存，避免内存泄露。实验源码具体参见代码清单 21-16 中加粗部分。

代码清单 21-16　内存管理的实验

```
1  /**
2   *******************************************************************
3   * @file    main.c
4   * @author  fire
5   * @version V1.0
6   * @date    2018-xx-xx
7   * @brief   FreeRTOS V9.0.0 + STM32 内存管理
8   *******************************************************************
9   * @attention
10  *
11  * 实验平台：野火 STM32 开发板
12  * 论坛：http://www.firebbs.cn
13  * 淘宝：https://fire-stm32.taobao.com
14  *
15  *******************************************************************
16  */
17
18 /*
19  *******************************************************************
20  *                         包含的头文件
21  *******************************************************************
22  */
23 /* FreeRTOS 头文件 */
24 #include "FreeRTOS.h"
25 #include "task.h"
26 /* 开发板硬件bsp头文件 */
27 #include "bsp_led.h"
28 #include "bsp_usart.h"
29 #include "bsp_key.h"
30 /************************** 任务句柄 ********************************/
31 /*
32  * 任务句柄是一个指针，用于指向一个任务。当任务创建好之后，它就具有了一个任务句柄，
33  * 以后我们要想操作这个任务，都需要用到这个任务句柄。如果是任务操作自身，那么
34  * 这个句柄可以为 NULL
35  */
36 static TaskHandle_t AppTaskCreate_Handle = NULL; /* 创建任务句柄 */
37 static TaskHandle_t LED_Task_Handle = NULL; /* LED_Task 任务句柄 */
38 static TaskHandle_t Test_Task_Handle = NULL;/* Test_Task 任务句柄 */
39
40
41
```

```
42 /*********************** 全局变量声明 ***************************/
43 /*
44  * 在写应用程序时，可能需要用到一些全局变量
45  */
46 uint8_t *Test_Ptr = NULL;
47
48
49 /*
50 ***********************************************************************
51 *                              函数声明
52 ***********************************************************************
53 */
54 static void AppTaskCreate(void);/* 用于创建任务 */
55
56 static void LED_Task(void* pvParameters); /* LED_Task 任务实现 */
57 static void Test_Task(void* pvParameters);/* Test_Task 任务实现 */
58
59 static void BSP_Init(void);/* 用于初始化板载相关资源 */
60
61 /*********************************************************
62   * @brief  主函数
63   * @param  无
64   * @retval 无
65   * @note   第 1 步：开发板硬件初始化
66             第 2 步：创建 APP 应用任务
67             第 3 步：启动 FreeRTOS，开始多任务调度
68   *********************************************************/
69 int main(void)
70 {
71     BaseType_t xReturn = pdPASS;/* 定义一个创建信息返回值，默认为 pdPASS */
72
73     /* 开发板硬件初始化 */
74     BSP_Init();
75     printf(" 这是一个 [ 野火 ]-STM32 全系列开发板 -FreeRTOS 内存管理实验 \n");
76     printf(" 按下 KEY1 申请内存，按下 KEY2 释放内存 \n");
77     /* 创建 AppTaskCreate 任务 */
78     xReturn = xTaskCreate((TaskFunction_t )AppTaskCreate,  /* 任务入口函数 */
79                           (const char*     )"AppTaskCreate",/* 任务名称 */
80                           (uint16_t        )512,   /* 任务栈大小 */
81                           (void*           )NULL, /* 任务入口函数参数 */
82                           (UBaseType_t     )1,     /* 任务的优先级 */
83                           (TaskHandle_t*   )&AppTaskCreate_Handle);
84     /* 启动任务调度 */
85     if (pdPASS == xReturn)
86         vTaskStartScheduler();    /* 启动任务，开启调度 */
87     else
88         return -1;
89
90     while (1);   /* 正常情况下不会执行到这里 */
91 }
92
93
94 /*********************************************************
95   * @ 函数名：AppTaskCreate
```

```
 96     * @ 功能说明: 为了方便管理, 所有的任务创建函数都放在这个函数中
 97     * @ 参数: 无
 98     * @ 返回值: 无
 99     **************************************************************/
100    static void AppTaskCreate(void)
101    {
102        BaseType_t xReturn = pdPASS;/* 定义一个创建信息返回值，默认为 pdPASS */
103
104        taskENTER_CRITICAL();                    // 进入临界区
105
106        /* 创建 LED_Task 任务 */
107        xReturn = xTaskCreate((TaskFunction_t )LED_Task,  /* 任务入口函数 */
108                              (const char*     )"LED_Task",/* 任务名称 */
109                              (uint16_t        )512,     /* 任务栈大小 */
110                              (void*           )NULL,   /* 任务入口函数参数 */
111                              (UBaseType_t     )2,       /* 任务的优先级 */
112                              (TaskHandle_t*   )&LED_Task_Handle);
113        if (pdPASS == xReturn)
114            printf(" 创建 LED_Task 任务成功 \n");
115
116        /* 创建 Test_Task 任务 */
117        xReturn = xTaskCreate((TaskFunction_t )Test_Task,  /* 任务入口函数 */
118                              (const char*     )"Test_Task",/* 任务名称 */
119                              (uint16_t        )512,   /* 任务栈大小 */
120                              (void*           )NULL,  /* 任务入口函数参数 */
121                              (UBaseType_t     )3,      /* 任务的优先级 */
122                              (TaskHandle_t*   )&Test_Task_Handle);
123        if (pdPASS == xReturn)
124            printf(" 创建 Test_Task 任务成功 \n");
125
126        vTaskDelete(AppTaskCreate_Handle);        // 删除 AppTaskCreate 任务
127
128        taskEXIT_CRITICAL();                      // 退出临界区
129    }
130
131
132
133    /**************************************************************
134     * @ 函数名: LED_Task
135     * @ 功能说明: LED_Task 任务主体
136     * @ 参数: 无
137     * @ 返回值: 无
138     **************************************************************/
139    static void LED_Task(void *parameter)
140    {
141        while (1) {
142            LED1_TOGGLE;
143            vTaskDelay(1000);/* 延时 1000 个 tick */
144        }
145    }
146
147    /**************************************************************
148     * @ 函数名: Test_Task
149     * @ 功能说明: Test_Task 任务主体
```

```
150      * @ 参数: 无
151      * @ 返回值: 无
152      **********************************************************************/
153     static void Test_Task(void *parameter)
154     {
155         uint32_t g_memsize;
156         while (1) {
157             if ( Key_Scan(KEY1_GPIO_PORT,KEY1_GPIO_PIN) == KEY_ON ) {
158                 /* KEY1 被按下 */
159                 if (NULL == Test_Ptr) {
160
161                     /* 获取当前内存大小 */
162                     g_memsize = xPortGetFreeHeapSize();
163                     printf(" 系统当前内存大小为 %d 字节, 开始申请内存 \n",g_memsize);
164                     Test_Ptr = pvPortMalloc(1024);
165                     if (NULL != Test_Ptr) {
166                         printf(" 内存申请成功 \n");
167                         printf(" 申请到的内存地址为 %#x\n",(int)Test_Ptr);
168
169                         /* 获取当前内剩存大小 */
170                         g_memsize = xPortGetFreeHeapSize();
171                         printf(" 系统当前内存剩存大小为 %d 字节! \n",g_memsize);
172                         // 向 Test_Ptr 中写入当数据 : 当前系统时间
173                         sprintf((char*)Test_Ptr," 当前系统 TickCount = %d
174                 \n",xTaskGetTickCount());
175                         printf(" 写入的数据是 %s\n",(char*)Test_Ptr);
176                     }
177                 } else {
178                     printf(" 请先按下 KEY2 释放内存再申请 \n");
179                 }
180             }
181             if ( Key_Scan(KEY2_GPIO_PORT,KEY2_GPIO_PIN) == KEY_ON ) {
182                 /* KEY2 被按下 */
183                 if (NULL != Test_Ptr) {
184                     printf(" 释放内存 \n");
185                     vPortFree(Test_Ptr);              // 释放内存
186                     Test_Ptr=NULL;
187                     /* 获取当前内剩存大小 */
188                     g_memsize = xPortGetFreeHeapSize();
189                     printf(" 系统当前内存大小为 %d 字节, 内存释放完成 \n",g_memsize);
190                 } else {
191                     printf(" 请先按下 KEY1 申请内存再释放 \n");
192                 }
193             }
194             vTaskDelay(20);/* 延时 20 个 tick */
195         }
196     }
197
198     /**********************************************************************
199      * @ 函数名: BSP_Init
200      * @ 功能说明: 板级外设初始化, 所有板子上的初始化均可放在这个函数里面
201      * @ 参数: 无
202      * @ 返回值: 无
203      **********************************************************************/
```

```
204 static void BSP_Init(void)
205 {
206     /*
207      * STM32 中断优先级分组为 4，即 4 位都用来表示抢占优先级，范围为 0 ~ 15。
208      * 优先级只需要分组一次，以后如果有其他的任务需要用到中断，
209      * 都统一用这个优先级分组，千万不要再分组
210      */
211     NVIC_PriorityGroupConfig( NVIC_PriorityGroup_4 );
212
213     /* LED 初始化 */
214     LED_GPIO_Config();
215
216     /* 串口初始化      */
217     USART_Config();
218
219     /* 按键初始化      */
220     Key_GPIO_Config();
221
222 }
223
224 /***************************END OF FILE***************************/
```

21.5 实验现象

将程序编译好，用 USB 线连接计算机和开发板的 USB 接口（对应丝印为 USB 转串口），用 DAP 仿真器把配套程序下载到野火 STM32 开发板（具体型号根据购买的板子而定，每个型号的板子都有对应的程序），在计算机上打开串口调试助手，然后复位开发板，我们按下 KEY1 申请内存，然后按下 KEY2 释放内存，可以在调试助手中看到串口打印信息与运行结果，开发板的 LED 也在闪烁，具体如图 21-14 所示。

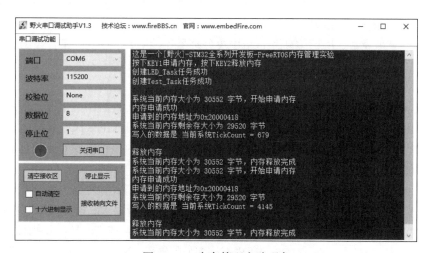

图 21-14 内存管理实验现象

第 22 章
中 断 管 理

22.1 异常与中断的基本概念

异常是导致处理器脱离正常运行转向执行特殊代码的任何事件，如果不及时进行处理，轻则系统出错，重则会导致系统毁灭性瘫痪。所以正确地处理异常，避免错误的发生是提高软件鲁棒性（稳定性）非常重要的一环，对于实时系统更是如此。

异常通常可以分成两类：同步异常和异步异常。由内部事件（像处理器指令运行产生的事件）引起的异常称为同步异常，例如，造成被零除的算术运算引发一个异常。又如，在某些处理器体系结构中，对于确定的数据尺寸必须从内存的偶数地址进行读和写操作。从一个奇数内存地址的读或写操作将引起存储器存取一个错误事件并引起一个异常（称为校准异常）。

异步异常主要指由外部异常源产生的异常。同步异常不同于异步异常的地方是事件的来源，同步异常事件是由于执行某些指令而从处理器内部产生的，而异步异常事件的来源是外部硬件装置。例如，按下设备某个按钮产生的事件。同步异常与异步异常的区别还在于，同步异常触发后，系统必须立刻进行处理而不能依然执行原有的程序指令步骤；而异步异常则可以延缓处理甚至是忽略，例如按键中断异常，虽然中断异常触发了，但是系统可以忽略它继续运行（同样也忽略了相应的按键事件）。

中断属于异步异常。所谓中断，是指中央处理器（CPU）正在处理某件事时，外部发生了某一事件，请求 CPU 迅速处理，CPU 暂时中断当前的工作，转入处理所发生的事件，处理完后，再回到原来被中断的地方，继续原来的工作。

无论该任务具有什么样的优先级，中断都能打断线程的运行，因此中断一般用于处理比较紧急的事件，而且只做简单处理，例如标记该事件。在使用 FreeRTOS 系统时，一般建议使用信号量、消息或事件标志组等标志中断的发生，将这些内核对象发布给处理任务，处理任务再做具体处理。

通过中断机制，在外设不需要 CPU 介入时，CPU 可以执行其他任务，而当外设需要 CPU 时，通过产生中断信号使 CPU 立即停止当前任务转而响应中断请求。这样可以避免 CPU 把大量时间耗费在等待、查询外设状态的操作上，因此将大大提高系统实时性以及执行效率。

此处读者要知道一点，FreeRTOS 源码中有许多处临界段，临界段虽然保护了关键代码的执行不被打断，但也会影响系统的实时性，任何使用了操作系统的中断响应都不会比裸机快。比如，某个时候有一个任务在运行中，并且该任务部分程序将中断屏蔽掉，也就是进入临界段中，这时如果有一个紧急的中断事件被触发，这个中断就会被挂起，不能得到及时响应，必须等到中断开启才可以得到响应。如果屏蔽中断的时间超过了紧急中断能够容忍的限度，危害是可想而知的。所以，操作系统的中断在某些时候会有适当的中断延迟，因此调用中断屏蔽函数进入临界段的时候，也需快进快出。当然 FreeRTOS 也能允许一些高优先级的中断不被屏蔽，能够及时做出响应，不过这些中断不受系统管理，也不允许调用 FreeRTOS 中与中断相关的任何 API 函数接口。

FreeRTOS 的中断管理支持：

❑ 开 / 关中断。

❑ 恢复中断。

❑ 中断启用。

❑ 中断屏蔽。

❑ 可选择系统管理的中断优先级。

22.1.1　中断的介绍

与中断相关的硬件可以划分为 3 类：外设、中断控制器、CPU 本身。

❑ 外设：当外设需要请求 CPU 时，产生一个中断信号，该信号连接至中断控制器。

❑ 中断控制器：中断控制器是 CPU 众多外设中的一个，它一方面接收其他外设中断信号的输入，另一方面会发出中断信号给 CPU。可以通过对中断控制器编程实现对中断源的优先级、触发方式、打开和关闭源等设置操作。在 Cortex-M 系列控制器中，常用的中断控制器是 NVIC(Nested Vectored Interrupt Controller 内嵌向量中断控制器)。

❑ CPU：CPU 会响应中断源的请求、中断当前正在执行的任务，转而执行中断处理程序。NVIC 最多支持 240 个中断，每个中断最多有 256 个优先级。

22.1.2　和中断相关的术语

❑ 中断号：每个中断请求信号都会有特定的标志，使得计算机能够判断是哪个设备提出的中断请求，这个标志就是中断号。

❑ 中断请求："紧急事件"需要向 CPU 提出申请，要求 CPU 暂停当前执行的任务，转而处理该"紧急事件"，这一申请过程称为中断请求。

❑ 中断优先级：为使系统能够及时响应并处理所有中断，系统根据中断时间的重要性和紧迫程度，将中断源分为若干个级别，称作中断优先级。

❑ 中断处理程序：当外设产生中断请求后，CPU 暂停当前的任务，转而响应中断申请，即执行中断处理程序。

❑ 中断触发：中断源向 CPU 发送控制信号，将中断触发器置 1，表明该中断源产生了中断，要求 CPU 去响应该中断，CPU 暂停当前任务，执行相应的中断处理程序。

❑ 中断触发类型：外部中断申请通过一个物理信号发送到 NVIC，可以是电平触发或边沿触发。

□ 中断向量：中断服务程序的入口地址。

□ 中断向量表：存储中断向量的存储区，中断向量与中断号对应，中断向量在中断向量表中按照中断号顺序存储。

□ 临界段：代码的临界段也称为临界区，一旦这部分代码开始执行，则不允许任何中断打断。为确保临界段代码的执行不被中断，在进入临界段之前须关中断，而临界段代码执行完毕后，要立即开中断。

22.2 中断管理的运作机制

当中断产生时，处理器将按如下的顺序执行：

1）保存当前处理器状态信息。

2）载入异常或中断处理函数到 PC 寄存器。

3）把控制权转交给处理函数并开始执行。

4）当处理函数执行完成时，恢复处理器状态信息。

5）从异常或中断中返回到前一个程序执行点。

中断使得 CPU 可以在事件发生时才进行处理，而不必让 CPU 连续不断地查询是否有相应的事件发生。通过关中断和开中断这两条特殊指令可以让处理器不响应或响应中断。在关闭中断期间，通常处理器会把新产生的中断挂起，当中断打开时立刻进行响应，所以会有适当的延时响应中断，故用户在进入临界区时应快进快出。

中断发生的环境有两种：在任务的上下文中和在中断服务函数处理上下文中。

□ 如果在运行任务时发生了一个中断，无论中断的优先级是多大，都会打断当前任务的执行，转到对应的中断服务函数中执行，其过程具体如图 22-1 所示。

图 22-1 ①、③：在任务运行时发生了中断，那么中断会打断任务的运行，操作系统将先保存当前任务的上下文，转而去处理中断服务函数。

图 22-1 ②、④：当且仅当中断服务函数处理完时才恢复任务的上下文，继续运行任务。

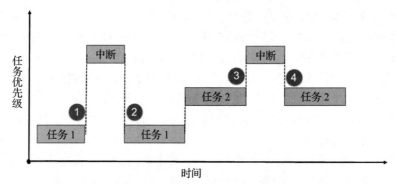

图 22-1 中断发生在任务上下文

□ 在执行中断服务例程的过程中，如果有更高优先级的中断源触发中断，由于当前处于中断处理上下文中，那么根据不同的处理器构架可能有不同的处理方式，比如新的中断等待挂起，直到当前中断处理离开后再行响应。或新的高优先级中断打断当前中断处理过程，而去直接响应这个更高优先级的新中断源。后面这种情况称为中断嵌套。在硬实时环境中，前一种情况是不允许发生的，不能使响应中断的时间尽量短。而在软件处理（软实时环境）中，FreeRTOS允许中断嵌套，即在一个中断服务例程期间，处理器可以响应另外一个优先级更高的中断，过程如图 22-2 所示。

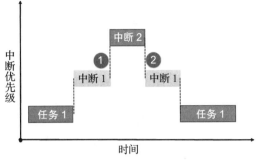

图 22-2 中断嵌套发生

图 22-2 ①：当中断 1 的服务函数在处理时发生了中断 2，由于中断 2 的优先级比中断 1 更高，所以发生了中断嵌套，那么操作系统将先保存当前中断服务函数的上下文，并且转向处理中断 2，当且仅当中断 2 执行完时（图 22-2 ②），才能继续执行中断 1。

22.3 中断延迟的概念

即使操作系统的响应很快了，对于中断的处理也存在中断延迟响应的问题，我们称之为中断延迟（interrupt latency）。

中断延迟是指从硬件中断发生到开始执行中断处理程序第一条指令的这段时间。也就是系统接收到中断信号到操作系统做出响应，并完成转入中断服务程序的时间。也可以简单地理解为（外部）硬件（设备）发生中断，到系统执行中断服务子程序（ISR）的第一条指令的时间。

中断的处理过程是，外界硬件发生中断后，CPU 到中断处理器读取中断向量，并且查找中断向量表，找到对应的中断服务子程序（ISR）的首地址，然后跳转到对应的 ISR 去做相应处理。这部分时间可称为识别中断时间。

在允许中断嵌套的实时操作系统中，中断也是基于优先级的，允许高优先级中断抢断正在处理的低优先级中断，所以，如果当前正在处理更高优先级的中断，即使此时有低优先级的中断，系统也不会立刻响应，而是等到高优先级的中断处理完之后才会响应。在不支持中断嵌套的情况下，即中断是没有优先级的，不允许打断，如果当前系统正在处理一个中断，而此时另一个中断到来了，系统是不会立即响应的，而是等处理完当前的中断之后，才会处理后来的中断。此部分时间可称为等待中断打开时间。

在操作系统中，很多时候我们会主动进入临界段，系统不允许当前状态被中断打断，所以在临界区发生的中断会被挂起，直到退出临界段时才打开中断。此部分时间，可称为关闭中断时间。

中断延迟可以定义为从中断开始的时刻到中断服务例程开始执行的时刻之间的时间段：

中断延迟 = 识别中断时间 + ［等待中断打开时间］+ ［关闭中断时间］

注意："[ ]"的时间是不一定都存在的，此处为最大可能的中断延迟时间。

22.4 中断管理的应用场景

中断在嵌入式处理器中应用非常多，没有中断的系统不是好系统，因为有中断，才能启动或者停止某件事情，从而转去做另一件事。我们可以举一个日常生活中的例子来说明，假如你正在给朋友写信，电话铃响了，这时你放下手中的笔去接电话，通话完毕再继续写信。这个例子就表现了中断及其处理的过程：电话铃声使你暂时中止当前的工作，而去处理更急于处理的事情——接电话，当把急于处理的事情处理完之后，再回过头来继续处理原来的事情。在这个例子中，电话铃声就可以称为"中断请求"，而暂停写信去接电话就叫作"中断响应"，那么接电话的过程就是"中断处理"。由此我们可以看出，在计算机执行程序的过程中，由于出现某个特殊情况（或称为"特殊事件"），使得系统暂时中止现行程序，而转去处理这一特殊事件的程序，处理完毕之后再回到原来程序的中断点继续向下执行。

为什么说没有中断的系统不是好系统呢？我们可以再举一个例子来说明中断的作用。假设有一个朋友来拜访你，但是由于不知何时到达，你只能在门口等待，于是什么事情也干不了；但如果在门口装一个门铃，你就不必在门口等待，而是可以在家里做其他的工作，朋友来了按门铃通知你，这时你才中断手中的工作去开门，这就避免了不必要的等待。CPU 也是一样，如果时间都浪费在查询上，那这个 CPU 什么也做不了。在嵌入式系统中合理利用中断，能更好地利用 CPU 的资源。

22.5 ARM Cortex-M 的中断管理

ARM Cortex-M 系列内核的中断是由硬件管理的，而 FreeRTOS 是软件，它并不接管由硬件管理的相关中断（"接管"简单来说就是，所有的中断都由 RTOS 的软件管理，硬件出现中断时，由软件决定是否响应，可以挂起中断、延迟响应或者不响应），只支持简单的开关中断等，所以 FreeRTOS 中的中断使用与裸机差别不大，需要我们自己配置中断，并且启用中断，编写中断服务函数，在中断服务函数中使用内核 IPC 通信机制。一般建议使用信号量、消息或事件标志组等标志事件的发生，将事件发布给处理任务，等退出中断后再由相关处理任务具体处理中断。

用户可以配置系统可管理的最高中断优先级的宏定义 configLIBRARY_MAX_SYSCALL_INTERRUPT_PRIORITY，它用于配置内核中的 BASEPRI 寄存器，当 BASEPRI 设置为某个值时，NVIC 不会响应比该优先级低的中断，而优先级比之更高的中断则不受影响。也就是说，当这个宏定义配置为 5 时，中断优先级数值在 0、1、2、3、4 的这些中断是不受 FreeRTOS 屏蔽的，即使在系统进入临界段时，这些中断也能被触发而不是等到退出临界段的时候才被触发，当然，这些中断服务函数中也不能调用 FreeRTOS 提供的 API 函数接口，而中断优先级在 5 ～ 15 的这些中断是可以被屏蔽的，也能安全调用 FreeRTOS 提供的 API 函数接口。

ARM Cortex-M NVIC 支持中断嵌套功能：当一个中断触发并且系统进行响应时，处理器硬件会将当前运行的部分上下文寄存器自动压入中断栈中，这部分寄存器包括 PSR、r0、r1、r2、r3 以及 r12。当系统正在服务一个中断时，如果有一个更高优先级的中断触发，那么处理器同样会打断当前运行的中断服务例程，然后把旧的中断服务例程上下文的 PSR、r0、r1、r2、r3 和 r12 寄存器自动保存到中断栈中。这部分上下文寄存器保存到中断栈的行为完全是硬件行为，这一点是与其他 ARM 处理器区别最大之处（以往都需要依赖于软件保存上下文）。

另外，在 ARM Cortex-M 系列处理器上，所有中断都采用中断向量表的方式进行处理，即当一个中断触发时，处理器将直接判定是哪个中断源，然后直接跳转到相应的固定位置进行处理。而在 ARM7、ARM9 中，一般是先跳转进入 IRQ 入口，然后由软件判断是哪个中断源触发，获得相对应的中断服务例程入口地址后，再进行后续的中断处理。ARM7、ARM9 的好处在于，所有中断都有统一的入口地址，便于操作系统统一管理。而 ARM Cortex-M 系列处理器则恰恰相反，每个中断服务例程必须排列在一起放在统一的地址上（这个地址必须设置到 NVIC 的中断向量偏移寄存器中）。中断向量表一般由一个数组定义（或在起始代码中给出），在 STM32 上，默认采用起始代码给出，具体参见代码清单 22-1。

代码清单 22-1　中断向量表（部分）

```
 1 __Vectors       DCD     __initial_sp        ; Top of Stack
 2                 DCD     Reset_Handler       ; Reset Handler
 3                 DCD     NMI_Handler         ; NMI Handler
 4                 DCD     HardFault_Handler   ; Hard Fault Handler
 5                 DCD     MemManage_Handler   ; MPU Fault Handler
 6                 DCD     BusFault_Handler    ; Bus Fault Handler
 7                 DCD     UsageFault_Handler  ; Usage Fault Handler
 8                 DCD     0                   ; Reserved
 9                 DCD     0                   ; Reserved
10                 DCD     0                   ; Reserved
11                 DCD     0                   ; Reserved
12                 DCD     SVC_Handler         ; SVCall Handler
13 DCD    DebugMon_Handler          ; Debug Monitor Handler
14                 DCD     0                   ; Reserved
15                 DCD     PendSV_Handler      ; PendSV Handler
16                 DCD     SysTick_Handler     ; SysTick Handler
17
18                 ; External Interrupts
19                 DCD     WWDG_IRQHandler     ; Window Watchdog
20 DCD    PVD_IRQHandler            ; PVD through EXTI Line detect
21                 DCD     TAMPER_IRQHandler   ; Tamper
22                 DCD     RTC_IRQHandler      ; RTC
23                 DCD     FLASH_IRQHandler    ; Flash
24                 DCD     RCC_IRQHandler      ; RCC
25                 DCD     EXTI0_IRQHandler    ; EXTI Line 0
26                 DCD     EXTI1_IRQHandler    ; EXTI Line 1
27                 DCD     EXTI2_IRQHandler    ; EXTI Line 2
```

```
28              DCD     EXTI3_IRQHandler            ; EXTI Line 3
29              DCD     EXTI4_IRQHandler            ; EXTI Line 4
30              DCD     DMA1_Channel1_IRQHandler    ; DMA1 Channel 1
31              DCD     DMA1_Channel2_IRQHandler    ; DMA1 Channel 2
32              DCD     DMA1_Channel3_IRQHandler    ; DMA1 Channel 3
33              DCD     DMA1_Channel4_IRQHandler    ; DMA1 Channel 4
34              DCD     DMA1_Channel5_IRQHandler    ; DMA1 Channel 5
35              DCD     DMA1_Channel6_IRQHandler    ; DMA1 Channel 6
36              DCD     DMA1_Channel7_IRQHandler    ; DMA1 Channel 7
37
37              ......
39
```

FreeRTOS 在 Cortex-M 系列处理器上也遵循与裸机中断一致的方法，当用户需要使用自定义的中断服务例程时，只需要定义相同名称的函数覆盖弱化符号即可。

22.6　中断管理实验

中断管理实验是在 FreeRTOS 中创建了两个任务，分别获取信号量与消息队列，并且定义了两个按键 KEY1 与 KEY2 的触发方式为中断触发，其触发的中断服务函数则与裸机一样，在中断触发时通过消息队列将消息传递给任务，任务接收到消息就将信息通过串口调试助手显示出来。此实验也实现了一个串口的 DMA 传输 + 空闲中断功能，当串口接收完不定长的数据之后产生一个空闲中断，在中断中将信号量传递给任务，任务在收到信号量时将串口的数据读取出来并且在串口调试助手中回显，具体参见代码清单 22-2 中加粗部分。

代码清单 22-2　中断管理实验

```
1  /**
2   **********************************************************************
3   * @file    main.c
4   * @author  fire
5   * @version V1.0
6   * @date    2018-xx-xx
7   * @brief   FreeRTOS V9.0.0  + STM32 中断管理
8   **********************************************************************
9   * @attention
10  *
11  * 实验平台：野火 STM32 开发板
12  * 论坛：http:// www.firebbs.cn
13  * 淘宝：https:// fire-stm32.taobao.com
14  *
15  **********************************************************************
16  */
17
18 /*
19  **********************************************************************
20  *                        包含的头文件
21  **********************************************************************
22 */
```

```
23 /* FreeRTOS 头文件 */
24 #include "FreeRTOS.h"
25 #include "task.h"
26 #include "queue.h"
27 #include "semphr.h"
28
29 /* 开发板硬件 bsp 头文件 */
30 #include "bsp_led.h"
31 #include "bsp_usart.h"
32 #include "bsp_key.h"
33 #include "bsp_exti.h"
34
35 /* 标准库头文件 */
36 #include <string.h>
37
38 /************************* 任务句柄 ********************************/
39 /*
40  * 任务句柄是一个指针，用于指向一个任务。当任务创建好之后，它就具有一个任务句柄，
41  * 以后我们要想操作这个任务，都需要用到这个任务句柄。如果是任务操作自身，那么
42  * 这个句柄可以为 NULL
43  */
44 static TaskHandle_t AppTaskCreate_Handle = NULL;   /* 创建任务句柄 */
45 static TaskHandle_t LED_Task_Handle = NULL;         /* LED 任务句柄 */
46 static TaskHandle_t Receive_Task_Handle = NULL;     /* Receive 任务句柄 */
47
48 /************************* 内核对象句柄 ****************************/
49 /*
50  * 信号量、消息队列、事件标志组、软件定时器都属于内核的对象。要想使用这些内核
51  * 对象，必须先创建，创建成功之后会返回一个相应的句柄。这实际上就是一个指针，后续我
52  * 们可以通过这个句柄操作内核对象
53  *
54  *
55  * 内核对象可以理解为一种全局的数据结构，通过这些数据结构可以实现任务间的通信.
56  * 任务间的事件同步等功能。这些功能的实现是通过调用内核对象的函数
57  * 来完成的
58  *
59  */
60 QueueHandle_t Test_Queue =NULL;
61 SemaphoreHandle_t BinarySem_Handle =NULL;
62
63 /************************* 全局变量声明 ****************************/
64 /*
65  * 在写应用程序时，可能需要用到一些全局变量
66  */
67
68 extern char Usart_Rx_Buf[USART_RBUFF_SIZE];
69
70
71 /************************* 宏定义 ****************************/
72 /*
73  * 在写应用程序时，可能需要用到一些宏定义
74  */
75 #define   QUEUE_LEN      4/* 队列的长度，最大可包含多少个消息 */
```

```
76  #define   QUEUE_SIZE      4/* 队列中每个消息大小 (字节) */
77
78
79  /*
80  ******************************************************************************
81  *                             函数声明
82  ******************************************************************************
83  */
84  static void AppTaskCreate(void);                       /* 用于创建任务 */
85
86  static void LED_Task(void *pvParameters);              /* LED_Task 任务实现 */
87  static void Receive_Task(void *pvParameters);          /* Receive_Task 任务实现 */
88
89  static void BSP_Init(void);/* 用于初始化板载相关资源 */
90
91  /******************************************************************
92   * @brief   主函数
93   * @param   无
94   * @retval  无
95   * @note    第 1 步: 开发板硬件初始化
96            第 2 步: 创建 APP 应用任务
97            第 3 步: 启动 FreeRTOS, 开始多任务调度
98   ******************************************************************/
99  int main(void)
100 {
101     BaseType_t xReturn = pdPASS;      /* 定义一个创建信息返回值，默认为 pdPASS */
102
103     /* 开发板硬件初始化 */
104     BSP_Init();
105
106     printf(" 这是一个 [ 野火 ]-STM32 全系列开发板 -FreeRTOS 中断管理实验! \n");
107     printf(" 按下 KEY1 | KEY2 触发中断! \n");
108     printf(" 串口发送数据触发中断, 任务处理数据 !\n");
109
110     /* 创建 AppTaskCreate 任务 */
111     xReturn = xTaskCreate((TaskFunction_t )AppTaskCreate, /* 任务入口函数 */
112                           (const char*     )"AppTaskCreate",/* 任务名称 */
113                           (uint16_t        )512,        /* 任务栈大小 */
114                           (void*           )NULL,       /* 任务入口函数参数 */
115                           (UBaseType_t     )1,          /* 任务的优先级 */
116                           (TaskHandle_t*   )&AppTaskCreate_Handle);
117     /* 启动任务调度 */
118     if (pdPASS == xReturn)
119         vTaskStartScheduler();                        /* 启动任务, 开启调度 */
120     else
121         return -1;
122
123     while (1); /* 正常情况下不会执行到这里 */
124 }
125
126
127 /******************************************************************************
128  * @ 函数名: AppTaskCreate
```

```
129    * @ 功能说明: 为了方便管理, 所有的任务创建函数都放在这个函数中
130    * @ 参数: 无
131    * @ 返回值: 无
132    **********************************************************************/
133  static void AppTaskCreate(void)
134  {
135      BaseType_t xReturn = pdPASS;/* 定义一个创建信息返回值, 默认为 pdPASS */
136
137      taskENTER_CRITICAL();                        // 进入临界区
138
139      /* 创建 Test_Queue */
140      Test_Queue = xQueueCreate((UBaseType_t ) QUEUE_LEN,  /* 消息队列的长度 */
141                                (UBaseType_t ) QUEUE_SIZE);/* 消息的大小 */
142
143      if (NULL != Test_Queue)
144          printf("Test_Queue 消息队列创建成功 !\n");
145
146      /* 创建 BinarySem */
147      BinarySem_Handle = xSemaphoreCreateBinary();
148
149      if (NULL != BinarySem_Handle)
150          printf("BinarySem_Handle 二值信号量创建成功 !\n");
151
152      /* 创建 LED_Task 任务 */
153      xReturn = xTaskCreate((TaskFunction_t )LED_Task,   /* 任务入口函数 */
154                            (const char*    )"LED_Task",/* 任务名称 */
155                            (uint16_t       )512,       /* 任务栈大小 */
156                            (void*          )NULL,      /* 任务入口函数参数 */
157                            (UBaseType_t    )2,         /* 任务的优先级 */
158                            (TaskHandle_t*  )&LED_Task_Handle);
159      if (pdPASS == xReturn)
160          printf(" 创建 LED_Task 任务成功 !\n");
161      /* 创建 Receive_Task 任务 */
162      xReturn = xTaskCreate((TaskFunction_t )Receive_Task,   /* 任务入口函数 */
163                            (const char*    )"Receive_Task",/* 任务名称 */
164                            (uint16_t       )512,   /* 任务栈大小 */
165                            (void*          )NULL,  /* 任务入口函数参数 */
166                            (UBaseType_t    )3,     /* 任务的优先级 */
167                            (TaskHandle_t*  )&Receive_Task_Handle);
168      if (pdPASS == xReturn)
169          printf(" 创建 Receive_Task 任务成功 !\n");
170
171      vTaskDelete(AppTaskCreate_Handle);           // 删除 AppTaskCreate 任务
172
173      taskEXIT_CRITICAL();                         // 退出临界区
174  }
175
176
177
178  /**********************************************************************
179   * @ 函数名: LED_Task
180   * @ 功能说明: LED_Task 任务主体
181   * @ 参数: 无
```

```
182      * @ 返回值: 无
183      *************************************************************/
184 static void LED_Task(void *parameter)
185 {
186     BaseType_t xReturn = pdPASS;/* 定义一个创建信息返回值，默认为 pdPASS */
187     uint32_t r_queue;/* 定义一个接收消息的变量 */
188     while (1) {
189     /* 队列读取 (接收)，等待时间为一直等待 */
190         xReturn = xQueueReceive( Test_Queue,       /* 消息队列的句柄 */
191                                  &r_queue,          /* 发送的消息内容 */
192                                  portMAX_DELAY); /* 等待时间一直等 */
193
194         if (pdPASS == xReturn) {
195             printf(" 触发中断的是 KEY%d !\n",r_queue);
196         } else {
197             printf(" 数据接收出错 \n");
198         }
199
200         LED1_TOGGLE;
201     }
202 }
203
204 /************************************************************
205  * @ 函数名: Receive_Task
206  * @ 功能说明: Receive_Task 任务主体
207  * @ 参数: 无
208  * @ 返回值: 无
209  *************************************************************/
210 static voidReceive_Task(void *parameter)
211 {
212     BaseType_t xReturn = pdPASS;/* 定义一个创建信息返回值，默认为 pdPASS */
213     while (1) {
214     // 获取二值信号量 xSemaphore，没获取到则一直等待
215         xReturn = xSemaphoreTake(BinarySem_Handle,/* 二值信号量句柄 */
216                                  portMAX_DELAY);   /* 等待时间 */
217     if (pdPASS == xReturn) {
218             printf(" 收到数据 :%s\n",Usart_Rx_Buf);
219             memset(Usart_Rx_Buf,0,USART_RBUFF_SIZE);/* 清零 */
220         }
221     }
222 }
223
224 /************************************************************
225  * @ 函数名: BSP_Init
226  * @ 功能说明: 板级外设初始化，所有板子上的初始化均可放在这个函数中
227  * @ 参数: 无
228  * @ 返回值: 无
229  *************************************************************/
230 static void BSP_Init(void)
231 {
232 /*
233      * STM32 中断优先级分组为 4，即 4 位都用来表示抢占优先级，范围为 0 ~ 15。
234      * 优先级只需要分组一次即可，以后如果有其他的任务需要用到中断，
```

```
235        * 都统一用这个优先级分组，千万不要再分组
236        */
237       NVIC_PriorityGroupConfig( NVIC_PriorityGroup_4 );
238
239       /* LED 初始化 */
240       LED_GPIO_Config();
241
242       /* DMA 初始化      */
243       USARTx_DMA_Config();
244
245       /* 串口初始化      */
246       USART_Config();
247
248       /* 按键初始化      */
249       Key_GPIO_Config();
250
251       /* 按键初始化      */
252       EXTI_Key_Config();
253
254 }
255
256 /*******************************END OF FILE*******************************/
```

中断服务函数则需要我们自己编写，并且中断被触发时通过信号量、消息队列告知任务，具体参见代码清单 22-3 中加粗部分。

代码清单 22-3　中断管理——中断服务函数

```
1 /* Includes ------------------------------------------------------------*/
2 #include "stm32f10x_it.h"
3
4 /* FreeRTOS 头文件 */
5 #include "FreeRTOS.h"
6 #include "task.h"
7 #include "queue.h"
8 #include "semphr.h"
9 /* 开发板硬件 bsp 头文件 */
10 #include "bsp_led.h"
11 #include "bsp_usart.h"
12 #include "bsp_key.h"
13 #include "bsp_exti.h"
14
15 /**
16   * @brief  This function handles SysTick Handler.
17   * @param  None
18   * @retval None
19   */
20 extern void xPortSysTickHandler(void);
21 // systick 中断服务函数
22 void SysTick_Handler(void)
23 {
24 #if (INCLUDE_xTaskGetSchedulerState  == 1 )
25     if (xTaskGetSchedulerState() != taskSCHEDULER_NOT_STARTED) {
```

```
26 #endif/* INCLUDE_xTaskGetSchedulerState */
27
28         xPortSysTickHandler();
29
30 #if (INCLUDE_xTaskGetSchedulerState  == 1 )
31     }
32 #endif/* INCLUDE_xTaskGetSchedulerState */
33 }
34
35
36
37 /* 声明引用外部队列和二值信号量 */
38 extern QueueHandle_t Test_Queue;
39 extern SemaphoreHandle_t BinarySem_Handle;
40
41 static uint32_t send_data1 = 1;
42 static uint32_t send_data2 = 2;
43
44 /*****************************************************************
45  * @ 函数名: KEY1_IRQHandler
46  * @ 功能说明: 中断服务函数
47  * @ 参数: 无
48  * @ 返回值: 无
49  *****************************************************************/
50 void KEY1_IRQHandler(void)
51 {
52     LED2_TOGGLE;
53     BaseType_t pxHigherPriorityTaskWoken;
54     // 确保是否产生了 EXTI Line 中断
55     uint32_t ulReturn;
56     /* 进入临界段，临界段可以嵌套 */
57     ulReturn = taskENTER_CRITICAL_FROM_ISR();
58
59     if (EXTI_GetITStatus(KEY1_INT_EXTI_LINE) != RESET) {
60     /* 将数据写入（发送）到队列中，等待时间为 0  */
61         xQueueSendFromISR(Test_Queue, /* 消息队列的句柄 */
62                          &send_data1,/* 发送的消息内容 */
63                          &pxHigherPriorityTaskWoken);
64
65         // 如果需要则进行一次任务切换
66         portYIELD_FROM_ISR(pxHigherPriorityTaskWoken);
67
68         // 清除中断标志位
69         EXTI_ClearITPendingBit(KEY1_INT_EXTI_LINE);
70     }
71
72     /* 退出临界段 */
73     taskEXIT_CRITICAL_FROM_ISR( ulReturn );
74 }
75
76 /*****************************************************************
77  * @ 函数名: KEY1_IRQHandler
78  * @ 功能说明: 中断服务函数
79  * @ 参数: 无
```

```
80     * @ 返回值: 无
81     *********************************************************************/
82  void KEY2_IRQHandler(void)
83  {
84      LED2_TOGGLE;
85      BaseType_t pxHigherPriorityTaskWoken;
86      uint32_t ulReturn;
87      /* 进入临界段，临界段可以嵌套 */
88      ulReturn = taskENTER_CRITICAL_FROM_ISR();
89
90      // 确保是否产生了 EXTI Line 中断
91      if (EXTI_GetITStatus(KEY2_INT_EXTI_LINE) != RESET) {
92          /* 将数据写入（发送）到队列中，等待时间为 0  */
93          xQueueSendFromISR(Test_Queue, /* 消息队列的句柄 */
94                            &send_data2,/* 发送的消息内容 */
95                            &pxHigherPriorityTaskWoken);
96
97          // 如果需要则进行一次任务切换
98          portYIELD_FROM_ISR(pxHigherPriorityTaskWoken);
99
100         // 清除中断标志位
101         EXTI_ClearITPendingBit(KEY2_INT_EXTI_LINE);
102     }
103
104     /* 退出临界段 */
105     taskEXIT_CRITICAL_FROM_ISR( ulReturn );
106 }
107
108 /*********************************************************************
109  * @ 函数名: DEBUG_USART_IRQHandler
110  * @ 功能说明:串口中断服务函数
111  * @ 参数:无
112  * @ 返回值:无
113  *********************************************************************/
114 void DEBUG_USART_IRQHandler(void)
115 {
116     uint32_t ulReturn;
117     /* 进入临界段，临界段可以嵌套 */
118     ulReturn = taskENTER_CRITICAL_FROM_ISR();
119
120     if (USART_GetITStatus(DEBUG_USARTx,USART_IT_IDLE)!=RESET) {
121         Uart_DMA_Rx_Data();          /* 释放一个信号量，表示数据已接收 */
122         USART_ReceiveData(DEBUG_USARTx); /* 清除标志位 */
123         LED2_TOGGLE;
124     }
125
126     /* 退出临界段 */
127     taskEXIT_CRITICAL_FROM_ISR( ulReturn );
128 }
129
130 void Uart_DMA_Rx_Data(void)
131 {
132     BaseType_t pxHigherPriorityTaskWoken;
133     // 关闭 DMA ,防止干扰
```

```
134        DMA_Cmd(USART_RX_DMA_CHANNEL, DISABLE);
135    // 清 DMA 标志位
136        DMA_ClearFlag( DMA1_FLAG_TC5 );
137    // 重新赋值计数值，必须大于等于最大可能接收到的数据帧数目
138        USART_RX_DMA_CHANNEL->CNDTR = USART_RBUFF_SIZE;
139        DMA_Cmd(USART_RX_DMA_CHANNEL, ENABLE);
140
141    // 给出二值信号量，发送接收到新数据标志，供前台程序查询
142        xSemaphoreGiveFromISR(BinarySem_Handle,&pxHigherPriorityTaskWoken);
       // 释放二值信号量
143    // 如果需要，则进行一次任务切换，系统会判断是否需要进行切换
144        portYIELD_FROM_ISR(pxHigherPriorityTaskWoken);
145  }
```

22.7   实验现象

将程序编译好，用 USB 线连接计算机和开发板的 USB 接口（对应丝印为 USB 转串口），用 DAP 仿真器把配套程序下载到野火 STM32 开发板（具体型号根据购买的板子而定，每个型号的板子都有对应的程序），在计算机上打开串口调试助手，然后复位开发板就可以在调试助手中看到串口的打印信息。按下开发板的 KEY1 按键触发中断发送消息 1，按下 KEY2 按键发送消息 2；我们按下 KEY1 与 KEY2 试一试，在串口调试助手中可以看到运行结果，然后通过串口调试助手发送一段不定长信息，触发中断会在中断服务函数中发送信号量通知任务，任务接收到信号量时将串口信息打印出来，具体如图 22-3 所示。

图 22-3   中断管理的实验现象

第 23 章
CPU 利用率统计

23.1　CPU 利用率的基本概念

CPU 利用率其实就是系统运行的程序占用的 CPU 资源，表示机器在某段时间程序运行的情况，如果这段时间中，程序一直在占用 CPU 的使用权，那么可以认为 CPU 的利用率是 100%。CPU 的利用率越高，说明机器在这个时间上运行了很多程序，反之较少。利用率的高低与 CPU 强弱有直接关系，就像一段一模一样的程序，如果使用运算速度很慢的 CPU，它可能要运行 1000ms，而使用很运算速度很快的 CPU，可能只需要 10ms，那么在 1000ms 这段时间中，前者的 CPU 利用率就是 100%，而后者的 CPU 利用率只有 1%，因为 1000ms 内前者都在使用 CPU 做运算，而后者只使用 10ms 的时间做运算，剩下的时间 CPU 可以做其他事情。

FreeRTOS 是多任务操作系统，对 CPU 都是分时使用的，比如 A 任务占用 10ms，然后 B 任务占用 30ms，之后空闲 60ms，再又是 A 任务占用 10ms，B 任务占用 30ms，空闲 60ms……如果在一段时间内都是如此，那么这段时间内的 CPU 利用率为 40%，因为整个系统中只有 40% 的时间是 CPU 处理数据的时间。

23.2　CPU 利用率的作用

一个系统设计的好坏，可以用 CPU 利用率来衡量。一个好的系统必然要能完美地响应紧急的处理需求，并且系统的资源不会过于浪费（性价比高）。举个例子，假设一个系统的 CPU 利用率经常在 90% ～ 100% 徘徊，那么系统就很少有空闲的时候，这时突然有一些事情急需 CPU 处理，但是此时 CPU 很可能被其他任务在占用了，那么这个紧急事件就有可能无法得到响应，即使能被响应，那么占用 CPU 的任务又处于等待状态，这种系统就是不够完美的，因为资源处理得过于紧迫；反过来，假如 CPU 的利用率在 1% 以下，那么我们就可以认为这种产品的资源过于浪费，CPU 大部分时间处于空闲状态。设计产品，既不能让资源过于浪费，也不能让资源处理得过于紧迫，这种设计才是完美的。在需要的时候能及时处理完突发事件，而且资源也不会过剩，性价比更高。

23.3 CPU 利用率统计

FreeRTOS 是一个很完善、很稳定的操作系统，提供了测量各个任务占用 CPU 时间的函数接口，我们可以知道系统中的每个任务占用 CPU 的时间，从而得知系统设计是否合理。出于性能方面的考虑，有时我们希望知道 CPU 的利用率为多少，进而判断此 CPU 的负载情况和对于当前运行环境 CPU 是否能够"胜任工作"。所以，在调试时很有必要得到当前系统 CPU 利用率的相关信息，但是在产品发布时，就可以把 CPU 利用率统计功能去掉，因为使用任何功能，都是需要消耗系统资源的。FreeRTOS 是使用一个外部的变量统计时间的，并且消耗一个高精度的定时器，其用于定时的精度是系统时钟节拍的 10 ～ 20 倍，比如当前系统时钟节拍是 1000Hz，那么定时器的计数节拍就要是 10 000Hz ～ 20 000Hz，而且 FreeRTOS 进行 CPU 利用率统计时，也有一定缺陷，因为它没有对进行 CPU 利用率统计时间的变量做溢出保护。我们使用的是 32 位变量作为系统运行的时间计数值，而按 20 000Hz 的中断频率计算，每进入一中断就是 50μs，变量加 1，最大支持计数时间为 $2^{32} \times 50μs / 3600s =$ 59.6min，运行时间超过了 59.6min 后统计的结果将不准确，除此之外，整个系统一直响应定时器 50μs 一次的中断会比较影响系统的性能。

如果用户想要使用 CPU 利用率统计，则需要自定义一下，首先在 FreeRTOSConfig.h 中配置与系统运行时间和任务状态收集有关的配置选项，并且实现 portCONFIGURE_TIMER_FOR_RUN_TIME_STATS() 与 portGET_RUN_TIME_COUNTER_VALUE() 这两个宏定义，具体参见代码清单 23-1 中加粗部分。

代码清单 23-1　配置运行时间和任务状态收集相关宏定义

```
1  /***********************************************************************
2          FreeRTOS 与运行时间和任务状态收集有关的配置选项
3  ***********************************************************************/
4  // 启用运行时间统计功能
5  #define configGENERATE_RUN_TIME_STATS                    1
6  // 启用可视化跟踪调试
7  #define configUSE_TRACE_FACILITY              1
8  /* 与宏 configUSE_TRACE_FACILITY 同时为 1 时会编译下面 3 个函数
9   * prvWriteNameToBuffer()
10  * vTaskList()
11  * vTaskGetRunTimeStats()
12 */
13 #define configUSE_STATS_FORMATTING_FUNCTIONS 1
14
15 extern volatileuint32_t CPU_RunTime;
16
17 #define portCONFIGURE_TIMER_FOR_RUN_TIME_STATS()      (CPU_RunTime = 0ul)
18 #define portGET_RUN_TIME_COUNTER_VALUE()               CPU_RunTime
```

然后需要实现一个中断频率为 20 000Hz 的定时器，用于统计系统运行时间，其实很简单，只需要将 CPU_RunTime 变量自加即可，这个变量用于记录系统运行时间，中断服务函数具体参见代码清单 23-2 中加粗部分。

代码清单 23-2　定时器中断服务函数

```
1  /* 用于统计运行时间 */
2  volatile uint32_t CPU_RunTime = 0UL;
3
4  void  BASIC_TIM_IRQHandler (void)
5  {
6      if ( TIM_GetITStatus( BASIC_TIM, TIM_IT_Update) != RESET ) {
7          CPU_RunTime++;
8          TIM_ClearITPendingBit(BASIC_TIM , TIM_FLAG_Update);
9      }
10 }
```

之后我们就可以在任务中调用 vTaskGetRunTimeStats() 和 vTaskList() 函数获得任务与 CPU 利用率的相关信息，打印出来即可，具体参见代码清单 23-3 中加粗部分。关于 vTaskGet-RunTimeStats() 和 vTaskList() 函数的具体实现过程就不讲解了，有兴趣的读者可以查看源码。

代码清单 23-3　获取任务信息与 CPU 利用率

```
1  memset(CPU_RunInfo,0,400);                        // 信息缓冲区清零
2
3  vTaskList((char *)&CPU_RunInfo);                   // 获取任务运行时间信息
4
5  printf("---------------------------------------------\r\n");
6  printf(" 任务名  任务状态  优先级  剩余栈  任务序号 \r\n");
7  printf("%s", CPU_RunInfo);
8  printf("---------------------------------------------\r\n");
9
10 memset(CPU_RunInfo,0,400);                         // 信息缓冲区清零
11
12 vTaskGetRunTimeStats((char *)&CPU_RunInfo);
13
14 printf(" 任务名  运行计数  使用率 \r\n");
15 printf("%s", CPU_RunInfo);
16 printf("---------------------------------------------\r\n\n");
```

23.4　CPU 利用率统计实验

CPU 利用率统计实验是在 FreeRTOS 中创建了三个任务，其中两个任务是普通任务，另一个任务用于获取 CPU 利用率与任务相关信息并通过串口打印出来。具体参见代码清单 23-4 中加粗部分。

代码清单 23-4　CPU 利用率统计实验

```
1  /**
2   ******************************************************************
3   * @file    main.c
4   * @author  fire
5   * @version V1.0
6   * @date    2018-xx-xx
```

```
 7    *  @brief    FreeRTOS v9.0.0 + STM32
 8    ************************************************************************
 9    *  @attention
10    *
11    *  实验平台 : 野火 STM32 开发板
12    *  论坛: http:// www.firebbs.cn
13    *  淘宝: https:// fire-stm32.taobao.com
14    *
15    ************************************************************************
16    */
17
18 /*
19 ************************************************************************
20 *                              包含的头文件
21 ************************************************************************
22 */
23 /* FreeRTOS 头文件 */
24 #include "FreeRTOS.h"
25 #include "task.h"
26 /* 开发板硬件 bsp 头文件 */
27 #include "bsp_led.h"
28 #include "bsp_usart.h"
29 #include "bsp_TiMbase.h"
30 #include "string.h"
31 /********************** 任务句柄 ********************************/
32 /*
33 *
34 * 任务句柄是一个指针，用于指向一个任务。当任务创建好之后，它就具有一个任务句柄，
35 *
36 * 以后我们要想操作这个任务都需要用到这个任务句柄。如果是任务操作自身，那么
37 * 这个句柄可以为 NULL
38 */
39 /* 创建任务句柄 */
40 static TaskHandle_t AppTaskCreate_Handle = NULL;
41 /* LED 任务句柄 */
42 static TaskHandle_t LED1_Task_Handle = NULL;
43 static TaskHandle_t LED2_Task_Handle = NULL;
44 static TaskHandle_t CPU_Task_Handle = NULL;
45 /********************** 内核对象句柄 ****************************/
46 /*
47  *
48 * 信号量、消息队列、事件标志组、软件定时器都属于内核的对象，要想使用这些内核
49 *
50 * 对象，必须先创建，创建成功之后会返回相应的句柄。这实际上就是一个指针，后续我
51 * 们就可以通过这个句柄操作内核对象
52 *
53 *
54 * 内核对象可以理解为一种全局的数据结构，通过这些数据结构可以实现任务间的通信、
55 *
56 *
57 * 任务间的事件同步等功能。这些功能的实现是通过调用内核对象的函数
58 * 来完成的
59 *
60 */
```

```
61
62
63  /********************** 全局变量声明 **************************************/
64  /*
65   * 在写应用程序时，可能需要用到一些全局变量
66   */
67
68
69  /*
70   **************************************************************************
71   *                             函数声明
72   **************************************************************************
73   */
74  static void AppTaskCreate(void);/* 用于创建任务 */
75
76  static void LED1_Task(void *pvParameters);/* LED1_Task 任务实现 */
77  static void LED2_Task(void *pvParameters);/* LED2_Task 任务实现 */
78  static void CPU_Task(void *pvParameters); /* CPU_Task 任务实现 */
79  static void BSP_Init(void);/* 用于初始化板载相关资源 */
80
81  /************************************************************************
82    * @brief   主函数
83    * @param   无
84    * @retval  无
85    * @note    第 1 步：开发板硬件初始化
86             第 2 步：创建 APP 应用任务
87             第 3 步：启动 FreeRTOS，开始多任务调度
88    ************************************************************************/
89  int main(void)
90  {
91      BaseType_t xReturn = pdPASS;/* 定义一个创建信息返回值，默认为 pdPASS */
92
93      /* 开发板硬件初始化 */
94      BSP_Init();
95      printf(" 这是一个 [ 野火 ]-STM32 全系列开发板 -FreeRTOS-CPU 利用率统计实验 !\r\n");
96      /* 创建 AppTaskCreate 任务 */
97      xReturn = xTaskCreate((TaskFunction_t )AppTaskCreate,  /* 任务入口函数 */
98                            (const char*     )"AppTaskCreate",/* 任务名称 */
99                            (uint16_t        )512,  /* 任务栈大小 */
100                           (void*           )NULL, /* 任务入口函数参数 */
101                           (UBaseType_t     )1,    /* 任务的优先级 */
102                           (TaskHandle_t*   )&AppTaskCreate_Handle);
103     /* 启动任务调度 */
104     if (pdPASS == xReturn)
105         vTaskStartScheduler();    /* 启动任务，开启调度 */
106     else
107         return -1;
108
109     while (1);  /* 正常情况下不会执行到这里 */
110 }
111
112
113 /************************************************************************
114   * @ 函数名：AppTaskCreate
```

```
115    * @ 功能说明：为了方便管理，所有的任务创建函数都放在这个函数中
116    * @ 参数：无
117    * @ 返回值：无
118    **********************************************************/
119  static void AppTaskCreate(void)
120  {
121      BaseType_t xReturn = pdPASS;/* 定义一个创建信息返回值，默认为 pdPASS */
122
123      taskENTER_CRITICAL();                      // 进入临界区
124
125      /* 创建 LED1_Task 任务 */
126      xReturn = xTaskCreate((TaskFunction_t )LED1_Task,  /* 任务入口函数 */
127                            (const char*     )"LED1_Task",/* 任务名称 */
128                            (uint16_t        )512,      /* 任务栈大小 */
129                            (void*           )NULL,     /* 任务入口函数参数 */
130                            (UBaseType_t     )2,        /* 任务的优先级 */
131                            (TaskHandle_t*   )&LED1_Task_Handle);
132      if (pdPASS == xReturn)
133          printf(" 创建 LED1_Task 任务成功！\r\n");
134
135      /* 创建 LED2_Task 任务 */
136      xReturn = xTaskCreate((TaskFunction_t )LED2_Task,  /* 任务入口函数 */
137                            (const char*     )"LED2_Task",/* 任务名称 */
138                            (uint16_t        )512,      /* 任务栈大小 */
139                            (void*           )NULL,     /* 任务入口函数参数 */
140                            (UBaseType_t     )3,        /* 任务的优先级 */
141                            (TaskHandle_t*   )&LED2_Task_Handle);
142      if (pdPASS == xReturn)
143          printf(" 创建 LED2_Task 任务成功！\r\n");
144
145      /* 创建 CPU_Task 任务 */
146      xReturn = xTaskCreate((TaskFunction_t )CPU_Task,  /* 任务入口函数 */
147                            (const char*     )"CPU_Task",/* 任务名称 */
148                            (uint16_t        )512,      /* 任务栈大小 */
149                            (void*           )NULL,     /* 任务入口函数参数 */
150                            (UBaseType_t     )4,        /* 任务的优先级 */
151                            (TaskHandle_t*   )&CPU_Task_Handle);
152      if (pdPASS == xReturn)
153          printf(" 创建 CPU1_Task 任务成功！\r\n");
154
155      vTaskDelete(AppTaskCreate_Handle);        // 删除 AppTaskCreate 任务
156
157      taskEXIT_CRITICAL();                       // 退出临界区
158  }
159
160
161
162  /**********************************************************
163    * @ 函数名：LED1_Task
164    * @ 功能说明：LED1_Task 任务主体
165    * @ 参数：无
166    * @ 返回值：无
167    **********************************************************/
168  static void LED1_Task(void *parameter)
```

```
169 {
170     while (1) {
171         LED1_ON;
172         vTaskDelay(500);     /* 延时 500 个 tick */
173         printf("LED1_Task Running,LED1_ON\r\n");
174         LED1_OFF;
175         vTaskDelay(500);     /* 延时 500 个 tick */
176         printf("LED1_Task Running,LED1_OFF\r\n");
177
178     }
179 }
180
181 static void LED2_Task(void *parameter)
182 {
183     while (1) {
184         LED2_ON;
185         vTaskDelay(300);     /* 延时 500 个 tick */
186         printf("LED2_Task Running,LED2_ON\r\n");
187
188         LED2_OFF;
189         vTaskDelay(300);     /* 延时 500 个 tick */
190         printf("LED2_Task Running,LED2_OFF\r\n");
191     }
192 }
193
194 static void CPU_Task(void *parameter)
195 {
196     uint8_t CPU_RunInfo[400];                 // 保存任务运行时间信息
197
198     while (1) {
199         memset(CPU_RunInfo,0,400);            // 信息缓冲区清零
200
201         vTaskList((char *)&CPU_RunInfo);      // 获取任务运行时间信息
202
203         printf("--------------------------------------------\r\n");
204         printf(" 任务名  任务状态  优先级  剩余栈  任务序号 \r\n");
205         printf("%s", CPU_RunInfo);
206         printf("--------------------------------------------\r\n");
207
208         memset(CPU_RunInfo,0,400);            // 信息缓冲区清零
209
210         vTaskGetRunTimeStats((char *)&CPU_RunInfo);
211
212         printf(" 任务名  运行计数  利用率 \r\n");
213         printf("%s", CPU_RunInfo);
214         printf("--------------------------------------------\r\n\n");
215         vTaskDelay(1000);     /* 延时 500 个 tick */
216     }
217 }
218
219 /*********************************************************************
220  * @ 函数名：BSP_Init
221  * @ 功能说明：板级外设初始化，所有板子上的初始化均可放在这个函数中
222  * @ 参数：无
```

```
223     * @ 返回值：无
224     **********************************************************/
225    static void BSP_Init(void)
226    {
227        /*
228         * STM32 中断优先级分组为 4，即 4 位都用来表示抢占优先级，范围为 0 ~ 15。
229         * 优先级只需要分组一次，以后如果有其他的任务需要用到中断，
230         * 都统一用这个优先级分组，千万不要再分组。
231         */
232        NVIC_PriorityGroupConfig( NVIC_PriorityGroup_4 );
233
234        /* LED 初始化 */
235        LED_GPIO_Config();
236
237        /* 串口初始化        */
238        USART_Config();
239
240        /* 基本定时器初始化 */
241        BASIC_TIM_Init();
242
243    }
244
245    /***************************END OF FILE***************************/
```

23.5　实验现象

将程序编译好，用 USB 线连接计算机和开发板的 USB 接口（对应丝印为 USB 转串口），用 DAP 仿真器把配套程序下载到野火 STM32 开发板（具体型号根据购买的板子而定，每个型号的板子都有对应的程序），在计算机上打开串口调试助手，然后复位开发板就可以在调试助手中看到串口的打印信息，具体如图 23-1 所示。

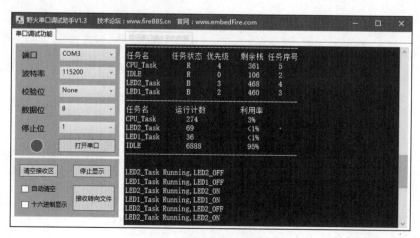

图 23-1　CPU 利用率实验现象

附　　录

推荐阅读[⊖]

在学习本书时，配合阅读以下资料，有助于更好地理解本书内容。

1）FreeRTOS V9.0.0 官方源代码

2）FreeRTOS_Reference_Manual_V9.0.0（电子版）

3）Mastering_the_FreeRTOS_Real_Time_Kernel-A_Hands-On_Tutorial_Guide（电子版）

4）Using the FreeRTOS Real Time Kernel - A Practical Guide - Cortex-M3 Edition（电子版）

5）《STM32 库开发实战指南》（机械工业出版社出版）

本书的硬件平台

本书支持野火 STM32 开发板全套系列，具体型号如表 1 所示，各开发板样式如图 1 ～图 5 所示。读者学习时如果配套这些硬件平台做实验，将达到事半功倍的效果，可以省去中间硬件不一样时移植遇到的各种问题。

表 1　野火 STM32 开发板型号汇总

型　号	区　别			
—	内核	引脚	RAM	ROM
MINI	Cortex-M3	64	48KB	256KB
指南者	Cortex-M3	100	64KB	512KB
霸道	Cortex-M3	144	64KB	512KB
霸天虎	Cortex-M4	144	192KB	1MB
挑战者	Cortex-M4	176	256KB	1MB

⊖ 为便于读者查阅，已将部分资料汇总至野火电子论坛，仅供参考，可从以下网址访问：http://www.firebbs.cn/forum_php? mod = viewthread & tid = 25389 & fromuid = 37393。

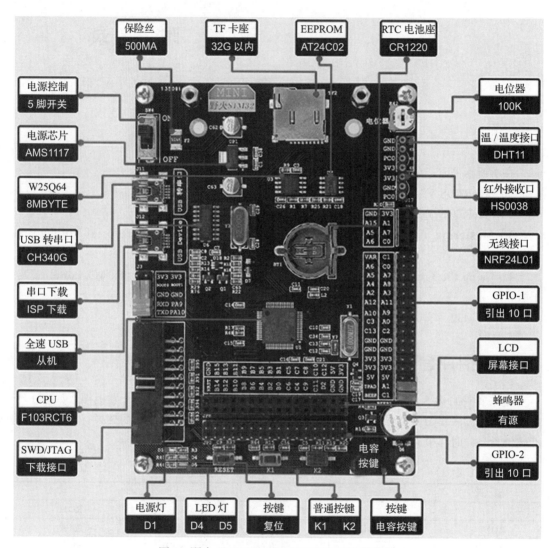

图 1　野火"MINI"STM32F103RCT6 开发板

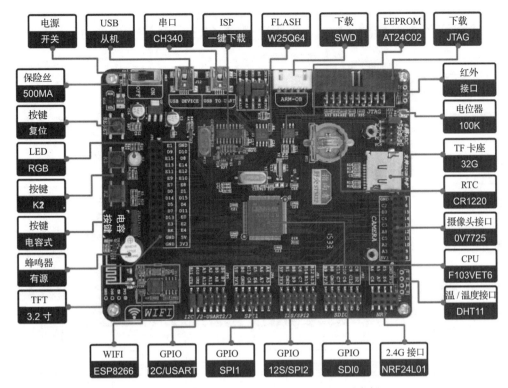

图 2 野火 "指南者" STM32F103VET6 开发板

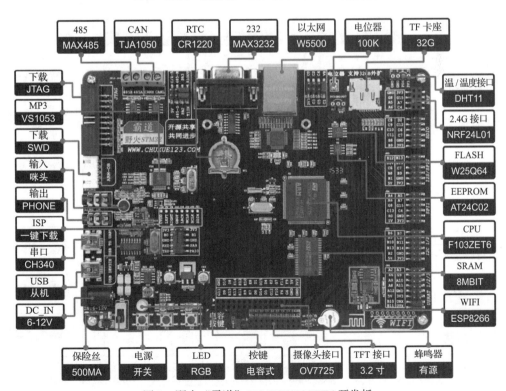

图 3 野火 "霸道" STM32F103ZET6 开发板

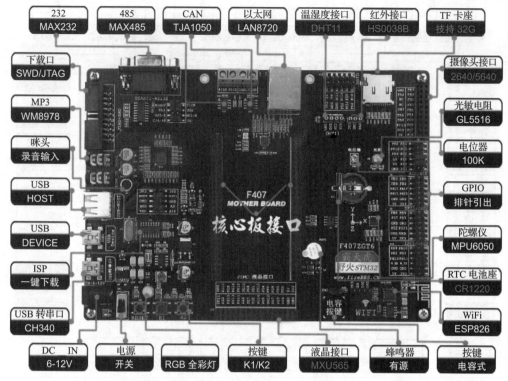

图 4 野火"霸天虎"STM32F407ZGT6 开发板

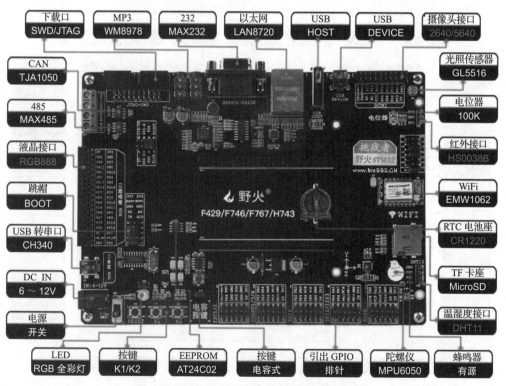

图 5 野火"挑战者"STM32F429IGT6 开发板